“101 计划”核心教材
数学领域

微分方程Ⅱ

周蜀林　编著

北京大学出版社
PEKING UNIVERSITY PRESS

内容提要

本书是为高等院校基础数学和计算数学等专业本科“偏微分方程”课程编写的教材，入选为教育部数学“101 计划”核心教材．本书的前身是“北京大学数学教学系列丛书”中的《偏微分方程》．本书是根据教育部关于数学“101 计划”的精神和要求，在原教材上进行修改补充而成的升级版和精练版．

全书共分为四章，重点论述偏微分方程中的位势方程、热方程与波动方程的基础理论和基本方法．在各章节中，分别介绍位势方程的边值问题、热方程与波动方程的初值问题和混合问题的求解方法，同时介绍关于这些问题的一些先验估计，从而解决这些问题的解的存在性、唯一性和稳定性等关键问题．

本书的基本想法是利用微积分的知识来讲解偏微分方程．在选题上，充分论述偏微分方程中的基础理论和基本方法；在内容处理上，由浅入深，循序渐进；在叙述表达上，严谨精练，清晰易读．为了方便教学与自学，帮助读者理解和拓广所学知识，每章配置了大量富有启发性的习题，书末附有习题答案和提示，其中对一些困难的习题给出详尽的解答，便于教师和学生参考．

本书可作为高等院校基础数学、计算数学、应用数学、金融数学、统计学等专业以及相关专业本科“偏微分方程”课程的教材或教学参考书，也可供需要应用偏微分方程相关知识的科研人员参考．

总 序

自数学出现以来，世界上不同国家、地区的人们在生产实践中、在思考探索中以不同的节奏推动着数学的不断突破和飞跃，并使之成为一门系统的学科。尤其是进入 21 世纪之后，数学发展的速度、规模、抽象程度及其应用的广泛和深入都远远超过了以往任何时期。数学的发展不仅是在理论知识方面的增加和扩大，更是思维能力的转变和升级，数学深刻地改变了人类认识和改造世界的方式。对于新时代的数学研究和教育工作者而言，有责任将这些知识和能力的发展与革新及时体现到课程和教材改革等工作当中。

数学“101 计划”核心教材是我国高等教育领域数学教材的大型编写工程。作为教育部基础学科系列“101 计划”的一部分，数学“101 计划”旨在通过深化课程、教材改革，探索培养具有国际视野的数学拔尖创新人才，教材的编写是其中一项重要工作。教材是学生理解和掌握数学的主要载体，教材质量的高低对数学教育的变革与发展意义重大。优秀的数学教材可以为青年学生打下坚实的数学基础，培养他们的逻辑思维能力和解决问题的能力，激发他们进一步探索数学的兴趣和热情。为此，数学“101 计划”工作组统筹协调来自国内 16 所一流高校的师资力量，全面梳理知识点，强化协同创新，陆续编写完成符合数学学科“教与学”特点，体现学术前沿，具备中国特色的高质量核心教材。此次核心教材的编写者均为具有丰富教学成果和教材编写经验的数学家，他们当中很多人不仅有国际视野，还在各自的研究领域作出杰出的工作成果。在教材的内容方面，几乎是包括了分析学、代数学、几何学、微分方程、概率论、现代分析、数论基础、代数几何基础、拓扑学、微分几何、应用数学基础、统计学基础等现代数学的全部分支方向。考虑到不同层次的学生需要，编写组对个别教材设置了不同难度的版本。同时，还及时结合现代科技的最新动向，特别组织编写《人工智能的数学基础》等相关教材。

数学“101 计划”核心教材得以顺利完成离不开所有参与教材编写和审订的专家、学者及编辑人员的辛勤付出，在此深表感谢。希望读者们能通过数学“101 计划”核心教材更好地构建扎实的数学知识基础，锻炼数学思维能力，深化对数学的理解，进一步生发出自主学习探究的能力。期盼广大青年学生受益于这套核心教材，有更多的拔尖创新人才脱颖而出！

田 刚
数学“101 计划”工作组组长
中国科学院院士
北京大学讲席教授

前 言

编写本书的出发点是利用微积分来讲解偏微分方程. 读者只需要掌握多元微积分的一些基础知识就能读懂本书大部分内容, 并对偏微分方程基础理论和基本方法有一些直观的认识. 编写本书的目的是使 “偏微分方程” 这门课程变得通俗易懂, 满足多层次读者的需求, 让更多的读者了解和掌握偏微分方程的基础理论和基本方法. 本书的选题遵循少而精的原则, 适当包括一些现代化题材, 尝试与当代的偏微分方程研究建立更紧密的联系.

本书主要介绍偏微分方程中的三个方程: 位势方程、热方程和波动方程. 在各章节中, 分别介绍位势方程的边值问题、热方程与波动方程的初值问题和混合问题的求解方法, 同时介绍关于这些问题的一些先验估计, 从而解决这些问题解的存在性、唯一性和稳定性等关键问题.

全书分四章进行编写. 第一章主要介绍偏微分方程的术语和准备知识. 第二章主要介绍位势方程的基础理论和基本方法. 由于调和函数在现代分析中占有重要的地位, 这一章先重点介绍调和函数及其性质, 同时介绍位势方程的基本解和如何使用基本解来构造位势方程边值问题的 Green 函数, 进而得到位势方程边值问题解的表达式; 然后介绍位势方程最重要的先验估计——极值原理和最大模估计. 第三章主要介绍热方程的基础理论和基本方法. 首先, 重点介绍 Fourier 变换方法和分离变量法. 然后, 利用 Fourier 变换方法求出热方程初值问题解的表达式, 并由此导出热方程的基本解; 利用分离变量法求出一维热方程混合问题解的表达式, 并由此导出热方程混合问题的 Green 函数. 最后, 介绍关于热方程的混合问题与初值问题的各种极值原理和最大模估计. 第四章主要介绍波动方程的基础理论和基本方法. 首先, 介绍特征线法、球面平均法和降维法, 并利用这些方法求出一维、二维和三维波动方程初值问题解的表达式; 同时, 介绍波动方程的重要概念——特征线 (或特征锥), 并推导波动方程基本的先验估计——能量不等式. 然后, 利用分离变量法求出一维波动方程混合问题解的表达式, 并推导波动方程混合问题的能量不等式.

本书每一章配有一些富有启发性的习题. 这些习题可帮助读者深入理解偏微分方程的基础理论, 牢固掌握偏微分方程的基本方法, 同时也可作为已知的结果应用于偏微分方程实际问题的研究.

书中带有 * 号标注的内容难度较大, 建议初学者跳过.

在本书编写过程中, 笔者得到了教育部数学 “101 计划” 工作组的正确指导、北京大学出版社的大力支持和北京大学数学科学学院 “偏微分方程” 课程教研团队的鼎力相助, 在此向他们表达深深的谢意! 借此机会, 笔者衷心感谢北京大学数学科学学院偏微分方程方面的前辈——姜礼尚、吴兰成、陈亚浙、叶其孝、刘西垣、黄少云、王耀东等教授的谆谆教诲! 与此同时, 笔者还要感谢 2000 年以来使用过原教材的蒋美跃、王保祥、王冠香、史宇光、章志飞、王超等老师和各年级的同学们, 特别是邢浩、王晓宇、黄晶、赵斌、周帆、黄万志、吕蓓蕾、夏铭涛、张钺、张佳昕等同学. 笔者特别感谢蔡勇勇、姚锋平、孙玉、张克竞、回广宇、胡天晓等同学对书稿做出的重要贡献! 另外, 笔者还收到了海内外许多师生关于书稿的反馈、意见和建议, 在此一并表达真切的谢意! 在本书的出版过程中, 责任编辑曾琬婷女士倾注了很多心血, 付出了辛勤的劳动, 笔者对她表示衷心的感谢! 本书得以面世, 离不开前述诸位的支持和帮助.

尽管笔者希望这本书尽善尽美, 但由于水平有限, 书中难免存在一些谬误和缺陷, 还望各位读者海涵和雅正.

周蜀林
2024 年 6 月于燕园

目 录

第一章 引言 1
1.1 偏微分方程的基本概念 2
1.2 实例 5
1.3 适定性 10
习题一 13
第二章 位势方程 15
2.1 调和函数 19
2.1.1 实例 19
2.1.2 平均值公式 20
2.1.3 单调性不等式 30
2.2 基本解和 Green 函数 34
2.2.1 基本解 34
2.2.2 Green 函数 39
2.3 极值原理和最大模估计 51
2.3.1 极值原理 51
2.3.2 最大模估计 55
2.4 能量模估计 58
2.5 零延拓问题 60
2.5.1 内部零延拓问题 61
*2.5.2 边界零延拓问题 64
习题二 66

第三章 热方程 77
3.1 初值问题 80
3.1.1 Fourier 变换和 Fourier 积分 80
3.1.2 热核和基本解 90
3.2 混合问题 95
3.2.1 特征值问题 95
3.2.2 Green 函数 102
3.3 极值原理和最大模估计 108
3.3.1 极值原理 108
3.3.2 混合问题的最大模估计 110
3.3.3 初值问题的最大模估计 114
3.4 混合问题的能量模估计 118
*3.5 反向问题的不适定性 120
习题三 123
第四章 波动方程 133
4.1 初值问题 136
4.1.1 问题的简化 136
4.1.2 一维初值问题 139
4.1.3 一维半无界问题 143
4.1.4 多维初值问题 147
4.1.5 特征锥 158
4.1.6 能量不等式 161
4.2 混合问题 166
4.2.1 分离变量法 167
4.2.2 驻波法与共振 173
4.2.3 能量不等式 175
*4.2.4 广义解 179
习题四 187
习题答案与提示 199
名词索引 228
符号索引 232
参考文献 236

第一章

引　言

1.1 偏微分方程的基本概念

在“数学分析”或“高等数学”课程中, 我们已经学习过一元函数的导数和多元函数的偏导数的概念, 并了解了许多与导数和偏导数有关的定理和结论. 在本书中, 我们将研究一些非常简单且具有明确实际背景的偏微分方程.

什么是偏微分方程? 粗略地说, 我们称与导数有关的方程为常微分方程, 而称与偏导数有关的方程为偏微分方程. 更精确地, 我们给出如下定义:

定义 1.1 一个**偏微分方程**是与一个未知多元函数及其偏导数有关的方程; 一个**偏微分方程组**是与两个及两个以上未知多元函数及其偏导数有关的方程组.

下面我们介绍偏微分方程的一些术语和基本概念.

设 Ω 是 n 维欧氏空间 $\mathbb{R}^n$ 中的一个开区域, $\boldsymbol{x}=(x_1,x_2,\cdots,x_n)$ 表示 Ω 上的点. 假设 $u=u(\boldsymbol{x}):\Omega\to\mathbb{R}$ 是一个函数. 固定正整数 k, 我们用符号 D^ku 表示 u 的所有 k 阶偏导数

$$\frac{\partial^k u}{\partial x_{i_1}\partial x_{i_2}\cdots\partial x_{i_k}},$$

其中 $i_j(j=1,2,\cdots,k)$ 是集合 $\{1,2,\cdots,n\}$ 中的 k 个可重复的任意数. 因此, 我们可以把 D^ku 看成 n^k 维欧氏空间 $\mathbb{R}^{n^k}$ 上的向量. 我们记它的长度为

$$|D^ku|=\left(\sum_{i_1=1}^{n}\sum_{i_2=1}^{n}\cdots\sum_{i_k=1}^{n}\left|\frac{\partial^k u}{\partial x_{i_1}\partial x_{i_2}\cdots\partial x_{i_k}}\right|^2\right)^{\frac{1}{2}}.$$

特别地, 当 $k=1$ 时, 我们称 n 维向量

$$Du=\left(\frac{\partial u}{\partial x_1},\frac{\partial u}{\partial x_2},\cdots,\frac{\partial u}{\partial x_n}\right)$$

为 u 的**梯度**. 记**梯度算符**为

$$\nabla=\left(\frac{\partial}{\partial x_1},\frac{\partial}{\partial x_2},\cdots,\frac{\partial}{\partial x_n}\right),$$

u 的梯度也记为 ∇u 或 $\operatorname{grad} u$.

当 $k=2$ 时, 我们称 $n\times n$ 矩阵

$$D^2u=\begin{pmatrix}\dfrac{\partial^2 u}{\partial x_1^2} & \dfrac{\partial^2 u}{\partial x_1\partial x_2} & \cdots & \dfrac{\partial^2 u}{\partial x_1\partial x_n}\\ \dfrac{\partial^2 u}{\partial x_2\partial x_1} & \dfrac{\partial^2 u}{\partial x_2^2} & \cdots & \dfrac{\partial^2 u}{\partial x_2\partial x_n}\\ \vdots & \vdots & & \vdots\\ \dfrac{\partial^2 u}{\partial x_n\partial x_1} & \dfrac{\partial^2 u}{\partial x_n\partial x_2} & \cdots & \dfrac{\partial^2 u}{\partial x_n^2}\end{pmatrix}$$

为 u 的 **Hesse 矩阵**, 也记为 $\mathrm{Hess}(u)$. 通常用符号 Δ 表示 **Laplace 算子**, 即 $\Delta = \sum_{i=1}^{n} \frac{\partial^2}{\partial x_i^2}$, 则

$$\Delta u = \mathrm{tr}\,(D^2 u) = \sum_{i=1}^{n} \frac{\partial^2 u}{\partial x_i^2},$$

它也就是 u 的 Hesse 矩阵的迹, 即 u 的 Hesse 矩阵对角线元素之和.

设 $\boldsymbol{F} = (F_1, F_2, \cdots, F_n) : \Omega \to \mathbb{R}^n$ 是一个向量函数, 记 $\boldsymbol{F}$ 的**散度**为

$$\mathrm{div}\,\boldsymbol{F} = \sum_{i=1}^{n} \frac{\partial F_i}{\partial x_i}.$$

于是

$$\Delta u = \mathrm{div}\,(Du) = \nabla \cdot \nabla u.$$

为简单起见, 我们通常也使用如下符号:

$$u_{x_i} = \frac{\partial u}{\partial x_i}, \quad u_{x_i x_j} = \frac{\partial^2 u}{\partial x_i \partial x_j}.$$

下面我们定义偏微分方程的阶.

定义 1.2 如下形式的方程称为 k **阶偏微分方程**:

$$F(D^k u, D^{k-1} u, \cdots, Du, u, \boldsymbol{x}) = 0, \quad \boldsymbol{x} \in \Omega, \tag{1.1}$$

其中

$$F : \mathbb{R}^{n^k} \times \mathbb{R}^{n^{k-1}} \times \cdots \times \mathbb{R}^n \times \mathbb{R} \times \Omega \to \mathbb{R}$$

是一个给定函数, $u : \Omega \to \mathbb{R}$ 是一个未知函数.

一个偏微分方程的**阶**就是此偏微分方程中出现的未知函数偏导数的最高阶数. 我们将满足方程 (1.1) 的所有函数称为方程 (1.1) 的**解**. 如果方程 (1.1) 的解是实解析的或无穷次可微的, 那将是最理想的事. 然而, 在大多数情况下这不可能成立. 也许对 k 阶偏微分方程 (1.1) 来说, 希望它的解 k 次连续可微更现实. 这样, 在方程 (1.1) 中出现的未知函数 $u(\boldsymbol{x})$ 的所有偏导数都连续, 于是方程 (1.1) 在 Ω 上有意义.

我们用 $C(\Omega)$ 表示 Ω 上所有连续函数构成的线性空间. 对于它的元素 $u(\boldsymbol{x}) \in C(\Omega)$, 其模定义为

$$\|u(\boldsymbol{x})\|_{C(\Omega)} = \sup_{\boldsymbol{x} \in \Omega} |u(\boldsymbol{x})|.$$

用 $C^k(\Omega)$ 表示 Ω 上所有 k 阶偏导数都存在和连续的函数构成的线性空间, 也就是 Ω 上所有 k 次连续可微函数构成的线性空间. 对于它的元素 $u(\boldsymbol{x}) \in C^k(\Omega)$, 其模定义为

$$\|u(\boldsymbol{x})\|_{C^k(\Omega)} = \sup_{\boldsymbol{x} \in \Omega} |u(\boldsymbol{x})| + \sum_{|\boldsymbol{\alpha}|=1}^{k} \sup_{\boldsymbol{x} \in \Omega} |D^{\boldsymbol{\alpha}} u(\boldsymbol{x})|,$$

其中

$$D^{\boldsymbol{\alpha}}u = \frac{\partial^{|\boldsymbol{\alpha}|}u}{\partial x_1^{\alpha_1}\partial x_2^{\alpha_2}\cdots\partial x_n^{\alpha_n}}, \quad |\boldsymbol{\alpha}| = \alpha_1 + \alpha_2 + \cdots + \alpha_n.$$

对于函数 $u(\boldsymbol{x}) \in C(\Omega)$, 定义 $u(\boldsymbol{x})$ 的**支集**为所有满足 $u(\boldsymbol{x}) \neq 0$ 的点集在 Ω 上的闭包, 记为 $\operatorname{spt} u$, 即

$$\operatorname{spt} u = \overline{\{\boldsymbol{x} \in \Omega | u(\boldsymbol{x}) \neq 0\}}.$$

我们用 $C_0^k(\Omega)$ 表示 $C^k(\Omega)$ 中支集紧包含于 Ω 的函数类, 同时用 $C^\infty(\Omega)$ 表示 Ω 上任意阶偏导数都存在和连续的函数类, 即

$$C^\infty(\Omega) = \bigcap_{k=1}^{\infty} C^k(\Omega).$$

定义 1.3 如果 $u(\boldsymbol{x}) \in C^k(\Omega)$ 满足方程 (1.1), 则称它是方程 (1.1) 的**古典解**.

在本书中, 如果没有特别说明, 我们所讨论的解都是古典解. 当然, 我们也将在第四章最后一节简单介绍广义解的概念. 在现代的偏微分方程及其相关领域中, 偏微分方程 (组) 的解的概念很丰富. 对于不同的偏微分方程 (组), 人们提出不同的解的概念, 例如广义解、弱解、非常弱解、黏性解、熵解、重整化解等.

方程 (1.1) 是形式最一般的偏微分方程. 在本章中, 我们将列出一些形式较简单的偏微分方程 (组), 并介绍一些在偏微分方程中广泛使用的术语.

定义 1.4 (1) 如果方程 (1.1) 可表示成

$$\sum_{|\boldsymbol{\alpha}| \leqslant k} a_{\boldsymbol{\alpha}}(\boldsymbol{x}) D^{\boldsymbol{\alpha}} u = f(\boldsymbol{x}),$$

其中 $a_{\boldsymbol{\alpha}}$ ($|\boldsymbol{\alpha}| \leqslant k$) 和 f 是给定的函数, 则称方程 (1.1) 为**线性偏微分方程**;

(2) 如果方程 (1.1) 可表示成

$$\sum_{|\boldsymbol{\alpha}| = k} a_{\boldsymbol{\alpha}}(\boldsymbol{x}) D^{\boldsymbol{\alpha}} u = f\big(D^{k-1}u, \cdots, Du, u, \boldsymbol{x}\big),$$

其中 $a_{\boldsymbol{\alpha}}$ ($|\boldsymbol{\alpha}| = k$) 和 f 是给定的函数, 则称方程 (1.1) 为**半线性偏微分方程**;

(3) 如果方程 (1.1) 可表示成

$$\sum_{|\boldsymbol{\alpha}| = k} a_{\boldsymbol{\alpha}}(D^{k-1}u, \cdots, Du, u, \boldsymbol{x}) D^{\boldsymbol{\alpha}} u = f\big(D^{k-1}u, \cdots, Du, u, \boldsymbol{x}\big),$$

其中 $a_{\boldsymbol{\alpha}}$ ($|\boldsymbol{\alpha}| = k$) 和 f 是给定的函数, 则称方程 (1.1) 为**拟线性偏微分方程**;

(4) 如果方程 (1.1) 非线性地依赖于 $u(\boldsymbol{x})$ 的最高阶偏导数 $D^k u$, 则称方程 (1.1) 为**完全非线性偏微分方程**.

1.2 实例

下面我们介绍一些著名的偏微分方程.

A. 线性偏微分方程.

(1) **位势方程 (Poisson 方程)**

$$-\Delta u = f(\boldsymbol{x});$$

(2) **特征值方程**

$$\Delta u + \lambda u = 0,$$

其中 λ 为非负常数;

(3) **热方程**

$$u_t - a^2\Delta u = f(\boldsymbol{x}, t),$$

其中 a 为正常数;

(4) **Schrödinger 方程**

$$u_t - \mathrm{i}\Delta u = 0,$$

其中 i 为虚数单位;

(5) **Kolmogorov 方程**

$$u_t - \sum_{i,j=1}^{n} a_{ij}u_{x_i x_j} + \sum_{i=1}^{n} b_i u_{x_i} = 0,$$

其中 a_{ij}, b_i $(i, j = 1, 2, \cdots, n)$ 为已知函数;

(6) **Fokker-Planck 方程**

$$u_t - \sum_{i,j=1}^{n} (a_{ij}u)_{x_i x_j} + \sum_{i=1}^{n} (b_i u)_{x_i} = 0,$$

其中 a_{ij}, b_i $(i, j = 1, 2, \cdots, n)$ 为已知函数;

(7) **运输方程**

$$u_t + \sum_{i=1}^{n} b_i u_{x_i} = 0,$$

其中 b_i $(i = 1, 2, \cdots, n)$ 为已知函数;

(8) **波动方程**

$$u_{tt} - a^2\Delta u = f(\boldsymbol{x}, t),$$

其中 a 为正常数;

(9) **电报方程**

$$u_{tt} - a^2\Delta u + bu_t = 0,$$

其中 a 为正常数, b 为常数;

(10) **横梁方程**

$$u_t + u_{xxxx} = 0.$$

B. 非线性偏微分方程.

(1) **非线性 Poisson 方程**

$$\Delta u = u^3 - u;$$

(2) **极小曲面方程**

$$\operatorname{div}\left(\frac{\nabla u}{\sqrt{1+|\nabla u|^2}}\right) = 0;$$

(3) **Monge-Ampère 方程**

$$\det(D^2 u) = f(\boldsymbol{x});$$

(4) **Hamilton-Jacobi 方程**

$$u_t + H(\nabla u) = 0,$$

其中 $H : \mathbb{R}^n \to \mathbb{R}$ 是已知函数;

(5) **Burgers 方程**

$$u_t + uu_x = 0;$$

(6) **守恒律**

$$u_t + \operatorname{div} \boldsymbol{F}(u) = 0;$$

(7) **多孔介质方程**

$$u_t - \Delta u^\gamma = 0 \quad (\gamma > 1);$$

(8) **Korteweg-de Vries (KdV) 方程**

$$u_t + uu_x + u_{xxx} = 0;$$

(9) p**-Laplace 方程**

$$\operatorname{div}\left(|\nabla u|^{p-2}\nabla u\right) = 0 \quad (p > 1);$$

(10) **非线性波动方程**

$$u_{tt} - a^2\Delta u = f(u) \quad (a > 0).$$

而著名的 **Boltzmann** 方程

$$f_t + \boldsymbol{v} \cdot \nabla_{\boldsymbol{x}} f = Q(f, f)$$

是一个广义形式的偏微分方程 (积分–微分方程), 并不是形如式 (1.1) 的偏微分方程, 这里 $f = f(\boldsymbol{x}, \boldsymbol{v}, t)$ 表示 t 时刻在点 $\boldsymbol{x}$ 处速度为 $\boldsymbol{v}$ 的粒子密度, $Q(f, f) = Q(f(\boldsymbol{x}, \cdot, t), f(\boldsymbol{x}, \cdot, t))$ 为碰撞项, 其中

$$Q(\varphi, \varphi) = \int_{\mathbb{R}^n} \mathrm{d}\boldsymbol{v}_* \int_{S^{n-1}} (\varphi(\boldsymbol{v}')\varphi(\boldsymbol{v}'_*) - \varphi(\boldsymbol{v})\varphi(\boldsymbol{v}_*)) B(\boldsymbol{v} - \boldsymbol{v}_*, \boldsymbol{\omega}) \, \mathrm{d}\boldsymbol{\omega},$$

S^{n-1} 为 $n-1$ 维单位球面, $\boldsymbol{v}'$, $\boldsymbol{v}'_*$ 由等式 $\boldsymbol{v}' = \boldsymbol{v} - [(\boldsymbol{v} - \boldsymbol{v}_*) \cdot \boldsymbol{\omega}]\boldsymbol{\omega}$, $\boldsymbol{v}'_* = \boldsymbol{v} + [(\boldsymbol{v} - \boldsymbol{v}_*) \cdot \boldsymbol{\omega}]\boldsymbol{\omega}$ 给定, B 为碰撞核, $\nabla_{\boldsymbol{x}} f$ 表示 f 对 $\boldsymbol{x}$ 的梯度.

下面我们再介绍一些著名的偏微分方程组.

A. 线性偏微分方程组.

(1) **线性弹性平衡方程组**

$$\mu \Delta \boldsymbol{u} + (\lambda + \mu) \nabla (\operatorname{div} \boldsymbol{u}) = \mathbf{0} \quad (\mu, \lambda > 0);$$

(2) **线性弹性发展方程组**

$$\boldsymbol{u}_{tt} - \mu \Delta \boldsymbol{u} - (\lambda + \mu) \nabla (\operatorname{div} \boldsymbol{u}) = \mathbf{0} \quad (\mu, \lambda > 0);$$

(3) **Maxwell 方程组**

$$\begin{cases} \boldsymbol{E}_t = c \cdot \operatorname{curl} \boldsymbol{B}, \\ \boldsymbol{B}_t = -c \cdot \operatorname{curl} \boldsymbol{E}, \\ \operatorname{div} \boldsymbol{E} = \operatorname{div} \boldsymbol{B} = 0, \end{cases}$$

这里 $\boldsymbol{E} = (E_1, E_2, E_3)$ 和 $\boldsymbol{B} = (B_1, B_2, B_3)$ 分别为电场和磁场的强度, c 为光速, $\operatorname{curl} \boldsymbol{E} = \nabla \times \boldsymbol{E}$ 和 $\operatorname{curl} \boldsymbol{B} = \nabla \times \boldsymbol{B}$ 分别表示电场和磁场的旋度.

B. 非线性偏微分方程组.

(1) **守恒律组**

$$\boldsymbol{u}_t + (\boldsymbol{F}(\boldsymbol{u}))_x = \mathbf{0};$$

(2) **反应扩散方程组**

$$\boldsymbol{u}_t - a^2 \Delta \boldsymbol{u} = \boldsymbol{f}(\boldsymbol{u});$$

(3) **Euler 方程组** (不可压无黏性流)

$$\begin{cases} \boldsymbol{u}_t + \boldsymbol{u} \cdot \nabla \boldsymbol{u} = -\nabla p, \\ \operatorname{div} \boldsymbol{u} = 0, \end{cases}$$

这里 $\boldsymbol{u}=(u_1,u_2,u_3)$, p 分别为流体的速度和压力;

(4) **Navier-Stokes 方程组** (不可压黏性流)

$$\begin{cases}\boldsymbol{u}_t+\boldsymbol{u}\cdot\nabla\boldsymbol{u}-\mu\Delta\boldsymbol{u}=-\nabla p,\\ \operatorname{div}\boldsymbol{u}=0,\end{cases}$$

其中 μ $(\mu>0)$, $\boldsymbol{u}=(u_1,u_2,u_3)$ 和 p 分别为流体的黏性系数、速度和压力.

本书将主要讨论以下三个典型的二阶线性偏微分方程. 这三个方程是最简单而又最重要的二阶线性偏微分方程, 它们是:

(1) **位势方程**

$$-\Delta u=f(\boldsymbol{x}); \tag{1.2}$$

(2) **热方程**

$$u_t-a^2\Delta u=f(\boldsymbol{x},t)\quad(a>0); \tag{1.3}$$

(3) **波动方程**

$$u_{tt}-a^2\Delta u=f(\boldsymbol{x},t)\quad(a>0). \tag{1.4}$$

在 $\mathbb{R}^m$ 中, 二阶线性偏微分方程的一般形式为

$$\sum_{i,j=1}^{m}a_{ij}(\boldsymbol{x})u_{x_ix_j}+\sum_{i=1}^{m}b_i(\boldsymbol{x})u_{x_i}+c(\boldsymbol{x})u=f(\boldsymbol{x}), \tag{1.5}$$

其中 $a_{ij}(\boldsymbol{x})=a_{ji}(\boldsymbol{x})$ $(i,j=1,2,\cdots,m)$. 方程 (1.2), (1.3) 和 (1.4) 是它的特例. 以 $\boldsymbol{A}(\boldsymbol{x})$ 表示二阶项的系数矩阵 $(a_{ij}(\boldsymbol{x}))_{m\times m}$, 对于位势方程 (1.2), 取 $m=n$, 则

$$\boldsymbol{A}(\boldsymbol{x})=\begin{pmatrix}-1&0&\cdots&0\\0&-1&\cdots&0\\\vdots&\vdots&\ddots&\vdots\\0&0&\cdots&-1\end{pmatrix},$$

且 $b_i(\boldsymbol{x})\equiv 0(i=1,2,\cdots,n)$, $c(\boldsymbol{x})\equiv 0$; 对于热方程 (1.3), 取 $m=n+1$, $t=x_{n+1}$, 则

$$\boldsymbol{A}(\boldsymbol{x})=\begin{pmatrix}-a^2&\cdots&0&0\\\vdots&\ddots&0&\vdots\\0&\cdots&-a^2&0\\0&\cdots&0&0\end{pmatrix},$$

且 $b_i(\boldsymbol{x})\equiv 0(i=1,2,\cdots,n)$, $b_{n+1}(\boldsymbol{x})\equiv 1$, $c(\boldsymbol{x})\equiv 0$; 对于波动方程 (1.4), 取 $m=n+1$,

$t = x_{n+1}$, 则

$$\boldsymbol{A}(\boldsymbol{x}) = \begin{pmatrix} -a^2 & \cdots & 0 & 0 \\ \vdots & \ddots & 0 & \vdots \\ 0 & \cdots & -a^2 & 0 \\ 0 & \cdots & 0 & 1 \end{pmatrix},$$

且 $b_i(\boldsymbol{x}) \equiv 0 \ (i = 1, 2, \cdots, n+1)$, $c(\boldsymbol{x}) \equiv 0$.

从系数矩阵 $\boldsymbol{A}(\boldsymbol{x})$ 的特征值来考查方程 (1.2), (1.3) 和 (1.4), 我们发现它们的差别在于: 对于位势方程 (1.2), 系数矩阵 $\boldsymbol{A}(\boldsymbol{x})$ 的全部特征值都是负的, 即系数矩阵 $\boldsymbol{A}(\boldsymbol{x})$ 是负定的; 对于热方程 (1.3), 系数矩阵 $\boldsymbol{A}(\boldsymbol{x})$ 的全部特征值除了一个为 0 外都是负的, 即系数矩阵 $\boldsymbol{A}(\boldsymbol{x})$ 是非正定的; 对于波动方程 (1.4), 系数矩阵 $\boldsymbol{A}(\boldsymbol{x})$ 的全部特征值除了一个为正数外都是负的, 即系数矩阵 $\boldsymbol{A}(\boldsymbol{x})$ 是不定的.

设 $\boldsymbol{x}_0 \in \mathbb{R}^m$. 由于系数矩阵 $\boldsymbol{A}(\boldsymbol{x}_0)$ 是对称矩阵, 从线性代数中的相关结论我们知道它总是可以对角化. 基于此, 我们对一般二阶线性偏微分方程进行分类.

定义 1.5 若系数矩阵 $\boldsymbol{A}(\boldsymbol{x}_0)$ 的 m 个特征值都是负数, 则称方程 (1.5) 在点 $\boldsymbol{x}_0$ 处属于**椭圆型**; 若系数矩阵 $\boldsymbol{A}(\boldsymbol{x}_0)$ 的 m 个特征值中除了一个为 0 外, 其他 $m-1$ 个都是负数, 则称方程 (1.5) 在点 $\boldsymbol{x}_0$ 处属于**抛物型**; 若系数矩阵 $\boldsymbol{A}(\boldsymbol{x}_0)$ 的 m 个特征值中除了一个为正数外, 其他 $m-1$ 个都是负数, 则称方程 (1.5) 在点 $\boldsymbol{x}_0$ 处属于**双曲型**. 若对于区域 Ω 上的每一点, 方程 (1.5) 都属于椭圆型, 则称方程 (1.5) 在 Ω 上是椭圆型的; 若对于区域 Ω 上的每一点, 方程 (1.5) 都属于抛物型, 则称方程 (1.5) 在 Ω 上是抛物型的; 若对于区域 Ω 上的每一点, 方程 (1.5) 都属于双曲型, 则称方程 (1.5) 在 Ω 上是双曲型的.

当然, 从系数矩阵 $\boldsymbol{A}(\boldsymbol{x}_0)$ 的性质来看, 还有其他的情形. 由于这些方程的实际背景至今仍不清楚, 它们远没有像上述三类方程那样引起人们的广泛兴趣. 由上面的分类我们知道, 位势方程 (1.2) 是椭圆型方程, 热方程 (1.3) 是抛物型方程, 波动方程 (1.4) 是双曲型方程. 方程 (1.2), (1.3) 和 (1.4) 分别称为椭圆型方程、抛物型方程和双曲型方程的**标准形**.

定理 1.1 若方程 (1.5) 的二阶项系数矩阵是常数矩阵 $\boldsymbol{A}$, 且它属于椭圆型 (或双曲型) 方程, 则存在一个非奇异的自变量替换把方程 (1.5) 化为形如方程 (1.2)[或方程 (1.4)] 的标准形.

证明 我们只证明方程 (1.5) 属于椭圆型的情形, 双曲型情形类似可证.

将方程 (1.5) 写成

$$\sum_{i,j=1}^{m} a_{ij} u_{x_i x_j} = f(\boldsymbol{x}, u, \nabla_{\boldsymbol{x}} u),$$

其中 $\nabla_{\boldsymbol{x}} u$ 表示 u 关于 $\boldsymbol{x}$ 的所有一阶偏导数.

由于方程 (1.5) 属于椭圆型, 因而一定存在一个 $m \times m$ 非奇异矩阵 $\boldsymbol{B} = (b_{kl})$, 使得系数矩阵 $\boldsymbol{A}$ 可以对角化, 且 $\boldsymbol{BAB}^{\mathrm{T}} = -\boldsymbol{I}$ ($\boldsymbol{I}$ 为单位矩阵), 即

$$\sum_{i,j=1}^{m} b_{ki} a_{ij} b_{lj} = -\delta_{kl}, \quad k,l = 1,2,\cdots,m,$$

其中 δ_{kl} 是 Kronecker 符号. 由于矩阵 $\boldsymbol{B}$ 非奇异, 我们做自变量替换

$$y_k = \sum_{i=1}^{m} b_{ki} x_i, \quad k = 1,2,\cdots,m,$$

将方程 (1.5) 的二阶项化为

$$\begin{aligned}
\sum_{i,j=1}^{m} a_{ij} u_{x_i x_j} &= \sum_{i,j,k,l=1}^{m} a_{ij} b_{ki} b_{lj} u_{y_k y_l} \\
&= -\sum_{k,l=1}^{m} \delta_{kl} u_{y_k y_l} \\
&= -\Delta_{\boldsymbol{y}} u,
\end{aligned}$$

其中 $\boldsymbol{y} = (y_1, y_2, \cdots, y_m)$. 于是, 方程 (1.5) 对于新变量 $y_1, y_2, \cdots, y_m$ 具有如下形式:

$$-\Delta_{\boldsymbol{y}} u = \widetilde{f}(\boldsymbol{y}, u, \nabla_{\boldsymbol{y}} u),$$

这里 $\nabla_{\boldsymbol{y}} u$ 表示 u 关于 $\boldsymbol{y}$ 的所有一阶偏导数. 定理至此获证.

1.3 适定性

对于一个偏微分方程来说, 通常我们还需要提出一些初边值条件. 我们把一个偏微分方程和相应的初边值条件组成的问题称为**定解问题**. 我们将在讲述具体方程时对此再做详细的阐述.

对于一个偏微分方程的定解问题, 我们总是希望求出它的解, 而且希望求出来的解是合理的, 符合实际的. 为了达到此目标, 首先, 我们希望定解问题有解; 其次, 我们希望定解问题的解是唯一的. 另外, 我们期望定解问题的解连续地依赖于定解条件和定解问题中的已知函数. 为此, 我们引入如下术语:

定义 1.6 对于一个偏微分方程的定解问题, 如果下列条件成立:

(1) 它的解存在;

(2) 它的解唯一;

(3) 它的解连续地依赖于定解条件和定解问题中的已知函数,

则称这个定解问题是**适定**的; 否则, 称这个定解问题是**不适定**的.

定义 1.6 中的第一个条件是解的存在性问题, 第二个条件是解的唯一性问题, 而第三个条件是解的稳定性问题. 这些条件在实际问题中都极为重要. 值得说明的是, 第三个条件在许多具体问题中是非常必要的. 实际上, 从数学模型中推导出的偏微分方程定解问题总是实际问题的近似. 同时, 由于测量的误差, 我们不可能获得绝对精确的初始数据和边值数据, 因而定解问题的解与实际问题的解必定有差异, 我们只能希望当测量的误差越来越小时, 定解问题的解与实际问题的解越来越接近. 我们将在讨论具体的定解问题时更进一步阐述定义 1.6 中三个条件的意义.

在本书后面的章节中, 当求解位势方程、热方程和波动方程的定解问题时, 我们总是先假设定解问题的解具有非常好的性质 (如光滑性), 接着求出定解问题的解的表达式. 这样得到的解称为定解问题的**形式解**. 然后, 我们严格证明在定解条件满足一定的要求时, 所得到的形式解的确是定解问题的古典解, 从而获得解的存在性. 在研究位势方程、热方程和波动方程定解问题的解的唯一性和稳定性时, 我们先导出一些关于解的不等式 (这些不等式称为**先验估计**), 再利用这些估计推导出定解问题的解的唯一性和稳定性. 这样, 我们就基本上解决了关于位势方程、热方程和波动方程定解问题的一些适定性问题.

设 Ω 是 n 维欧氏空间 $\mathbb{R}^n$ 中的一个开区域, 用 $\overline{\Omega}$ 表示它的闭包, $\partial\Omega$ 表示它的边界. 同时, 用 $\mathbb{R}^n_+ = \{\boldsymbol{x} = (x_1, x_2, \cdots, x_n) \in \mathbb{R}^n | x_n > 0\}$ 表示 $\mathbb{R}^n$ 中的上半空间. 由于半空间 $\mathbb{R}^n_+$ 的边界 $\partial\mathbb{R}^n_+ = \{\boldsymbol{x} = (x_1, x_2, \cdots, x_n) \in \mathbb{R}^n | x_n = 0\}$ 是 $n-1$ 维欧氏空间, 我们也记 $\partial\mathbb{R}^n_+ = \mathbb{R}^{n-1}$. 当 $n=1$ 时, 将 $\mathbb{R}^1_+$ 简记为 $\mathbb{R}_+$, 因而 $\mathbb{R}^{n+1}_+ = \mathbb{R}^n \times \mathbb{R}_+$. 用 $B(\boldsymbol{x}, r)$ 表示 n 维欧氏空间 $\mathbb{R}^n$ 中以 $\boldsymbol{x}$ 为球心, r 为半径的闭球, 其体积为

$$\alpha(n) r^n = \frac{\pi^{\frac{n}{2}}}{\Gamma\left(\frac{n}{2} + 1\right)} r^n,$$

其中 $\alpha(n)$ 表示 $\mathbb{R}^n$ 上单位球的体积, **Gamma 函数** $\Gamma : \mathbb{R}_+ \to \mathbb{R}_+$ 定义为

$$\Gamma(s) = \int_0^{+\infty} x^{s-1} \mathrm{e}^{-x} \, \mathrm{d}x, \quad s > 0;$$

球 $B(\boldsymbol{x}, r)$ 的边界 $\partial B(\boldsymbol{x}, r)$ 是 $n-1$ 维球面, 其面积为 $n\alpha(n) r^{n-1}$; 用 $B_r(\boldsymbol{x})$ 表示以 $\boldsymbol{x}$ 为球心, r 为半径的开球. 特别地, 记 $B_r = B_r(\mathbf{0})$.

另一个有用的 **Beta 函数** $\mathrm{B}: \mathbb{R}_+ \times \mathbb{R}_+ \to \mathbb{R}_+$ 定义为

$$\mathrm{B}(p, q) = \int_0^1 x^{p-1} (1-x)^{q-1} \, \mathrm{d}x, \quad p, q > 0.$$

Gamma 函数和 Beta 函数有如下的关系:

$$\mathrm{B}(p, q) = \frac{\Gamma(p)\Gamma(q)}{\Gamma(p+q)}.$$

下面我们回顾一下多元微积分中的 Green 公式和 Gauss 公式. 我们首先叙述 Green 公式.

定理 1.2 (Green 公式) 假设 $D \subset \mathbb{R}^2$ 是平面上由有限条可求长闭曲线围成的闭区域, 函数 $P(x,y)$, $Q(x,y)$ 在 D 上连续, 且具有连续的一阶偏导数, 则

$$\iint\limits_D \left(\frac{\partial Q}{\partial x} - \frac{\partial P}{\partial y}\right) \mathrm{d}x\mathrm{d}y = \int_{\partial D} P\mathrm{d}x + Q\mathrm{d}y,$$

其中 ∂D 取正向.

推论 1.3 假设 D 是平面 $\mathbb{R}^2$ 上由有限条可求长闭曲线围成的闭区域, 函数 $P(x,y)$, $Q(x,y)$ 在 D 上连续, 且具有连续的一阶偏导数, 则

$$\iint\limits_D \left(\frac{\partial P}{\partial x} + \frac{\partial Q}{\partial y}\right) \mathrm{d}x\mathrm{d}y = \int_{\partial D} (P\cos(\boldsymbol{n},x) + Q\cos(\boldsymbol{n},y))\,\mathrm{d}s, \tag{1.6}$$

其中 $\boldsymbol{n}$ 为 ∂D 的单位外法向量.

证明 设 $\boldsymbol{t}$ 为 D 的边界 ∂D 的单位切向量. 由于 $\boldsymbol{n}$ 取外法线方向, 因而

$$\cos(\boldsymbol{n},x) = \cos(\boldsymbol{t},y), \quad \cos(\boldsymbol{n},y) = -\cos(\boldsymbol{t},x).$$

由 Green 公式得

$$\begin{aligned}\iint\limits_D \left(\frac{\partial P}{\partial x} + \frac{\partial Q}{\partial y}\right) \mathrm{d}x\mathrm{d}y &= \int_{\partial D} -Q\mathrm{d}x + P\mathrm{d}y \\ &= \int_{\partial D} (-Q\cos(\boldsymbol{t},x) + P\cos(\boldsymbol{t},y))\,\mathrm{d}s \\ &= \int_{\partial D} (P\cos(\boldsymbol{n},x) + Q\cos(\boldsymbol{n},y))\,\mathrm{d}s,\end{aligned}$$

因而完成推论的证明.

我们将式 (1.6) 也称为 **Green 公式**. 记 $\boldsymbol{F} = (P,Q)$, 由于 $\boldsymbol{n} = (\cos(\boldsymbol{n},x), \cos(\boldsymbol{n},y))$, 则公式 (1.6) 为

$$\iint\limits_D \operatorname{div} \boldsymbol{F} \mathrm{d}x\mathrm{d}y = \int_{\partial D} \boldsymbol{F}\cdot\boldsymbol{n}\,\mathrm{d}s. \tag{1.7}$$

下面我们叙述 Gauss 公式.

定理 1.4 (Gauss 公式) 假设 $V \subset \mathbb{R}^3$ 是空间中的一个有界闭区域, 其边界 ∂V 由有限张分块光滑的双侧曲面组成, 并取外法线方向. 函数 $P(x,y,z)$, $Q(x,y,z)$, $R(x,y,z)$ 在 V 上连续, 且具有连续的一阶偏导数, 则

$$\begin{aligned}\iiint\limits_V \left(\frac{\partial P}{\partial x} + \frac{\partial Q}{\partial y} + \frac{\partial R}{\partial z}\right) \mathrm{d}x\mathrm{d}y\mathrm{d}z &= \iint\limits_{\partial V} P\,\mathrm{d}y\mathrm{d}z + Q\,\mathrm{d}z\mathrm{d}x + R\,\mathrm{d}x\mathrm{d}y \\ &= \iint\limits_{\partial V} (P\cos\alpha + Q\cos\beta + R\cos\gamma)\mathrm{d}S,\end{aligned} \tag{1.8}$$

其中 $(\cos\alpha, \cos\beta, \cos\gamma)$ 为边界 ∂V 的外法线方向的方向余弦.

记 $\boldsymbol{F}=(P,Q,R)$, 由于单位外法向量 $\boldsymbol{n}=(\cos\alpha,\cos\beta,\cos\gamma)$, 则 Gauss 公式 (1.8) 为

$$\iiint\limits_V \operatorname{div}\boldsymbol{F}\,\mathrm{d}x\mathrm{d}y\mathrm{d}z=\iint\limits_{\partial V}\boldsymbol{F}\cdot\boldsymbol{n}\,\mathrm{d}S. \tag{1.9}$$

实际上, 我们可以证明下面更一般的 Gauss-Green 公式.

定理 1.5 (Gauss-Green 公式) 假设 Ω 是 $\mathbb{R}^n$ 中的一个有界开集, 且 $\partial\Omega\in C^1$. 如果 $\boldsymbol{F}=(F_1,F_2,\cdots,F_n):\overline{\Omega}\to\mathbb{R}^n$ 属于 $C^1(\overline{\Omega})$, 则

$$\int_{\overline{\Omega}}\operatorname{div}\boldsymbol{F}\,\mathrm{d}\boldsymbol{x}=\int_{\partial\Omega}\boldsymbol{F}\cdot\boldsymbol{n}\,\mathrm{d}S, \tag{1.10}$$

其中 $\boldsymbol{n}$ 为 $\partial\Omega$ 的单位外法向量.

习题一

1. 假设 $f:\mathbb{R}^n\to\mathbb{R}$ 是无穷次可微函数, 证明:

$$f(\boldsymbol{x})=\sum_{|\boldsymbol{\alpha}|\leqslant k}\frac{1}{\alpha!}D^{\boldsymbol{\alpha}}f(\boldsymbol{0})\boldsymbol{x}^{\boldsymbol{\alpha}}+O(|\boldsymbol{x}|^{k+1}),$$

其中 k 可为任何正整数, $\boldsymbol{\alpha}=(\alpha_1,\alpha_2,\cdots,\alpha_n)$ 表示多重指标, 且

$$|\boldsymbol{\alpha}|=\alpha_1+\alpha_2+\cdots+\alpha_n,\quad \boldsymbol{\alpha}!=\alpha_1!\alpha_2!\cdots\alpha_n!,\quad \boldsymbol{x}^{\boldsymbol{\alpha}}=x_1^{\alpha_1}x_2^{\alpha_2}\cdots x_n^{\alpha_n}.$$

2. 求二阶常微分方程

$$y''=y^3-y$$

的一个特解.

3. 证明 Leibniz 公式:

$$D^{\boldsymbol{\alpha}}(uv)=\sum_{\boldsymbol{\beta}\leqslant\boldsymbol{\alpha}}\begin{pmatrix}\boldsymbol{\alpha}\\ \boldsymbol{\beta}\end{pmatrix}D^{\boldsymbol{\beta}}uD^{\boldsymbol{\alpha}-\boldsymbol{\beta}}v,$$

其中 $\boldsymbol{\alpha}=(\alpha_1,\alpha_2,\cdots,\alpha_n),\boldsymbol{\beta}=(\beta_1,\beta_2,\cdots,\beta_n)$ 表示多重指标, 而

$$\begin{pmatrix}\boldsymbol{\alpha}\\ \boldsymbol{\beta}\end{pmatrix}=\frac{\boldsymbol{\alpha}!}{\boldsymbol{\beta}!(\boldsymbol{\alpha}-\boldsymbol{\beta})!},$$

$\boldsymbol{\beta} \leqslant \boldsymbol{\alpha}$ 表示 $\beta_i \leqslant \alpha_i\ (i=1,2,\cdots,n)$.

4. 假设 Ω 是 $\mathbb{R}^n$ 中的一个有界开集, 利用 Gauss-Green 公式证明:

(1) 如果 $u(\boldsymbol{x}), v(\boldsymbol{x}) \in C^1(\overline{\Omega})$, 则

$$\int_{\overline{\Omega}} u_{x_i}(\boldsymbol{x}) v(\boldsymbol{x})\,\mathrm{d}\boldsymbol{x} = -\int_{\overline{\Omega}} u(\boldsymbol{x}) v_{x_i}(\boldsymbol{x})\,\mathrm{d}\boldsymbol{x} + \int_{\partial\Omega} u(\boldsymbol{x}) v(\boldsymbol{x}) n_i\,\mathrm{d}S,$$

其中 n_i 是 $\partial\Omega$ 的单位外法向量 $\boldsymbol{n}$ 的第 i 个分量;

(2) 如果 $u(\boldsymbol{x}) \in C^2(\overline{\Omega})$, 则

$$\int_{\overline{\Omega}} \Delta u\,\mathrm{d}\boldsymbol{x} = \int_{\partial\Omega} \frac{\partial u}{\partial \boldsymbol{n}}\,\mathrm{d}S;$$

(3) 如果 $u(\boldsymbol{x}) \in C^1(\overline{\Omega})$, $v(\boldsymbol{x}) \in C^2(\overline{\Omega})$, 则

$$\int_{\overline{\Omega}} \nabla u \cdot \nabla v\,\mathrm{d}\boldsymbol{x} = -\int_{\overline{\Omega}} u(\boldsymbol{x}) \Delta v\,\mathrm{d}\boldsymbol{x} + \int_{\partial\Omega} u(\boldsymbol{x}) \frac{\partial v}{\partial \boldsymbol{n}}\,\mathrm{d}S;$$

(4) 如果 $u(\boldsymbol{x}), v(\boldsymbol{x}) \in C^2(\overline{\Omega})$, 则

$$\int_{\overline{\Omega}} (u(\boldsymbol{x})\Delta v - v(\boldsymbol{x})\Delta u)\,\mathrm{d}\boldsymbol{x} = \int_{\partial\Omega} \left(u(\boldsymbol{x}) \frac{\partial v}{\partial \boldsymbol{n}} - v(\boldsymbol{x}) \frac{\partial u}{\partial \boldsymbol{n}} \right) \mathrm{d}S.$$

5. 讨论二阶偏微分方程

$$Au_{xx} + 2Bu_{xy} + Cu_{yy} = f(x, y, u_x, u_y)$$

的分类, 其中 $u = u(x,y)$, A, B, C 是常数且不全为零.

6. 将下列偏微分方程化为标准形:

(1) $u_{xx} + 2u_{xy} + 2u_{yy} = 0$;

(2) $u_{xx} + 2u_{xy} + u_{yy} = 0$;

(3) $u_{xx} + 4u_{xy} + u_{yy} = 0$.

7. 将下列偏微分方程化为标准形:

(1) $\displaystyle\sum_{i=1}^{n} u_{x_i x_i} + \sum_{1\leqslant i<j\leqslant n} u_{x_i x_j} = 0$;

(2) $\displaystyle\sum_{1\leqslant j<i\leqslant n} u_{x_i x_j} = 0$.

8. 求 n 维单位球的体积.

第二章

位势方程

本章讨论位势方程

$$-\Delta u = f(\boldsymbol{x}), \tag{2.1}$$

其中 $u = u(\boldsymbol{x})$, $\boldsymbol{x} = (x_1, x_2, \cdots, x_n) \in \Omega$, Ω 是 $\mathbb{R}^n$ 中的开区域, $f(\boldsymbol{x})$ 是定义在 Ω 上的已知函数. 位势方程也称为 **Poisson 方程**. 当非齐次项 $f(\boldsymbol{x}) \equiv 0$ 时, 位势方程 (2.1) 称为 **Laplace 方程**:

$$\Delta u = 0. \tag{2.2}$$

Laplace 方程 (2.2) 的解就是调和函数. 调和函数是一类极为重要的函数, 在偏微分方程中占有极为重要的地位, 对偏微分方程的研究发挥着巨大的作用. 在 2.1 节中, 我们推导出调和函数的平均值公式, 然后利用平均值公式得到调和函数的一些重要性质, 如强极值原理、Harnack 不等式、Liouville 定理、解析性等. 另外, 我们简要介绍调和函数的单调性不等式. 在 2.2 节中, 我们先介绍位势方程的基本解和 Green 函数, 然后构造一些特殊区域上的位势方程 Dirichlet 问题解的表达式, 特别是上半空间和球上的位势方程 Dirichlet 问题解的 Poisson 公式, 从而解决这些特殊区域上位势方程 Dirichlet 问题解的存在性问题. 在 2.3 节中, 我们推导出位势方程的极值原理和最大模估计, 从而得到位势方程 Dirichlet 问题解的唯一性和稳定性. 在 2.4 节中, 我们简要介绍一下位势方程的能量模估计. 在 2.5 节中, 我们介绍位势方程的零延拓问题.

对于位势方程的边值问题, 最大模估计和能量模估计是两种重要的先验估计. 最大模估计是位势方程边值问题的解在所讨论区域每一点上的估计, 而能量模估计是位势方程边值问题的解或解的梯度在所讨论的整个区域上的积分估计. 尽管从这两个估计中的任何一个我们都能得到位势方程边值问题解的唯一性, 但需要指出的是最大模估计通常要比能量模估计强得多. 但是, 当我们在更大的函数空间类 (如 Sobolev 空间) 研究位势方程边值问题解的存在性时, 能量模估计又比最大模估计优越和自然.

Laplace 方程是偏微分方程中最重要的方程, 它可以由多种数学模型推导而得. 下面我们由三种数学模型推导 Laplace 方程.

(1) 变分问题.

极小曲面问题通常可以表述为: 对于平面区域 Ω, 在边界 $\partial\Omega$ 上给定一条空间曲线 L, 求一张定义在 Ω 上的曲面 S, 使得 S 是所有以 L 为边界的曲面中面积最小的曲面. 换句话说, 在给定的函数集合 $V_g = \{v \in C^1(\overline{\Omega}), v|_{\partial\Omega} = g\}$ 中, 求 $u \in V_g$, 使得

$$J(u) = \min_{v \in V_g} J(v),$$

其中

$$J(v) = \iint\limits_{\overline{\Omega}} \sqrt{1 + |\nabla v|^2}\, \mathrm{d}x\mathrm{d}y.$$

当只考虑很小的形变, 即梯度 ∇v 很小时, 有

$$\sqrt{1+|\nabla v|^2} \approx 1+\frac{1}{2}|\nabla v|^2.$$

因此, 上述极小曲面问题近似为如下变分问题：求 $u \in V_g$, 使得

$$F(u)=\min_{v \in V_g} F(v), \tag{2.3}$$

其中

$$F(v)=\frac{1}{2}\iint_{\Omega}|\nabla v|^2 \,\mathrm{d}x\mathrm{d}y.$$

现在我们来推导函数 $u \in V_g$ 满足的必要条件. 对于任意 $\varphi \in C_0^1(\Omega)$, $t \in \mathbb{R}$, 显然 $u+t\varphi \in V_g$. 记 $f(t)=F(u+t\varphi)$, 则 $f(t)$ 是关于 t 的二次多项式. 由 $f(t)$ 的定义可知, 对于 $t \in \mathbb{R}$, 有 $f(t) \geqslant f(0)$, 从而有 $f'(0)=0$, 即

$$\iint_{\Omega} \nabla u \cdot \nabla \varphi \,\mathrm{d}x\mathrm{d}y=0.$$

如果 $u \in C^2(\Omega)$, 由 Green 公式得到

$$\iint_{\Omega}(-\Delta u)\varphi \,\mathrm{d}x\mathrm{d}y=0.$$

由 φ 的任意性, 我们得到 Laplace 方程 $\Delta u=0$.

由一个变分问题推导出的偏微分方程称为此变分问题的 **Euler-Lagrange 方程**. 于是, 变分问题 (2.3) 的 Euler-Lagrange 方程即为 Laplace 方程 (2.2).

(2) 扩散模型.

Laplace 方程也可以从许多具有物理意义的数学模型中得到. 令 u 表示在平衡态下某一物理量在区域 Ω 内的密度分布 (如温度、浓度、静电位势等). 令 V 为 Ω 内的任何光滑区域, $\boldsymbol{F}$ 表示 u 的流速. 由于 u 处于平衡态, 所以通过 V 的边界流入和流出 V 的总流量相等. 于是, 我们有

$$\int_{\partial V} \boldsymbol{F} \cdot \boldsymbol{n} \,\mathrm{d}S=0,$$

其中 $\boldsymbol{n}$ 为 $\partial\Omega$ 的单位外法向量. 利用 Gauss-Green 公式, 我们得到

$$\int_V \operatorname{div} \boldsymbol{F} \,\mathrm{d}\boldsymbol{x}=\int_{\partial V} \boldsymbol{F} \cdot \boldsymbol{n} \,\mathrm{d}S=0.$$

由于区域 V 的任意性, 我们有

$$\operatorname{div} \boldsymbol{F}=0.$$

因为流量总是从高密度处流向低密度处, 所以 $\boldsymbol{F}$ 与梯度 ∇u 的方向相反. 为简单起见, 我们在这里假设 $\boldsymbol{F}$ 正比于梯度 ∇u (在许多情况下这是合理的), 于是

$$\boldsymbol{F} = -a\nabla u, \tag{2.4}$$

其中 a 是一个正常数. 把式 (2.4) 代入方程 $\mathrm{div}\boldsymbol{F} = 0$, 我们就得到 Laplace 方程 (2.2).

附注 2.1 如果 u 分别表示温度、浓度、静电位势, 则式 (2.4) 分别是 Fourier 定律、Fick 定律、Ohm 定律.

(3) 随机模型.

我们还可以从下列概率统计中的随机模型推导出 Laplace 方程.

设有一个由围墙包围的巨型体育场, 四周有一些门. 有一个人站在体育场中, 此人通过抛掷一枚硬币的方式来决定他行走的方向. 他连续抛掷两次硬币, 如果两次国徽都朝上, 他就向正北方向迈一步; 如果第一次国徽朝上而第二次麦穗朝上, 他就向正东方向迈一步; 如果两次麦穗都朝上, 他就向正南方向迈一步; 如果第一次麦穗朝上而第二次国徽朝上, 他就向正西方向迈一步. 试求在碰到围墙之前, 他通过门走出体育场的概率.

先取一个平面直角坐标系, 使得体育场中心位于原点. 不妨设体育场所在区域为 Ω. 令 D 表示所有的门, 则 $\partial\Omega \setminus D$ 表示围墙. 以正东方向为 x 轴的正向, 正北方向为 y 轴的正向. 设此人每一步的步长为 h; 抛掷硬币时, 国徽朝上和麦穗朝上出现的概率相等; 此人所站的位置为点 (x, y), 在碰到围墙之前, 他通过门走出体育场的概率为 $P(x, y)$. 由于向四个方向行走的概率相等, 于是

$$P(x,y) = \frac{1}{4}\big(P(x,y+h) + P(x+h,y) + P(x,y-h) + P(x-h,y)\big),$$

即

$$\frac{P(x+h,y) + P(x-h,y) - 2P(x,y)}{h^2} + \frac{P(x,y+h) + P(x,y-h) - 2P(x,y)}{h^2} = 0.$$

设 $P(x,y) \in C^2(\Omega)$. 由于 h 比 Ω 的直径小得多, 令 $h \to 0$, 利用 Taylor 展开式, 容易得到 Laplace 方程

$$\Delta P = \frac{\partial^2 P}{\partial x^2} + \frac{\partial^2 P}{\partial y^2} = 0.$$

记 χ_D 为 D 上的特征函数, 即在门 D 上为 1, 在墙 $\partial\Omega \setminus D$ 上为 0, 于是上述问题转化为边值问题

$$\begin{cases} \Delta P = 0, & (x,y) \in \Omega, \\ P = \chi_D, & (x,y) \in \partial\Omega. \end{cases}$$

为了求解 Poisson 方程 (2.1), 通常还要提出适当的边值条件. 对于 Poisson 方程 (2.1) 来说, 典型的边值条件通常分为以下三类:

(1) **第一边值条件**: 已知函数 u 在区域边界 $\partial\Omega$ 上的值, 即

$$u = g(\boldsymbol{x}), \quad \boldsymbol{x} \in \partial\Omega.$$

这一类边值条件亦称为 **Dirichlet 边值条件**, 相应的边值问题称为**第一边值问题**或 **Dirichlet 问题**.

(2) **第二边值条件**: 已知函数 u 在区域边界 $\partial\Omega$ 上的法向导数, 即

$$\frac{\partial u}{\partial \boldsymbol{n}} = g(\boldsymbol{x}), \quad \boldsymbol{x} \in \partial\Omega,$$

其中 $\boldsymbol{n}$ 是 $\partial\Omega$ 的单位外法向量. 这一类边值条件亦称为 **Neumann 边值条件**, 相应的边值问题称为**第二边值问题**或 **Neumann 问题**.

(3) **第三边值条件**: 已知函数 u 和它在区域边界 $\partial\Omega$ 上的法向导数的一个线性组合, 即

$$\frac{\partial u}{\partial \boldsymbol{n}} + \alpha(\boldsymbol{x})u = g(\boldsymbol{x}), \quad \boldsymbol{x} \in \partial\Omega,$$

其中 $\boldsymbol{n}$ 是 $\partial\Omega$ 的单位外法向量, $\alpha(\boldsymbol{x}) > 0$. 相应的边值问题称为**第三边值问题**或 **Robin 问题**.

由于 Poisson 方程可以看成热方程的极限形式, 我们将在第三章的引言部分对上述三类边值条件的物理意义加以阐述.

2.1 调和函数

在这一节中, 我们将构造一些具体的调和函数, 然后推导调和函数的平均值公式, 并利用平均值公式来得到关于调和函数各阶偏导数的估计、强极值原理、Harnack 不等式、Liouville 定理, 证明调和函数一定是解析函数, 最后介绍调和函数的单调不等式.

2.1.1 实例

定义 2.1 *如果函数 $u(\boldsymbol{x}) \in C^2(\Omega)$ 且满足 Laplace 方程 (2.2), 则称之为***调和函数***; 如果一个多项式满足 Laplace 方程 (2.2), 则称之为***调和多项式***.*

显然, 1, $x_1, x_2, \cdots, x_n$, $x_i^2 - x_j^2$ $(i, j = 1, 2, \cdots, n)$, $x_i x_j$ $(i, j = 1, 2, \cdots, n; i \neq j)$ 和 $(3x_i^2 - x_j^2)x_j$ $(i, j = 1, 2, \cdots, n; i \neq j)$ 是 Laplace 方程 (2.2) 的解. 特别地, 线性函数是它的解. 实际上, 我们可以通过复分析中的 Cauchy-Riemann 方程来构造许多更高次的调和多项式. 具体来说, 设 $\Omega \subset \mathbb{R}^2$ 是开集, 我们可以把它看成复平面 $\mathbb{C}$ 上的

开区域. 设 $f: \Omega \to \mathbb{C}$ 是一个解析函数, 且分别记函数 $f(x+\mathrm{i}y)$ 的实部和虚部为 $u(x,y) = \Re f(x+\mathrm{i}y)$, $v(x,y) = \Im f(x+\mathrm{i}y)$. 由 **Cauchy-Riemann 方程**

$$\frac{\partial u}{\partial x} = \frac{\partial v}{\partial y}, \quad \frac{\partial u}{\partial y} = -\frac{\partial v}{\partial x},$$

我们知道 $u(x,y)$, $v(x,y)$ 满足

$$\frac{\partial^2 u}{\partial x^2} + \frac{\partial^2 u}{\partial y^2} = 0, \quad \frac{\partial^2 v}{\partial x^2} + \frac{\partial^2 v}{\partial y^2} = 0,$$

因此 $u(x,y)$, $v(x,y)$ 是调和函数. 对于任意非负整数 k, 记

$$z^k = (x+\mathrm{i}y)^k = P_k(x,y) + \mathrm{i}Q_k(x,y).$$

由上面的讨论, 我们知道 $P_k(x,y)$, $Q_k(x,y)$ 是 k 次调和多项式. 易证

$$P_{k+1}(x,y) = xP_k(x,y) - yQ_k(x,y),$$

$$Q_{k+1}(x,y) = xQ_k(x,y) + yP_k(x,y)$$

是 $k+1$ 次调和多项式. 由这两个递推关系不难构造出一些任意次的调和多项式. 关于调和多项式更完整的阐述, 请参阅参考文献 [1] 的第五章.

注意到

$$\mathrm{e}^z = \mathrm{e}^x \cos y + \mathrm{i}\mathrm{e}^x \sin y, \quad \mathrm{e}^{-z} = \mathrm{e}^{-x} \cos y - \mathrm{i}\mathrm{e}^{-x} \sin y,$$

于是知 $\mathrm{e}^x \cos y$, $\mathrm{e}^x \sin y$, $\mathrm{e}^{-x} \cos y$, $\mathrm{e}^{-x} \sin y$ 是调和函数. 因此, 我们可利用复平面上的解析函数来构造更复杂的调和函数.

另外, 我们注意到如下有趣的事实:

定理 2.1 假设 $u(\boldsymbol{x})$ 是 $\mathbb{R}^n$ 上的调和函数, 则

(1) $u(\lambda \boldsymbol{x})$ 是调和函数, 其中 λ 是任一实数;

(2) $u(\boldsymbol{x}+\boldsymbol{x}_0)$ 是调和函数, 其中 $\boldsymbol{x}_0 \in \mathbb{R}^n$ 固定;

(3) $u(O\boldsymbol{x})$ 是调和函数, 其中 $O: \mathbb{R}^n \to \mathbb{R}^n$ 是一个正交变换.

证明留作练习 (见习题二的第 3 题).

此定理说明, 在伸缩变换、平移变换和正交变换下, 调和函数仍变为调和函数.

2.1.2 平均值公式

现在设 Ω 是 $\mathbb{R}^n$ 上的一个开区域, 且 $u(\boldsymbol{x})$ 是 Ω 上的一个调和函数. 我们将推导一个极为重要的平均值公式. 这个公式说明, 函数 $u(\boldsymbol{x})$ 在球心 $\boldsymbol{x} \in \Omega$ 处的取值 $u(\boldsymbol{x})$ 等于它在球面 $\partial B(\boldsymbol{x},r)$ 上的积分平均值, 也等于它在球 $B(\boldsymbol{x},r)$ 上的积分平均值. 随后, 由此公式我们可推导出关于调和函数的许多重要结论.

定理 2.2 (平均值公式) 假设 $u(\boldsymbol{x}) \in C^2(\Omega)$ 是 Ω 上的调和函数, 则对于任意球 $B(\boldsymbol{x},r) \subset \Omega$, 有

$$u(\boldsymbol{x}) = \fint_{\partial B(\boldsymbol{x},r)} u(\boldsymbol{y})\,\mathrm{d}S(\boldsymbol{y}) = \fint_{B(\boldsymbol{x},r)} u(\boldsymbol{y})\,\mathrm{d}\boldsymbol{y}, \tag{2.5}$$

其中符号 $\fint$ 表示求积分的平均值, 即

$$\fint_{\partial B(\boldsymbol{x},r)} u(\boldsymbol{y})\,\mathrm{d}S(\boldsymbol{y}) = \frac{1}{n\alpha(n)r^{n-1}} \int_{\partial B(\boldsymbol{x},r)} u(\boldsymbol{y})\,\mathrm{d}S(\boldsymbol{y}),$$

$$\fint_{B(\boldsymbol{x},r)} u(\boldsymbol{y})\,\mathrm{d}\boldsymbol{y} = \frac{1}{\alpha(n)r^{n}} \int_{B(\boldsymbol{x},r)} u(\boldsymbol{y})\,\mathrm{d}\boldsymbol{y},$$

这里 $\alpha(n)$ 表示 $\mathbb{R}^n$ 上单位球的体积.

证明 令

$$\phi(r) = \fint_{\partial B(\boldsymbol{x},r)} u(\boldsymbol{y})\,\mathrm{d}S(\boldsymbol{y}).$$

做平移变换和伸缩变换, 则

$$\phi(r) = \fint_{\partial B(\boldsymbol{0},1)} u(\boldsymbol{x}+r\boldsymbol{z})\,\mathrm{d}S(\boldsymbol{z}).$$

对 r 求导数, 由 Gauss-Green 公式, 我们得到

$$\begin{aligned}
\phi'(r) &= \fint_{\partial B(\boldsymbol{0},1)} \nabla u(\boldsymbol{x}+r\boldsymbol{z}) \cdot \boldsymbol{z}\,\mathrm{d}S(\boldsymbol{z}) \\
&= \fint_{\partial B(\boldsymbol{x},r)} \nabla u(\boldsymbol{y}) \cdot \frac{\boldsymbol{y}-\boldsymbol{x}}{r}\,\mathrm{d}S(\boldsymbol{y}) \\
&= \fint_{\partial B(\boldsymbol{x},r)} \frac{\partial u(\boldsymbol{y})}{\partial \boldsymbol{n}}\,\mathrm{d}S(\boldsymbol{y}) \\
&= \frac{r}{n} \fint_{B(\boldsymbol{x},r)} \Delta u(\boldsymbol{y})\,\mathrm{d}\boldsymbol{y} = 0.
\end{aligned}$$

于是, $\phi(r)$ 是一个常数. 由 $u(\boldsymbol{x})$ 的连续性, 我们有

$$u(\boldsymbol{x}) = \lim_{t\to 0^+} \phi(t) = \phi(r),$$

即

$$u(\boldsymbol{x}) = \fint_{\partial B(\boldsymbol{x},r)} u(\boldsymbol{y})\,\mathrm{d}S(\boldsymbol{y}). \tag{2.6}$$

注意到

$$\int_{B(\boldsymbol{x},r)} u(\boldsymbol{y})\,\mathrm{d}\boldsymbol{y} = \int_0^r \int_{\partial B(\boldsymbol{x},t)} u(\boldsymbol{y})\,\mathrm{d}S(\boldsymbol{y})\,\mathrm{d}t,$$

再利用式 (2.6), 则

$$\begin{aligned}\int_{B(\boldsymbol{x},r)} u(\boldsymbol{y})\,\mathrm{d}\boldsymbol{y} &= u(\boldsymbol{x})\int_0^r n\alpha(n)t^{n-1}\,\mathrm{d}t\\ &= \alpha(n)r^n u(\boldsymbol{x}).\end{aligned}$$

于是, 我们完成定理的证明.

关于平均值公式的逆命题也成立.

定理 2.3 假设 $u(\boldsymbol{x})\in C^2(\Omega)$ 满足: 对于任意球 $B(\boldsymbol{x},r)\subset\Omega$, 有

$$u(\boldsymbol{x}) = ⨍_{\partial B(\boldsymbol{x},r)} u(\boldsymbol{y})\mathrm{d}S(\boldsymbol{y}),$$

则 $u(\boldsymbol{x})$ 是调和函数.

证明 对于固定的 $\boldsymbol{x}\in\Omega$, 假设球 $B(\boldsymbol{x},r)\subset\Omega$, $\phi(r)$ 如定理 2.2 的证明中定义. 由假设我们得到 $\phi(r)$ 是一个常数, 因此

$$\phi'(r) = 0.$$

由定理 2.2 的证明, 我们有

$$\frac{r}{n}⨍_{B(\boldsymbol{x},r)} \Delta u(\boldsymbol{y})\mathrm{d}\boldsymbol{y} = 0,$$

于是

$$⨍_{B(\boldsymbol{x},r)} \Delta u(\boldsymbol{y})\mathrm{d}\boldsymbol{y} = 0.$$

令 $r\to 0$, 由 Δu 的连续性, 则

$$\Delta u(\boldsymbol{x}) = 0, \quad \boldsymbol{x}\in\Omega.$$

至此, 我们完成定理的证明.

实际上, 定理 2.3 中的光滑性条件 $u(\boldsymbol{x})\in C^2(\Omega)$ 可减弱为 $u(\boldsymbol{x})\in C(\Omega)$.

*** 定理 2.3′** 假设 $u(\boldsymbol{x})\in C(\Omega)$ 满足平均值公式, 即对于任意球 $B(\boldsymbol{x},r)\subset\Omega$, 有

$$u(\boldsymbol{x}) = ⨍_{\partial B(\boldsymbol{x},r)} u(\boldsymbol{y})\mathrm{d}S(\boldsymbol{y}),$$

则 $u(\boldsymbol{x})$ 是调和函数, 且 $u(\boldsymbol{x})\in C^\infty(\Omega)$.

证明 设 $\eta:\mathbb{R}^n\to\mathbb{R}$ 是一个光滑化子, 即径向对称的非负函数 $\eta\in C_0^\infty(\mathbb{R}^n)$ 满足:

(1) $\eta(\boldsymbol{x}) = h(|\boldsymbol{x}|)$, 这里 $h:[0,+\infty)\to[0,+\infty)$ 是一个非负函数;

(2) 支集 $\operatorname{spt}\eta\subset B(\mathbf{0},1)$;

(3) $\displaystyle\int_{\mathbb{R}^n}\eta(\boldsymbol{x})\,\mathrm{d}\boldsymbol{x} = \int_{B(\mathbf{0},1)}\eta(\boldsymbol{y})\,\mathrm{d}\boldsymbol{y} = 1.$

例如, 我们可选取正常数 k, 使得

$$\eta(\boldsymbol{x})=\begin{cases}k\mathrm{e}^{\frac{1}{|\boldsymbol{x}|^2-1}}, & |\boldsymbol{x}|<1,\\ 0, & |\boldsymbol{x}|\geqslant 1\end{cases}$$

成为一个光滑化子.

对于 $\varepsilon>0$, 定义

$$\eta_\varepsilon(\boldsymbol{y})=\frac{1}{\varepsilon^n}\eta\left(\frac{\boldsymbol{y}}{\varepsilon}\right),$$

于是 $\operatorname{spt}\eta_\varepsilon\subset B(\mathbf{0},\varepsilon)$, 且

$$\begin{aligned}\int_{\mathbb{R}^n}\eta_\varepsilon(\boldsymbol{y})\,\mathrm{d}\boldsymbol{y}&=\frac{1}{\varepsilon^n}\int_{B(\mathbf{0},\varepsilon)}\eta\left(\frac{\boldsymbol{y}}{\varepsilon}\right)\,\mathrm{d}\boldsymbol{y}\\&=\int_{B(\mathbf{0},1)}\eta(\boldsymbol{y})\,\mathrm{d}\boldsymbol{y}\\&=1.\end{aligned}$$

利用球坐标变换, 我们得到

$$\frac{1}{\varepsilon^n}\int_0^\varepsilon h\left(\frac{r}{\varepsilon}\right)n\alpha(n)r^{n-1}\,\mathrm{d}r=1.$$

对于充分小的 $\varepsilon>0$, 在区域 $\Omega_\varepsilon=\{\boldsymbol{x}\in\Omega|\operatorname{dist}(\boldsymbol{x},\partial\Omega)>\varepsilon\}$ 上定义

$$u_\varepsilon(\boldsymbol{x})=\int_{\Omega}\eta_\varepsilon(\boldsymbol{x}-\boldsymbol{y})u(\boldsymbol{y})\mathrm{d}\boldsymbol{y}.$$

由于 η 无穷次可微且具有紧支集, 容易证明 $u_\varepsilon(\boldsymbol{x})\in C^\infty(\Omega_\varepsilon)$. 对于任意 $\boldsymbol{x}\in\Omega_\varepsilon$, 利用平均值公式, 计算得到

$$\begin{aligned}u_\varepsilon(\boldsymbol{x})&=\frac{1}{\varepsilon^n}\int_{B(\boldsymbol{x},\varepsilon)}\eta\left(\frac{\boldsymbol{x}-\boldsymbol{y}}{\varepsilon}\right)u(\boldsymbol{y})\,\mathrm{d}\boldsymbol{y}\\&=\frac{1}{\varepsilon^n}\int_0^\varepsilon h\left(\frac{r}{\varepsilon}\right)\int_{\partial B(\boldsymbol{x},r)}u(\boldsymbol{y})\,\mathrm{d}S(\boldsymbol{y})\,\mathrm{d}r\\&=\frac{1}{\varepsilon^n}\int_0^\varepsilon h\left(\frac{r}{\varepsilon}\right)u(\boldsymbol{x})n\alpha(n)r^{n-1}\,\mathrm{d}r\\&=u(\boldsymbol{x}),\end{aligned}$$

因而 $u(\boldsymbol{x})\in C^\infty(\Omega_\varepsilon)$. 令 $\varepsilon\to0$, 得到 $u(\boldsymbol{x})\in C^\infty(\Omega)$. 再运用定理 2.3 得证.

附注 2.2 定理 2.3′ 中 $u(\boldsymbol{x})\in C(\Omega)$ 的假设还可以减弱. 下面的 Weyl 引理证明了 Laplace 方程 (2.2) 的弱解必为光滑解.

***Weyl 引理** [参见文献 [9] 第一章的第二节] 如果一个局部可积函数 $u(\boldsymbol{x})\in L^1_{\mathrm{loc}}(\Omega)$ 是 Laplace 方程 (2.2) 的弱解, 即对于任意 $\varphi(\boldsymbol{x})\in C_0^\infty(\Omega)$, 等式

$$\int_{\Omega} u(\boldsymbol{x})\Delta\varphi(\boldsymbol{x})\,\mathrm{d}\boldsymbol{x}=0$$

成立, 则 $u(\boldsymbol{x})\in C^{\infty}(\Omega)$ 且在 Ω 上满足 Laplace 方程 (2.2).

证明的思路是: 先证明 $u_{\varepsilon}(\boldsymbol{x})$ 满足 Laplace 方程, 于是平均值公式对于 $u_{\varepsilon}(\boldsymbol{x})$ 成立. 再令 $\varepsilon\to 0$, 则 $u(\boldsymbol{x})$ 也满足平均值公式. 因此, $u(\boldsymbol{x})$ 在 Ω 上连续, 从而由定理 2.3′ 获证.

定理 2.4 (Harnack 不等式) 对于 Ω 上的任何连通紧子集 V, 存在一个仅与 V,Ω 和维数 n 有关的正常数 C, 使得

$$\max_{\boldsymbol{x}\in V} u(\boldsymbol{x})\leqslant C\min_{\boldsymbol{x}\in V} u(\boldsymbol{x}),\tag{2.7}$$

其中 $u(\boldsymbol{x})$ 是 Ω 上的任意非负调和函数. 特别地, 对于任意 $\boldsymbol{x},\boldsymbol{y}\in V$, 有

$$\frac{1}{C}u(\boldsymbol{y})\leqslant u(\boldsymbol{x})\leqslant Cu(\boldsymbol{y}).$$

证明 取 $r=\dfrac{1}{4}\mathrm{dist}\,(V,\partial\Omega)=\dfrac{1}{4}\min\limits_{\boldsymbol{x}_1\in V,\boldsymbol{x}_2\in\partial\Omega}|\boldsymbol{x}_1-\boldsymbol{x}_2|$.

考虑 $\boldsymbol{x},\boldsymbol{y}\in V$, $|\boldsymbol{x}-\boldsymbol{y}|\leqslant r$, 于是 $B(\boldsymbol{y},r)\subset B(\boldsymbol{x},2r)$, 从而

$$\begin{aligned}u(\boldsymbol{x})&=⨍_{B(\boldsymbol{x},2r)}u(\boldsymbol{z})\mathrm{d}\boldsymbol{z}\\&\geqslant\frac{1}{2^n}⨍_{B(\boldsymbol{y},r)}u(\boldsymbol{z})\mathrm{d}\boldsymbol{z}\\&\geqslant\frac{1}{2^n}u(\boldsymbol{y}).\end{aligned}$$

由于 V 是连通的紧集, 我们可用有限多个 (如 N 个) 半径为 r 的球 $\{\tilde{B}_i\}_{i=1}^{N}$ 覆盖它, 而且满足 $\tilde{B}_i\cap\tilde{B}_{i-1}\neq\varnothing$ $(i=2,3,\cdots,N)$. 于是, 对于任意 $\boldsymbol{x},\boldsymbol{y}\in V$, 有

$$u(\boldsymbol{x})\geqslant\frac{1}{2^{nN}}u(\boldsymbol{y}).$$

至此, 我们完成定理的证明.

实际上, 我们可以证明下面更精确的结论.

*** 定理 2.4′** (Harnack 不等式) 假设 $u(\boldsymbol{x})$ 是球 $B_R(\boldsymbol{x}_0)$ 上的非负调和函数, 则对于任意 $r\in(0,R)$, 有不等式

$$\max_{\boldsymbol{x}\in B(\boldsymbol{x}_0,r)} u(\boldsymbol{x})\leqslant\left(\frac{R+r}{R-r}\right)^n\min_{\boldsymbol{x}\in B(\boldsymbol{x}_0,r)} u(\boldsymbol{x}).$$

证明留作练习 (见习题二的第 16 题).

定理 2.5 (强极值原理) 假设 Ω 是 $\mathbb{R}^n$ 上的有界开集, $u(\boldsymbol{x})\in C(\overline{\Omega})\cap C^2(\Omega)$ 是 Ω 上的调和函数, 则

(1) $u(\boldsymbol{x})$ 在 $\overline{\Omega}$ 上的最大 (或小) 值一定在边界 $\partial\Omega$ 上达到, 即

$$\max_{\boldsymbol{x}\in\overline{\Omega}} u(\boldsymbol{x})=\max_{\boldsymbol{x}\in\partial\Omega} u(\boldsymbol{x})\quad\left(\text{或}\min_{\boldsymbol{x}\in\overline{\Omega}} u(\boldsymbol{x})=\min_{\boldsymbol{x}\in\partial\Omega} u(\boldsymbol{x})\right).$$

(2) 如果 Ω 是连通的, 且存在 $\boldsymbol{x}_0 \in \Omega$, 使得调和函数 $u(\boldsymbol{x})$ 在点 $\boldsymbol{x}_0$ 处达到它在 $\overline{\Omega}$ 上的最大 (或小) 值, 那么 $u(\boldsymbol{x})$ 在 $\overline{\Omega}$ 上是常数.

证明 仅就最大值的情形证明.

(1) 记

$$M = \max_{\boldsymbol{x} \in \overline{\Omega}} u(\boldsymbol{x}).$$

如果 $u(\boldsymbol{x})$ 在边界 $\partial\Omega$ 上的某一点达到 M, 结论自然成立. 如果 $u(\boldsymbol{x})$ 在 Ω 的内点 $x_0 \in \Omega$ 达到 M, 即 $u(\boldsymbol{x}_0) = M$, 我们证明在 Ω 的一个包含 $\boldsymbol{x}_0$ 的连通分支 Ω_1 上, 调和函数 $u(\boldsymbol{x})$ 恒为常数 M.

固定 $\boldsymbol{x}_1 \in \Omega_1$, 则存在一条路径 $\gamma : [0,1] \to \Omega_1$, 连接 $\boldsymbol{x}_0$ 和 $\boldsymbol{x}_1$ 两点. 也就是说, $\gamma(t)$ 关于 t 连续, 且 $\gamma(0) = \boldsymbol{x}_0$, $\gamma(1) = \boldsymbol{x}_1$. 定义

$$l = \sup\{t \in [0,1] | u(\gamma(t)) = M\},$$

我们将证明

$$l = 1,$$

从而得到 $u(\boldsymbol{x}_1) = u(\gamma(1)) = M$.

我们用反证法证明 $l = 1$. 假设 $l < 1$, 记 $\boldsymbol{x}_l = \gamma(l)$, 由函数 $u(\gamma(t))$ 的连续性, 我们有 $u(\boldsymbol{x}_l) = M$. 由于 $\boldsymbol{x}_l$ 是内点, 因此存在 $B(\boldsymbol{x}_l, r_l) \subset \Omega_1$. 在 $B(\boldsymbol{x}_l, r_l)$ 上应用平均值公式并注意到 $u(\boldsymbol{x}_l) = M$, 我们得到在 $B(\boldsymbol{x}_l, r_l)$ 上有 $u(\boldsymbol{x}) = M$. 注意到 $\gamma(t)$ 在 l 处的连续性, 存在充分小的 $\varepsilon > 0$, 使得 γ 在区间 $[l-\varepsilon, l+\varepsilon]$ 上的像集包含于 $B(\boldsymbol{x}_l, r_l)$, 于是 $u(\gamma(l+\varepsilon)) = M$. 这与 l 是上确界的定义矛盾. 因此, 假设 $l < 1$ 不成立, 从而 $l = 1$.

这样, 我们证明了在 Ω 的包含 $\boldsymbol{x}_0$ 的连通分支 Ω_1 上, $u(\boldsymbol{x})$ 恒为常数 M. 由于函数 $u(\boldsymbol{x})$ 的连续性, $u(\boldsymbol{x})$ 在 Ω_1 的边界 $\partial\Omega_1$ 上也恒为常数 M. 而 Ω_1 的边界 $\partial\Omega_1$ 是 Ω 的边界 $\partial\Omega$ 的一部分, 从而得到结论成立.

(2) 当 Ω 连通时, Ω 只有一个连通分支, 从而 $\Omega_1 = \Omega$, 结论成立. 至此, 我们完成定理的证明.

附注 2.3 对于一个椭圆型边值问题, 如果只有定理 2.5 中的结论 (1) 成立, 通常称之为**弱极值原理**.

从弱极值原理我们容易证明 Dirichlet 问题

$$\begin{cases} -\Delta u = f(\boldsymbol{x}), & \boldsymbol{x} \in \Omega, \\ u(\boldsymbol{x}) = g(\boldsymbol{x}), & \boldsymbol{x} \in \partial\Omega \end{cases} \tag{2.8}$$

的解的唯一性.

推论 2.6 假设 Ω 是 $\mathbb{R}^n$ 上的有界开集, 且 $g(\boldsymbol{x}) \in C(\partial\Omega)$ 和 $f(\boldsymbol{x}) \in C(\Omega)$, 则 Dirichlet 问题 (2.8) 最多存在一个解 $u(\boldsymbol{x}) \in C(\overline{\Omega}) \cap C^2(\Omega)$.

证明　假如存在两个解 $u_1(\boldsymbol{x}), u_2(\boldsymbol{x}) \in C(\overline{\Omega}) \cap C^2(\Omega)$. 令 $w(\boldsymbol{x}) = u_1(\boldsymbol{x}) - u_2(\boldsymbol{x})$. 由于 Dirichlet 问题 (2.8) 是线性的, $w(\boldsymbol{x})$ 满足齐次边值问题

$$\begin{cases} -\Delta w = 0, & \boldsymbol{x} \in \Omega, \\ w(\boldsymbol{x}) = 0, & \boldsymbol{x} \in \partial\Omega. \end{cases}$$

利用极值原理我们得到, 对于 $\boldsymbol{x} \in \Omega$, 有 $w(\boldsymbol{x}) \leqslant 0$. 注意到 $-w(\boldsymbol{x})$ 满足同样的齐次边值问题, 于是对于 $\boldsymbol{x} \in \Omega$, 有 $w(\boldsymbol{x}) \geqslant 0$, 因而 $w(\boldsymbol{x}) \equiv 0$. 至此, 我们完成推论的证明.

下面我们利用平均值公式来推导关于调和函数所有偏导数的估计, 然后以此来证明调和函数是解析函数.

定理 2.7　假设 $u(\boldsymbol{x})$ 是 Ω 上的调和函数, 则对于任意球 $B(\boldsymbol{x}, r) \subset \Omega$, 任意阶数为 k 的多重指标 $\boldsymbol{\alpha}$, 估计式

$$|D^{\boldsymbol{\alpha}} u(\boldsymbol{x})| \leqslant \frac{C_k}{r^{n+k}} \int_{B(\boldsymbol{x},r)} |u(\boldsymbol{y})| \mathrm{d}\boldsymbol{y} \tag{2.9}$$

成立, 其中

$$C_0 = \frac{1}{\alpha(n)}, \quad C_k = \frac{(n+k)^{n+k}(n+1)^k}{\alpha(n)(n+1)^{n+1}} \quad (k = 1, 2, \cdots). \tag{2.10}$$

证明　对 k 利用数学归纳法证明公式 (2.9) 和 (2.10).

当 $k = 0$ 时, 公式 (2.9) 和 (2.10) 是平均值公式 (2.5) 的直接推论.

当 $k = 1$ 时, 注意到 $u_{x_i}(\boldsymbol{x})(i = 1, 2, \cdots, n)$ 也是调和函数, 于是在球 $B(\boldsymbol{x}, s)(0 < s < r)$ 上利用平均值公式 (2.5) 和 Gauss-Green 公式得

$$\begin{aligned} |u_{x_i}(\boldsymbol{x})| &= \left| ⨍_{B(\boldsymbol{x},s)} u_{x_i}(\boldsymbol{y}) \,\mathrm{d}\boldsymbol{y} \right| \\ &= \left| \frac{1}{\alpha(n) s^n} \int_{\partial B(\boldsymbol{x},s)} u(\boldsymbol{y}) \boldsymbol{n}_i(\boldsymbol{y}) \,\mathrm{d}S(\boldsymbol{y}) \right|, \end{aligned}$$

从而有

$$\alpha(n) s^n |u_{x_i}(\boldsymbol{x})| \leqslant \int_{\partial B(\boldsymbol{x},s)} |u(\boldsymbol{y})| \,\mathrm{d}S(\boldsymbol{y}).$$

对上式两端在区间 $[0, r]$ 上积分, 得到

$$\begin{aligned} |u_{x_i}(\boldsymbol{x})| \int_0^r \alpha(n) s^n \,\mathrm{d}s &\leqslant \int_0^r \mathrm{d}s \int_{\partial B(\boldsymbol{x},s)} |u(\boldsymbol{y})| \,\mathrm{d}S(\boldsymbol{y}) \\ &= \int_{B(\boldsymbol{x},r)} |u(\boldsymbol{y})| \,\mathrm{d}\boldsymbol{y}, \end{aligned}$$

因而

$$|u_{x_i}(\boldsymbol{x})| \leqslant \frac{n+1}{\alpha(n)} \cdot \frac{1}{r^{n+1}} \int_{B(\boldsymbol{x},r)} |u(\boldsymbol{y})|\, \mathrm{d}\boldsymbol{y} \quad (i=1,2,\cdots,n). \tag{2.11}$$

至此，我们完成当 $k=1$ 时公式 (2.9) 和 (2.10) 的证明.

现在假设 $k \geqslant 2$, 且对于 Ω 上的所有球和 $k-1$ 阶的多重指标, 公式 (2.9) 和 (2.10) 成立. 取定 $B(\boldsymbol{x},r) \subset \Omega$. 令 $\boldsymbol{\alpha}$ 为一个 k 阶多重指标, 必然存在 $i \in \{1,2,\cdots,n\}$ 和一个 $k-1$ 阶的多重指标 $\boldsymbol{\beta}$, 使得 $D^{\boldsymbol{\alpha}}u = (D^{\boldsymbol{\beta}}u)_{x_i}$. 令 $v(\boldsymbol{x}) = D^{\boldsymbol{\beta}}u(\boldsymbol{x})$. 由于 $v(\boldsymbol{x})$ 是调和函数, 对于任意 $s \in (0,r)$, 在球 $B(\boldsymbol{x},s)$ 上应用不等式 (2.11), 我们有

$$\begin{aligned}|D^{\boldsymbol{\alpha}}u(\boldsymbol{x})| &\leqslant \frac{n+1}{\alpha(n)} \cdot \frac{1}{s^{n+1}} \int_{B(\boldsymbol{x},s)} |D^{\boldsymbol{\beta}}u(\boldsymbol{z})|\, \mathrm{d}\boldsymbol{z} \\ &\leqslant \frac{n+1}{s} \max_{\boldsymbol{z}\in B(\boldsymbol{x},s)} |D^{\boldsymbol{\beta}}u(\boldsymbol{z})|.\end{aligned}$$

注意到 $\boldsymbol{z} \in B(\boldsymbol{x},s)$ 蕴涵着 $B(\boldsymbol{z},r-s) \subset B(\boldsymbol{x},r) \subset \Omega$. 由假设, 对于任意 $\boldsymbol{z} \in B(\boldsymbol{x},s)$, 公式 (2.9) 和 (2.10) 蕴涵着

$$\begin{aligned}|D^{\boldsymbol{\beta}}u(\boldsymbol{z})| &\leqslant \frac{C_{k-1}}{(r-s)^{n+k-1}} \int_{B(\boldsymbol{z},r-s)} |u(\boldsymbol{y})|\, \mathrm{d}\boldsymbol{y} \\ &\leqslant \frac{C_{k-1}}{(r-s)^{n+k-1}} \int_{B(\boldsymbol{x},r)} |u(\boldsymbol{y})|\, \mathrm{d}\boldsymbol{y}.\end{aligned}$$

综上所述, 对于任意 $s \in (0,r)$, 有

$$|D^{\boldsymbol{\alpha}}u(\boldsymbol{x})| \leqslant \frac{(n+1)C_{k-1}}{s(r-s)^{n+k-1}} \int_{B(\boldsymbol{x},r)} |u(\boldsymbol{y})|\, \mathrm{d}\boldsymbol{y}.$$

在上式中, 取 $s = \dfrac{r}{n+k}$, 得到

$$|D^{\boldsymbol{\alpha}}u(\boldsymbol{x})| \leqslant \frac{C_k}{r^{n+k}} \int_{B(\boldsymbol{x},r)} |u(\boldsymbol{y})| \mathrm{d}\boldsymbol{y},$$

其中

$$C_k = (n+1)C_{k-1}\frac{(n+k)^{n+k}}{(n+k-1)^{n+k-1}}.$$

记

$$A_k = \frac{C_k}{(n+k)^{n+k}} \quad (k=1,2,\cdots),$$

则我们有递推关系式

$$A_k = (n+1)A_{k-1} \quad (k=2,3,\cdots),$$

从而

$$A_k = (n+1)^{k-1}A_1 \quad (k=2,3,\cdots).$$

注意到 $C_1 = \dfrac{n+1}{\alpha(n)}$ 和 $A_1 = \dfrac{C_1}{(n+1)^{n+1}}$, 推出

$$C_k = A_k(n+k)^{n+k}$$
$$= \frac{(n+k)^{n+k}(n+1)^k}{\alpha(n)(n+1)^{n+1}} \quad (k=1,2,\cdots).$$

这就完成当 $|\boldsymbol{\alpha}|=k$ 时公式 (2.9) 和 (2.10) 的证明, 从而完成定理的证明.

作为定理 2.7 的推论, 我们证明下面的 Liouville 定理.

定理 2.8 (Liouville 定理) 假设 $u(\boldsymbol{x})$ 是 $\mathbb{R}^n$ 上的有界调和函数, 则 $u(\boldsymbol{x})$ 是常数.

证明 设 $|u(\boldsymbol{x})| \leqslant M$. 固定 $\boldsymbol{x} \in \mathbb{R}^n$. 对于任意 $r>0$, 在球 $B(\boldsymbol{x},r)$ 上利用定理 2.7 当 $k=1$ 时的结论, 则

$$|\nabla u(\boldsymbol{x})| \leqslant \frac{nC_1}{r^{n+1}}\int_{B(\boldsymbol{x},r)}|u(\boldsymbol{y})|\mathrm{d}\boldsymbol{y}$$
$$\leqslant \frac{n(n+1)}{r}M.$$

令 $r\to+\infty$, 我们有

$$\nabla u(\boldsymbol{x}) \equiv \mathbf{0}, \quad \boldsymbol{x}\in\mathbb{R}^n,$$

因此 $u(\boldsymbol{x})$ 是常数. 至此, 我们完成定理的证明.

利用 Harnack 不等式 (定理 2.4′), 我们还可以证明更强的结论.

***定理 2.8′** 假设 $u(\boldsymbol{x})$ 是 $\mathbb{R}^n$ 上有上界 (或下界) 的调和函数, 则 $u(\boldsymbol{x})$ 是一个常数, 这里 $u(\boldsymbol{x})$ 有上界 (或下界) 是指存在一个常数 M, 使得

$$u(\boldsymbol{x}) \leqslant M \quad (\text{或 } u(\boldsymbol{x}) \geqslant M), \quad \boldsymbol{x}\in\mathbb{R}^n$$

成立.

证明留作练习 (见习题二的第 17 题).

作为定理 2.7 的推论, 我们可以进一步证明如下结论:

定理 2.9 假设 $u(\boldsymbol{x})$ 是 Ω 上的调和函数, 则 $u(\boldsymbol{x})$ 是 Ω 上的解析函数.

证明 固定 $\boldsymbol{x}_0\in\Omega$. 我们要证 $u(\boldsymbol{x})$ 在点 $\boldsymbol{x}_0$ 的某个邻域内可以表示为一个收敛的 Taylor 级数. 取 $r_0=\dfrac{1}{4}\mathrm{dist}\,(\boldsymbol{x}_0,\partial\Omega)$, 记

$$A=\frac{1}{\alpha(n)(n+1)^{n+1}r_0^n}\int_{B(\boldsymbol{x}_0,2r_0)}|u(\boldsymbol{y})|\mathrm{d}\boldsymbol{y}.$$

对于任意 $\boldsymbol{x}\in B(\boldsymbol{x}_0,r_0)$, 有 $B(\boldsymbol{x},r_0)\subset B(\boldsymbol{x}_0,2r_0)\subset\Omega$. 由定理 2.7 得到

$$|D^{\boldsymbol{\alpha}}u(\boldsymbol{x})| \leqslant \frac{A}{r_0^N}(n+N)^{n+N}(n+1)^N,$$

其中 $|\boldsymbol{\alpha}|=N$. 利用 Stirling 公式

$$\lim_{N\to+\infty}\frac{N^{N+\frac{1}{2}}}{N!\mathrm{e}^N}=\frac{1}{(2\pi)^{\frac{1}{2}}}<1,$$

我们得到, 当 N 充分大时, 有

$$
\begin{aligned}
(n+N)^{n+N} &= \left(1+\frac{n}{N}\right)^N (N+n)^n N^N \\
&\leqslant \mathrm{e}^n (2N)^n N^N \\
&\leqslant 2^n \mathrm{e}^n N! \cdot \mathrm{e}^N N^{n-\frac{1}{2}}.
\end{aligned}
$$

我们将证明, 当

$$
|\boldsymbol{x}-\boldsymbol{x}_0| \leqslant r_1 = \frac{r_0}{2n(n+1)\mathrm{e}}
$$

时, $u(\boldsymbol{x})$ 在点 $\boldsymbol{x}_0$ 处的 Taylor 级数

$$
\sum_{|\boldsymbol{\alpha}|=0}^{\infty} \frac{D^{\boldsymbol{\alpha}} u(\boldsymbol{x}_0)}{\boldsymbol{\alpha}!} (\boldsymbol{x}-\boldsymbol{x}_0)^{\boldsymbol{\alpha}}
$$

收敛到 $u(\boldsymbol{x})$.

实际上, 对于 $\boldsymbol{x} \in B(\boldsymbol{x}_0, r_1)$, 存在 $\theta = \theta(\boldsymbol{x}) \in (0,1)$, 使得 $u(\boldsymbol{x})$ 在点 $\boldsymbol{x}_0$ 处的 Taylor 级数余项可以表示为

$$
\begin{aligned}
R_N(\boldsymbol{x}) &= u(\boldsymbol{x}) - \sum_{k=0}^{N-1} \sum_{|\boldsymbol{\alpha}|=k} \frac{D^{\boldsymbol{\alpha}} u(\boldsymbol{x}_0)}{\boldsymbol{\alpha}!} (\boldsymbol{x}-\boldsymbol{x}_0)^{\boldsymbol{\alpha}} \\
&= \sum_{|\boldsymbol{\alpha}|=N} \frac{D^{\boldsymbol{\alpha}} u(\boldsymbol{x}_0 + \theta(\boldsymbol{x}-\boldsymbol{x}_0))}{\boldsymbol{\alpha}!} (\boldsymbol{x}-\boldsymbol{x}_0)^{\boldsymbol{\alpha}}.
\end{aligned}
$$

利用组合公式

$$
\sum_{|\boldsymbol{\alpha}|=N} \frac{N!}{\boldsymbol{\alpha}!} = n^N,
$$

我们得到, 当 N 充分大时, 有

$$
\begin{aligned}
|R_N(\boldsymbol{x})| &\leqslant A \sum_{|\boldsymbol{\alpha}|=N} \frac{1}{\boldsymbol{\alpha}!} (n+N)^{n+N} \left[\frac{(n+1)|\boldsymbol{x}-\boldsymbol{x}_0|}{r_0}\right]^N \\
&\leqslant 2^n \mathrm{e}^n A \left(\sum_{|\boldsymbol{\alpha}|=N} \frac{N!}{\boldsymbol{\alpha}!}\right) \cdot \mathrm{e}^N N^{n-\frac{1}{2}} \left[\frac{(n+1)|\boldsymbol{x}-\boldsymbol{x}_0|}{r_0}\right]^N \\
&= 2^n \mathrm{e}^n A \left[\frac{n(n+1)\mathrm{e}|\boldsymbol{x}-\boldsymbol{x}_0|}{r_0}\right]^N N^{n-\frac{1}{2}} \\
&\leqslant 2^n \mathrm{e}^n A \frac{N^{n-\frac{1}{2}}}{2^N},
\end{aligned}
$$

从而 $u(\boldsymbol{x})$ 在点 $\boldsymbol{x}_0$ 处的 Taylor 级数余项 $R_N(\boldsymbol{x})$ 在 $B(\boldsymbol{x}_0, r_1)$ 上一致收敛到 0, 因此 $u(\boldsymbol{x})$ 在点 $\boldsymbol{x}_0$ 的某个邻域内可以表示为一个收敛的幂级数. 至此, 我们完成定理的证明.

显然, 我们有下面的结论.

定理 2.9′ 假设 Ω 是 $\mathbb{R}^n$ 中的连通开区域, D 是 Ω 的一个开子区域, $u(\boldsymbol{x})$ 是 Ω 上的调和函数且满足

$$u(\boldsymbol{x}) \equiv 0, \quad \boldsymbol{x} \in D,$$

则

$$u(\boldsymbol{x}) \equiv 0, \quad \boldsymbol{x} \in \Omega.$$

2.1.3 单调性不等式

下面我们推导调和函数的一些单调性不等式. 这些单调性不等式在研究调和函数的零点集时极为有用. 为叙述简单起见, 我们仅在单位球上证明定理. 由证明过程知, 结论在一般球上也成立.

定理 2.10 假设 $u(\boldsymbol{x})$ 是 $\mathbb{R}^n$ 中的单位球 B_1 上的调和函数, 对于 $r \in (0,1)$, 定义

$$\begin{aligned} H(r) &= \fint_{\partial B_r} u^2(\boldsymbol{y}) \mathrm{d}S(\boldsymbol{y}), \\ A(r) &= \fint_{B(\boldsymbol{0},r)} u^2(\boldsymbol{y}) \mathrm{d}\boldsymbol{y}, \\ D(r) &= r^2 \fint_{B(\boldsymbol{0},r)} |\nabla u|^2 \mathrm{d}\boldsymbol{y}, \end{aligned} \tag{2.12}$$

则 $H(r)$, $A(r)$, $D(r)$ 是 r 的单调递增函数.

证明 做伸缩变换, 显然有

$$H(r) = \fint_{\partial B_1} u^2(r\boldsymbol{z}) \, \mathrm{d}S(\boldsymbol{z}).$$

对 r 求导数, 我们得到

$$\begin{aligned} H'(r) &= \fint_{\partial B_1} \nabla u^2(r\boldsymbol{z}) \cdot \boldsymbol{z} \, \mathrm{d}S(\boldsymbol{z}) \\ &= \fint_{\partial B_r} \frac{\partial u^2(\boldsymbol{y})}{\partial \boldsymbol{n}} \, \mathrm{d}S(\boldsymbol{y}), \end{aligned} \tag{2.13}$$

其中 $\boldsymbol{n}$ 为球面 ∂B_r 的单位外法向量. 由 Gauss-Green 公式, 注意到 $u(\boldsymbol{x})$ 是调和函数, 则有

$$\begin{aligned} H'(r) &= \frac{1}{n\alpha(n) r^{n-1}} \int_{B(\boldsymbol{0},r)} \Delta u^2 \, \mathrm{d}\boldsymbol{y} \\ &= \frac{2}{n\alpha(n) r^{n-1}} \int_{B(\boldsymbol{0},r)} |\nabla u|^2 \, \mathrm{d}\boldsymbol{y} \end{aligned}$$

$$= \frac{2}{nr} D(r). \tag{2.14}$$

由 $A(r)$ 的定义和公式 (2.14), 我们有

$$\begin{aligned} A(r) &= \frac{n}{r^n} \int_0^r s^{n-1} H(s) \, \mathrm{d}s \\ &= \frac{1}{r^n} \int_0^r H(s) \, \mathrm{d}s^n \\ &= \frac{1}{r^n} \left(r^n H(r) - \int_0^r s^n H'(s) \, \mathrm{d}s \right) \\ &= H(r) - \frac{2}{nr^n} \int_0^r s^{n-1} D(s) \, \mathrm{d}s, \end{aligned}$$

从而

$$\begin{aligned} A'(r) &= H'(r) - \frac{2}{nr} D(r) + \frac{2}{r^{n+1}} \int_0^r s^{n-1} D(s) \, \mathrm{d}s \\ &= \frac{2}{r^{n+1}} \int_0^r s^{n-1} D(s) \, \mathrm{d}s. \end{aligned} \tag{2.15}$$

做伸缩变换, 我们有

$$D(r) = r^2 \fint_{B(\mathbf{0},1)} |\nabla u|^2 (r\boldsymbol{z}) \, \mathrm{d}\boldsymbol{z}.$$

记

$$u_i(\boldsymbol{y}) = \frac{\partial u}{\partial y_i}, \quad u_{ji}(\boldsymbol{y}) = \frac{\partial^2 u}{\partial y_j \partial y_i}.$$

对 r 求导数, 我们得到

$$\begin{aligned} D'(r) &= 2r \fint_{B(\mathbf{0},1)} |\nabla u|^2 (r\boldsymbol{z}) \, \mathrm{d}\boldsymbol{z} + r^2 \fint_{B(\mathbf{0},1)} \nabla (|\nabla u|^2 (r\boldsymbol{z})) \cdot \boldsymbol{z} \, \mathrm{d}\boldsymbol{z} \\ &= \frac{2}{r} D(r) + 2r^2 \fint_{B(\mathbf{0},1)} \sum_{i,j=1}^n u_i(r\boldsymbol{z}) u_{ij}(r\boldsymbol{z}) z_j \, \mathrm{d}\boldsymbol{z} \\ &= \frac{2}{r} D(r) + 2r \fint_{B(\mathbf{0},r)} \sum_{i,j=1}^n u_i(\boldsymbol{y}) u_{ji}(\boldsymbol{y}) y_j \, \mathrm{d}\boldsymbol{y} \\ &= \frac{2}{r} D(r) + \frac{2}{\alpha(n) r^{n-1}} \int_{B(\mathbf{0},r)} \sum_{i,j=1}^n ((u_i u_j y_j)_i(\boldsymbol{y}) - u_i(\boldsymbol{y}) u_j(\boldsymbol{y}) \delta_{ij}) \, \mathrm{d}\boldsymbol{y} \\ &= \frac{2}{\alpha(n) r^{n-1}} \int_{B(\mathbf{0},r)} \sum_{i,j=1}^n (u_i u_j y_j)_i(\boldsymbol{y}) \, \mathrm{d}\boldsymbol{y}, \end{aligned}$$

其中 δ_{ij} 表示 Kronecker 符号. 由 Gauss-Green 公式, 我们有

$$D'(r) = \frac{2}{\alpha(n) r^{n-1}} \int_{\partial B_r} \sum_{i,j=1}^n (u_i(\boldsymbol{y}) u_j(\boldsymbol{y}) y_j) \frac{y_i}{r} \, \mathrm{d}S(\boldsymbol{y})$$

$$
\begin{aligned}
&= 2nr \fint_{\partial B_r} \sum_{i,j=1}^{n} \left(u_i(\boldsymbol{y})\frac{y_i}{r}\right)\left(u_j(\boldsymbol{y})\frac{y_j}{r}\right) \mathrm{d}S(\boldsymbol{y}) \\
&= 2nr \fint_{\partial B_r} \left|\frac{\partial u}{\partial \boldsymbol{n}}\right|^2 \mathrm{d}S(\boldsymbol{y}).
\end{aligned} \tag{2.16}
$$

于是, 我们完成定理的证明.

定理 2.11 假设 $u(\boldsymbol{x})$ 是 $\mathbb{R}^n$ 中单位球 B_1 上的调和函数, 对于 $r \in (0,1)$, 定义函数

$$
f(r) = \frac{D(r)}{nH(r)}, \quad g(r) = \frac{H(r)}{A(r)},
$$

其中 $H(r)$, $A(r)$, $D(r)$ 由式 (2.12) 定义, 则 $f(r)$, $g(r)$ 是 r 的单调递增函数.

证明 记 $u_{\boldsymbol{n}} = \dfrac{\partial u}{\partial \boldsymbol{n}}$. 由式 (2.13), (2.14) 和 (2.16) 得到

$$
H'(r) = \fint_{\partial B_r} \frac{\partial u^2}{\partial \boldsymbol{n}} \mathrm{d}S = 2\fint_{\partial B_r} u(\boldsymbol{x}) u_{\boldsymbol{n}} \,\mathrm{d}S,
$$

且

$$
\begin{aligned}
D(r) &= \frac{nr}{2} H'(r) = nr \fint_{\partial B_r} u(\boldsymbol{x}) u_{\boldsymbol{n}} \,\mathrm{d}S, \\
D'(r) &= 2nr \fint_{\partial B_r} |u_{\boldsymbol{n}}|^2 \,\mathrm{d}S.
\end{aligned}
$$

由 $f(r)$ 对 r 的导数, 并利用 Cauchy 不等式, 得到

$$
\begin{aligned}
f'(r) &= \frac{1}{n}(H(r))^{-2}\big(D'(r)H(r) - H'(r)D(r)\big) \\
&= \frac{2r}{H^2(r)}\left[\fint_{\partial B_r} |u_{\boldsymbol{n}}|^2 \mathrm{d}S \cdot \fint_{\partial B_r} u^2(\boldsymbol{x}) \mathrm{d}S - \left(\fint_{\partial B_r} u(\boldsymbol{x}) u_{\boldsymbol{n}} \mathrm{d}S\right)^2\right] \\
&\geqslant 0.
\end{aligned}
$$

由 $A(r)$ 的定义, 我们有

$$
r^n A(r) = n \int_0^r s^{n-1} H(s) \,\mathrm{d}s.
$$

对 r 求导数, 我们得到

$$
r^n A'(r) + n r^{n-1} A(r) = n r^{n-1} H(r),
$$

于是

$$
g(r) = \frac{H(r)}{A(r)} = 1 + \frac{1}{n} \cdot \frac{rA'(r)}{A(r)} \geqslant 1. \tag{2.17}
$$

再对 r 求导数, 由式 (2.14) 和 (2.15) 得到

$$g'(r)=\frac{1}{A^2(r)}\big(H'(r)A(r)-H(r)A'(r)\big)$$

$$=\frac{2}{r^{n+1}A^2(r)}\left(D(r)\int_0^r s^{n-1}H(s)\,\mathrm{d}s-H(r)\int_0^r s^{n-1}D(s)\,\mathrm{d}s\right).$$

由 Cauchy 中值定理知, 存在 $a\in(0,r)$, 使得

$$\frac{\displaystyle\int_0^r s^{n-1}D(s)\,\mathrm{d}s}{\displaystyle\int_0^r s^{n-1}H(s)\,\mathrm{d}s}=\frac{\left(\displaystyle\int_0^r s^{n-1}D(s)\,\mathrm{d}s\right)'\Big|_{r=a}}{\left(\displaystyle\int_0^r s^{n-1}H(s)\,\mathrm{d}s\right)'\Big|_{r=a}}$$

$$=\frac{a^{n-1}D(a)}{a^{n-1}H(a)}$$

$$=nf(a),$$

而

$$nf(a)\leqslant nf(r)=\frac{D(r)}{H(r)},$$

从而得到 $g'(r)\geqslant 0$. 于是, 我们完成定理的证明.

附注 2.4 定理 2.11 中的 $f(r)$ 称为**频率函数**. 如果 $u(\boldsymbol{x})$ 是一个 k 次齐次调和多项式, 则

$$f(r)\equiv k,\quad g(r)\equiv 1+\frac{2k}{n}.$$

事实上, $u(\boldsymbol{x})$ 可以用极坐标表示成

$$u(\boldsymbol{x})=r^k\varphi(\boldsymbol{\theta}),$$

其中 $r=|\boldsymbol{x}|$, $\boldsymbol{\theta}\in\mathbb{S}^{n-1}=\partial B_1$, φ 是在 ∂B_1 上有定义的一个函数. 于是

$$H(r)=\fint_{\partial B_r} u^2(\boldsymbol{x})\mathrm{d}S$$

$$=\fint_{\partial B_r} r^{2k}\varphi^2(\boldsymbol{\theta})\,\mathrm{d}S$$

$$=r^{2k}\fint_{\partial B_1}\varphi^2(\boldsymbol{\theta})\,\mathrm{d}S.$$

由式 (2.13) 和 (2.14), 我们得到

$$D(r)=nr\fint_{\partial B_r} u(\boldsymbol{x})u_{\boldsymbol{n}}\,\mathrm{d}S$$

$$=nr\fint_{\partial B_r} kr^{k-1}\varphi(\theta)r^k\varphi(\theta)\,\mathrm{d}S$$

$$
\begin{aligned}
&= nk \fint_{\partial B_r} u^2(\boldsymbol{x})\,\mathrm{d}S \\
&= nkH(r).
\end{aligned}
$$

同理, 有

$$
\begin{aligned}
A(r) &= \fint_{B(\mathbf{0},r)} u^2(\boldsymbol{x})\,\mathrm{d}\boldsymbol{x} \\
&= \fint_{B(\mathbf{0},r)} |\boldsymbol{x}|^{2k} \varphi^2(\boldsymbol{\theta})\,\mathrm{d}\boldsymbol{x} \\
&= \frac{1}{\alpha(n) r^n} \int_0^r r^{2k+n-1}\,\mathrm{d}r \int_{\partial B_1} \varphi^2(\boldsymbol{\theta})\,\mathrm{d}S \\
&= \frac{r^{2k}}{n+2k} \cdot \frac{1}{\alpha(n)} \int_{\partial B_1} \varphi^2(\boldsymbol{\theta})\,\mathrm{d}S \\
&= \frac{n}{n+2k} H(r),
\end{aligned}
$$

从而有

$$
f(r) \equiv k, \quad g(r) \equiv 1 + \frac{2k}{n}.
$$

本节讨论的内容都是调和函数的基本性质. 我们在习题二中还列举了关于调和函数的一些有趣的结论, 这些结论可利用这一节中讲述的方法加以证明.

2.2 基本解和 Green 函数

在这一节中, 我们先通过求 Laplace 方程 (2.2) 的径向对称解导出它的基本解, 然后利用基本解求出位势方程 (2.1) 在全空间 $\mathbb{R}^n$ 上的解的具体形式, 最后用基本解导出 Green 函数, 并求出一些特殊区域上 Green 函数的具体形式. 通过 Green 函数可以求出 Laplace 方程 Dirichlet 问题解的表达式.

2.2.1 基本解

我们试一试在 $\mathbb{R}^n$ 上对 Laplace 方程 (2.2) 能否求得径向对称解, 即假设 $u(\boldsymbol{x}) = v(r)$, 其中 $r = |\boldsymbol{x}| = (x_1^2 + x_2^2 + \cdots + x_n^2)^{\frac{1}{2}}$, $v : \overline{\mathbb{R}}_+ \to \mathbb{R}$ 是一个函数且满足 Laplace 方程 (2.2). 注意到, 对于 $i = 1, 2, \cdots, n$, 有

$$\frac{\partial r}{\partial x_i}=\frac{x_i}{r},\quad \boldsymbol{x}\neq\mathbf{0},$$

我们得到

$$u_{x_i}=v'(r)\frac{x_i}{r},$$
$$u_{x_ix_i}=v''(r)\frac{x_i^2}{r^2}+v'(r)\left(\frac{1}{r}-\frac{x_i^2}{r^3}\right),$$

从而

$$\Delta u=\sum_{i=1}^n u_{x_ix_i}=v''(r)+\frac{n-1}{r}v'(r),$$

于是

$$v''(r)+\frac{n-1}{r}v'(r)=0. \tag{2.18}$$

令 $w=v'(r)$, 则二阶常微分方程 (2.18) 化为一阶常微分方程

$$w'+\frac{n-1}{r}w=0.$$

我们求解得

$$w(r)=\frac{a}{r^{n-1}},$$

其中 a 为任意常数. 于是, 当 $r\neq 0$ 时,

$$v(r)=\begin{cases} b\ln r+c, & n=2,\\ \dfrac{b}{r^{n-2}}+c, & n\geqslant 3\end{cases}$$

满足方程 (2.18), 这里 b 和 c 是任意常数. 但是, 当 $b\neq 0$, $r=0$ 时, $v(r)$ 没有意义, 此时 $v(r)$ 在 $\mathbb{R}^n$ 上不满足 Laplace 方程 (2.2). 任意常数显然是 Laplace 方程 (2.2) 的解. 这证明了如下事实: 如果 $\mathbb{R}^n$ 上的调和函数径向对称, 则它必为常数. 利用平均值公式, 这个结论也显而易见.

严格来说, $v(r)$ 不是 Laplace 方程 (2.2) 的解. 尽管如此, 由于 $v(r)$ 在 $r=0$ 时不满足 Laplace 方程 (2.2), 而在 $r\neq 0$ 时满足 Laplace 方程 (2.2), 这类函数仍然有很大的用途. 特别地, 取 $c=0$, 我们引入如下概念:

定义 2.2 称函数

$$\Gamma(\boldsymbol{x})=\begin{cases} -\dfrac{1}{2\pi}\ln|\boldsymbol{x}|, & n=2,\\ \dfrac{1}{n(n-2)\alpha(n)}\cdot\dfrac{1}{|\boldsymbol{x}|^{n-2}}, & n\geqslant 3\end{cases} \tag{2.19}$$

为 Laplace 方程 (2.2) 的**基本解**, 这里 $\boldsymbol{x}\in\mathbb{R}^n\setminus\{\mathbf{0}\}$.

为何如此选取函数 $\Gamma(\boldsymbol{x})$ 的系数将很快自明. 特别地, 我们注意到如下简单事实: 对于 $\boldsymbol{x}\neq\mathbf{0}$, 有

$$|D\Gamma(\boldsymbol{x})|\leqslant\frac{C}{|\boldsymbol{x}|^{n-1}},\quad |D^2\Gamma(\boldsymbol{x})|\leqslant\frac{C}{|\boldsymbol{x}|^{n}},$$

其中 C 是一个仅依赖于空间维数 n 的正常数.

Laplace 方程 (2.2) 的基本解具有明确的物理意义. 当 $n=3$ 时, 基本解 $\Gamma(\boldsymbol{x})$ 就是由放置在原点的单位正电荷引起的在全空间 $\mathbb{R}^3$ 上的静电位势分布.

*附注 2.5　基本解 $\Gamma(\boldsymbol{x}) \in L^1_{\mathrm{loc}}(\mathbb{R}^n)$ 且在广义函数意义下满足方程

$$-\Delta\Gamma(\boldsymbol{x}) = \delta(\boldsymbol{x}),$$

其中 $\delta(\boldsymbol{x})$ 是 Dirac 测度. 也就是说, 对于任意 $f(\boldsymbol{x}) \in C_0^\infty(\mathbb{R}^n)$, 有

$$\int_{\mathbb{R}^n} \Gamma(\boldsymbol{x})(-\Delta f(\boldsymbol{x}))\,\mathrm{d}\boldsymbol{x} = f(\boldsymbol{0}).$$

注意到, 当 $\boldsymbol{x} \neq \boldsymbol{0}$ 时, $\Gamma(\boldsymbol{x})$ 满足 Laplace 方程 (2.2). 做平移变换, 我们知道, 当 $\boldsymbol{x} \neq \boldsymbol{y}$ 时, $\Gamma(\boldsymbol{x}-\boldsymbol{y})$ 满足 Laplace 方程 (2.2). 由于 Laplace 方程 (2.2) 是线性的, 我们尝试求如下形式的解:

$$u(\boldsymbol{x}) = \int_{\mathbb{R}^n} \Gamma(\boldsymbol{x}-\boldsymbol{y}) f(\boldsymbol{y})\,\mathrm{d}\boldsymbol{y}. \tag{2.20}$$

这个积分表达式通常称为 **Newton 位势**.

由于 $D^2\Gamma(\boldsymbol{x}-\boldsymbol{y})$ 在点 $\boldsymbol{y}=\boldsymbol{x}$ 的邻域上不可积, 由积分表达式 (2.20) 给出的 $u(\boldsymbol{x})$ 并不满足 Laplace 方程 (2.2). 经过仔细计算, 我们得到如下结论:

定理 2.12　假设 $f(\boldsymbol{x}) \in C_0^2(\mathbb{R}^n)$, $u(\boldsymbol{x})$ 由积分表达式 (2.20) 定义, 则 $u(\boldsymbol{x}) \in C^2(\mathbb{R}^n)$ 且在 $\mathbb{R}^n$ 上满足方程

$$-\Delta u = f(\boldsymbol{x}).$$

此定理说明, 我们可以利用基本解来构造位势方程 (2.1) 在全空间 $\mathbb{R}^n$ 上的解. 在证明此定理之前, 我们引述 Gauss-Green 公式的一个推论 (见习题一的第 4 题).

引理 2.13　如果 $u(\boldsymbol{x}), v(\boldsymbol{x}) \in C^2(\overline{\Omega})$, 则

$$\int_{\overline{\Omega}} (u(\boldsymbol{x})\Delta v - v(\boldsymbol{x})\Delta u)\,\mathrm{d}\boldsymbol{x} = \int_{\partial\Omega} \left(u(\boldsymbol{x})\frac{\partial v}{\partial \boldsymbol{n}} - v(\boldsymbol{x})\frac{\partial u}{\partial \boldsymbol{n}} \right) \mathrm{d}S,$$

其中 $\boldsymbol{n}$ 是 $\partial\Omega$ 的单位外法向量.

定理 2.12 的证明　固定 $\boldsymbol{x} \in \mathbb{R}^n$.

我们注意到

$$u(\boldsymbol{x}) = \int_{\mathbb{R}^n} \Gamma(\boldsymbol{y}) f(\boldsymbol{x}-\boldsymbol{y})\,\mathrm{d}\boldsymbol{y},$$

从而有

$$\frac{u(\boldsymbol{x}+h\boldsymbol{e}_i)-u(\boldsymbol{x})}{h} = \int_{\mathbb{R}^n} \Gamma(\boldsymbol{y}) \left(\frac{f(\boldsymbol{x}+h\boldsymbol{e}_i-\boldsymbol{y})-f(\boldsymbol{x}-\boldsymbol{y})}{h} \right) \mathrm{d}\boldsymbol{y},$$

其中 $\boldsymbol{e}_i$ 表示 $\mathbb{R}^n$ 上的第 i 个方向向量, h 为非零参数. 由于 $f(\boldsymbol{x})$ 具有紧支集, 则

$$\lim_{h\to 0}\frac{f(\boldsymbol{x}+h\boldsymbol{e}_i-\boldsymbol{y})-f(\boldsymbol{x}-\boldsymbol{y})}{h}=\frac{\partial f}{\partial x_i}(\boldsymbol{x}-\boldsymbol{y}),$$

且上述极限关于 $\boldsymbol{y}$ 一致收敛. 于是

$$\frac{\partial u}{\partial x_i}=\int_{\mathbb{R}^n}\Gamma(\boldsymbol{y})\frac{\partial f}{\partial x_i}(\boldsymbol{x}-\boldsymbol{y})\,\mathrm{d}\boldsymbol{y}\quad (i=1,2,\cdots,n).$$

同理, 我们得到

$$\frac{\partial^2 u}{\partial x_i x_j}=\int_{\mathbb{R}^n}\Gamma(\boldsymbol{y})\frac{\partial^2 f}{\partial x_i x_j}(\boldsymbol{x}-\boldsymbol{y})\,\mathrm{d}\boldsymbol{y}\quad (i,j=1,2,\cdots,n).$$

由于上式右端对变量 $\boldsymbol{x}$ 是连续的, 因而 $u(\boldsymbol{x})\in C^2(\mathbb{R}^n)$. 实际上, 由于 $f(\boldsymbol{x})$ 具有紧支集, 所以存在 $R>0$, 使得 $\operatorname{spt} f\subset B(\boldsymbol{0},R)$. 于是, 存在 $M_0>0$, 使得对于所有 $\boldsymbol{x}\in\mathbb{R}^n$, 有

$$|f(\boldsymbol{x})|+|Df(\boldsymbol{x})|+|D^2 f(\boldsymbol{x})|\leqslant M_0.$$

当 $n\geqslant 3$ 时, 容易证明 $u(\boldsymbol{x})$, $Du(\boldsymbol{x})$, $D^2u(\boldsymbol{x})$ 是有界的, 即存在 $M_1>0$, 使得对于所有 $\boldsymbol{x}\in\mathbb{R}^n$, 有

$$|u(\boldsymbol{x})|+|Du(\boldsymbol{x})|+|D^2 u(\boldsymbol{x})|\leqslant M_1.$$

由于 Laplace 算子的平移不变性, 我们只需证明当 $\boldsymbol{x}=\boldsymbol{0}$ 时,

$$-\Delta u(\boldsymbol{0})=f(\boldsymbol{0})$$

成立. 由上述推导得

$$\begin{aligned}-\Delta u(\boldsymbol{0})&=-\int_{\mathbb{R}^n}\Gamma(\boldsymbol{y})\Delta_{\boldsymbol{x}}f(\boldsymbol{x}-\boldsymbol{y})\big|_{\boldsymbol{x}=\boldsymbol{0}}\,\mathrm{d}\boldsymbol{y}\\&=-\int_{\mathbb{R}^n}\Gamma(\boldsymbol{y})\Delta_{\boldsymbol{y}}f(-\boldsymbol{y})\,\mathrm{d}\boldsymbol{y}\\&=-\int_{B(\boldsymbol{0},R)}\Gamma(\boldsymbol{y})\Delta f(\boldsymbol{y})\,\mathrm{d}\boldsymbol{y}\\&=-\lim_{\varepsilon\to 0}\int_{B(\boldsymbol{0},R)\setminus B_\varepsilon}\Gamma(\boldsymbol{y})\Delta f(\boldsymbol{y})\,\mathrm{d}\boldsymbol{y},\end{aligned}$$

这里 $\Delta_{\boldsymbol{x}}$ 是关于变量 $\boldsymbol{x}$ 的 Laplace 算子, $\Delta_{\boldsymbol{y}}$ 是关于变量 $\boldsymbol{y}$ 的 Laplace 算子.

固定 $\varepsilon\in(0,R)$. 由 Gauss-Green 公式有

$$\begin{aligned}&\int_{B(\boldsymbol{0},R)\setminus B_\varepsilon}\big(f(\boldsymbol{y})\Delta\Gamma(\boldsymbol{y})-\Gamma(\boldsymbol{y})\Delta f(\boldsymbol{y})\big)\,\mathrm{d}\boldsymbol{y}\\&=\int_{\partial B_R\cup\partial B_\varepsilon}\left(f(\boldsymbol{y})\frac{\partial\Gamma(\boldsymbol{y})}{\partial\boldsymbol{n}}-\frac{\partial f(\boldsymbol{y})}{\partial\boldsymbol{n}}\Gamma(\boldsymbol{y})\right)\mathrm{d}S(\boldsymbol{y})\end{aligned}$$

$$
\begin{aligned}
&= \int_{\partial B_\varepsilon} \left(f(\boldsymbol{y}) \frac{\partial \Gamma(\boldsymbol{y})}{\partial \boldsymbol{n}} - \frac{\partial f(\boldsymbol{y})}{\partial \boldsymbol{n}} \Gamma(\boldsymbol{y}) \right) \mathrm{d}S(\boldsymbol{y}) \\
&= \fint_{\partial B_\varepsilon} f(\boldsymbol{y}) \, \mathrm{d}S(\boldsymbol{y}) + I_\varepsilon,
\end{aligned}
$$

其中在球面 ∂B_ε 上 $\boldsymbol{n}$ 表示单位内法向量, 在球面 ∂B_R 上 $\boldsymbol{n}$ 表示单位外法向量, 且

$$
I_\varepsilon = -\int_{\partial B_\varepsilon} \frac{\partial f(\boldsymbol{y})}{\partial \boldsymbol{n}} \Gamma(\boldsymbol{y}) \, \mathrm{d}S(\boldsymbol{y}).
$$

利用梯度 ∇f 的有界性, 容易证明

$$
\begin{aligned}
|I_\varepsilon| &\leqslant M_0 \int_{\partial B_\varepsilon} |\Gamma(\boldsymbol{y})| \, \mathrm{d}S(\boldsymbol{y}) \\
&\leqslant \begin{cases} C_1 \varepsilon |\ln \varepsilon|, & n = 2, \\ C_2 \varepsilon, & n \geqslant 3, \end{cases}
\end{aligned}
$$

其中 C_1, C_2 是不依赖于 ε 的常数. 于是

$$
-\Delta u(\mathbf{0}) = \lim_{\varepsilon \to 0} \left(\fint_{\partial B_\varepsilon} f(\boldsymbol{y}) \, \mathrm{d}S(\boldsymbol{y}) + I_\varepsilon \right) = f(\mathbf{0}).
$$

至此, 我们完成定理的证明.

在定理 2.12 的证明过程中, 我们实际上还证明了

$$
\int_{\mathbb{R}^n} \Gamma(\boldsymbol{y})(-\Delta f(\boldsymbol{y})) \, \mathrm{d}\boldsymbol{y} = f(\mathbf{0}),
$$

这也给出了附注 2.5 的证明.

定理 2.14 假设 $f(\boldsymbol{x}) \in C_0^2(\mathbb{R}^n)(n \geqslant 3)$, 则

$$
u(\boldsymbol{x}) = \int_{\mathbb{R}^n} \Gamma(\boldsymbol{x} - \boldsymbol{y}) f(\boldsymbol{y}) \, \mathrm{d}\boldsymbol{y} + C
$$

是位势方程 (2.1) 在全空间 $\mathbb{R}^n$ 上所有的有界解, 其中 C 为任意常数.

证明 利用定理 2.12 和定理 2.8 立即得证.

利用 Gauss-Green 公式的推论 (引理 2.13), 我们还可以得到关于特征值问题的一些结论.

定义 2.3 边值问题

$$
\begin{cases} -\Delta u = \lambda u, & \boldsymbol{x} \in \Omega, \\ u|_{\partial \Omega} = 0 \end{cases} \tag{2.21}
$$

或

$$\begin{cases} -\Delta u = \lambda u, & \boldsymbol{x} \in \Omega, \\ \left.\dfrac{\partial u}{\partial \boldsymbol{n}}\right|_{\partial\Omega} = 0 \end{cases} \tag{2.21$'$}$$

称为**特征值问题**, 使此问题有非零解的参数 $\lambda \in \mathbb{R}$ 称为**特征值**, 相应的非零解称为对应于这个特征值的**特征函数**, 记为 $u_\lambda(\boldsymbol{x})$.

在特征值问题 (2.21) 或 (2.21$'$) 的方程两端同时乘以特征函数 $u_\lambda(\boldsymbol{x})$ 并在 $\overline{\Omega}$ 上积分, 我们不难证明特征值 $\lambda \geqslant 0$. 利用泛函分析的知识可以证明, 所有的特征值从小到大排成一个可数序列, 其极限为 $+\infty$.

定理 2.15 设 $\lambda \in \mathbb{R}$ 是特征问题 (2.21)$'$ 的一个特征值. Neumann 问题

$$\begin{cases} -\Delta u = \lambda u + f(\boldsymbol{x}), & \boldsymbol{x} \in \Omega, \\ \left.\dfrac{\partial u}{\partial \boldsymbol{n}}\right|_{\partial\Omega} = g(\boldsymbol{x}) \end{cases} \tag{2.22}$$

存在函数空间 $C^1(\overline{\Omega}) \cap C^2(\Omega)$ 中的解的必要条件是, 对于相应的任意特征函数 $u_\lambda(\boldsymbol{x})$, 成立

$$\int_\Omega f(\boldsymbol{x}) u_\lambda(\boldsymbol{x})\,\mathrm{d}\boldsymbol{x} + \int_{\partial\Omega} g(\boldsymbol{x}) u_\lambda(\boldsymbol{x})\,\mathrm{d}S(\boldsymbol{x}) = 0. \tag{2.23}$$

证明 在引理 2.13 给出的公式中, 取 $u(\boldsymbol{x})$ 为 Neumann 问题 (2.22) 的解, $v(\boldsymbol{x}) = u_\lambda(\boldsymbol{x})$, 立即得到要证的结论.

特别地, 当 $\lambda = 0$ 时, $u_0(\boldsymbol{x}) \equiv 1$ 是特征值问题 (2.21)$'$ 的一个非零解. 此时, $\lambda = 0$ 是此问题的第一个特征值, $u_0(\boldsymbol{x}) \equiv 1$ 是对应的特征函数. 另外, 我们可以得到定理 2.15 的如下推论:

推论 2.16 Poisson 方程的 Neumann 问题

$$\begin{cases} -\Delta u = f(\boldsymbol{x}), & \boldsymbol{x} \in \Omega, \\ \left.\dfrac{\partial u}{\partial \boldsymbol{n}}\right|_{\partial\Omega} = g(\boldsymbol{x}) \end{cases} \tag{2.24}$$

在函数空间 $C^1(\overline{\Omega}) \cap C^2(\Omega)$ 中存在解的必要条件是

$$\int_\Omega f(\boldsymbol{x})\,\mathrm{d}\boldsymbol{x} + \int_{\partial\Omega} g(\boldsymbol{x})\,\mathrm{d}S = 0. \tag{2.25}$$

实际上, 对 Neumann 问题 (2.24) 的方程两端在 $\overline{\Omega}$ 上积分, 利用 Gauss-Green 公式也可以得到式 (2.25).

2.2.2 Green 函数

在这小节中, 我们旨在得到 Dirichlet 问题

$$\begin{cases} -\Delta u = f(\boldsymbol{x}), & \boldsymbol{x} \in \Omega, \\ u = g(\boldsymbol{x}), & \boldsymbol{x} \in \partial\Omega \end{cases} \tag{2.26}$$

的求解公式. 为此, 我们利用基本解来构造 Green 函数, 并借此来获得解的表达式.

假设 Ω 是 $\mathbb{R}^n$ 中的有界开集且 $\partial\Omega$ 光滑. 假设 $u(\boldsymbol{x}) \in C^2(\overline{\Omega})$ 是 Dirichlet 问题 (2.26) 的解. 固定 $\boldsymbol{x} \in \Omega$. 取充分小的 $\varepsilon > 0$, 使得 $B(\boldsymbol{x}, \varepsilon) \subset \Omega$. 在区域 $\overline{\Omega} \setminus B_\varepsilon(\boldsymbol{x})$ 上对 $u(\boldsymbol{y})$ 和基本解 $\Gamma(\boldsymbol{y}-\boldsymbol{x})$ 应用引理 2.13 给出的公式, 得

$$\begin{aligned}
&\int_{\overline{\Omega}\setminus B_\varepsilon(\boldsymbol{x})} (u(\boldsymbol{y})\Delta\Gamma(\boldsymbol{y}-\boldsymbol{x}) - \Gamma(\boldsymbol{y}-\boldsymbol{x})\Delta u(\boldsymbol{y}))\,\mathrm{d}\boldsymbol{y} \\
&= \int_{\partial\Omega} \left(u(\boldsymbol{y})\frac{\partial\Gamma}{\partial\boldsymbol{n}}(\boldsymbol{y}-\boldsymbol{x}) - \Gamma(\boldsymbol{y}-\boldsymbol{x})\frac{\partial u}{\partial\boldsymbol{n}}(\boldsymbol{y}) \right) \mathrm{d}S(\boldsymbol{y}) \\
&\quad + \int_{\partial B(\boldsymbol{x},\varepsilon)} \left(u(\boldsymbol{y})\frac{\partial\Gamma}{\partial\boldsymbol{n}}(\boldsymbol{y}-\boldsymbol{x}) - \Gamma(\boldsymbol{y}-\boldsymbol{x})\frac{\partial u}{\partial\boldsymbol{n}}(\boldsymbol{y}) \right) \mathrm{d}S(\boldsymbol{y}),
\end{aligned}$$

其中在球面 $\partial B(\boldsymbol{x},\varepsilon)$ 上 $\boldsymbol{n}$ 表示单位内法向量, 在边界 $\partial\Omega$ 上 $\boldsymbol{n}$ 表示单位外法向量.

注意到, 当 $\boldsymbol{y} \neq \boldsymbol{x}$ 时, $\Delta\Gamma(\boldsymbol{y}-\boldsymbol{x}) = 0$, 且当 $\varepsilon \to 0$ 时,

$$\int_{\partial B(\boldsymbol{x},\varepsilon)} u(\boldsymbol{y})\frac{\partial\Gamma}{\partial\boldsymbol{n}}(\boldsymbol{y}-\boldsymbol{x})\,\mathrm{d}S(\boldsymbol{y}) = \fint_{\partial B(\boldsymbol{x},\varepsilon)} u(\boldsymbol{y})\,\mathrm{d}S(\boldsymbol{y}) \to u(\boldsymbol{x})$$

和

$$\int_{\partial B(\boldsymbol{x},\varepsilon)} \Gamma(\boldsymbol{y}-\boldsymbol{x})\frac{\partial u}{\partial\boldsymbol{n}}(\boldsymbol{y})\,\mathrm{d}S(\boldsymbol{y}) \leqslant C\varepsilon^{n-1} \max_{\boldsymbol{y}\in\partial B(\boldsymbol{0},\varepsilon)} |\Gamma(\boldsymbol{y})| \to 0,$$

其中 C 为正常数, 从而得到

$$\begin{aligned}
u(\boldsymbol{x}) = &\int_{\partial\Omega} \left(\Gamma(\boldsymbol{y}-\boldsymbol{x})\frac{\partial u}{\partial\boldsymbol{n}}(\boldsymbol{y}) - u(\boldsymbol{y})\frac{\partial\Gamma}{\partial\boldsymbol{n}}(\boldsymbol{y}-\boldsymbol{x}) \right) \mathrm{d}S(\boldsymbol{y}) \\
&- \int_{\overline{\Omega}} \Gamma(\boldsymbol{y}-\boldsymbol{x})\Delta u(\boldsymbol{y})\,\mathrm{d}\boldsymbol{y}.
\end{aligned} \tag{2.27}$$

然而, 在 $u(\boldsymbol{x})$ 的表达式 (2.27) 中, $\dfrac{\partial u}{\partial\boldsymbol{n}}(\boldsymbol{y})$ 未知. 我们将通过引进一个调和函数 $\phi^{\boldsymbol{x}}(\boldsymbol{y})$ 来消掉这一项. 固定 $\boldsymbol{x} \in \Omega$, 求出满足 Dirichlet 问题

$$\begin{cases} -\Delta\phi^{\boldsymbol{x}}(\boldsymbol{y}) = 0, \quad \boldsymbol{y} \in \Omega, \\ \phi^{\boldsymbol{x}}|_{\partial\Omega} = \Gamma(\boldsymbol{y}-\boldsymbol{x}) \end{cases} \tag{2.28}$$

的调和函数 $\phi^{\boldsymbol{x}}(\boldsymbol{y})$. 在 Ω 上对 $u(\boldsymbol{y})$ 和解 $\phi^{\boldsymbol{x}}(\boldsymbol{y})$ 应用引理 2.13 给出的公式, 得

$$\int_{\overline{\Omega}} \phi^{\boldsymbol{x}}(\boldsymbol{y})\Delta u(\boldsymbol{y})\mathrm{d}\boldsymbol{y} = \int_{\partial\Omega} \left(\Gamma(\boldsymbol{y}-\boldsymbol{x})\frac{\partial u}{\partial\boldsymbol{n}}(\boldsymbol{y}) - u(\boldsymbol{y})\frac{\partial\phi^{\boldsymbol{x}}}{\partial\boldsymbol{n}}(\boldsymbol{y}) \right) \mathrm{d}S(\boldsymbol{y}). \tag{2.29}$$

将式 (2.27) 和 (2.29) 相减, 于是我们得到

$$u(\boldsymbol{x}) = -\int_{\partial\Omega} u(\boldsymbol{y})\frac{\partial}{\partial\boldsymbol{n}}\left(\Gamma(\boldsymbol{y}-\boldsymbol{x}) - \phi^{\boldsymbol{x}}(\boldsymbol{y})\right) \mathrm{d}S(\boldsymbol{y})$$

$$-\int_{\overline{\Omega}}(\Gamma(\boldsymbol{y}-\boldsymbol{x})-\phi^{\boldsymbol{x}}(\boldsymbol{y}))\,\Delta u(\boldsymbol{y})\,\mathrm{d}\boldsymbol{y}.$$

定义 2.4 对于任意 $\boldsymbol{x},\boldsymbol{y}\in\Omega$, $\boldsymbol{x}\neq\boldsymbol{y}$, 称函数

$$G(\boldsymbol{x},\boldsymbol{y})=\Gamma(\boldsymbol{y}-\boldsymbol{x})-\phi^{\boldsymbol{x}}(\boldsymbol{y}) \tag{2.30}$$

为 Laplace 方程 (2.2) 在 Ω 上的 **Green 函数**.

根据定义 2.4, 上述 $u(\boldsymbol{x})$ 可以表示为

$$u(\boldsymbol{x})=-\int_{\partial\Omega}u(\boldsymbol{y})\frac{\partial G}{\partial\boldsymbol{n}}(\boldsymbol{x},\boldsymbol{y})\mathrm{d}S(\boldsymbol{y})-\int_{\overline{\Omega}}G(\boldsymbol{x},\boldsymbol{y})\Delta u(\boldsymbol{y})\,\mathrm{d}\boldsymbol{y}.$$

于是, 我们得到下面的结论.

定理 2.17 (解的表达式) 假设 Ω 是 $\mathbb{R}^n$ 中的一个有界光滑区域, $u(\boldsymbol{x})\in C^2(\overline{\Omega})$ 是 Dirichlet 问题 (2.26) 的解, 则

$$u(\boldsymbol{x})=-\int_{\partial\Omega}\frac{\partial G}{\partial\boldsymbol{n}}(\boldsymbol{x},\boldsymbol{y})g(\boldsymbol{y})\,\mathrm{d}S(\boldsymbol{y})+\int_{\overline{\Omega}}G(\boldsymbol{x},\boldsymbol{y})f(\boldsymbol{y})\,\mathrm{d}\boldsymbol{y}. \tag{2.31}$$

附注 2.6 显然, 当 $\boldsymbol{x}\in\Omega$, $\boldsymbol{y}\in\partial\Omega$ 时, $G(\boldsymbol{x},\boldsymbol{y})=0$. 实际上, Green 函数就是基本解减去一个以基本解为边值的调和函数. 由于函数 $\Gamma(\boldsymbol{y}-\boldsymbol{x})$ 在 $\partial\Omega$ 附近是一个 C^∞ 的光滑函数, 当 Ω 满足一定的条件时, $\phi^{\boldsymbol{x}}(\boldsymbol{y})$ 的存在性可以较容易地得到 (参阅文献 [6] 的第二章第八节).

附注 2.7 Green 函数 $G(\boldsymbol{x},\boldsymbol{y})$ $(n=2,3)$ 的物理意义如下: 在物体内部 $\boldsymbol{x}$ 处放置一个单位点热源, 与外界接触的表面温度保持为零, 那么物体的稳定温度场就是 Green 函数; 或者让某个导体的表面接地, 在其内部 $\boldsymbol{x}$ 处放置一个单位正电荷, 那么在导体内部所产生的静电位势分布也是 Green 函数.

附注 2.8 引入 Green 函数 $G(\boldsymbol{x},\boldsymbol{y})$ 的重要意义在于把一般的 Dirichlet 问题 (2.26) 的求解归结为一个特定的 Dirichlet 问题 (2.28) 的求解. 对于一些特殊区域, 可以得到 Dirichlet 问题 (2.28) 的解的具体表达式. 对于一般情形, 虽然不能给出 Green 函数的具体表达式, 但是 Green 函数只依赖于区域, 而与边值和非齐次项无关. 这无论对理论研究还是对求解问题都带来巨大的便利.

下面我们来证明 Green 函数的两个重要性质.

定理 2.18 $G(\boldsymbol{x},\boldsymbol{y})$ 具有以下性质:

(1) **非负性:** 对于所有 $\boldsymbol{x},\boldsymbol{y}\in\Omega$, $\boldsymbol{x}\neq\boldsymbol{y}$, 有

$$G(\boldsymbol{x},\boldsymbol{y})>0;$$

(2) **对称性:** 对于所有 $\boldsymbol{x}, \boldsymbol{y} \in \Omega$, $\boldsymbol{x} \neq \boldsymbol{y}$, 有

$$G(\boldsymbol{y}, \boldsymbol{x}) = G(\boldsymbol{x}, \boldsymbol{y}).$$

证明　(1) 固定 $\boldsymbol{x} \in \Omega$. 记 $\Omega_\varepsilon = \Omega \setminus B(\boldsymbol{x}, \varepsilon)$, $0 < \varepsilon < \operatorname{dist}(\boldsymbol{x}, \partial\Omega)$. 由于

$$\lim_{\boldsymbol{y} \to \boldsymbol{x}} \Gamma(\boldsymbol{y} - \boldsymbol{x}) = +\infty,$$

而 $\phi^{\boldsymbol{x}}(\boldsymbol{y})$ 是以 $\Gamma(\boldsymbol{y} - \boldsymbol{x})$ 为边值的调和函数. 调和函数 $\phi^{\boldsymbol{x}}(\boldsymbol{y})$ 的最大值和最小值在边界 $\partial\Omega$ 上达到, 从而 $\phi^{\boldsymbol{x}}(\boldsymbol{y})$ 在 Ω 上有界, 因此

$$\lim_{\boldsymbol{y} \to \boldsymbol{x}} G(\boldsymbol{x}, \boldsymbol{y}) = \lim_{\boldsymbol{y} \to \boldsymbol{x}} (\Gamma(\boldsymbol{y} - \boldsymbol{x}) - \phi^{\boldsymbol{x}}(\boldsymbol{y})) = +\infty.$$

于是, 当 $\varepsilon > 0$ 充分小时, 有

$$G(\boldsymbol{x}, \boldsymbol{y})|_{\partial B(\boldsymbol{x}, \varepsilon)} > 0,$$

从而 Green 函数 $G(\boldsymbol{x}, \boldsymbol{y})$ 满足

$$\begin{cases} -\Delta G(\boldsymbol{x}, \boldsymbol{y}) = 0, \quad \boldsymbol{y} \in \Omega_\varepsilon, \\ G(\boldsymbol{x}, \boldsymbol{y})|_{\partial B(\boldsymbol{x}, \varepsilon)} > 0,\ G(\boldsymbol{x}, \boldsymbol{y})|_{\partial\Omega} = 0. \end{cases}$$

由强极值原理 (定理 2.5) 得

$$G(\boldsymbol{x}, \boldsymbol{y}) > 0, \quad \boldsymbol{y} \in \Omega_\varepsilon.$$

令 $\varepsilon \to 0$, 即得

$$G(\boldsymbol{x}, \boldsymbol{y}) > 0, \quad \boldsymbol{x}, \boldsymbol{y} \in \Omega, \boldsymbol{x} \neq \boldsymbol{y}.$$

(2) 固定 $\boldsymbol{x}, \boldsymbol{y} \in \Omega$, $\boldsymbol{x} \neq \boldsymbol{y}$. 取充分小的 $\varepsilon > 0$, 使得 $B(\boldsymbol{x}, \varepsilon) \cup B(\boldsymbol{y}, \varepsilon) \subset \Omega$ 和 $B(\boldsymbol{x}, \varepsilon) \cap B(\boldsymbol{y}, \varepsilon) = \varnothing$. 令 $\Omega^\varepsilon = \Omega \setminus (B(\boldsymbol{x}, \varepsilon) \cup B(\boldsymbol{y}, \varepsilon))$. 在区域 $\overline{\Omega^\varepsilon}$ 上应用引理 2.13 给出的公式, 得

$$\begin{aligned} &\int_{\partial\Omega^\varepsilon} \left(G(\boldsymbol{y}, \boldsymbol{z}) \frac{\partial G}{\partial \boldsymbol{n}}(\boldsymbol{x}, \boldsymbol{z}) - G(\boldsymbol{x}, \boldsymbol{z}) \frac{\partial G}{\partial \boldsymbol{n}}(\boldsymbol{y}, \boldsymbol{z}) \right) \mathrm{d}S(\boldsymbol{z}) \\ &= \int_{\overline{\Omega^\varepsilon}} (G(\boldsymbol{y}, \boldsymbol{z}) \Delta G(\boldsymbol{x}, \boldsymbol{z}) - G(\boldsymbol{x}, \boldsymbol{z}) \Delta G(\boldsymbol{y}, \boldsymbol{z}))\, \mathrm{d}\boldsymbol{z} \\ &= 0, \end{aligned}$$

其中 $\boldsymbol{n}$ 表示 $\partial\Omega^\varepsilon$ 的单位外法向量, 于是

$$\begin{aligned} &\int_{\partial B(\boldsymbol{x}, \varepsilon)} \left(G(\boldsymbol{y}, \boldsymbol{z}) \frac{\partial G}{\partial \boldsymbol{n}}(\boldsymbol{x}, \boldsymbol{z}) - G(\boldsymbol{x}, \boldsymbol{z}) \frac{\partial G}{\partial \boldsymbol{n}}(\boldsymbol{y}, \boldsymbol{z}) \right) \mathrm{d}S(\boldsymbol{z}) \\ &= \int_{\partial B(\boldsymbol{y}, \varepsilon)} \left(G(\boldsymbol{x}, \boldsymbol{z}) \frac{\partial G}{\partial \boldsymbol{n}}(\boldsymbol{y}, \boldsymbol{z}) - G(\boldsymbol{y}, \boldsymbol{z}) \frac{\partial G}{\partial \boldsymbol{n}}(\boldsymbol{x}, \boldsymbol{z}) \right) \mathrm{d}S(\boldsymbol{z}). \end{aligned} \tag{2.32}$$

考虑式 (2.32) 的左端:

$$\int_{\partial B(\boldsymbol{x},\varepsilon)}\left(G(\boldsymbol{y},\boldsymbol{z})\frac{\partial G}{\partial \boldsymbol{n}}(\boldsymbol{x},\boldsymbol{z})-G(\boldsymbol{x},\boldsymbol{z})\frac{\partial G}{\partial \boldsymbol{n}}(\boldsymbol{y},\boldsymbol{z})\right)\mathrm{d}S(\boldsymbol{z})=I_\varepsilon+J_\varepsilon+K_\varepsilon,$$

其中

$$I_\varepsilon=\int_{\partial B(\boldsymbol{x},\varepsilon)}G(\boldsymbol{y},\boldsymbol{z})\frac{\partial \Gamma}{\partial \boldsymbol{n}}(\boldsymbol{x},\boldsymbol{z})\,\mathrm{d}S(\boldsymbol{z}),$$

$$J_\varepsilon=-\int_{\partial B(\boldsymbol{x},\varepsilon)}G(\boldsymbol{y},\boldsymbol{z})\frac{\partial \phi^{\boldsymbol{x}}}{\partial \boldsymbol{n}}(\boldsymbol{z})\,\mathrm{d}S(\boldsymbol{z}),$$

$$K_\varepsilon=-\int_{\partial B(\boldsymbol{x},\varepsilon)}G(\boldsymbol{x},\boldsymbol{z})\frac{\partial G}{\partial \boldsymbol{n}}(\boldsymbol{y},\boldsymbol{z})\,\mathrm{d}S(\boldsymbol{z}).$$

当 $\varepsilon\to 0$ 时, 有

$$I_\varepsilon=\fint_{\partial B(\boldsymbol{x},\varepsilon)}G(\boldsymbol{y},\boldsymbol{z})\,\mathrm{d}S(\boldsymbol{z})\to G(\boldsymbol{y},\boldsymbol{x}).$$

又 $\phi^{\boldsymbol{x}}(\boldsymbol{z})$ 是 Ω 上的有界调和函数, 且 $G(\boldsymbol{y},\boldsymbol{z})$ 在点 $\boldsymbol{x}$ 附近光滑, 则 $J_\varepsilon=o(\varepsilon)$, 且

$$\begin{aligned}K_\varepsilon&=-\int_{\partial B(\boldsymbol{x},\varepsilon)}\left(\Gamma(\boldsymbol{x},\boldsymbol{z})-\phi^{\boldsymbol{x}}(\boldsymbol{z})\right)\frac{\partial G}{\partial \boldsymbol{n}}(\boldsymbol{y},\boldsymbol{z})\,\mathrm{d}S(\boldsymbol{z})\\&=o(\varepsilon^{\frac{1}{2}}).\end{aligned}$$

由对称性, 对式 (2.32) 的右端项做同样处理. 在式 (2.32) 两端令 $\varepsilon\to 0$, 则

$$G(\boldsymbol{y},\boldsymbol{x})=G(\boldsymbol{x},\boldsymbol{y}).$$

至此, 我们完成定理的证明.

为了求出 Green 函数, 我们需要求解 Dirichlet 问题 (2.28). 对于一些具有对称性的特殊区域, 我们可以利用区域的对称性来求解.

2.2.2.1 半空间上的 Green 函数

下面我们将构造出半空间 $\mathbb{R}^n_+$ 的 Green 函数, 并推导出 $\mathbb{R}^n_+$ 上 Dirichlet 问题 (2.26)($\Omega=\mathbb{R}^n_+$) 的解的 Poisson 公式.

对于 $\boldsymbol{x}=(x_1,x_2,\cdots,x_n)\in\mathbb{R}^n_+$, 记它关于边界 $\partial\mathbb{R}^n_+=\mathbb{R}^{n-1}$ 的反射点为 $\widetilde{\boldsymbol{x}}=(x_1,\cdots,x_{n-1},-x_n)$. 取

$$\phi^{\boldsymbol{x}}(\boldsymbol{y})=\Gamma(\boldsymbol{y}-\widetilde{\boldsymbol{x}})\quad(\boldsymbol{x},\boldsymbol{y}\in\mathbb{R}^n_+),$$

注意到当 $\boldsymbol{y}\in\partial\mathbb{R}^n_+$ 时, 有 $\phi^{\boldsymbol{x}}(\boldsymbol{y})=\Gamma(\boldsymbol{y}-\boldsymbol{x})$, 于是 $\phi^{\boldsymbol{x}}(\boldsymbol{y})$ 满足边值问题

$$\begin{cases}-\Delta\phi^{\boldsymbol{x}}(\boldsymbol{y})=0, & \boldsymbol{y}\in\mathbb{R}^n_+,\\ \phi^{\boldsymbol{x}}(\boldsymbol{y})=\Gamma(\boldsymbol{y}-\boldsymbol{x}), & \boldsymbol{y}\in\partial\mathbb{R}^n_+.\end{cases}$$

因此, $\mathbb{R}_+^n$ 上的 Green 函数为

$$\begin{aligned}G(\boldsymbol{x},\boldsymbol{y})&=\Gamma(\boldsymbol{y}-\boldsymbol{x})-\phi^{\boldsymbol{x}}(\boldsymbol{y})\\&=\Gamma(\boldsymbol{y}-\boldsymbol{x})-\Gamma(\boldsymbol{y}-\widetilde{\boldsymbol{x}}).\end{aligned}$$

我们分别考虑下列两种情形:

(1) $n\geqslant 3$. 由于

$$\begin{aligned}\frac{\partial G}{\partial y_n}(\boldsymbol{x},\boldsymbol{y})&=\frac{\partial \Gamma}{\partial y_n}(\boldsymbol{y}-\boldsymbol{x})-\frac{\partial \Gamma}{\partial y_n}(\boldsymbol{y}-\widetilde{\boldsymbol{x}})\\&=-\frac{1}{n\alpha(n)}\left(\frac{y_n-x_n}{|\boldsymbol{y}-\boldsymbol{x}|^n}-\frac{y_n+x_n}{|\boldsymbol{y}-\widetilde{\boldsymbol{x}}|^n}\right),\end{aligned}$$

且边界 $\partial\mathbb{R}_+^n$ 的单位外法向量为 $\boldsymbol{n}=(0,\cdots,0,-1)$, 因此当 $\boldsymbol{x}\in\mathbb{R}_+^n$, $\boldsymbol{y}\in\partial\mathbb{R}_+^n$ 时, 有

$$\frac{\partial G}{\partial \boldsymbol{n}}(\boldsymbol{x},\boldsymbol{y})=-\frac{\partial G}{\partial y_n}(\boldsymbol{x},\boldsymbol{y})=-\frac{1}{n\alpha(n)}\cdot\frac{2x_n}{|\boldsymbol{y}-\boldsymbol{x}|^n},\tag{2.33}$$

其中

$$|\boldsymbol{y}-\boldsymbol{x}|^2=(y_1-x_1)^2+\cdots+(y_{n-1}-x_{n-1})^2+x_n^2.$$

(2) $n=2$. 由于

$$\begin{aligned}\frac{\partial G}{\partial y_2}(\boldsymbol{x},\boldsymbol{y})&=\frac{\partial \Gamma}{\partial y_2}(\boldsymbol{y}-\boldsymbol{x})-\frac{\partial \Gamma}{\partial y_2}(\boldsymbol{y}-\widetilde{\boldsymbol{x}})\\&=-\frac{1}{2\pi}\left(\frac{y_2-x_2}{|\boldsymbol{y}-\boldsymbol{x}|^2}-\frac{y_2+x_2}{|\boldsymbol{y}-\widetilde{\boldsymbol{x}}|^2}\right),\end{aligned}$$

且 $\alpha(2)=\pi$, 因此当 $\boldsymbol{x}\in\mathbb{R}_+^2$, $\boldsymbol{y}\in\partial\mathbb{R}_+^2$ 时, 有

$$\frac{\partial G}{\partial \boldsymbol{n}}(\boldsymbol{x},\boldsymbol{y})=-\frac{\partial G}{\partial y_2}(\boldsymbol{x},\boldsymbol{y})=-\frac{1}{2\alpha(2)}\cdot\frac{2x_2}{|\boldsymbol{y}-\boldsymbol{x}|^2},$$

其中

$$|\boldsymbol{y}-\boldsymbol{x}|^2=(y_1-x_1)^2+x_2^2.$$

综上所述, 当 $n\geqslant 2$ 时, 公式 (2.33) 成立.

假设 $u(\boldsymbol{x})\in C^2(\mathbb{R}_+^n)\cap C(\overline{\mathbb{R}}_+^n)$ $(n\geqslant 2)$ 是 Dirichlet 问题

$$\begin{cases}-\Delta u=0, & \boldsymbol{x}\in\mathbb{R}_+^n,\\ u=g(\boldsymbol{x}), & \boldsymbol{x}\in\partial\mathbb{R}_+^n=\mathbb{R}^{n-1}\end{cases}\tag{2.34}$$

的有界解. 由定理 2.17 中解的表达式, 我们期望

$$u(\boldsymbol{x})=\frac{2x_n}{n\alpha(n)}\int_{\mathbb{R}^{n-1}}\frac{g(\boldsymbol{y})}{|\boldsymbol{y}-\boldsymbol{x}|^n}\,\mathrm{d}\boldsymbol{y}\tag{2.35}$$

是 Dirichlet 问题 (2.34) 的解. 通常称函数

$$K(\boldsymbol{x},\boldsymbol{y})=\frac{1}{n\alpha(n)}\cdot\frac{2x_n}{|\boldsymbol{y}-\boldsymbol{x}|^n}\quad(\boldsymbol{x}\in\mathbb{R}_+^n,\boldsymbol{y}\in\partial\mathbb{R}_+^n)\tag{2.36}$$

为 Laplace 方程 (2.2) 在 $\mathbb{R}_+^n$ 上的 **Poisson 核**, 并称公式 (2.35) 称为 **Poisson 公式**.

特别地, 当 $n=2$ 时, 记 $u=u(x,y)$, 则 Poisson 公式 (2.35) 为

$$u(x,y)=\frac{y}{\pi}\int_{-\infty}^{+\infty}\frac{g(\xi)}{(x-\xi)^2+y^2}\,\mathrm{d}\xi.$$

但是, Poisson 公式 (2.35) 只给出 Dirichlet 问题 (2.34) 的形式解, 因为此时区域 $\mathbb{R}_+^n$ 是无界的, Poisson 公式 (2.35) 的推导并不严格. 为此, 我们需要验证 Poisson 公式 (2.35) 给出的 $u(\boldsymbol{x})$ 的确是 Dirichlet 问题 (2.34) 的解. 实际上, 我们可以利用 Poisson 公式 (2.35) 构造出在边界 $\partial\mathbb{R}_+^n$ 上指定取值的上半空间 $\mathbb{R}_+^n$ 上的调和函数. 注意 Poisson 公式 (2.35) 中 $u(\boldsymbol{x})$ 在边界 $\partial\mathbb{R}_+^n$ 上并没有定义, 因而在 Dirichlet 问题 (2.34) 中, $u(\boldsymbol{x})$ 在边界 $\partial\mathbb{R}_+^n$ 上取边值 $g(\boldsymbol{x})$ 是在取极限的意义下成立的.

定理 2.19 假设 $g(\boldsymbol{y})$ 是 $\mathbb{R}^{n-1}(n\geqslant 2)$ 上的有界连续函数, 对于任意 $\boldsymbol{x}\in\mathbb{R}_+^n$, $u(\boldsymbol{x})$ 由 Poisson 公式 (2.35) 定义, 即

$$u(\boldsymbol{x})=\int_{\mathbb{R}^{n-1}}K(\boldsymbol{x},\boldsymbol{y})g(\boldsymbol{y})\,\mathrm{d}\boldsymbol{y},$$

则

(1) $u(\boldsymbol{x})$ 是 $\mathbb{R}_+^n$ 上无穷次可微的有界函数;

(2) $\Delta u(\boldsymbol{x})=0$, $\boldsymbol{x}\in\mathbb{R}_+^n$;

(3) 任给 $\boldsymbol{x}_0\in\partial\mathbb{R}_+^n$, 当 $\boldsymbol{x}\in\mathbb{R}_+^n$ 且 $\boldsymbol{x}\to\boldsymbol{x}_0$ 时, 有 $u(\boldsymbol{x})\to g(\boldsymbol{x}_0)$.

证明 (1) 对于任意 $\boldsymbol{x}\in\mathbb{R}_+^n$, 我们容易验证

$$\int_{\mathbb{R}^{n-1}}K(\boldsymbol{x},\boldsymbol{y})\,\mathrm{d}\boldsymbol{y}=1.\tag{2.37}$$

由定理的假设, 存在 $M>0$, 使得 $|g(\boldsymbol{y})|\leqslant M$, 因此由公式 (2.35) 定义的 $u(\boldsymbol{x})$ 是有界的. 当 $\boldsymbol{x}\neq\boldsymbol{y}$ 时, $K(\boldsymbol{x},\boldsymbol{y})$ 是光滑的, 我们易证 $u(\boldsymbol{x})\in C^\infty(\mathbb{R}_+^n)$.

(2) 当 $\boldsymbol{x}\neq\boldsymbol{y}$ 时, $\Delta_{\boldsymbol{x}}G(\boldsymbol{x},\boldsymbol{y})=0$, 于是 $\Delta_{\boldsymbol{x}}\dfrac{\partial G}{\partial y_n}(\boldsymbol{x},\boldsymbol{y})=0$, 从而当 $\boldsymbol{x}\in\mathbb{R}_+^n$, $\boldsymbol{y}\in\partial\mathbb{R}_+^n$ 时, 有 $\Delta_{\boldsymbol{x}}K(\boldsymbol{x},\boldsymbol{y})=0$, 且

$$\Delta u(\boldsymbol{x})=\int_{\mathbb{R}^{n-1}}\Delta_{\boldsymbol{x}}K(\boldsymbol{x},\boldsymbol{y})g(\boldsymbol{y})\,\mathrm{d}\boldsymbol{y}=0.$$

(3) 固定 $\boldsymbol{x}_0\in\partial\mathbb{R}_+^n=\mathbb{R}^{n-1}$, $\varepsilon>0$. 取 $\delta_1>0$ 足够小, 使得当 $\boldsymbol{y}\in\mathbb{R}^{n-1}$ 且 $|\boldsymbol{y}-\boldsymbol{x}_0|\leqslant\delta_1$ 时, 有

$$|g(\boldsymbol{y})-g(\boldsymbol{x}_0)|\leqslant\frac{\varepsilon}{2}.$$

于是, 当 $\boldsymbol{x}\in\mathbb{R}_+^n$ 且 $|\boldsymbol{x}-\boldsymbol{x}_0|\leqslant\dfrac{\delta_1}{2}$ 时, 利用式 (2.37), 我们计算得

$$\begin{aligned}|u(\boldsymbol{x})-g(\boldsymbol{x}_0)|&=\left|\int_{\mathbb{R}^{n-1}}K(\boldsymbol{x},\boldsymbol{y})(g(\boldsymbol{y})-g(\boldsymbol{x}_0))\,\mathrm{d}\boldsymbol{y}\right|\\&\leqslant\int_{B(\boldsymbol{x}_0,\delta_1)}K(\boldsymbol{x},\boldsymbol{y})|g(\boldsymbol{y})-g(\boldsymbol{x}_0)|\,\mathrm{d}\boldsymbol{y}\\&\quad+\int_{\mathbb{R}^{n-1}\backslash B(\boldsymbol{x}_0,\delta_1)}K(\boldsymbol{x},\boldsymbol{y})|g(\boldsymbol{y})-g(\boldsymbol{x}_0)|\,\mathrm{d}\boldsymbol{y}\\&\leqslant\frac{\varepsilon}{2}+2M\int_{\mathbb{R}^{n-1}\backslash B(\boldsymbol{x}_0,\delta_1)}K(\boldsymbol{x},\boldsymbol{y})\,\mathrm{d}\boldsymbol{y},\end{aligned}$$

这里 $B(\boldsymbol{x}_0,\delta_1)$ 是 $\mathbb{R}^{n-1}$ 上以 $\boldsymbol{x}_0$ 为球心, δ_1 为半径的 $n-1$ 维球.

如果 $|\boldsymbol{x}-\boldsymbol{x}_0|\leqslant\dfrac{\delta_1}{2}$ 且 $|\boldsymbol{y}-\boldsymbol{x}_0|\geqslant\delta_1$, 则我们有

$$|\boldsymbol{x}-\boldsymbol{x}_0|\leqslant\frac{1}{2}|\boldsymbol{y}-\boldsymbol{x}_0|,$$

从而

$$\begin{aligned}|\boldsymbol{y}-\boldsymbol{x}_0|&\leqslant|\boldsymbol{y}-\boldsymbol{x}|+|\boldsymbol{x}-\boldsymbol{x}_0|\\&\leqslant|\boldsymbol{y}-\boldsymbol{x}|+\frac{1}{2}|\boldsymbol{y}-\boldsymbol{x}_0|.\end{aligned}$$

因此

$$|\boldsymbol{y}-\boldsymbol{x}|\geqslant\frac{1}{2}|\boldsymbol{y}-\boldsymbol{x}_0|.$$

当 $|\boldsymbol{x}-\boldsymbol{x}_0|\leqslant\dfrac{\delta_1}{2}$ 时, 我们得到

$$\begin{aligned}&\int_{\mathbb{R}^{n-1}\backslash B(\boldsymbol{x}_0,\delta_1)}K(\boldsymbol{x},\boldsymbol{y})\,\mathrm{d}\boldsymbol{y}\\&\leqslant x_n\frac{2^{n+1}}{n\alpha(n)}\int_{\mathbb{R}^{n-1}\backslash B(\boldsymbol{x}_0,\delta_1)}|\boldsymbol{y}-\boldsymbol{x}_0|^{-n}\,\mathrm{d}\boldsymbol{y}\\&\leqslant C(n,\delta_1)x_n,\end{aligned}$$

这里 $C(n,\delta_1)$ 是仅依赖于 n, δ_1 的常数. 取 $\delta_2>0$ 足够小, 则当 $0<x_n\leqslant\delta_2$ 时, 有

$$2M\int_{\mathbb{R}^{n-1}\backslash B(\boldsymbol{x}_0,\delta_1)}K(\boldsymbol{x},\boldsymbol{y})\,\mathrm{d}\boldsymbol{y}<\frac{\varepsilon}{2}.$$

因此, 当 $|\boldsymbol{x}-\boldsymbol{x}_0|\leqslant\delta=\min\left\{\dfrac{\delta_1}{2},\delta_2\right\}$ 时, 有

$$|u(\boldsymbol{x})-g(\boldsymbol{x}_0)|<\varepsilon.$$

至此, 我们完成定理的证明.

2.2.2.2 球上的 Green 函数

我们将在以原点为球心, R 为半径的开球 B_R 上构造 Green 函数, 并推导球 B_R 上 Dirichlet 问题

$$\begin{cases} -\Delta u = 0, & \boldsymbol{x} \in B_R, \\ u(\boldsymbol{x}) = g(\boldsymbol{x}), & \boldsymbol{x} \in \partial B_R \end{cases} \tag{2.38}$$

的解的表达式.

我们先构造单位球 B_1 上的 Green 函数, 然后通过伸缩变换获得一般球 B_R 上的 Green 函数. 对于 $\boldsymbol{x} \in \mathbb{R}^n \setminus \{\boldsymbol{0}\}$, 记它关于球面 ∂B_1 的对偶点为 $\boldsymbol{x}^* = \dfrac{\boldsymbol{x}}{|\boldsymbol{x}|^2}$(图 2.1).

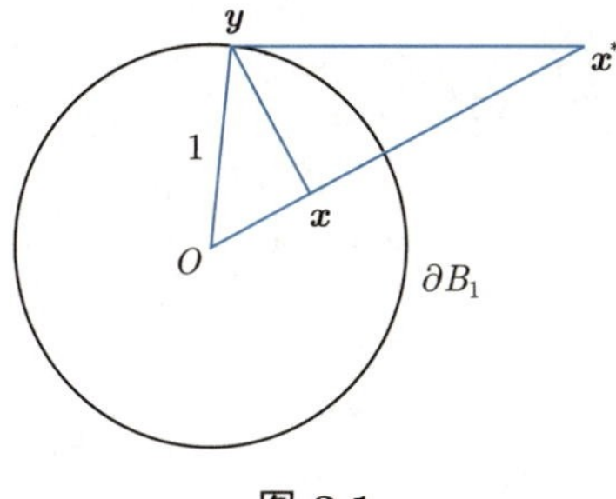

图 2.1

我们利用单位球的性质来构造其上的 Green 函数. 首先, 我们需要求解 Dirichlet 问题

$$\begin{cases} -\Delta \phi^{\boldsymbol{x}}(\boldsymbol{y}) = 0, & \boldsymbol{y} \in B_1, \\ \phi^{\boldsymbol{x}}(\boldsymbol{y}) = \Gamma(\boldsymbol{y} - \boldsymbol{x}), & \boldsymbol{y} \in \partial B_1. \end{cases} \tag{2.39}$$

当 $\boldsymbol{y} \neq \boldsymbol{x}^*$ 时, 有 $\Delta_{\boldsymbol{y}} \Gamma(\boldsymbol{y} - \boldsymbol{x}^*) = 0$, 于是

$$\Delta_{\boldsymbol{y}} \Gamma\big(|\boldsymbol{x}|(\boldsymbol{y} - \boldsymbol{x}^*)\big) = 0.$$

由对偶点 $\boldsymbol{x}^*$ 与点 $\boldsymbol{x}$ 的关系, 当 $\boldsymbol{y} \in \partial B_1$ 时, 由图 2.1 知 $|\boldsymbol{x}||\boldsymbol{y} - \boldsymbol{x}^*| = |\boldsymbol{y} - \boldsymbol{x}|$, 从而当 $\boldsymbol{y} \in \partial B_1$ 时, 有 $\Gamma\big(|\boldsymbol{x}|(\boldsymbol{y} - \boldsymbol{x}^*)\big) = \Gamma(\boldsymbol{y} - \boldsymbol{x})$, 于是 $\phi^{\boldsymbol{x}}(\boldsymbol{y}) = \Gamma\big(|\boldsymbol{x}|(\boldsymbol{y} - \boldsymbol{x}^*)\big)$ 是 Dirichlet 问题 (2.39) 的解. 因此, B_1 上的 Green 函数为

$$\begin{aligned} G(\boldsymbol{x}, \boldsymbol{y}) &= \Gamma(\boldsymbol{y} - \boldsymbol{x}) - \phi^{\boldsymbol{x}}(\boldsymbol{y}) \\ &= \Gamma(\boldsymbol{y} - \boldsymbol{x}) - \Gamma\big(|\boldsymbol{x}|(\boldsymbol{y} - \boldsymbol{x}^*)\big). \end{aligned}$$

当 $\boldsymbol{x} = \boldsymbol{0}$ 时, 令

$$G(\boldsymbol{0}, \boldsymbol{y}) = \Gamma(\boldsymbol{y}) - \Gamma_1,$$

其中

$$\Gamma_1 = \begin{cases} \dfrac{1}{n(n-2)\alpha(n)}, & n \geqslant 3, \\ 0, & n = 2. \end{cases}$$

设 $\boldsymbol{x} \neq \mathbf{0}$. 我们分别考虑下列两种情形:

(1) $n \geqslant 3$. 当 $\boldsymbol{y} \in \partial B_1$ 时, 对于 $i = 1, 2, \cdots, n$, 有

$$\begin{aligned}\frac{\partial G}{\partial y_i}(\boldsymbol{x}, \boldsymbol{y}) &= \frac{\partial \Gamma}{\partial y_i}(\boldsymbol{y} - \boldsymbol{x}) - \frac{\partial \Gamma}{\partial y_i}\big(|\boldsymbol{x}|(\boldsymbol{y} - \boldsymbol{x}^*)\big) \\ &= \frac{1}{n\alpha(n)}\left(\frac{x_i - y_i}{|\boldsymbol{y} - \boldsymbol{x}|^n} + \frac{|\boldsymbol{x}|^2(y_i - x_i^*)}{|\boldsymbol{x}|^n|\boldsymbol{y} - \boldsymbol{x}^*|^n}\right) \\ &= \frac{1}{n\alpha(n)}\left(\frac{x_i - y_i}{|\boldsymbol{y} - \boldsymbol{x}|^n} + \frac{y_i|\boldsymbol{x}|^2 - x_i}{|\boldsymbol{y} - \boldsymbol{x}|^n}\right) \\ &= -\frac{1}{n\alpha(n)} \cdot \frac{y_i(1 - |\boldsymbol{x}|^2)}{|\boldsymbol{y} - \boldsymbol{x}|^n}.\end{aligned}$$

由于单位球面 ∂B_1 上的单位外法向量为 $\boldsymbol{n} = (y_1, y_2, \cdots, y_n)$, 且

$$\frac{\partial G}{\partial \boldsymbol{n}}(\boldsymbol{x}, \boldsymbol{y}) = \nabla G(\boldsymbol{x}, \boldsymbol{y}) \cdot \boldsymbol{n} = \sum_{i=1}^{n} y_i \frac{\partial G}{\partial y_i}(\boldsymbol{x}, \boldsymbol{y}),$$

我们得到

$$\frac{\partial G}{\partial \boldsymbol{n}}(\boldsymbol{x}, \boldsymbol{y}) = -\frac{1}{n\alpha(n)} \cdot \frac{1 - |\boldsymbol{x}|^2}{|\boldsymbol{x} - \boldsymbol{y}|^n}. \tag{2.40}$$

(2) $n = 2$. 由基本解的表达式, 我们知道

$$G(\boldsymbol{x}, \boldsymbol{y}) = \Gamma(\boldsymbol{y} - \boldsymbol{x}) - \Gamma\big(|\boldsymbol{x}|(\boldsymbol{y} - \boldsymbol{x}^*)\big)$$

是 B_1 上的 Green 函数. 当 $\boldsymbol{y} \in \partial B_1$ 时, 有 $|\boldsymbol{x}||\boldsymbol{y} - \boldsymbol{x}^*| = |\boldsymbol{y} - \boldsymbol{x}|$. 因此, 当 $\boldsymbol{y} \in \partial B_1$ 时, 对于 $i = 1, 2$, 有

$$\begin{aligned}\frac{\partial G}{\partial y_i}(\boldsymbol{x}, \boldsymbol{y}) &= \frac{\partial \Gamma}{\partial y_i}(\boldsymbol{y} - \boldsymbol{x}) - \frac{\partial \Gamma}{\partial y_i}\big(|\boldsymbol{x}|(\boldsymbol{y} - \boldsymbol{x}^*)\big) \\ &= \frac{1}{2\pi} \cdot \frac{x_i - y_i}{|\boldsymbol{y} - \boldsymbol{x}|^2} + \frac{1}{2\pi} \cdot \frac{|\boldsymbol{x}|^2(y_i - x_i^*)}{|\boldsymbol{x}|^2|\boldsymbol{y} - \boldsymbol{x}^*|^2} \\ &= \frac{1}{2\pi} \cdot \frac{x_i - y_i}{|\boldsymbol{y} - \boldsymbol{x}|^2} + \frac{1}{2\pi} \cdot \frac{y_i|\boldsymbol{x}|^2 - x_i}{|\boldsymbol{y} - \boldsymbol{x}|^2} \\ &= -\frac{1}{2\alpha(2)} \cdot \frac{y_i(1 - |\boldsymbol{x}|^2)}{|\boldsymbol{y} - \boldsymbol{x}|^2},\end{aligned}$$

从而

$$\begin{aligned}\frac{\partial G}{\partial \boldsymbol{n}}(\boldsymbol{x}, \boldsymbol{y}) &= \sum_{i=1}^{2} y_i \frac{\partial G}{\partial y_i}(\boldsymbol{x}, \boldsymbol{y}) \\ &= -\frac{1}{2\alpha(2)} \cdot \frac{1 - |\boldsymbol{x}|^2}{|\boldsymbol{x} - \boldsymbol{y}|^2}.\end{aligned}$$

综上所述, 当 $n \geqslant 2$ 时, 公式 (2.40) 成立.

当 $\boldsymbol{x}=\mathbf{0}$ 时, 公式 (2.40) 显然成立.

假设 $u(\boldsymbol{x}) \in C^2(\overline{B}_1)$ 是 Dirichlet 问题

$$\begin{cases} -\Delta u=0, & \boldsymbol{x} \in B_1, \\ u=g(\boldsymbol{x}), & \boldsymbol{x} \in \partial B_1 \end{cases} \tag{2.41}$$

的解. 由定理 2.17 中解的表达式, 我们得到

$$u(\boldsymbol{x})=-\int_{\partial B_1} \frac{\partial G}{\partial \boldsymbol{n}}(\boldsymbol{x}, \boldsymbol{y}) g(\boldsymbol{y}) \,\mathrm{d} S(\boldsymbol{y}),$$

于是

$$u(\boldsymbol{x})=\frac{1-|\boldsymbol{x}|^2}{n \alpha(n)} \int_{\partial B_1} \frac{g(\boldsymbol{y})}{|\boldsymbol{x}-\boldsymbol{y}|^n} \,\mathrm{d} S(\boldsymbol{y}). \tag{2.42}$$

假设 $u(\boldsymbol{x}) \in C^2(\overline{B}_R)$ 是 Dirichlet 问题 (2.38) 的解, 令 $\boldsymbol{x}=R\boldsymbol{z}$. 当 $\boldsymbol{x} \in B_R$ 时, $\boldsymbol{z} \in B_1$. 令 $\widetilde{u}(\boldsymbol{z})=u(R\boldsymbol{z})=u(\boldsymbol{x})$, $\widetilde{g}(\boldsymbol{z})=g(R\boldsymbol{z})=g(\boldsymbol{x})$, 则 $\widetilde{u}(\boldsymbol{z})$ 满足对应的 Dirichlet 问题 (2.41). 由式 (2.42), 我们做变量替换得到

$$u(\boldsymbol{x})=\frac{R^2-|\boldsymbol{x}|^2}{n \alpha(n) R} \int_{\partial B_R} \frac{g(\boldsymbol{y})}{|\boldsymbol{x}-\boldsymbol{y}|^n} \,\mathrm{d} S(\boldsymbol{y}). \tag{2.43}$$

通常称函数

$$K(\boldsymbol{x}, \boldsymbol{y})=\frac{1}{n \alpha(n)} \cdot \frac{R^2-|\boldsymbol{x}|^2}{R|\boldsymbol{x}-\boldsymbol{y}|^n} \quad (\boldsymbol{x} \in B_R,\ \boldsymbol{y} \in \partial B_R) \tag{2.44}$$

为 Laplace 方程 (2.2) 在球 B_R 上的 **Poisson 核**, 而称公式 (2.43) 为 **Poisson 公式**.

实际上, 我们可以利用 Poisson 公式 (2.43) 构造出在球面 ∂B_R 上指定取值的球 B_R 上的调和函数. 以下我们验证公式 (2.43) 的确给出 Dirichlet 问题 (2.38) 的解. 注意公式 (2.43) 中 $u(\boldsymbol{x})$ 在球面 ∂B_R 上没有定义, 因而在 Dirichlet 问题 (2.38) 中, $u(\boldsymbol{x})$ 在球面上取边值 $g(\boldsymbol{x})$ 是在取极限的意义下成立的.

定理 2.20 假设 $B_R \subset \mathbb{R}^n (n \geqslant 2)$, $g: \partial B_R \rightarrow \mathbb{R}$ 连续, 对于任意 $\boldsymbol{x} \in B_R$, 函数 $u(\boldsymbol{x})$ 由 Poisson 公式 (2.43) 定义, 即

$$u(\boldsymbol{x})=\int_{\partial B_R} K(\boldsymbol{x}, \boldsymbol{y}) g(\boldsymbol{y}) \,\mathrm{d} S(\boldsymbol{y}),$$

则

(1) $u(\boldsymbol{x})$ 是 B_R 上无穷次可微的有界函数;

(2) $\Delta u(\boldsymbol{x})=0$, $\boldsymbol{x} \in B_R$;

(3) 任给 $\boldsymbol{x}_0 \in \partial B_R$, 当 $\boldsymbol{x} \in B_R$ 且 $\boldsymbol{x} \rightarrow \boldsymbol{x}_0$ 时, 有 $u(\boldsymbol{x}) \rightarrow g(\boldsymbol{x}_0)$.

证明 (1) 对于任意 $\boldsymbol{x}\in B_R$, 我们对特殊情形 $u(\boldsymbol{x})=1$ 应用公式 (2.43), 得到

$$\int_{\partial B_R} K(\boldsymbol{x},\boldsymbol{y})\,\mathrm{d}\boldsymbol{y}=1. \tag{2.45}$$

由定理的假设, 存在 $M>0$, 使得 $|g(\boldsymbol{y})|\leqslant M(\boldsymbol{y}\in\partial B_R)$. 因此, 由公式 (2.43) 定义的 $u(\boldsymbol{x})$ 满足 $|u(\boldsymbol{x})|\leqslant M$. 当 $\boldsymbol{x}\neq\boldsymbol{y}$ 时, $K(\boldsymbol{x},\boldsymbol{y})$ 是光滑的, 我们易证 $u(\boldsymbol{x})\in C^\infty(B_R)$.

(2) 当 $\boldsymbol{x}\neq\boldsymbol{y}$ 时, 有 $\Delta_{\boldsymbol{x}}G(\boldsymbol{x},\boldsymbol{y})=0$, 于是 $\Delta_{\boldsymbol{x}}\dfrac{\partial G}{\partial\boldsymbol{n}}(\boldsymbol{x},\boldsymbol{y})=0$, 从而当 $\boldsymbol{x}\in B_R$, $\boldsymbol{y}\in\partial B_R$ 时, 有 $\Delta_{\boldsymbol{x}}K(\boldsymbol{x},\boldsymbol{y})=0$ 及

$$\Delta u(\boldsymbol{x})=\int_{\partial B_R}\Delta_{\boldsymbol{x}}K(\boldsymbol{x},\boldsymbol{y})g(\boldsymbol{y})\,\mathrm{d}S(\boldsymbol{y})=0.$$

(3) 固定 $\boldsymbol{x}_0\in\partial B_R$, $\varepsilon>0$. 取 $\delta_1>0$ 足够小, 使得当 $\boldsymbol{y}\in\partial B_R$ 且 $|\boldsymbol{y}-\boldsymbol{x}_0|\leqslant\delta_1$ 时, 有

$$|g(\boldsymbol{y})-g(\boldsymbol{x}_0)|\leqslant\frac{\varepsilon}{2}.$$

于是, 当 $\boldsymbol{x}\in B_R$ 且 $|\boldsymbol{x}-\boldsymbol{x}_0|\leqslant\dfrac{\delta_1}{2}$ 时, 利用式 (2.45) 计算, 得

$$\begin{aligned}|u(\boldsymbol{x})-g(\boldsymbol{x}_0)|&=\left|\int_{\partial B_R}K(\boldsymbol{x},\boldsymbol{y})(g(\boldsymbol{y})-g(\boldsymbol{x}_0))\,\mathrm{d}S(\boldsymbol{y})\right|\\&\leqslant\int_{\partial B_R\cap\{|\boldsymbol{y}-\boldsymbol{x}_0|\leqslant\delta_1\}}K(\boldsymbol{x},\boldsymbol{y})|g(\boldsymbol{y})-g(\boldsymbol{x}_0)|\,\mathrm{d}S(\boldsymbol{y})\\&\quad+\int_{\partial B_R\cap\{|\boldsymbol{y}-\boldsymbol{x}_0|>\delta_1\}}K(\boldsymbol{x},\boldsymbol{y})|g(\boldsymbol{y})-g(\boldsymbol{x}_0)|\,\mathrm{d}S(\boldsymbol{y})\\&\leqslant\frac{\varepsilon}{2}+\frac{2M(R^2-|\boldsymbol{x}|^2)R^{n-2}}{(\delta_1/2)^n}.\end{aligned}$$

取 $\delta>0$ 足够小, 使得当 $|\boldsymbol{x}-\boldsymbol{x}_0|<\delta$ 时, $R^2-|\boldsymbol{x}|^2$ 足够小, 于是得到

$$|u(\boldsymbol{x})-g(\boldsymbol{x}_0)|<\varepsilon.$$

至此, 我们完成定理的证明.

附注 2.9 当 $n=2$ 时, 在公式 (2.43) 中用极坐标表示 $\boldsymbol{x},\boldsymbol{y}$, 即 $\boldsymbol{x}=(\rho\cos\theta,\rho\sin\theta)$, $\boldsymbol{y}=(R\cos\varphi,R\sin\varphi)$, 记 $u(\boldsymbol{x})=u(\rho,\theta)$, 则公式 (2.43) 可以表示成

$$u(\rho,\theta)=\frac{1}{2\pi}\int_0^{2\pi}\frac{R^2-\rho^2}{R^2+\rho^2-2R\rho\cos(\varphi-\theta)}g(\varphi)\,\mathrm{d}\varphi,$$

其中 $g(\varphi)=g(R\cos\varphi,R\sin\varphi)$. 实际上, 我们在“复变函数”这门课程中学过以上公式.

2.3 极值原理和最大模估计

2.3.1 极值原理

在这一小节中, 我们将讨论比位势方程更一般的方程

$$\mathcal{L}u = -\Delta u + c(\boldsymbol{x})u = f(\boldsymbol{x}), \quad \boldsymbol{x} \in \Omega, \tag{2.46}$$

其中 Ω 是 $\mathbb{R}^n$ 中的有界开区域.

当考虑方程 (2.46) 的极值原理时, 我们需要假定

$$c(\boldsymbol{x}) \geqslant 0, \quad \boldsymbol{x} \in \Omega. \tag{2.47}$$

此条件对极值原理的证明非常重要. 首先, 我们证明一个较强的结论.

引理 2.21 假设 $c(\boldsymbol{x}) \geqslant 0$, $f(\boldsymbol{x}) < 0$. 如果 $u(\boldsymbol{x}) \in C(\overline{\Omega}) \cap C^2(\Omega)$ 满足方程 (2.46), 且在 $\overline{\Omega}$ 上存在非负最大值, 则 $u(\boldsymbol{x})$ 不能在 Ω 上达到非负最大值, 即 $u(\boldsymbol{x})$ 只能在 $\partial\Omega$ 上达到非负最大值.

证明 用反证法. 如果 $u(\boldsymbol{x})$ 在点 $\boldsymbol{x}_0 \in \Omega$ 处达到非负最大值, 即

$$u(\boldsymbol{x}_0) = \max_{\boldsymbol{x}\in\overline{\Omega}} u(\boldsymbol{x}) \geqslant 0,$$

由多元微积分的相关定理知, $u(\boldsymbol{x})$ 在点 $\boldsymbol{x}_0$ 处的梯度为 $\nabla u(\boldsymbol{x}_0) = \mathbf{0}$, 且 Hesse 矩阵 $D^2u(\boldsymbol{x}_0)$ 是非正定的. 对 $D^2u(\boldsymbol{x}_0)$ 求迹得到

$$\Delta u(\boldsymbol{x}_0) = \mathrm{tr}\big(D^2u(\boldsymbol{x}_0)\big) \leqslant 0,$$

因而

$$\mathcal{L}u(\boldsymbol{x}_0) = -\Delta u(\boldsymbol{x}_0) + c(\boldsymbol{x}_0)u(\boldsymbol{x}_0) = f(\boldsymbol{x}_0) \geqslant 0.$$

这与定理的假设 $f(\boldsymbol{x}_0) < 0$ 矛盾. 因此, $u(\boldsymbol{x})$ 不能在 Ω 上达到非负最大值.

引理 2.21 的证明方法通常用来证明位势方程和热方程的极值原理. 从本质上来看, 这种证明方法就是通过比较方程两端的符号来导出矛盾. 我们将在后面的内容中多次使用此证明方法.

定理 2.22 (弱极值原理) 假设 $c(\boldsymbol{x})$ 在 Ω 非负有界, $f(\boldsymbol{x}) \leqslant 0$. 如果 $u(\boldsymbol{x}) \in C(\overline{\Omega}) \cap C^2(\Omega)$ 满足方程 (2.46) 且在 $\overline{\Omega}$ 上存在非负最大值, 则其最大值必在 $\partial\Omega$ 上达到.

证明 不妨设原点 $\mathbf{0} \in \Omega$. 记 d 为 Ω 的直径. 对于任意 $\varepsilon > 0$, 我们构造辅助函数

$$w(\boldsymbol{x}) = u(\boldsymbol{x}) + \varepsilon \mathrm{e}^{\alpha x_1},$$

其中 α 为一个待定正数. 显然

$$u(\boldsymbol{x}) \leqslant w(\boldsymbol{x}) \leqslant u(\boldsymbol{x}) + \varepsilon \mathrm{e}^{\alpha d}.$$

取 $\alpha = \left(\sup\limits_{\boldsymbol{x}\in\Omega} c(\boldsymbol{x}) + 1\right)^{\frac{1}{2}}$, 计算得到

$$\begin{aligned}\mathcal{L}w &= \mathcal{L}u + \varepsilon \mathrm{e}^{\alpha x_1}(-\alpha^2 + c(\boldsymbol{x}))\\ &\leqslant f(\boldsymbol{x}) - \varepsilon \mathrm{e}^{\alpha x_1}\\ &< 0.\end{aligned}$$

由于 $u(\boldsymbol{x})$ 在 $\overline{\Omega}$ 上存在非负最大值, 因此 $w(\boldsymbol{x})$ 在 $\overline{\Omega}$ 上存在非负最大值. 由引理 2.21 知, $w(\boldsymbol{x})$ 的最大值只能在 $\partial\Omega$ 上达到, 因此

$$\max_{\boldsymbol{x}\in\overline{\Omega}} w(\boldsymbol{x}) = \max_{\boldsymbol{x}\in\partial\Omega} w(\boldsymbol{x}).$$

于是，我们得到

$$\begin{aligned}\max_{\boldsymbol{x}\in\overline{\Omega}} u(\boldsymbol{x}) &\leqslant \max_{\boldsymbol{x}\in\overline{\Omega}} w(\boldsymbol{x})\\ &= \max_{\boldsymbol{x}\in\partial\Omega} w(\boldsymbol{x})\\ &\leqslant \max_{\boldsymbol{x}\in\partial\Omega} u(\boldsymbol{x}) + \varepsilon \mathrm{e}^{\alpha d}.\end{aligned}$$

令 $\varepsilon \to 0$, 则得到所要证明的结论. 至此, 我们完成定理的证明.

附注 2.10　如果 $u(\boldsymbol{x})$ 在 $\overline{\Omega}$ 上的最大值是负数, 引理 2.21 和定理 2.22 并没有告诉我们任何结论.

下面我们证明 Hopf 引理. 此引理非常深刻, 在证明强极值原理中很有用.

定理 2.23 (Hopf 引理)　假设 B_R 是 $\mathbb{R}^n (n \geqslant 2)$ 上的一个以 R 为半径的开球, 在 B_R 上 $c(\boldsymbol{x}) \geqslant 0$ 且有界. 如果 $u(\boldsymbol{x}) \in C^1(\overline{B}_R) \cap C^2(B_R)$ 满足

(1) $\mathcal{L}u = -\Delta u + c(\boldsymbol{x})u \leqslant 0,\ \boldsymbol{x} \in B_R$;

(2) 存在 $\boldsymbol{x}_0 \in \partial B_R$, 使得 $u(\boldsymbol{x})$ 在点 $\boldsymbol{x}_0$ 处达到在 $\overline{B}_R$ 上严格的非负最大值, 即 $u(\boldsymbol{x}_0) = \max\limits_{\boldsymbol{x}\in\overline{B}_R} u(\boldsymbol{x}) \geqslant 0$, 且当 $\boldsymbol{x} \in B_R$ 时, $u(\boldsymbol{x}) < u(\boldsymbol{x}_0)$,

则

$$\frac{\partial u}{\partial \boldsymbol{\nu}}(\boldsymbol{x}_0) > 0, \tag{2.48}$$

其中方向 $\boldsymbol{\nu}$ 与 ∂B_R 在点 $\boldsymbol{x}_0$ 处的单位外法向量 $\boldsymbol{n}$ 的夹角小于 $\frac{\pi}{2}$.

证明 根据假设, $\dfrac{\partial u}{\partial \boldsymbol{\nu}}(\boldsymbol{x}_0) \geqslant 0$ 是显然的. 我们需要证明它严格大于 0. 不妨设 B_R 以原点为球心. 在球壳 $B_R^* = \left\{\boldsymbol{x} \in B_R \middle| \dfrac{R}{2} < |\boldsymbol{x}| < R\right\}$ 上考虑辅助函数

$$w(\boldsymbol{x}) = u(\boldsymbol{x}) - u(\boldsymbol{x}_0) + \varepsilon v(\boldsymbol{x}),$$

其中 $\varepsilon > 0$, $v(\boldsymbol{x})$ 是待定非负连续函数. 不妨取 $v(\boldsymbol{x}_0) = 0$, 此时 $w(\boldsymbol{x}_0) = 0$, 因而 $w(\boldsymbol{x})$ 在 $\overline{B}_R^* = \left\{\boldsymbol{x} \in \mathbb{R}^n \middle| \dfrac{R}{2} \leqslant |\boldsymbol{x}| \leqslant R\right\}$ 上的非负最大值存在. 如果能取到 $\varepsilon > 0$ 和 $v(\boldsymbol{x})$, 使得 $w(\boldsymbol{x})$ 在点 x_0 处达到非负最大值 $w(\boldsymbol{x}_0)$, 则

$$0 \leqslant \frac{\partial w}{\partial \boldsymbol{\nu}}(\boldsymbol{x}_0) = \frac{\partial u}{\partial \boldsymbol{\nu}}(\boldsymbol{x}_0) + \varepsilon \frac{\partial v}{\partial \boldsymbol{\nu}}(\boldsymbol{x}_0),$$

即

$$\frac{\partial u}{\partial \boldsymbol{\nu}}(\boldsymbol{x}_0) \geqslant -\varepsilon \frac{\partial v}{\partial \boldsymbol{\nu}}(\boldsymbol{x}_0).$$

为了使 $w(\boldsymbol{x})$ 在球壳 B_R^* 的边界上达到非负最大值, 由定理 2.22, 我们只需在球壳 B_R^* 上提出条件 $\mathcal{L}w \leqslant 0$. 因此, 我们只要构造非负函数 $v(\boldsymbol{x})$, 使它满足条件

$$\mathcal{L}v \leqslant 0, \quad \boldsymbol{x} \in B_R^*$$

和

$$\frac{\partial v}{\partial \boldsymbol{\nu}}(\boldsymbol{x}_0) < 0,$$

就完成定理的证明.

由于球壳 B_R^* 的对称性, 我们考虑径向对称函数

$$v(\boldsymbol{x}) = |\boldsymbol{x}|^\alpha - R^\alpha,$$

其中 $\alpha < 0$ 待定. 在球壳 B_R^* 上, 计算得到

$$\begin{aligned}\mathcal{L}v &= -\alpha(\alpha + n - 2)|\boldsymbol{x}|^{\alpha-2} + c(\boldsymbol{x})|\boldsymbol{x}|^\alpha - c(\boldsymbol{x})R^\alpha \\ &\leqslant \big[-\alpha(\alpha + n - 2) + CR^2\big]|\boldsymbol{x}|^{\alpha-2},\end{aligned}$$

其中 $C = \sup\limits_{\boldsymbol{x} \in B_R^*} c(\boldsymbol{x})$. 取 $\alpha < 0$ 足够小, 我们得到 $\mathcal{L}v \leqslant 0$, 从而在球壳 B_R^* 上有

$$\mathcal{L}w \leqslant 0.$$

所以, 由定理 2.22 知, $w(\boldsymbol{x})$ 在球壳 B_R^* 的边界 ∂B_R^* 上达到非负最大值. 在球壳的内球面 $\partial B_R^* \cap B_R = \partial B_{\frac{R}{2}}$ 上, 有

$$\max_{|\boldsymbol{x}| = \frac{R}{2}} \big(u(\boldsymbol{x}) - u(\boldsymbol{x}_0)\big) \triangleq \beta < 0.$$

取 $\varepsilon > 0$ 足够小, 使得

$$w|_{\partial B_{\frac{R}{2}}} \leqslant \beta + \varepsilon R^{\alpha}(2^{-\alpha} - 1) < 0,$$

而在球壳的外球面 $\partial B_R^* \cap \partial B_R = \partial B_R$ 上, 有 $v(\boldsymbol{x}) = 0$, 且 $w(\boldsymbol{x}) \leqslant 0$, $w(\boldsymbol{x}_0) = 0$, 从而 $w(\boldsymbol{x})$ 在点 $\boldsymbol{x}_0$ 处达到非负最大值. 在 ∂B_R 上, 有 $v(\boldsymbol{x}) = 0$, 于是

$$\begin{aligned}\frac{\partial u}{\partial \boldsymbol{\nu}}(\boldsymbol{x}_0) &\geqslant -\varepsilon \frac{\partial v}{\partial \boldsymbol{\nu}}(\boldsymbol{x}_0) = -\varepsilon \nabla v(\boldsymbol{x}_0) \cdot \boldsymbol{\nu} \\ &= -\varepsilon \alpha R^{\alpha-1} \cos(\boldsymbol{\nu}, \boldsymbol{n}).\end{aligned}$$

由于 α 是负数, $\boldsymbol{\nu}$ 和 $\boldsymbol{n}$ 的夹角小于 $\frac{\pi}{2}$, 我们得到

$$\frac{\partial u}{\partial \boldsymbol{\nu}}(\boldsymbol{x}_0) > 0.$$

至此, 我们完成定理的证明.

附注 2.11　如果 $c(\boldsymbol{x}) \equiv 0$, 则定理 2.23 证明中的 $v(\boldsymbol{x})$ 可取为 Laplace 方程 (2.2) 的基本解.

附注 2.12　在定理 2.23 的证明中可取 $v(\boldsymbol{x}) = \mathrm{e}^{-a|\boldsymbol{x}|^2} - \mathrm{e}^{-aR^2}$, 其中 $a > 0$ 足够大.

利用 Hopf 引理, 我们容易证明下面的强极值原理.

定理 2.24 (强极值原理)　假设 Ω 是 $\mathbb{R}^n$ 上的有界连通开集, $c(\boldsymbol{x}) \geqslant 0$ 且有界. 如果 $u(\boldsymbol{x}) \in C(\overline{\Omega}) \cap C^2(\Omega)$ 在 Ω 上满足 $\mathcal{L}u \leqslant 0$ 且在 Ω 内达到在 $\overline{\Omega}$ 上的非负最大值, 则 $u(\boldsymbol{x})$ 在 $\overline{\Omega}$ 上是常数.

证明　记

$$M = \max_{\boldsymbol{x} \in \overline{\Omega}} u(\boldsymbol{x}).$$

考虑集合 $D = \{\boldsymbol{x} \in \Omega | u(\boldsymbol{x}) = M\}$. 我们只要证明 D 相对于 Ω 既是开的又是闭的即可, 因为这时由 Ω 的连通性知 D 是空集或 Ω, 又由定理的假设知 D 非空, 从而 $D = \Omega$, 这就得到要证的结论.

由于函数 $u(\boldsymbol{x})$ 的连续性, D 相对于 Ω 显然是闭的. $\Omega \setminus D = \{\boldsymbol{x} \in \Omega | u(\boldsymbol{x}) < M\}$ 是开集. 现在我们证明 D 相对于 Ω 是开的. 设 $\boldsymbol{x}_0$ 是 D 上任一点, 则存在球 $B(\boldsymbol{x}_0, 2r) \subset \Omega$. 如果 $\boldsymbol{x}_0$ 不是 D 的内点, 则存在 $\widetilde{\boldsymbol{x}} \in (\Omega \setminus D) \cap B(\boldsymbol{x}_0, r)$. 记

$$d = \operatorname{dist}\{\widetilde{\boldsymbol{x}}, \overline{D}\} = \min\{|\boldsymbol{x} - \widetilde{\boldsymbol{x}}| | \boldsymbol{x} \in \overline{D}\}.$$

显然 $d \leqslant r$, 因此 $B(\widetilde{\boldsymbol{x}}, d) \subset B(\boldsymbol{x}_0, 2r) \subset \Omega$, 且

$$u(\boldsymbol{x}) < M, \quad \boldsymbol{x} \in B_d(\widetilde{\boldsymbol{x}}).$$

记 $\boldsymbol{y}_0 \in \partial B(\widetilde{\boldsymbol{x}}, d) \cap D$, 则 $u(\boldsymbol{y}_0) = M$. 由于 $\boldsymbol{y}_0$ 是函数 $u(\boldsymbol{x})$ 的极值点, 因此

$$\frac{\partial u}{\partial x_i}(\boldsymbol{y}_0) = 0, \quad i = 1, 2, \cdots, n.$$

而在球 $B(\widetilde{\boldsymbol{x}}, d)$ 上应用 Hopf 引理, 则至少存在一个方向 $\boldsymbol{\nu}$, 使得

$$\frac{\partial u}{\partial \boldsymbol{\nu}}(\boldsymbol{y}_0) > 0.$$

这就导致矛盾. 因此, 我们证明了 $\boldsymbol{x}_0$ 是 D 的内点, 从而 D 相对于 Ω 是开的. 定理证毕.

2.3.2 最大模估计

在这一小节中, 我们研究位势方程的 Dirichlet 问题 (第一边值问题) 和第三边值问题的最大模估计. 由于最大模估计蕴涵着边值问题解的唯一性和稳定性, 因而证明这些问题是适定的.

首先考虑位势方程的 Dirichlet 问题

$$\begin{cases} -\Delta u = f(\boldsymbol{x}), & \boldsymbol{x} \in \Omega, \\ u|_{\partial\Omega} = g(\boldsymbol{x}), \end{cases} \tag{2.49}$$

其中 Ω 是 $\mathbb{R}^n$ 中的有界开区域. 利用弱极值原理, 我们可以得到下面的最大模估计.

定理 2.25 假设 $u(\boldsymbol{x}) \in C(\overline{\Omega}) \cap C^2(\Omega)$ 是 Dirichlet 问题 (2.49) 的解, 则

$$\max_{\boldsymbol{x} \in \overline{\Omega}} |u(\boldsymbol{x})| \leqslant G + CF,$$

其中 $G = \max\limits_{\boldsymbol{x} \in \partial\Omega} |g(\boldsymbol{x})|$, $F = \sup\limits_{\boldsymbol{x} \in \Omega} |f(\boldsymbol{x})|$, C 是一个仅依赖于维数 n 及 Ω 的直径 $d = \sup\limits_{\boldsymbol{x}, \boldsymbol{y} \in \Omega} |\boldsymbol{x} - \boldsymbol{y}|$ 的常数.

证明 不妨假设 Ω 包含原点 $\boldsymbol{x} = \boldsymbol{0}$. 令 $w(\boldsymbol{x}) = u(\boldsymbol{x}) - z(\boldsymbol{x})$, 其中

$$z(\boldsymbol{x}) = G + \frac{F}{2n}(d^2 - |\boldsymbol{x}|^2).$$

容易验证

$$-\Delta w = f(\boldsymbol{x}) - F \leqslant 0, \quad \boldsymbol{x} \in \Omega,$$

$$w|_{\partial\Omega} \leqslant g(\boldsymbol{x}) - G \leqslant 0.$$

由弱极值原理知, 在 Ω 上, 有 $w(\boldsymbol{x}) \leqslant 0$, 从而

$$u(\boldsymbol{x}) \leqslant z(\boldsymbol{x}) \leqslant G + \frac{d^2}{2n}F, \quad \boldsymbol{x} \in \overline{\Omega}.$$

同理, 考虑 $-u(\boldsymbol{x})$ 满足的相应问题, 得到

$$u(\boldsymbol{x}) \geqslant -z(\boldsymbol{x}) \geqslant -G - \frac{d^2}{2n}F, \quad \boldsymbol{x} \in \overline{\Omega}.$$

因此

$$|u(\boldsymbol{x})| \leqslant z(\boldsymbol{x}) \leqslant G + \frac{d^2}{2n}F, \quad \boldsymbol{x} \in \overline{\Omega}.$$

上式两边取上确界, 定理即得证.

考虑边值问题

$$\begin{cases} -\Delta u + c(\boldsymbol{x})u = f(\boldsymbol{x}), \quad \boldsymbol{x} \in \Omega, \\ \left(\dfrac{\partial u}{\partial \boldsymbol{n}} + \alpha(\boldsymbol{x})u\right)\Big|_{\partial\Omega} = g(\boldsymbol{x}), \end{cases} \tag{2.50}$$

其中 $\boldsymbol{n}$ 是 $\partial\Omega$ 的单位外法向量. 如果 $\alpha(\boldsymbol{x}) \equiv 0$, 则边值问题 (2.50) 为 Neumann 问题 (第二边值问题). 如果 $\alpha(\boldsymbol{x}) > 0$, 则边值问题 (2.50) 为第三边值问题. 注意到当 $\alpha(\boldsymbol{x}) \equiv 0$, $c(\boldsymbol{x}) \equiv 0$ 时, 齐次 Neumann 问题 (2.50) ($f(\boldsymbol{x}) \equiv 0$, $g(\boldsymbol{x}) \equiv 0$) 有非零解 $u(\boldsymbol{x}) \equiv 1$, 因此最大模估计在此情形不成立. 但对于第三边值问题, 利用弱极值原理我们可以得到下面的最大模估计.

定理 2.26　假设 $c(\boldsymbol{x}) \geqslant 0$, $\alpha(\boldsymbol{x}) \geqslant \alpha_0 > 0$. 如果 $u(\boldsymbol{x}) \in C^1(\overline{\Omega}) \cap C^2(\Omega)$ 是第三边值问题 (2.50) 的解, 则

$$\max_{\boldsymbol{x}\in\overline{\Omega}} |u(\boldsymbol{x})| \leqslant C(G+F),$$

其中 $G = \max\limits_{\boldsymbol{x}\in\partial\Omega} |g(\boldsymbol{x})|$, $F = \sup\limits_{\boldsymbol{x}\in\Omega} |f(\boldsymbol{x})|$, C 是仅依赖于维数 n, α_0 和 Ω 的直径 d 的常数.

证明　不妨假设 Ω 包含原点 $\boldsymbol{x} = \boldsymbol{0}$. 令 $w(\boldsymbol{x}) = u(\boldsymbol{x}) - z(\boldsymbol{x})$, 其中

$$z(\boldsymbol{x}) = \frac{G}{\alpha_0} + \frac{F}{2n}\left(\frac{1+d^2}{\alpha_0} + d^2 - |\boldsymbol{x}|^2\right).$$

容易验证, 在 Ω 上, 有

$$-\Delta z + c(\boldsymbol{x})z \geqslant F;$$

在 $\partial\Omega$ 上, 有

$$\begin{aligned} &\frac{\partial z}{\partial \boldsymbol{n}} + \alpha(\boldsymbol{x})z \\ &= \alpha(\boldsymbol{x})\frac{G}{\alpha_0} + \frac{F}{2n}\left[-2\boldsymbol{x}\cdot\boldsymbol{n} + \alpha(\boldsymbol{x})\left(\frac{1+d^2}{\alpha_0} + d^2 - |\boldsymbol{x}|^2\right)\right] \\ &\geqslant G + \frac{F}{2n}\left(-|\boldsymbol{x}|^2 - 1 + 1 + d^2\right) \\ &\geqslant G. \end{aligned}$$

因此, 当 $\boldsymbol{x} \in \Omega$ 时, 有

$$-\Delta w(\boldsymbol{x}) + c(\boldsymbol{x})w(\boldsymbol{x}) \leqslant f(\boldsymbol{x}) - F \leqslant 0;$$

当 $\boldsymbol{x} \in \partial\Omega$ 时, 有

$$\frac{\partial w}{\partial \boldsymbol{n}}(\boldsymbol{x}) + \alpha(\boldsymbol{x})w(\boldsymbol{x}) \leqslant g(\boldsymbol{x}) - G \leqslant 0.$$

如果 $w(\boldsymbol{x})$ 在 $\overline{\Omega}$ 上没有正的最大值, 则

$$w(\boldsymbol{x}) \leqslant 0, \quad \boldsymbol{x} \in \overline{\Omega}.$$

如果 $w(\boldsymbol{x})$ 在 $\overline{\Omega}$ 上有正的最大值, 由弱极值原理我们知, $w(\boldsymbol{x})$ 的正的最大值一定在边界 $\partial\Omega$ 上达到. 设在点 $\boldsymbol{x}_0 \in \partial\Omega$ 处达到, 由于 $\boldsymbol{n}$ 是 $\partial\Omega$ 的单位外法向量, 因此 $\dfrac{\partial w}{\partial \boldsymbol{n}}(\boldsymbol{x}_0) \geqslant 0$, 从而

$$0 \geqslant \frac{\partial w}{\partial \boldsymbol{n}}(\boldsymbol{x}_0) + \alpha(\boldsymbol{x}_0)w(\boldsymbol{x}_0) \geqslant \alpha(\boldsymbol{x}_0)w(\boldsymbol{x}_0) > 0.$$

这一矛盾说明, $w(\boldsymbol{x})$ 在 $\overline{\Omega}$ 上不可能有正的最大值. 于是, 当 $\boldsymbol{x} \in \overline{\Omega}$ 时, 有 $w(\boldsymbol{x}) \leqslant 0$. 所以

$$u(\boldsymbol{x}) \leqslant z(\boldsymbol{x}) \leqslant C(G+F), \quad \boldsymbol{x} \in \overline{\Omega},$$

其中

$$C = \max\left\{\frac{1}{\alpha_0}, \frac{1}{2n}\left(\frac{1+d^2}{\alpha_0} + d^2\right)\right\}.$$

考虑 $w(\boldsymbol{x}) = u(\boldsymbol{x}) + z(\boldsymbol{x})$, 我们可得到另一方向的不等式. 因此

$$|u(\boldsymbol{x})| \leqslant z(\boldsymbol{x}) \leqslant C(G+F), \quad \boldsymbol{x} \in \overline{\Omega}.$$

上式两边取上确界, 定理即得证.

实际上, 定理 2.25 和定理 2.26 的最大模估计分别蕴涵着 Dirichlet 问题 (2.49) 和第三边值问题 (2.50) 的解的唯一性和稳定性. 对此, 我们仅考虑较为复杂的第三边值问题 (2.50).

定理 2.27 假设 $u_i(\boldsymbol{x}) \in C^1(\overline{\Omega}) \cap C^2(\Omega)$ $(i=1,2)$ 分别满足第三边值问题

$$\begin{cases} -\Delta u_i + c_i(\boldsymbol{x})u_i = f_i(\boldsymbol{x}), & \boldsymbol{x} \in \Omega, \\ \left.\left(\dfrac{\partial u_i}{\partial \boldsymbol{n}} + \alpha_i(\boldsymbol{x})u_i\right)\right|_{\partial\Omega} = g_i(\boldsymbol{x}), \end{cases}$$

其中 $\boldsymbol{n}$ 是 $\partial\Omega$ 的单位外法向量. 如果 $c_i(\boldsymbol{x}) \geqslant 0$ 且有界, $\alpha_i(\boldsymbol{x}) \geqslant \alpha_0 > 0$ $(i=1,2)$, 则估计式

$$\begin{aligned} \max_{\boldsymbol{x}\in\overline{\Omega}} |u_1(\boldsymbol{x}) - u_2(\boldsymbol{x})| \leqslant C\Big(&\max_{\boldsymbol{x}\in\partial\Omega} |g_1(\boldsymbol{x}) - g_2(\boldsymbol{x})| + \sup_{\boldsymbol{x}\in\Omega} |f_1(\boldsymbol{x}) - f_2(\boldsymbol{x})| \\ &+ \max_{\boldsymbol{x}\in\partial\Omega} |\alpha_1(\boldsymbol{x}) - \alpha_2(\boldsymbol{x})| + \sup_{\boldsymbol{x}\in\Omega} |c_1(\boldsymbol{x}) - c_2(\boldsymbol{x})|\Big) \end{aligned} \tag{2.51}$$

成立, 其中 C 是仅依赖于维数 n, Ω 的直径 d 以及 α_0, G_1, G_2, F_1, F_2 的常数, 这里 $G_i = \max\limits_{\boldsymbol{x}\in\partial\Omega} |g_i(\boldsymbol{x})|$, $F_i = \sup\limits_{\boldsymbol{x}\in\Omega} |f_i(\boldsymbol{x})| (i=1,2)$.

证明 由定理 2.26, 我们有

$$\max_{\boldsymbol{x}\in\overline{\Omega}}|u_i(\boldsymbol{x})| \leqslant \widetilde{C}(G_i+F_i) \quad (i=1,2), \tag{2.52}$$

其中 $\widetilde{C}$ 是仅依赖于维数 n, α_0 和 Ω 的直径 d 的常数.

记 $w(\boldsymbol{x})=u_1(\boldsymbol{x})-u_2(\boldsymbol{x})$, 则 $w(\boldsymbol{x})$ 满足边值问题

$$\begin{cases} -\Delta w + c_1(\boldsymbol{x})w = f_1(\boldsymbol{x}) - f_2(\boldsymbol{x}) + (c_2(\boldsymbol{x}) - c_1(\boldsymbol{x}))u_2(\boldsymbol{x}), & \boldsymbol{x}\in\Omega, \\ \left(\dfrac{\partial w}{\partial \boldsymbol{n}} + \alpha_1(\boldsymbol{x})w\right)\Big|_{\partial\Omega} = g_1(\boldsymbol{x}) - g_2(\boldsymbol{x}) + (\alpha_2(\boldsymbol{x}) - \alpha_1(\boldsymbol{x}))u_2(\boldsymbol{x}), \end{cases}$$

由定理 2.26, 我们有

$$\begin{aligned} \max_{\boldsymbol{x}\in\overline{\Omega}}|w(\boldsymbol{x})| \leqslant& \widetilde{C}\big(\max_{\boldsymbol{x}\in\partial\Omega}|g_1(\boldsymbol{x})-g_2(\boldsymbol{x})| \\ &+\max_{\boldsymbol{x}\in\partial\Omega}|(\alpha_2(\boldsymbol{x})-\alpha_1(\boldsymbol{x}))u_2(\boldsymbol{x})| \\ &+\sup_{\boldsymbol{x}\in\Omega}|f_1(\boldsymbol{x})-f_2(\boldsymbol{x})| \\ &+\sup_{\boldsymbol{x}\in\Omega}|(c_1(\boldsymbol{x})-c_2(\boldsymbol{x}))u_2(\boldsymbol{x})|\big) \\ \leqslant& \widetilde{C}\big(\max_{\boldsymbol{x}\in\partial\Omega}|g_1(\boldsymbol{x})-g_2(\boldsymbol{x})| \\ &+\max_{\boldsymbol{x}\in\partial\Omega}|\alpha_2(\boldsymbol{x})-\alpha_1(\boldsymbol{x})|\cdot\max_{\boldsymbol{x}\in\overline{\Omega}}|u_2(\boldsymbol{x})| \\ &+\sup_{\boldsymbol{x}\in\Omega}|f_1(\boldsymbol{x})-f_2(\boldsymbol{x})| \\ &+\sup_{\boldsymbol{x}\in\Omega}|c_1(\boldsymbol{x})-c_2(\boldsymbol{x})|\cdot\max_{\boldsymbol{x}\in\overline{\Omega}}|u_2(\boldsymbol{x})|\big). \end{aligned}$$

由不等式 (2.52), 我们得到估计式 (2.51).

2.4 能量模估计

考虑 Dirichlet 问题

$$\begin{cases} -\Delta u + c(\boldsymbol{x})u = f(\boldsymbol{x}), & \boldsymbol{x}\in\Omega, \\ u|_{\partial\Omega}=0, \end{cases} \tag{2.53}$$

其中 Ω 是 $\mathbb{R}^n$ 中的有界开区域. 利用 Gauss-Green 公式, 我们可以得到下面的能量模估计.

定理 2.28 假设 $c(\boldsymbol{x}) \geqslant c_0 > 0$, $u(\boldsymbol{x}) \in C^1(\overline{\Omega}) \cap C^2(\Omega)$ 是 Dirichlet 问题 (2.53) 的解, 则

$$\int_\Omega |\nabla u|^2 \,\mathrm{d}\boldsymbol{x} + \frac{c_0}{2} \int_\Omega |u(\boldsymbol{x})|^2 \,\mathrm{d}\boldsymbol{x} \leqslant C \int_\Omega |f(\boldsymbol{x})|^2 \,\mathrm{d}\boldsymbol{x},$$

其中 C 是仅依赖于 c_0 的常数.

证明 在 Dirichlet 问题 (2.53) 的方程两端同时乘以 $u(\boldsymbol{x})$, 再在 $\overline{\Omega}$ 上积分, 得到

$$-\int_\Omega u(\boldsymbol{x}) \Delta u \,\mathrm{d}\boldsymbol{x} + \int_\Omega c(\boldsymbol{x}) u^2(\boldsymbol{x}) \,\mathrm{d}\boldsymbol{x} = \int_\Omega f(\boldsymbol{x}) u(\boldsymbol{x}) \,\mathrm{d}\boldsymbol{x}.$$

对上式左端第一项应用 Gauss-Green 公式, 右端应用 Cauchy 不等式

$$2ab \leqslant \varepsilon a^2 + \frac{1}{\varepsilon} b^2, \quad \varepsilon > 0,$$

则有

$$\int_\Omega |\nabla u|^2 \,\mathrm{d}\boldsymbol{x} + c_0 \int_\Omega u^2(\boldsymbol{x}) \,\mathrm{d}\boldsymbol{x} \leqslant \frac{c_0}{2} \int_\Omega u^2(\boldsymbol{x}) \,\mathrm{d}\boldsymbol{x} + \frac{1}{2c_0} \int_\Omega f^2(\boldsymbol{x}) \,\mathrm{d}\boldsymbol{x}.$$

上式移项即得证.

引理 2.29 (Friedrichs 不等式) 假设 $u(\boldsymbol{x}) \in C_0^1(\Omega)$, 则

$$\int_\Omega |u(\boldsymbol{x})|^2 \,\mathrm{d}\boldsymbol{x} \leqslant 4d^2 \int_\Omega |\nabla u|^2 \,\mathrm{d}\boldsymbol{x}, \tag{2.54}$$

其中 d 是 Ω 的直径.

证明 由于 Ω 的直径为 d, 所以可以作一个边长为 $2d$ 且平行于坐标轴的 n 维正方体将 Ω 包含于其中. 不妨设此正方体为

$$Q = \{\boldsymbol{x} = (x_1, x_2, \cdots, x_n) | 0 \leqslant x_i \leqslant 2d, i = 1, 2, \cdots, n\}.$$

令

$$\widetilde{u}(\boldsymbol{x}) = \begin{cases} u(\boldsymbol{x}), & \boldsymbol{x} \in \Omega, \\ 0, & \boldsymbol{x} \in Q \setminus \Omega, \end{cases}$$

则显然 $\widetilde{u}(\boldsymbol{x}) \in C_0^1(Q)$ 且

$$\widetilde{u}(\boldsymbol{x}) = \widetilde{u}(x_1, x_2, \cdots, x_n) = \int_0^{x_1} \widetilde{u}_\xi(\xi, x_2, \cdots, x_n) \,\mathrm{d}\xi.$$

利用 Schwarz 不等式, 得

$$\begin{aligned} \widetilde{u}^2(\boldsymbol{x}) &\leqslant x_1 \int_0^{x_1} \left|\widetilde{u}_\xi(\xi, x_2, \cdots, x_n)\right|^2 \mathrm{d}\xi \\ &\leqslant 2d \int_0^{2d} \left|\widetilde{u}_{x_1}(x_1, x_2, \cdots, x_n)\right|^2 \mathrm{d}x_1. \end{aligned}$$

上式对 $\boldsymbol{x}$ 在 Q 上积分, 则有

$$\begin{aligned}\int_Q \widetilde{u}^2(\boldsymbol{x})\,\mathrm{d}\boldsymbol{x} &\leqslant 4d^2\int_Q |\widetilde{u}_{x_1}(\boldsymbol{x})|^2\,\mathrm{d}\boldsymbol{x}\\ &\leqslant 4d^2\int_Q |\nabla\widetilde{u}|^2\,\mathrm{d}\boldsymbol{x}.\end{aligned}$$

注意到 $\widetilde{u}(\boldsymbol{x})$ 的定义, 我们得到不等式 (2.54).

利用上述不等式, 我们可以证明下面的结论.

定理 2.30 假设 $c(\boldsymbol{x})\geqslant 0$. 如果 $u(\boldsymbol{x})\in C^1(\overline{\Omega})\cap C^2(\Omega)$ 是 Dirichlet 问题 (2.53) 的解, 则

$$\int_\Omega |\nabla u|^2\,\mathrm{d}\boldsymbol{x}+\int_\Omega |u(\boldsymbol{x})|^2\,\mathrm{d}\boldsymbol{x}\leqslant C\int_\Omega |f(\boldsymbol{x})|^2\,\mathrm{d}\boldsymbol{x},$$

其中 C 是仅依赖于 Ω 的直径的常数.

考虑第三边值问题

$$\begin{cases}-\Delta u+c(\boldsymbol{x})u=f(\boldsymbol{x}), & \boldsymbol{x}\in\Omega,\\ \left(\dfrac{\partial u}{\partial \boldsymbol{n}}+\alpha(\boldsymbol{x})u\right)\Big|_{\partial\Omega}=0.\end{cases}\tag{2.55}$$

同样, 利用 Gauss-Green 公式, 我们可以得到能量模估计.

定理 2.31 假设 $c(\boldsymbol{x})\geqslant c_0>0$, $\alpha(\boldsymbol{x})\geqslant 0$. 如果 $u(\boldsymbol{x})\in C^1(\overline{\Omega})\cap C^2(\Omega)$ 是第三边值问题 (2.55) 的解, 则

$$\begin{aligned}&\int_\Omega |\nabla u|^2\,\mathrm{d}\boldsymbol{x}+\frac{c_0}{2}\int_\Omega |u(\boldsymbol{x})|^2\,\mathrm{d}\boldsymbol{x}+\int_{\partial\Omega}\alpha(\boldsymbol{x})u^2(\boldsymbol{x})\,\mathrm{d}S\\ &\leqslant C\int_\Omega |f(\boldsymbol{x})|^2\,\mathrm{d}\boldsymbol{x},\end{aligned}$$

其中 C 是仅依赖于 c_0 的常数.

2.5 零延拓问题

延拓问题是椭圆型方程中的重要问题, 但处理这类问题时极容易出现错误. 本节将介绍两类零延拓问题, 以澄清人们在这些问题上的一些错误认识. 本节内容选自文献 [2], [13].

2.5.1 内部零延拓问题

假设 $\Omega, \widetilde{\Omega}$ 是 $\mathbb{R}^n$ 中的光滑区域, 且 Ω 紧包含于 $\widetilde{\Omega}$. 假设 $f(\boldsymbol{x})$ 是 $\overline{\Omega}$ 上给定的函数且 $f(\boldsymbol{x})|_{\partial\Omega}=0$, $u(\boldsymbol{x})$ 是 Dirichlet 问题

$$\begin{cases} -\Delta u = f(\boldsymbol{x}), & \boldsymbol{x}\in\Omega, \\ u=0, & \boldsymbol{x}\in\partial\Omega \end{cases} \tag{2.56}$$

的解.

将 $f(\boldsymbol{x})$ 和 $u(\boldsymbol{x})$ 从 $\overline{\Omega}$ **零延拓**到 $\overline{\widetilde{\Omega}}$, 定义

$$\begin{aligned} &\widetilde{u}(\boldsymbol{x}) = \begin{cases} u(\boldsymbol{x}), & \boldsymbol{x}\in\Omega, \\ 0, & \boldsymbol{x}\in\overline{\widetilde{\Omega}}\setminus\Omega, \end{cases} \\ &\widetilde{f}(\boldsymbol{x}) = \begin{cases} f(\boldsymbol{x}), & \boldsymbol{x}\in\Omega, \\ 0, & \boldsymbol{x}\in\widetilde{\Omega}\setminus\Omega. \end{cases} \end{aligned} \tag{2.57}$$

容易看出 $\widetilde{u}(\boldsymbol{x})$ 在 $\widetilde{\Omega}\setminus\partial\Omega$ 上满足 $-\Delta\widetilde{u}=\widetilde{f}(\boldsymbol{x})$. 由于 $\partial\Omega$ 是一个零测集, 于是许多人想当然认为 $\widetilde{u}(\boldsymbol{x})$ 是 Dirichlet 问题

$$\begin{cases} -\Delta v = \widetilde{f}(\boldsymbol{x}), & \boldsymbol{x}\in\widetilde{\Omega}, \\ v=0, & \boldsymbol{x}\in\partial\widetilde{\Omega} \end{cases} \tag{2.58}$$

的解. 但遗憾的是, 即使 $f(\boldsymbol{x})$ 充分光滑, 这个结论通常也不成立.

例如, 设 $f(\boldsymbol{x})\in C_0^\infty(\Omega)$ 是一个非负且非零函数, 于是 Dirichlet 问题 (2.56) 存在唯一的一个古典解 $u(\boldsymbol{x})\in C^2(\overline{\Omega})$. 显然 $\widetilde{f}(\boldsymbol{x})\in C_0^\infty(\widetilde{\Omega})$, 于是 Dirichlet 问题 (2.58) 存在唯一的古典解 $v(\boldsymbol{x})\in C^2(\overline{\widetilde{\Omega}})$. 记 $\widetilde{G}(\boldsymbol{x},\boldsymbol{y})$ 是 $\widetilde{\Omega}$ 上的 Green 函数. 由 Green 函数的非负性知, 对于任意 $\boldsymbol{x},\boldsymbol{y}\in\widetilde{\Omega}$, $\boldsymbol{x}\neq\boldsymbol{y}$, 有

$$\widetilde{G}(\boldsymbol{x},\boldsymbol{y})>0.$$

同时, 根据定理 2.17, 我们有表达式

$$v(\boldsymbol{x}) = \int_{\widetilde{\Omega}} \widetilde{G}(\boldsymbol{x},\boldsymbol{y})\widetilde{f}(\boldsymbol{y})\,\mathrm{d}\boldsymbol{y} = \int_{\Omega} \widetilde{G}(\boldsymbol{x},\boldsymbol{y}) f(\boldsymbol{y})\,\mathrm{d}\boldsymbol{y}, \quad \boldsymbol{x}\in\widetilde{\Omega}.$$

由 $f(\boldsymbol{x})$ 的非负性有

$$v(\boldsymbol{x})>0, \quad \boldsymbol{x}\in\widetilde{\Omega},$$

从而零延拓后的函数 $\widetilde{u}(\boldsymbol{x})$ 一定不是 Dirichlet 问题 (2.58) 的解. 实际上, 上述结论还可以用其他方法证明, 如 Gauss-Green 公式、强极值原理、Hopf 引理等.

注意到, 在上述例子中, 我们假设 $f(\boldsymbol{x})$ 是非负的. 那么, 是否有可能假设某些抵消性条件以保证 $\widetilde{u}(\boldsymbol{x})$ 是 Dirichlet 问题 (2.58) 的解呢? 于是, 自然产生这样的问题: 当 $f(\boldsymbol{x})$ 满足什么条件时, $\widetilde{u}(\boldsymbol{x})$ 是 Dirichlet 问题 (2.58) 的解? 如果 $\widetilde{u}(\boldsymbol{x})$ 是 Dirichlet 问题 (2.58) 的解, 那么 $f(\boldsymbol{x})$ 必须满足什么条件?

在下面的篇幅里, 我们将对上述问题给出一个完整的答案.

设 $0<\alpha<1$. 定义 Hölder 空间

$$C^{\alpha}(\overline{\Omega})=\{f(\boldsymbol{x})\in C(\overline{\Omega})||f(\boldsymbol{x})-f(\boldsymbol{y})|\leqslant C|\boldsymbol{x}-\boldsymbol{y}|^{\alpha}\},$$

其中 C 是正常数, $C^{\alpha}(\overline{\Omega})$ 中元素的模为

$$\|f(\boldsymbol{x})\|_{C^{\alpha}(\overline{\Omega})}=\max_{\boldsymbol{x}\in\overline{\Omega}}|f(\boldsymbol{x})|+\sup_{\boldsymbol{x},\boldsymbol{y}\in\overline{\Omega},\boldsymbol{x}\neq\boldsymbol{y}}\frac{|f(\boldsymbol{x})-f(\boldsymbol{y})|}{|\boldsymbol{x}-\boldsymbol{y}|^{\alpha}}.$$

我们用 $C^{2,\alpha}(\overline{\Omega})$ 表示 $\overline{\Omega}$ 上所有二阶偏导数属于 $C^{\alpha}(\overline{\Omega})$ 的函数构成的线性空间, 即

$$C^{2,\alpha}(\overline{\Omega})=\{u(\boldsymbol{x})\in C^{2}(\overline{\Omega})|u_{x_ix_j}(\boldsymbol{x})\in C^{\alpha}(\overline{\Omega}),i,j=1,2,\cdots,n\}.$$

定理 2.32 假设 $f(\boldsymbol{x})\in C^{\alpha}(\overline{\Omega})(0<\alpha<1)$ 且 $f(\boldsymbol{x})|_{\partial\Omega}=0$. 设 $u(\boldsymbol{x})\in C^{2,\alpha}(\overline{\Omega})$ 是 Dirichlet 问题 (2.56) 的古典解, 函数 $\widetilde{u}(\boldsymbol{x}),\widetilde{f}(\boldsymbol{x})$ 由式 (2.57) 定义, 则 $\widetilde{u}(\boldsymbol{x})$ 为 Dirichlet 问题 (2.58) 的古典解的充要条件是, 对于任何一个调和函数 $g(\boldsymbol{x})\in C(\overline{\Omega})\cap C^{2}(\Omega)$, 等式

$$\int_{\Omega}f(\boldsymbol{x})g(\boldsymbol{x})\,\mathrm{d}\boldsymbol{x}=0 \tag{2.59}$$

成立.

证明 必要性 由于 $f(\boldsymbol{x})\in C^{\alpha}(\overline{\Omega})$ 且 $f(\boldsymbol{x})|_{\partial\Omega}=0$, 我们知道 $\widetilde{f}(\boldsymbol{x})\in C^{\alpha}(\overline{\widetilde{\Omega}})$. 于是, Dirichlet 问题 (2.56) 存在唯一的古典解 $u(\boldsymbol{x})\in C^{2,\alpha}(\overline{\Omega})$, Dirichlet 问题 (2.58) 存在唯一的古典解 $v(\boldsymbol{x})\in C^{2,\alpha}(\overline{\widetilde{\Omega}})$(参见文献 [6] 的第六章或文献 [14] 的第二章).

若 $\widetilde{u}(\boldsymbol{x})$ 是 Dirichlet 问题 (2.58) 的古典解, 则 $\widetilde{u}(\boldsymbol{x})=v(\boldsymbol{x})\in C^{2}(\overline{\widetilde{\Omega}})$. 于是

$$u|_{\partial\Omega}=0,\quad \nabla u|_{\partial\Omega}=\mathbf{0}.$$

首先, 我们假设调和函数 $g(\boldsymbol{x})\in C^{2}(\overline{\Omega})$. 分部积分得

$$\begin{aligned}\int_{\Omega}f(\boldsymbol{x})g(\boldsymbol{x})\,\mathrm{d}\boldsymbol{x}&=-\int_{\Omega}\Delta ug(\boldsymbol{x})\,\mathrm{d}\boldsymbol{x}\\&=\int_{\Omega}\nabla u\cdot\nabla g\,\mathrm{d}\boldsymbol{x}\\&=-\int_{\Omega}u(\boldsymbol{x})\Delta g\,\mathrm{d}\boldsymbol{x}\\&=0,\end{aligned}$$

即式 (2.59) 成立.

然后, 对于调和函数 $g(\boldsymbol{x})\in C(\overline{\Omega})\cap C^2(\Omega)$, 我们用一列光滑函数 $\varphi_n(\boldsymbol{x})(n=1,2,\cdots)$ 逼近 $g(\boldsymbol{x})|_{\partial\Omega}$, 使得

$$\max_{\boldsymbol{x}\in\partial\Omega}|g(\boldsymbol{x})-\varphi_n(\boldsymbol{x})|<\frac{1}{n},$$

接着构造一列调和函数 $g_n(\boldsymbol{x})\in C^2(\overline{\Omega})(n=1,2,\cdots)$, 使得

$$\begin{cases}\Delta g_n=0, & \boldsymbol{x}\in\Omega,\\ g_n(\boldsymbol{x})=\varphi_n(\boldsymbol{x}), & \boldsymbol{x}\in\partial\Omega.\end{cases}$$

由弱极值原理, 我们有

$$\max_{\boldsymbol{x}\in\overline{\Omega}}|g(\boldsymbol{x})-g_n(\boldsymbol{x})|\leqslant\max_{\boldsymbol{x}\in\partial\Omega}|g(\boldsymbol{x})-\varphi_n(\boldsymbol{x})|<\frac{1}{n},$$

从而说明 $\{g_n(\boldsymbol{x})\}$ 在 $\overline{\Omega}$ 上一致收敛于 $g(\boldsymbol{x})$.

又由于

$$\int_{\overline{\Omega}}f(\boldsymbol{x})g_n(\boldsymbol{x})\,\mathrm{d}\boldsymbol{x}=0,$$

令 $n\to\infty$, 我们得到

$$\int_{\overline{\Omega}}f(\boldsymbol{x})g(\boldsymbol{x})\,\mathrm{d}\boldsymbol{x}=0.$$

于是, 对于任何一个调和函数 $g(\boldsymbol{x})\in C(\overline{\Omega})\cap C^2(\Omega)$, 式 (2.59) 成立.

充分性　假设对于任何一个调和函数 $g(\boldsymbol{x})\in C(\overline{\Omega})\cap C^2(\Omega)$, 式 (2.59) 成立. 记 $G(\boldsymbol{x},\boldsymbol{y})$ 和 $\widetilde{G}(\boldsymbol{x},\boldsymbol{y})$ 分别为 $-\Delta$ 在 Ω 和 $\widetilde{\Omega}$ 上的 Green 函数. 我们知道

$$\begin{aligned}G(\boldsymbol{x},\boldsymbol{y})&=\Gamma(\boldsymbol{y}-\boldsymbol{x})-\phi^{\boldsymbol{x}}(\boldsymbol{y}),\\ \widetilde{G}(\boldsymbol{x},\boldsymbol{y})&=\Gamma(\boldsymbol{y}-\boldsymbol{x})-\widetilde{\phi}^{\boldsymbol{x}}(\boldsymbol{y}),\end{aligned}$$

其中 $\Gamma(\boldsymbol{y}-\boldsymbol{x})$ 是基本解, $\phi^{\boldsymbol{x}}(\boldsymbol{y})$ 是在 $\partial\Omega$ 上以 $\Gamma(\boldsymbol{y}-\boldsymbol{x})$ 为边值的 Ω 上的调和函数, $\widetilde{\phi}^{\boldsymbol{x}}(\boldsymbol{y})$ 是在 $\partial\widetilde{\Omega}$ 上以 $\Gamma(\boldsymbol{y}-\boldsymbol{x})$ 为边值的 $\widetilde{\Omega}$ 上的调和函数. 于是, 我们有 $\phi^{\boldsymbol{x}}(\boldsymbol{y})\in C^2(\overline{\Omega})$ 和 $\widetilde{\phi}^{\boldsymbol{x}}(\boldsymbol{y})\in C^2(\overline{\widetilde{\Omega}})$. 利用式 (2.59), 得

$$\begin{aligned}u(\boldsymbol{x})&=\int_{\overline{\Omega}}G(\boldsymbol{x},\boldsymbol{y})f(\boldsymbol{y})\,\mathrm{d}\boldsymbol{y}\\ &=\int_{\overline{\Omega}}(\Gamma(\boldsymbol{x}-\boldsymbol{y})-\phi^{\boldsymbol{x}}(\boldsymbol{y}))f(\boldsymbol{y})\,\mathrm{d}\boldsymbol{y}\\ &=\int_{\overline{\Omega}}\Gamma(\boldsymbol{x}-\boldsymbol{y})f(\boldsymbol{y})\,\mathrm{d}\boldsymbol{y},\quad \boldsymbol{x}\in\Omega\end{aligned}\tag{2.60}$$

和

$$v(\boldsymbol{x})=\int_{\overline{\widetilde{\Omega}}}\widetilde{G}(\boldsymbol{x},\boldsymbol{y})\widetilde{f}(\boldsymbol{y})\,\mathrm{d}\boldsymbol{y}$$

$$
\begin{aligned}
&= \int_{\overline{\Omega}} (\Gamma(\boldsymbol{x}-\boldsymbol{y}) - \widetilde{\phi}^{\boldsymbol{x}}(\boldsymbol{y})) f(\boldsymbol{y}) \, \mathrm{d}\boldsymbol{y} \\
&= \int_{\overline{\Omega}} \Gamma(\boldsymbol{x}-\boldsymbol{y}) f(\boldsymbol{y}) \, \mathrm{d}\boldsymbol{y}, \quad \boldsymbol{x} \in \widetilde{\Omega}.
\end{aligned} \tag{2.61}
$$

情形 1　$\boldsymbol{x} \in \overline{\Omega}$.

由式 (2.60) 和 (2.61) 得 $v(\boldsymbol{x}) = u(\boldsymbol{x}), \boldsymbol{x} \in \Omega$, 再由 $u(\boldsymbol{x})$ 和 $v(\boldsymbol{x})$ 在 $\partial\Omega$ 上的连续性得

$$
v(\boldsymbol{x}) = u(\boldsymbol{x}), \quad \boldsymbol{x} \in \overline{\Omega}.
$$

情形 2　$\boldsymbol{x} \in \widetilde{\Omega} \setminus \overline{\Omega}$. 当 $\boldsymbol{x} \in \widetilde{\Omega} \setminus \overline{\Omega}$ 时, 我们知道 $g^{\boldsymbol{x}}(\boldsymbol{y}) = \Gamma(\boldsymbol{x}-\boldsymbol{y}) \in C^2(\overline{\Omega})$ 是 Ω 上的调和函数. 由式 (2.61) 和 (2.59) 知, 对于所有 $\boldsymbol{x} \in \widetilde{\Omega} \setminus \overline{\Omega}$, 有 $v(\boldsymbol{x}) = 0$. 再利用 $v(\boldsymbol{x})$ 的连续性, 我们得到

$$
v(\boldsymbol{x}) = 0, \quad \boldsymbol{x} \in \overline{\widetilde{\Omega}} \setminus \overline{\Omega}.
$$

综合以上两种情形, 得

$$
\widetilde{u}(\boldsymbol{x}) = v(\boldsymbol{x}), \quad \boldsymbol{x} \in \overline{\widetilde{\Omega}},
$$

于是 $\widetilde{u}(\boldsymbol{x})$ 是 Dirichlet 问题 (2.58) 的唯一古典解. 定理证毕.

附注 2.13　我们假设 $f(\boldsymbol{x}) \in C^{\alpha}(\overline{\Omega})$ 且 $f(\boldsymbol{x})|_{\partial\Omega} = 0$ 是为了保证 Dirichlet 问题 (2.56) 和 (2.58) 存在古典解.

附注 2.14　如果 $f(\boldsymbol{x}) \in \Delta C_0^{\infty}(\Omega)$, 即存在函数 $w(\boldsymbol{x}) \in C_0^{\infty}(\Omega)$, 使得 $f(\boldsymbol{x}) = \Delta w$, 则对于任何一个调和函数 $g(\boldsymbol{x}) \in C(\overline{\Omega}) \cap C^2(\Omega)$, 式 (2.59) 显然成立. 此时, 容易看出 Dirichlet 问题 (2.56) 可以做零延拓.

附注 2.15　由定理 2.32 的证明我们知道, 区域 $\widetilde{\Omega}$ 是任意的, 它可取为全空间 $\mathbb{R}^n$.

*2.5.2　边界零延拓问题

当研究椭圆型边值问题时, 经常将一般边值问题转化为零边值问题.

不失一般性, 假设 Ω 的边界点 $\boldsymbol{x}_0$ 为原点, 并记

$$
\Omega_r = \Omega \cap B_r,
$$

其边界为

$$
\partial\Omega_r = \Gamma_0 \cup \Gamma_1,
$$

其中 $\Gamma_0 = \partial\Omega \cap \overline{B}_r$ 和 $\Gamma_1 = \partial B_r \cap \overline{\Omega}$ (图 2.2). 令 $\Gamma_2 = \partial B_r \cap (\mathbb{R}^n \setminus \Omega)$, 则

$$
\partial B_r = \Gamma_1 \cup \Gamma_2.
$$

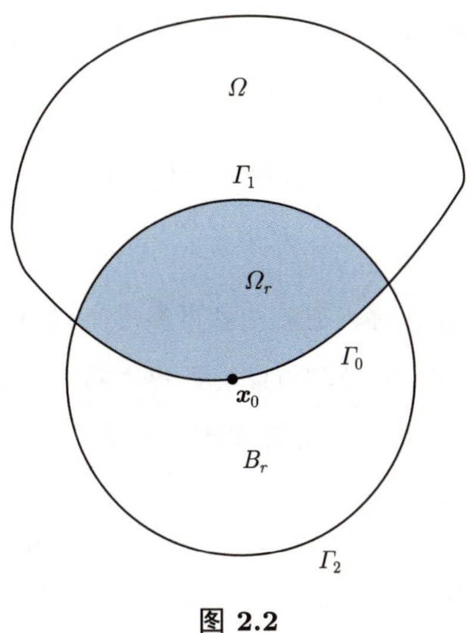

图 2.2

设 $u(\boldsymbol{x})$ 是 Dirichlet 问题

$$\begin{cases} -\Delta u = f(\boldsymbol{x}), & \boldsymbol{x} \in \Omega_r, \\ u = 0, & \boldsymbol{x} \in \partial\Omega_r \end{cases} \tag{2.62}$$

的古典解. 同样, 将函数 $f(\boldsymbol{x})$ 和解 $u(\boldsymbol{x})$ 从 Ω_r 零延拓到 B_r, 得

$$\widetilde{f}(\boldsymbol{x}) = \begin{cases} f(\boldsymbol{x}), & \boldsymbol{x} \in \Omega_r, \\ 0, & \boldsymbol{x} \in \overline{B}_r \setminus \Omega_r \end{cases} \tag{2.63}$$

和

$$\widetilde{u}(\boldsymbol{x}) = \begin{cases} u(\boldsymbol{x}), & \boldsymbol{x} \in \overline{\Omega}_r, \\ 0, & \boldsymbol{x} \in \overline{B}_r \setminus \overline{\Omega}_r. \end{cases} \tag{2.64}$$

由此, 许多人会认为函数 $\widetilde{u}(\boldsymbol{x})$ 是 Dirichlet 问题

$$\begin{cases} -\Delta v = \widetilde{f}(\boldsymbol{x}), & \boldsymbol{x} \in B_r, \\ v = 0, & \boldsymbol{x} \in \partial B_r \end{cases} \tag{2.65}$$

的古典解. 实际上, 这样的结论通常不成立. 于是, 自然产生这样的问题: 当 $f(\boldsymbol{x})$ 满足什么条件时, $\widetilde{u}(\boldsymbol{x})$ 是 Dirichlet 问题 (2.65) 的解? 如果 $\widetilde{u}(\boldsymbol{x})$ 是 Dirichlet 问题 (2.65) 的解, 那么 $f(\boldsymbol{x})$ 必须满足什么条件?

下面我们将对上述问题给出一个完整的答案.

定理 2.33 假设 $f(\boldsymbol{x}) \in C^{\alpha}(\overline{\Omega}_r)(0 < \alpha < 1)$ 且 $f(\boldsymbol{x})|_{\Gamma_0} = 0$, $u(\boldsymbol{x}) \in C^{2,\alpha}(\overline{\Omega}_r)$ 是 Dirichlet 问题 (2.62) 的古典解, 函数 $\widetilde{u}(\boldsymbol{x})$, $\widetilde{f}(\boldsymbol{x})$ 分别由式 (2.64), (2.63) 定义, 则

$\widetilde{u}(\boldsymbol{x})$ 为 Dirichlet 问题 (2.65) 的古典解的充要条件是, 对于任何一个满足 $g(\boldsymbol{x})|_{\Gamma_1}=0$ 的调和函数 $g(\boldsymbol{x})\in C(\overline{\Omega}_r)\cap C^2(\Omega_r)$, 等式

$$\int_{\Omega} f(\boldsymbol{x})g(\boldsymbol{x})\,\mathrm{d}\boldsymbol{x}=0 \tag{2.66}$$

成立.

这里我们略去定理的证明, 感兴趣的读者可参考文献 [13].

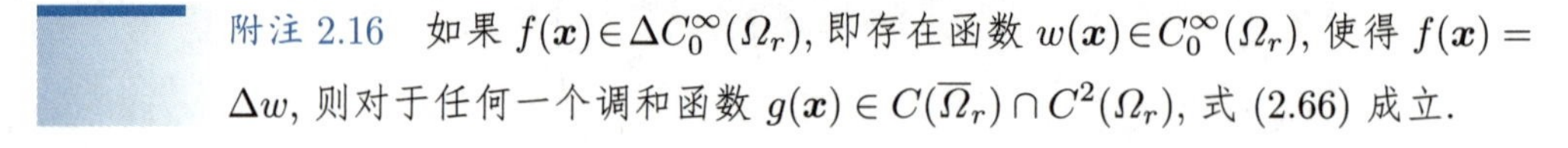

附注 2.16 如果 $f(\boldsymbol{x})\in\Delta C_0^\infty(\Omega_r)$, 即存在函数 $w(\boldsymbol{x})\in C_0^\infty(\Omega_r)$, 使得 $f(\boldsymbol{x})=\Delta w$, 则对于任何一个调和函数 $g(\boldsymbol{x})\in C(\overline{\Omega}_r)\cap C^2(\Omega_r)$, 式 (2.66) 成立.

习题二

1. 利用推导 Laplace 方程的思想推导极小曲面方程.

2. 构造 $\mathbb{R}^n$ 上所有二次调和多项式组成的线性空间.

3. 证明定理 2.1.

4. 证明: 当 $n\geqslant 3$ 时, 对于 Dirichlet 问题

$$\begin{cases}-\Delta u=f(\boldsymbol{x}), & \boldsymbol{x}\in B_r,\\ u=g(\boldsymbol{x}), & \boldsymbol{x}\in\partial B_r\end{cases}$$

的 $C^1(\overline{B}_r)\cap C^2(B_r)$ 中的解 $u(\boldsymbol{x})$, 成立

$$\begin{aligned}u(\mathbf{0})=&\frac{1}{n\alpha(n)r^{n-1}}\int_{\partial B_r} g(\boldsymbol{x})\,\mathrm{d}S\\ &+\frac{1}{n(n-2)\alpha(n)}\int_{\overline{B}_r}\left(\frac{1}{|\boldsymbol{x}|^{n-2}}-\frac{1}{r^{n-2}}\right)f(\boldsymbol{x})\,\mathrm{d}\boldsymbol{x}.\end{aligned}$$

5. 证明: 当 $n=2$ 时, 对于 Dirichlet 问题

$$\begin{cases}-\Delta u=f(\boldsymbol{x}), & \boldsymbol{x}\in B_r,\\ u=g(\boldsymbol{x}), & \boldsymbol{x}\in\partial B_r=C_r\end{cases}$$

的 $C^1(\overline{B}_r)\cap C^2(B_r)$ 中的解 $u(\boldsymbol{x})$, 成立

$$u(\mathbf{0})=\frac{1}{2\pi r}\int_{C_r} g(\boldsymbol{x})\,\mathrm{d}s+\frac{1}{2\pi}\int_{\overline{B}_r}(\ln r-\ln|\boldsymbol{x}|)f(\boldsymbol{x})\,\mathrm{d}\boldsymbol{x},$$

其中 C_r 是环绕圆盘 $\overline{B}_r$ 的圆周.

6. 若 $v(\boldsymbol{x}) \in C^2(\Omega)$ 满足

$$-\Delta v \leqslant 0, \quad \boldsymbol{x} \in \Omega,$$

则称 $v(\boldsymbol{x})$ 是 Ω 上的**下调和函数**.

(1) 证明：对于任意球 $B(\boldsymbol{x}, r) \subset \Omega$, 成立

$$v(\boldsymbol{x}) \leqslant ⨍_{B(\boldsymbol{x},r)} v(\boldsymbol{y})\,\mathrm{d}\boldsymbol{y};$$

(2) 证明：

$$\max_{\boldsymbol{x}\in\overline{\Omega}} v(\boldsymbol{x}) = \max_{\boldsymbol{x}\in\partial\Omega} v(\boldsymbol{x});$$

(3) 假设 $\phi: \mathbb{R} \to \mathbb{R}$ 是光滑凸函数, 且 $u(\boldsymbol{x})$ 是 Ω 上的调和函数, 证明: $v = \phi(u)$ 是 Ω 上的下调和函数;

(4) 假设 $u(\boldsymbol{x})$ 是 Ω 上的调和函数, 证明: $v = |\nabla u|^2$ 是 Ω 上的下调和函数.

7. (Harnack 定理) 假设 $\{u_n(\boldsymbol{x})\} \subset C(\overline{\Omega}) \cap C^2(\Omega)$ 是 Ω 上的调和函数列. 如果 $\{u_n(\boldsymbol{x})\}$ 在 $\partial\Omega$ 上一致收敛, 则 $\{u_n(\boldsymbol{x})\}$ 在 $\overline{\Omega}$ 上一致收敛, 且收敛于一个调和函数.

8. (Schwarz 反射定理) 记上半球

$$B^+ = \{\boldsymbol{x} = (x_1, x_2, \cdots, x_n) \in B_1 | x_n > 0\},$$

假设 $u(\boldsymbol{x})$ 是上半球 B^+ 上的调和函数且在边界 $\{\boldsymbol{x} \in \partial B^+ | x_n = 0\}$ 上满足 $u(\boldsymbol{x}) = 0$, 令

$$v(\boldsymbol{x}) = \begin{cases} u(x_1, x_2, \cdots, x_n), & x_n \geqslant 0, \\ -u(x_1, x_2, \cdots, -x_n), & x_n < 0, \end{cases}$$

证明: $v(\boldsymbol{x})$ 是单位球 B_1 上的调和函数.

9. 如果原点 $\mathbf{0} \notin \Omega$, 我们记 $\boldsymbol{x}^* = \dfrac{\boldsymbol{x}}{|\boldsymbol{x}|^2}$, $\Omega^* = \{\boldsymbol{x}^* | \boldsymbol{x} \in \Omega\}$. 假设 $u(\boldsymbol{x})$ 是 Ω 上的一个函数, 定义 Ω^* 上的函数 $\mathrm{K}[u](\boldsymbol{x}^*)$ 为函数 $u(\boldsymbol{x})$ 的 Kelvin 变换: $\mathrm{K}[u](\boldsymbol{x}^*) = |\boldsymbol{x}|^{n-2} u(\boldsymbol{x}) (\boldsymbol{x} \in \Omega)$. 证明: $u(\boldsymbol{x})$ 是 Ω 上的调和函数当且仅当 $\mathrm{K}[u](\boldsymbol{x}^*)$ 是 Ω^* 上的调和函数.

10. 假设 $u(\boldsymbol{x})$ 是球 B_R 上的调和函数, 且在 $\overline{B}_R$ 上连续, 记

$$M = \int_{\overline{B}_R} |u(\boldsymbol{x})|^2\,\mathrm{d}\boldsymbol{x},$$

试证:

(1) $|u(\mathbf{0})| \leqslant \left(\dfrac{M}{\alpha(n) R^n}\right)^{\frac{1}{2}}$;

(2) $|u(\boldsymbol{x})| \leqslant \left[\dfrac{M}{\alpha(n)(R - |\boldsymbol{x}|)^n}\right]^{\frac{1}{2}}$.

11. 假设 $u(\boldsymbol{x})$ 是 $\mathbb{R}^n$ 上的调和函数, 且

$$\int_{\mathbb{R}^n} |u(\boldsymbol{x})|^p \, \mathrm{d}\boldsymbol{x} < +\infty,$$

其中 $p > 0$, 证明: $u(\boldsymbol{x})$ 在 $\mathbb{R}^n$ 上恒为 0.

12. 假设 $u(\boldsymbol{x})$ 是单位球 B_1 上的有界调和函数, 证明:

$$\sup_{\boldsymbol{x}\in B_1} (1 - |\boldsymbol{x}|)|\nabla u| < +\infty.$$

13. 假设 $u(\boldsymbol{x})$ 是球 B_{R_0} 上的调和函数. 对于 $R \in (0, R_0]$, 记

$$\omega(R) = \sup_{\boldsymbol{x}\in B_R} u(\boldsymbol{x}) - \inf_{\boldsymbol{x}\in B_R} u(\boldsymbol{x}).$$

(1) 利用 Harnack 不等式证明: 存在 $\eta \in (0, 1)$, 使得

$$\omega\left(\frac{R}{2}\right) \leqslant \eta \, \omega(R);$$

(2) 如果 $\sup\limits_{\boldsymbol{x}\in B_{R_0}} |u(\boldsymbol{x})| \leqslant M_0$($M_0$ 为某个非负常数), 证明: 存在常数 $\alpha \in (0, 1)$, $C > 0$, 使得

$$\omega(R) \leqslant C(M_0 + 1)\left(\frac{R}{R_0}\right)^{\alpha}, \quad R \in (0, R_0].$$

14. (**推广的 Liouville 定理**)　证明: 假设 $u(\boldsymbol{x})$ 是 $\mathbb{R}^n$ 上的调和函数, 且

$$|u(\boldsymbol{x})| \leqslant C_1|\boldsymbol{x}|^m + C_2, \quad \boldsymbol{x} \in \mathbb{R}^n,$$

其中 m 是非负整数, C_1, C_2 是非负常数, 则 $u(\boldsymbol{x})$ 必为一个次数至多为 m 的调和多项式.

15. 假设 $u(\boldsymbol{x}) \in C^2(\mathbb{R}^n)$. 对于 $r > 0$, 定义

$$u_r(\boldsymbol{x}) = \frac{1}{n\alpha(n)r^{n-1}} \int_{\partial B_r(\boldsymbol{x})} u(\boldsymbol{y}) \, \mathrm{d}S(\boldsymbol{y}).$$

证明:

$$\Delta u_r = (\Delta u)_r.$$

16. (1) 假设 $u(\boldsymbol{x})$ 是球 B_R 上的非负调和函数, 利用 Poisson 公式 (2.43) 证明:

$$R^{n-2}\frac{R - |\boldsymbol{x}|}{(R + |\boldsymbol{x}|)^{n-1}} u(\boldsymbol{0}) \leqslant u(\boldsymbol{x}) \leqslant R^{n-2}\frac{R + |\boldsymbol{x}|}{(R - |\boldsymbol{x}|)^{n-1}} u(\boldsymbol{0});$$

(2) 证明定理 2.4′.

17. 利用第 16(1) 题中的不等式证明定理 2.8′.

18. 证明: 对于任意 $\boldsymbol{x}=(x_1,x_2,\cdots,x_n)\in\mathbb{R}^n_+$, $\boldsymbol{y}=(y_1,y_2,\cdots,y_{n-1},0)\in\partial\mathbb{R}^n_+=\mathbb{R}^{n-1}$, Poisson 核

$$K(\boldsymbol{x},\boldsymbol{y})=\frac{1}{n\alpha(n)}\cdot\frac{2x_n}{|\boldsymbol{y}-\boldsymbol{x}|^n}$$

满足

$$\int_{\mathbb{R}^{n-1}}K(\boldsymbol{x},\boldsymbol{y})\,\mathrm{d}\boldsymbol{y}=1,\quad \Delta_{\boldsymbol{x}}K(\boldsymbol{x},\boldsymbol{y})=0,$$

其中 $\mathrm{d}\boldsymbol{y}=\mathrm{d}y_1\mathrm{d}y_2\cdots\mathrm{d}y_{n-1}$.

19. 求边值问题

$$\begin{cases}-\Delta u=f(x,y), & (x,y)\in\Omega,\\ u|_{\partial\Omega}=g(x,y)\end{cases}$$

的 Green 函数, 其中

(1) Ω 是上半平面;

(2) Ω 是第一象限;

(3) Ω 是带形区域 $\{(x,y)\in\mathbb{R}^2|x\in\mathbb{R},0<y<l\}$.

20. 记 $B^+(R)=\{\boldsymbol{x}=(x_1,x_2,\cdots,x_n)\in\mathbb{R}^n|x_n>0,|\boldsymbol{x}|<R\}$ $(n\geqslant 2)$, 求边值问题

$$\begin{cases}-\Delta u=f(\boldsymbol{x}), & \boldsymbol{x}\in B^+(R),\\ u|_{\partial B^+(R)}=g(\boldsymbol{x})\end{cases}$$

的 Green 函数.

21. 证明: 第二边值问题

$$\begin{cases}u_{xx}+u_{yy}=0, & (x,y)\in B_R,\\ \left.\dfrac{\partial u}{\partial r}\right|_{r=R}=g(\theta), & \theta\in[0,2\pi]\end{cases}$$

的解在边值 $g(\theta)$ 满足条件

$$\int_0^{2\pi}g(\theta)\,\mathrm{d}\theta=0$$

时可以表示成

$$u(r,\theta)=-\frac{R}{2\pi}\int_0^{2\pi}g(\tau)\ln\big(R^2+r^2-2Rr\cos(\tau-\theta)\big)\,\mathrm{d}\tau+C,$$

其中 C 为任意常数, 这里 (r,θ) 是点 (x,y) 的极坐标.

22. 假设 $u(\boldsymbol{x})\in C(\overline{\Omega})\cap C^2(\Omega)$ 是定解问题

$$\begin{cases}-\Delta u+c(\boldsymbol{x})u=f(\boldsymbol{x}), & \boldsymbol{x}\in\Omega,\\ u|_{\partial\Omega}=0\end{cases}$$

的一个解.

(1) 如果 $c(\boldsymbol{x}) \geqslant c_0 > 0$, 证明:

$$\max_{\boldsymbol{x}\in\overline{\Omega}} |u(\boldsymbol{x})| \leqslant \frac{1}{c_0} \sup_{\boldsymbol{x}\in\Omega} |f(\boldsymbol{x})|;$$

(2) 如果 $c(\boldsymbol{x}) \geqslant 0$, 证明:

$$\max_{\boldsymbol{x}\in\overline{\Omega}} |u(\boldsymbol{x})| \leqslant M \sup_{\boldsymbol{x}\in\Omega} |f(\boldsymbol{x})|,$$

其中常数 M 依赖于 Ω 的直径 d;

(3) 如果 $c(\boldsymbol{x}) < 0$, 试举反例说明上述最大模估计一般不成立.

23. 假设 $u(\boldsymbol{x}) \in C(\overline{\Omega}) \cap C^2(\Omega)$ 是定解问题

$$\begin{cases} -\Delta u = 1, \quad \boldsymbol{x} \in \Omega, \\ u|_{\partial\Omega} = 0 \end{cases}$$

的一个解, 证明: 对于任意 $\boldsymbol{x}_0 \in \Omega$, 估计式

$$\frac{1}{2n} \min_{\boldsymbol{x}\in\partial\Omega} |\boldsymbol{x} - \boldsymbol{x}_0|^2 \leqslant u(\boldsymbol{x}_0) \leqslant \frac{1}{2n} \max_{\boldsymbol{x}\in\partial\Omega} |\boldsymbol{x} - \boldsymbol{x}_0|^2$$

成立, 这里 n 是 Ω 所在空间的维数.

24. 假设 $\Omega \subset \mathbb{R}^n$ 是一个有界连通开区域, $u(\boldsymbol{x}) \in C^1(\overline{\Omega}) \cap C^2(\Omega)$ 是定解问题

$$\begin{cases} -\Delta u + c(\boldsymbol{x})u = f(\boldsymbol{x}), \quad \boldsymbol{x} \in \Omega, \\ \left.\left(\dfrac{\partial u}{\partial \boldsymbol{n}} + \alpha(\boldsymbol{x})u\right)\right|_{\Gamma_1} = g_1(\boldsymbol{x}), \quad u|_{\Gamma_2} = g_2(\boldsymbol{x}) \end{cases}$$

的一个解, 其中 $\Gamma_1 \cup \Gamma_2 = \partial\Omega$, $\Gamma_1 \cap \Gamma_2 = \varnothing$, $\Gamma_2 \neq \varnothing$, 证明:

(1) 如果 $c(\boldsymbol{x}) \geqslant c_0 > 0$, $\alpha(\boldsymbol{x}) \geqslant \alpha_0 > 0$, 则有估计式

$$\max_{\boldsymbol{x}\in\overline{\Omega}} |u(\boldsymbol{x})| \leqslant \max\left\{\frac{1}{c_0} \sup_{\boldsymbol{x}\in\Omega} |f(\boldsymbol{x})|, \frac{1}{\alpha_0} \sup_{\boldsymbol{x}\in\Gamma_1} |g_1(\boldsymbol{x})|, \sup_{\boldsymbol{x}\in\Gamma_2} |g_2(\boldsymbol{x})|\right\};$$

(2) 如果 $c(\boldsymbol{x}) \geqslant 0$ 且有界, $\alpha(\boldsymbol{x}) \geqslant 0$, Γ_1 满足内球条件, 则上述定解问题的解是唯一的 (Γ_1 满足内球条件, 是指对于任意 $\boldsymbol{x}_0 \in \Gamma_1$, 存在一个球 B, 使得 $B \subset \Omega$, $\Gamma_1 \cap \partial B = \{\boldsymbol{x}_0\}$).

25. 试用辅助函数

$$w(\boldsymbol{x}) = \mathrm{e}^{-a|\boldsymbol{x}|^2} - \mathrm{e}^{-aR^2}$$

证明 Hopf 引理, 这里 $a > 0$, R 是球 B_R 的半径.

26. 假设 $\Omega \subset \mathbb{R}^n$ 是一个有界开区域, $u_i(\boldsymbol{x}) \in C(\overline{\Omega}) \cap C^2(\Omega) (i = 1, 2)$ 满足 Dirichlet 问题

$$\begin{cases} -\Delta u_i + c_i(\boldsymbol{x})u_i = 0, & \boldsymbol{x} \in \Omega, \\ u_i = g_i(\boldsymbol{x}), & \boldsymbol{x} \in \partial\Omega, \end{cases}$$

证明: 如果 $c_2(\boldsymbol{x}) \geqslant c_1(\boldsymbol{x}) \geqslant 0$, $g_1(\boldsymbol{x}) \geqslant g_2(\boldsymbol{x}) \geqslant 0$, 则

$$u_1(\boldsymbol{x}) \geqslant u_2(\boldsymbol{x}).$$

27. 假设 $\Omega_0 \subset \mathbb{R}^n$ 是一个有界开区域, $\Omega = \mathbb{R}^n \setminus \overline{\Omega}_0$, 证明: 如果 $u(\boldsymbol{x}) \in C(\overline{\Omega}) \cap C^2(\Omega)$ 是定解问题

$$\begin{cases} -\Delta u + c(\boldsymbol{x})u = 0, & \boldsymbol{x} \in \Omega, \\ u = g(\boldsymbol{x}), & \boldsymbol{x} \in \partial\Omega, \\ \lim\limits_{|\boldsymbol{x}| \to +\infty} u(\boldsymbol{x}) = l \end{cases}$$

的一个解, 其中 $c(\boldsymbol{x}) \geqslant 0$ 且在 $\overline{\Omega}$ 上局部有界, 则

$$\sup_{\boldsymbol{x} \in \Omega} |u(\boldsymbol{x})| \leqslant \max\left\{|l|, \max_{\boldsymbol{x} \in \partial\Omega} |g(\boldsymbol{x})|\right\}.$$

28. 假设 $\Omega \subset \mathbb{R}^n$ 是一个有界开区域, 证明: 如果 $u(\boldsymbol{x}) \in C(\overline{\Omega}) \cap C^2(\Omega)$ 是 Dirichlet 问题

$$\begin{cases} -\Delta u + |u|u = f(\boldsymbol{x}), & \boldsymbol{x} \in \Omega, \\ u|_{\partial\Omega} = g(\boldsymbol{x}) \end{cases}$$

的一个解, 则

$$\max_{\boldsymbol{x} \in \overline{\Omega}} |u(\boldsymbol{x})| \leqslant \max\left\{\max_{\boldsymbol{x} \in \partial\Omega} |g(\boldsymbol{x})|, \sup_{\boldsymbol{x} \in \Omega} |f|^{\frac{1}{2}}\right\}.$$

29. 假设 $\Omega \subset \mathbb{R}^n$ 是一个有界开区域, $u(\boldsymbol{x}) \in C(\overline{\Omega}) \cap C^2(\Omega)$ 是 Dirichlet 问题

$$\begin{cases} -\Delta u + u^3 - u = 0, & \boldsymbol{x} \in \Omega, \\ u|_{\partial\Omega} = g(\boldsymbol{x}) \end{cases}$$

的一个解, 证明: 如果 $\max\limits_{\boldsymbol{x} \in \partial\Omega} |g(\boldsymbol{x})| \leqslant 1$, 则 $\max\limits_{\boldsymbol{x} \in \overline{\Omega}} |u(\boldsymbol{x})| \leqslant 1$.

30. 假设 $\Omega \subset \mathbb{R}^n$ 是一个有界开区域, $u_i(\boldsymbol{x}) \in C(\overline{\Omega}) \cap C^2(\Omega)$ $(i = 1, 2)$ 满足 Dirichlet 问题

$$\begin{cases} -\Delta u_i + u_i^3 = f_i(\boldsymbol{x}), & \boldsymbol{x} \in \Omega, \\ u_i = g_i(\boldsymbol{x}), & \boldsymbol{x} \in \partial\Omega, \end{cases}$$

证明: 如果 $f_1(\boldsymbol{x}) \geqslant f_2(\boldsymbol{x})(\boldsymbol{x} \in \Omega)$, $g_1(\boldsymbol{x}) \geqslant g_2(\boldsymbol{x})(\boldsymbol{x} \in \partial\Omega)$, 则

$$u_1(\boldsymbol{x}) \geqslant u_2(\boldsymbol{x}), \quad \boldsymbol{x} \in \overline{\Omega}.$$

31. 假设 $\Omega \subset \mathbb{R}^n$ 是一个有界开区域, $u(\boldsymbol{x}) \in C(\overline{\Omega}) \cap C^2(\Omega)$ 满足 Dirichlet 问题

$$\begin{cases} -\Delta u + \boldsymbol{A}(\boldsymbol{x}) \cdot \nabla u = f(\boldsymbol{x}), & \boldsymbol{x} \in \Omega, \\ u = g(\boldsymbol{x}), & \boldsymbol{x} \in \partial\Omega, \end{cases}$$

其中 $\boldsymbol{A}: \Omega \to \mathbb{R}^n$ 是一个有界连续向量函数, 证明: 如果 $f(\boldsymbol{x}) \geqslant 0$, $g(\boldsymbol{x}) \geqslant 0$, 则

$$u(\boldsymbol{x}) \geqslant 0, \quad \boldsymbol{x} \in \overline{\Omega}.$$

32. 假设 $\Omega \subset \mathbb{R}^n$ 是一个有界开区域, $u_i(\boldsymbol{x}) \in C^1(\overline{\Omega}) \cap C^2(\Omega)$ $(i = 1, 2)$ 满足 Dirichlet 问题

$$\begin{cases} -\Delta u_i + |\nabla u_i|^2 = f_i(\boldsymbol{x}), & \boldsymbol{x} \in \Omega, \\ u = g_i(\boldsymbol{x}), & \boldsymbol{x} \in \partial\Omega, \end{cases}$$

证明: 如果 $f_1(\boldsymbol{x}) \geqslant f_2(\boldsymbol{x})(\boldsymbol{x} \in \Omega)$, $g_1(\boldsymbol{x}) \geqslant g_2(\boldsymbol{x})(\boldsymbol{x} \in \partial\Omega)$, 则

$$u_1(\boldsymbol{x}) \geqslant u_2(\boldsymbol{x}), \quad \boldsymbol{x} \in \overline{\Omega}.$$

33. 假设 $\Omega \subset \mathbb{R}^n$ 是一个有界开区域, 证明: 如果 $u(\boldsymbol{x}) \in C^1(\overline{\Omega}) \cap C^2(\Omega)$ 是第三边值问题

$$\begin{cases} -\Delta u + |u|^r u = f(\boldsymbol{x}), & \boldsymbol{x} \in \Omega, \\ \left(\dfrac{\partial u}{\partial \boldsymbol{n}} + \alpha(\boldsymbol{x}) u\right)\Bigg|_{\partial\Omega} = g(\boldsymbol{x}) \end{cases}$$

的一个解, 其中 $r > 0$, $\alpha(\boldsymbol{x}) \geqslant \alpha_0 > 0$, 则

$$\max_{\boldsymbol{x} \in \overline{\Omega}} |u(\boldsymbol{x})| \leqslant \max\left\{\frac{1}{\alpha_0} \max_{\boldsymbol{x} \in \partial\Omega} |g(\boldsymbol{x})|, \sup_{\boldsymbol{x} \in \Omega} |f(\boldsymbol{x})|^{\frac{1}{1+r}}\right\}.$$

34. 假设 $\Omega \subset \mathbb{R}^n$ 是一个有界开区域, 证明: 如果 $u(\boldsymbol{x}), v(\boldsymbol{x}) \in C(\overline{\Omega}) \cap C^2(\Omega)$ 满足方程组

$$\begin{cases} -\Delta u + 2u - v = f(\boldsymbol{x}), & \boldsymbol{x} \in \Omega, \\ -\Delta v + 2v - u = g(\boldsymbol{x}), & \boldsymbol{x} \in \Omega \end{cases}$$

和边值条件

$$u|_{\partial\Omega} = v|_{\partial\Omega} = 0,$$

则

$$\max\left\{\max_{\boldsymbol{x} \in \Omega} |u(\boldsymbol{x})|, \max_{\boldsymbol{x} \in \Omega} |v(\boldsymbol{x})|\right\} \leqslant \max\left\{\sup_{\boldsymbol{x} \in \Omega} |f(\boldsymbol{x})|, \sup_{\boldsymbol{x} \in \Omega} |g(\boldsymbol{x})|\right\}.$$

35. 假设 $\Omega \subset \mathbb{R}^n$ 是一个有界开区域, $\boldsymbol{x}_0 \in \partial\Omega$, 证明: 如果 $u(\boldsymbol{x}) \in C\big(\overline{\Omega} \setminus \{\boldsymbol{x}_0\}\big) \cap C^2(\Omega)$ 满足定解问题

$$\begin{cases} -\Delta u = 0, & \boldsymbol{x} \in \Omega, \\ u|_{\partial\Omega \setminus \{\boldsymbol{x}_0\}} = g(\boldsymbol{x}), \\ \varlimsup\limits_{\boldsymbol{x} \to \boldsymbol{x}_0} |u(\boldsymbol{x})| \leqslant M_0, \end{cases}$$

则有估计式

$$\sup_{\boldsymbol{x}\in\Omega}|u(\boldsymbol{x})|\leqslant\max\left\{M_0,\sup_{\boldsymbol{x}\in\partial\Omega\setminus\{\boldsymbol{x}_0\}}|g(\boldsymbol{x})|\right\}.$$

36. 记 $B^+=\{(\boldsymbol{x},y)||\boldsymbol{x}|^2+y^2<1,\boldsymbol{x}\in\mathbb{R}^{n-1},y>0\}$ 是 $\mathbb{R}^n$ 中的上半球, 假设 $u(\boldsymbol{x},y)\in C(\overline{B}^+)\cap C^2(B^+)$ 是边值问题

$$\begin{cases}-\Delta_{\boldsymbol{x}}u-yu_{yy}+c(\boldsymbol{x},y)u=f(\boldsymbol{x},y),\quad (\boldsymbol{x},y)\in B^+,\\ u|_{\partial B^+}=g(\boldsymbol{x},y)\end{cases}$$

的一个解, 证明:

(1) 如果 $c(\boldsymbol{x},y)\geqslant c_0>0$, 则有估计式

$$\max_{(\boldsymbol{x},y)\in\overline{B}^+}|u(\boldsymbol{x},y)|\leqslant\max\left\{c_0^{-1}\sup_{(\boldsymbol{x},y)\in B^+}|f(\boldsymbol{x},y)|,\max_{(\boldsymbol{x},y)\in\partial B^+}|g(\boldsymbol{x},y)|\right\}.$$

(2) 如果 $c(\boldsymbol{x},y)\geqslant 0$, 则有估计式

$$\max_{(\boldsymbol{x},y)\in\overline{B}^+}|u(\boldsymbol{x},y)|\leqslant M\left(\sup_{(\boldsymbol{x},y)\in B^+}|f(\boldsymbol{x},y)|+\max_{(\boldsymbol{x},y)\in\partial B^+}|g(\boldsymbol{x},y)|\right),$$

其中 M 是某个常数.

37. 记 $\mathbb{R}^2_+=\{(x,y)|x\in\mathbb{R},y>0\}$, 证明: 边值问题

$$\begin{cases}-\Delta u=f(x,y),\quad (x,y)\in\mathbb{R}^2_+,\\ u|_{y=0}=g(x),\quad x\in\mathbb{R}\end{cases}$$

属于 $C(\overline{\mathbb{R}^2_+})\cap C^2(\mathbb{R}^2_+)$ 的有界解是唯一的.

38. 假设 $\Omega\subset\mathbb{R}^n$ $(n\geqslant 3)$ 是一个有界开区域, $\boldsymbol{x}_0\in\partial\Omega$, 证明: 如果 $u(\boldsymbol{x})\in C\big(\overline{\Omega}\setminus\{\boldsymbol{x}_0\}\big)\cap C^2(\Omega)$ 是定解问题

$$\begin{cases}-\Delta u=f(\boldsymbol{x}),\quad \boldsymbol{x}\in\Omega,\\ u|_{\partial\Omega\setminus\{\boldsymbol{x}_0\}}=g(\boldsymbol{x})\end{cases}$$

的一个有界解, 则这样的解是唯一的.

39. 假设 $\Omega\subset\mathbb{R}^2$ 是一个有界开区域, $\boldsymbol{x}_0\in\partial\Omega$, 证明: 如果 $u(\boldsymbol{x})\in C\big(\overline{\Omega}\setminus\{\boldsymbol{x}_0\}\big)\cap C^2(\Omega)$ 是定解问题

$$\begin{cases}-\Delta u=f(\boldsymbol{x}),\quad \boldsymbol{x}\in\Omega,\\ u|_{\partial\Omega\setminus\{\boldsymbol{x}_0\}}=g(\boldsymbol{x})\end{cases}$$

的一个有界解, 则这样的解是唯一的.

40. 假设 $\Omega \subset \mathbb{R}^n$ $(n \geqslant 2)$ 是一个有界开区域, $\boldsymbol{x}_0 \in \Omega$, $u(\boldsymbol{x}) \in C(\overline{\Omega}) \cap C^2(\Omega)$ 是边值问题

$$\begin{cases} -\Delta u = f(\boldsymbol{x}), \quad \boldsymbol{x} \in \Omega, \\ u|_{\partial\Omega} = g(\boldsymbol{x}) \end{cases}$$

的一个解, $v(\boldsymbol{x}) \in C(\overline{\Omega}) \cap C^2(\Omega \setminus \{\boldsymbol{x}_0\})$ 是定解问题

$$\begin{cases} -\Delta v = f(\boldsymbol{x}), \quad \boldsymbol{x} \in \Omega \setminus \{\boldsymbol{x}_0\}, \\ v|_{\partial\Omega} = g(\boldsymbol{x}) \end{cases}$$

的一个有界解, 证明: $\boldsymbol{x}_0$ 是 $v(\boldsymbol{x})$ 的可去奇点, 即

$$u(\boldsymbol{x}) \equiv v(\boldsymbol{x}), \quad \boldsymbol{x} \in \overline{\Omega} \setminus \{\boldsymbol{x}_0\}.$$

41. 假设 $B_1 = \{(x,y,z) \in \mathbb{R}^3 \mid x^2+y^2+z^2 < 1\}$, $u(x,y,z) \in C(\overline{B}_1) \cap C^2(B_1)$ 是 Dirichlet 问题

$$\begin{cases} u_{xx} + u_{yy} + u_{zz} = f(x,y,z), \quad (x,y,z) \in B_1, \\ u|_{\partial B_1} = g(x,y,z) \end{cases}$$

的一个古典解, $v(x,y,z) \in C(\overline{B}_1) \cap C^2(B_1 \setminus \{(0,0,z)||z|<1\})$ 是定解问题

$$\begin{cases} v_{xx} + v_{yy} + v_{zz} = f(x,y,z), \quad (x,y,z) \in B_1 \setminus \{(0,0,z)||z|<1\}, \\ v|_{\partial B_1} = g(x,y,z) \end{cases}$$

的一个有界解, 证明:

$$u(x,y,z) \equiv v(x,y,z), \quad (x,y,z) \in \overline{B}_1 \setminus \{(0,0,z)||z|<1\}.$$

42. 假设 Ω 是 $\mathbb{R}^n$ $(n \geqslant 3)$ 的一个有界开区域, $u(\boldsymbol{x}) \in C(\overline{\Omega}) \cap C^2(\Omega)$ 是 Dirichlet 问题

$$\begin{cases} -\Delta u = f(\boldsymbol{x}), \quad \boldsymbol{x} \in \Omega, \\ u|_{\partial\Omega} = g(\boldsymbol{x}) \end{cases}$$

的一个古典解, $v(\boldsymbol{x}) \in C(\overline{\Omega} \setminus S) \cap C^2(\Omega \setminus S)$ 是定解问题

$$\begin{cases} -\Delta v = f(\boldsymbol{x}), \quad \boldsymbol{x} \in \Omega \setminus S, \\ v|_{\partial\Omega} = g(\boldsymbol{x}) \end{cases}$$

的一个有界解, 其中 S 是 $\mathbb{R}^n$ 上的 $n-2$ 维超平面, 证明:

$$u(\boldsymbol{x}) \equiv v(\boldsymbol{x}), \quad \boldsymbol{x} \in \overline{\Omega} \setminus S.$$

43. 假设 $\Omega \subset \mathbb{R}^n$ $(n \geqslant 3)$ 是一个有界开区域. 考虑 Dirichlet 问题

$$\begin{cases} -\Delta u + \boldsymbol{b}(\boldsymbol{x}) \cdot \nabla u + c(\boldsymbol{x}) u = f(\boldsymbol{x}), & \boldsymbol{x} \in \Omega, \\ u|_{\partial\Omega} = 0, \end{cases}$$

其中 n 维向量函数 $\boldsymbol{b}: \Omega \to \mathbb{R}^n$ 和函数 $c(\boldsymbol{x})$ 在 Ω 上连续有界. 如果条件 $c(\boldsymbol{x}) - \dfrac{1}{4}|\boldsymbol{b}(\boldsymbol{x})|^2 > 0$ 成立, 利用能量估计方法证明上述问题解的唯一性.

44. 假设 $\Omega \subset \mathbb{R}^n$ $(n \geqslant 3)$ 是一个有界开区域, 试利用能量估计方法证明: Neumann 问题

$$\begin{cases} -\Delta u = f(\boldsymbol{x}), & \boldsymbol{x} \in \Omega, \\ \dfrac{\partial u}{\partial \boldsymbol{n}} = g(\boldsymbol{x}), & \boldsymbol{x} \in \partial\Omega \end{cases}$$

在函数类 $C^1(\overline{\Omega}) \cap C^2(\Omega)$ 中的解在至多相差一个常数意义下唯一.

第三章

热 方 程

本章讨论热方程

$$u_t - a^2 \Delta u = f(\boldsymbol{x}, t), \tag{3.1}$$

其中 $u = u(\boldsymbol{x}, t)$, $\boldsymbol{x} = (x_1, x_2, \cdots, x_n) \in \Omega$, Ω 是 $\mathbb{R}^n$ 中的开区域, $t > 0$, a 是正常数, $f(\boldsymbol{x}, t)$ 是已知函数.

在 3.1 节中, 我们从 Fourier 级数诱导出 Fourier 变换和 Fourier 积分, 讨论 Fourier 变换的性质, 利用 Fourier 变换求出热方程 Cauchy 初值问题解的表达式——Poisson 公式, 从而得到热方程 Cauchy 初值问题解的存在性, 并由此导出热方程的基本解. 在 3.2 节中, 我们首先介绍分离变量法的理论基础——特征值问题, 并利用分离变量法求出一维热方程混合问题解的表达式, 导出一维热方程的 Green 函数, 从而得到一维热方程混合问题解的存在性. 在 3.3 节中, 我们利用上一章给出的方法, 推导出关于热方程混合问题和初值问题的各种极值原理和最大模估计. 在 3.4 节中, 我们介绍 Gronwall 不等式, 并借以推导出关于热方程混合问题的能量模估计, 从而解决其解的唯一性和稳定性问题. 在 3.5 节中, 我们讨论热方程反问题的不适定性.

热方程解的性质与位势方程解的性质有很多相似性. 对于大多数关于位势方程的定理也有相对应的关于热方程的定理. 当然, 相对于位势方程来说, 关于热方程的定理和证明通常要复杂一些, 毕竟热方程中多了一个时间变量 t 和关于这个变量的一阶偏导数. 另外, 从尺度变换的观点来看, 热方程中空间变量和时间变量不是各向同性的, 因此热方程的解在空间方向和时间方向上的性质有明显的差异. 在后面的讨论中, 我们将给出进一步的阐述.

热方程是偏微分方程中另一类重要的方程, 可以从许多具有物理意义的数学模型中得到. 在此, 我们简略地推导一下.

设 $u = u(\boldsymbol{x}, t)$ 表示某一均匀物体 $\Omega \subset \mathbb{R}^3$ 上点 $\boldsymbol{x}$ 处在 t 时刻的温度, c 表示比热, ρ 表示密度. 令 V 为 Ω 内的任何光滑闭区域, $\boldsymbol{q}$ 表示温度场的热流密度, 且 $f_0(\boldsymbol{x}, t)$ 表示点 $\boldsymbol{x}$ 处在 t 时刻产生的热量密度. 由能量守恒定律得

$$\frac{\mathrm{d}}{\mathrm{d}t} \int_V c\rho u(\boldsymbol{x}, t) \mathrm{d}\boldsymbol{x} + \int_{\partial V} \boldsymbol{q} \cdot \boldsymbol{n} \, \mathrm{d}S(\boldsymbol{x}) = \int_V \rho f_0(\boldsymbol{x}, t) \mathrm{d}\boldsymbol{x},$$

其中 $\boldsymbol{n}$ 为 ∂V 的单位外法向量. 利用 Gauss-Green 公式, 我们知道

$$c\rho \int_V u_t \, \mathrm{d}\boldsymbol{x} + \int_V \operatorname{div} \boldsymbol{q} \, \mathrm{d}\boldsymbol{x} = \int_V \rho f_0(\boldsymbol{x}, t) \mathrm{d}\boldsymbol{x}.$$

由闭区域 V 的任意性有

$$c\rho u_t + \operatorname{div} \boldsymbol{q} = \rho f_0. \tag{3.2}$$

在温度场中热量总是从高温处流向低温处, Fourier 定律假设热流密度与温度梯度成正比, 即

$$\boldsymbol{q} = -k \nabla u,$$

其中 k $(k > 0)$ 是物体 Ω 的导热系数. 把上式代入式 (3.2), 得到热方程

$$u_t - a^2 \Delta u = f(\boldsymbol{x}, t),$$

这里 $a = \sqrt{\dfrac{k}{c\rho}}$, $f(\boldsymbol{x}, t) = \dfrac{f_0(\boldsymbol{x}, t)}{c}$.

附注 3.1 如果 $u(\boldsymbol{x}, t)$ 表示区域 Ω 内点 $\boldsymbol{x}$ 处某种物质在 t 时刻的浓度, 则方程 (3.1) 称为**反应扩散方程**. 在推导过程中, 只需把 Fourier 定律换为 Fick 定律即可. 此时, $f(\boldsymbol{x}, t)$ 表示点 $\boldsymbol{x}$ 处在 t 时刻产生的物质密度, 称为**反应项**, 而 $-a^2\Delta u$ 表示点 $\boldsymbol{x}$ 处在 t 时刻的物质扩散强度, 称为**扩散项**.

求解一个用偏微分方程描述的实际问题, 只知道方程是不够的, 还需要适当的附加条件. 为了求解方程 (3.1), 我们需要适当的初始条件和边值条件. 初始条件和边值条件统称为**初边值条件**. 一个偏微分方程和相应的初边值条件组成一个**初边值问题**.

回到上述具体问题, 为了确定物体 Ω 内部的温度分布, 我们还需要知道物体 Ω 内部的初始温度分布以及它通过边界 $\partial\Omega$ 所受周围介质的影响. 故需要以下初边值条件:

初始条件 给出物体 Ω 内部各点在初始时刻 $t = 0$ 的温度分布

$$u(\boldsymbol{x}, 0) = \varphi(\boldsymbol{x}), \quad \boldsymbol{x} \in \Omega,$$

其中 $\varphi(\boldsymbol{x})$ 是已知函数.

边值条件 给出物体 Ω 的边界 $\partial\Omega$ 在 $t > 0$ 时的温度分布或它受周围介质的影响情况, 通常有以下三类:

(1) 已知边界 $\partial\Omega$ 的温度分布

$$u(\boldsymbol{x}, t) = g(\boldsymbol{x}, t), \quad \boldsymbol{x} \in \partial\Omega, \, t \geqslant 0.$$

当 $g(\boldsymbol{x}, t)$ 为常数时, 表示边界 $\partial\Omega$ 保持**恒温**.

(2) 已知通过边界 $\partial\Omega$ 流入或流出物体 Ω 的热量

$$k\frac{\partial u}{\partial \boldsymbol{n}}(\boldsymbol{x}, t) = g(\boldsymbol{x}, t), \quad \boldsymbol{x} \in \partial\Omega, \, t \geqslant 0,$$

其中 $\boldsymbol{n}$ 是 $\partial\Omega$ 的单位外法向量, $k(k > 0)$ 是物体 Ω 的导热系数. 当 $g(\boldsymbol{x}, t) \geqslant 0$ 时, 表示热量流入物体 Ω; 当 $g(\boldsymbol{x}, t) \leqslant 0$ 时, 表示热量流出物体 Ω. 特别地, 当 $g(\boldsymbol{x}, t) \equiv 0$ 时, 表示物体 Ω **绝热**.

(3) 已知通过边界 $\partial\Omega$ 与周围介质的热交换强度

$$k\frac{\partial u}{\partial \boldsymbol{n}}(\boldsymbol{x}, t) = \alpha_0(\boldsymbol{x}, t)\big(g_0(\boldsymbol{x}, t) - u(\boldsymbol{x}, t)\big), \quad \boldsymbol{x} \in \partial\Omega, \, t \geqslant 0,$$

即

$$\frac{\partial u}{\partial \boldsymbol{n}}(\boldsymbol{x}, t) + \alpha(\boldsymbol{x}, t)u(\boldsymbol{x}, t) = g(\boldsymbol{x}, t), \quad \boldsymbol{x} \in \partial\Omega, \, t \geqslant 0,$$

其中 $\boldsymbol{n}$ 是 $\partial\Omega$ 的单位外法向量, k $(k>0)$ 是物体 Ω 的导热系数, $g_0(\boldsymbol{x},t)$ 表示点 $\boldsymbol{x}$ 周围介质在 t 时刻的温度, $\alpha_0(\boldsymbol{x},t)$ $(\alpha_0(\boldsymbol{x},t)>0)$ 表示热交换系数, $\alpha(\boldsymbol{x},t)=\dfrac{\alpha_0(\boldsymbol{x},t)}{k}>0$, $g(\boldsymbol{x},t)=\alpha(\boldsymbol{x},t)g_0(\boldsymbol{x},t)$.

在以下章节中, 我们用 Q 表示上半空间 $\mathbb{R}^n\times\mathbb{R}_+$ 中的一个区域; 用 $C^{1,0}(Q)$ 表示所有在 Q 内连续且关于 $\boldsymbol{x}$ 一阶偏导数连续的函数构成的函数集, 即

$$C^{1,0}(Q)=\{u\in C(Q)|u_{x_i}\in C(Q),i=1,2,\cdots,n\};$$

用 $C^{2,1}(Q)$ 表示所有在 Q 内关于 $\boldsymbol{x}$ 二阶偏导数连续, 关于 t 一阶偏导数连续的函数构成的函数集, 即

$$C^{2,1}(Q)=\left\{u\in C(Q)|u_t,u_{x_i},u_{x_ix_j}\in C(Q),i,j=1,2,\cdots,n\right\}.$$

热方程 (3.1) 在函数集 $C^{2,1}(Q)$ 中的解通常称为它的**古典解**.

3.1 初值问题

我们将在这一节中求解一维热方程的初值问题

$$\begin{cases}\dfrac{\partial u}{\partial t}-a^2\dfrac{\partial^2 u}{\partial x^2}=f(x,t), & (x,t)\in\mathbb{R}\times\mathbb{R}_+,\\ u(x,0)=\varphi(x), & x\in\mathbb{R}.\end{cases}\tag{3.3}$$

多维热方程初值问题的求解完全类似. 在求解一维热方程的初值问题 (3.3) 之前, 我们先介绍 Fourier 变换和 Fourier 积分.

3.1.1 Fourier 变换和 Fourier 积分

Fourier 积分实际上是 Fourier 级数的一种极限形式. 由 Fourier 级数, 我们可以从形式上诱导出 Fourier 积分.

设 $f(x)\in C^1(\mathbb{R})$. 对于任意 $l>0$, 函数 $f(x)$ 在区间 $(-l,l)$ 内可以展开为 Fourier 级数, 且对于 $x\in(-l,l)$, 有

$$f(x)=\frac{a_0}{2}+\sum_{k=1}^{\infty}\left(a_k\cos\frac{k\pi}{l}x+b_k\sin\frac{k\pi}{l}x\right),$$

其中

$$a_k=\frac{1}{l}\int_{-l}^{l}f(\xi)\cos\frac{k\pi}{l}\xi\,\mathrm{d}\xi\quad(k=0,1,2,\cdots),$$

$$b_k=\frac{1}{l}\int_{-l}^{l}f(\xi)\sin\frac{k\pi}{l}\xi\,\mathrm{d}\xi\quad(k=1,2,\cdots).$$

将系数 $a_0,a_k,b_k(k=1,2,\cdots)$ 的表达式代入 $f(x)$ 的展开式, 并利用三角函数的和差化积公式, 得到

$$\begin{aligned}f(x)&=\frac{1}{2l}\int_{-l}^{l}f(\xi)\,\mathrm{d}\xi+\sum_{k=1}^{\infty}\frac{1}{l}\int_{-l}^{l}f(\xi)\cos\frac{k\pi}{l}(x-\xi)\,\mathrm{d}\xi\\&=\frac{1}{2l}\int_{-l}^{l}f(\xi)\,\mathrm{d}\xi+\frac{1}{\pi}\sum_{k=1}^{\infty}\Delta\lambda_k\int_{-l}^{l}f(\xi)\cos\lambda_k(x-\xi)\,\mathrm{d}\xi,\end{aligned}$$

这里

$$\lambda_k=\frac{k\pi}{l},\quad\Delta\lambda_k=\lambda_{k+1}-\lambda_k=\frac{\pi}{l}.$$

设极限

$$\lim_{l\to+\infty}\int_{-l}^{l}|f(\xi)|\,\mathrm{d}\xi$$

存在, 则当 $l\to+\infty$ 时, 有

$$\frac{1}{2l}\int_{-l}^{l}f(\xi)\,\mathrm{d}\xi\to 0,$$

且形式上有

$$\begin{aligned}&\frac{1}{\pi}\sum_{k=1}^{\infty}\Delta\lambda_k\int_{-l}^{l}f(\xi)\cos\lambda_k(x-\xi)\,\mathrm{d}\xi\\&\quad\to\frac{1}{\pi}\int_{0}^{+\infty}\mathrm{d}\lambda\int_{-\infty}^{+\infty}f(\xi)\cos\lambda(x-\xi)\,\mathrm{d}\xi.\end{aligned}$$

因而, 我们猜测

$$f(x)=\frac{1}{\pi}\int_{0}^{+\infty}\mathrm{d}\lambda\int_{-\infty}^{+\infty}f(\xi)\cos\lambda(x-\xi)\,\mathrm{d}\xi.$$

将余弦函数写成复数形式:

$$\cos\lambda(x-\xi)=\frac{1}{2}[\mathrm{e}^{\mathrm{i}\lambda(x-\xi)}+\mathrm{e}^{-\mathrm{i}\lambda(x-\xi)}],$$

得到

$$\begin{aligned}f(x)&=\frac{1}{2\pi}\int_{0}^{+\infty}\mathrm{d}\lambda\int_{-\infty}^{+\infty}f(\xi)\mathrm{e}^{\mathrm{i}\lambda(x-\xi)}\,\mathrm{d}\xi\\&\quad+\frac{1}{2\pi}\int_{0}^{+\infty}\mathrm{d}\lambda\int_{-\infty}^{+\infty}f(\xi)\mathrm{e}^{-\mathrm{i}\lambda(x-\xi)}\,\mathrm{d}\xi\\&=\frac{1}{2\pi}\int_{0}^{+\infty}\mathrm{d}\lambda\int_{-\infty}^{+\infty}f(\xi)\mathrm{e}^{\mathrm{i}\lambda(x-\xi)}\,\mathrm{d}\xi\end{aligned}$$

$$+\frac{1}{2\pi}\int_{-\infty}^{0}\mathrm{d}\lambda\int_{-\infty}^{+\infty}f(\xi)\mathrm{e}^{\mathrm{i}\lambda(x-\xi)}\,\mathrm{d}\xi$$
$$=\frac{1}{2\pi}\int_{-\infty}^{+\infty}\mathrm{d}\lambda\int_{-\infty}^{+\infty}f(\xi)\mathrm{e}^{\mathrm{i}\lambda(x-\xi)}\,\mathrm{d}\xi.$$

不难看出上式可以写成

$$f(x)=\frac{1}{\sqrt{2\pi}}\int_{-\infty}^{+\infty}\left(\frac{1}{\sqrt{2\pi}}\int_{-\infty}^{+\infty}f(\xi)\mathrm{e}^{-\mathrm{i}\lambda\xi}\,\mathrm{d}\xi\right)\mathrm{e}^{\mathrm{i}\lambda x}\,\mathrm{d}\lambda.$$

实际上, 我们可以证明上述形式上得到的公式在一定条件下是正确的.

为此, 我们引入如下定义:

定义 3.1　设 $f(x)\in L^1(\mathbb{R})$, 则无穷积分

$$\widehat{f}(\lambda)=\frac{1}{\sqrt{2\pi}}\int_{-\infty}^{+\infty}f(x)\mathrm{e}^{-\mathrm{i}\lambda x}\,\mathrm{d}x \tag{3.4}$$

有意义, 称之为 $f(x)$ 的 **Fourier 变换**, 记为 $(f(x))^{\wedge}$, 即

$$(f(x))^{\wedge}=\widehat{f}(\lambda).$$

定理 3.1 (Fourier 积分定理)　设 $f(x)\in L^1(\mathbb{R})\cap C^1(\mathbb{R})$, 则对于任意 $x\in\mathbb{R}$, 下式成立:

$$\lim_{N\to+\infty}\frac{1}{\sqrt{2\pi}}\int_{-N}^{N}\widehat{f}(\lambda)\mathrm{e}^{\mathrm{i}\lambda x}\,\mathrm{d}\lambda=f(x). \tag{3.5}$$

公式 (3.5) 称为**反演公式**, 其左端的积分表示在 Cauchy 主值意义下的无穷积分. 公式 (3.5) 的左端通常称为 **Fourier 逆变换**, 记为 $(\widehat{f}(\lambda))^{\vee}$. Fourier 积分定理也可以写成

$$(\widehat{f})^{\vee}=f.$$

也就是说, $L^1(\mathbb{R})\cap C^1(\mathbb{R})$ 中的函数做一次 Fourier 变换后, 再做一次 Fourier 逆变换, 又回到函数本身.

在证明 Fourier 积分定理之前, 我们先回顾下面数学分析中的结论.

定理 3.2 (Riemann-Lebesgue 引理)　设 $f(x)\in C[a,b]$, 则

$$\lim_{n\to+\infty}\int_a^b f(x)\sin nx\,\mathrm{d}x=0. \tag{3.6}$$

另外, 由数学分析中含参变量的无穷积分或复变函数中的 Cauchy 定理, 我们知道如下有用的等式:

$$\int_{-\infty}^{+\infty}\frac{\sin x}{x}\,\mathrm{d}x=\pi. \tag{3.7}$$

我们将利用以上事实来证明 Fourier 积分定理.

定理 3.1 的证明 由于 $f(x) \in L^1(\mathbb{R})$, 所以对于任意 $\lambda \in \mathbb{R}$, 无穷积分

$$\int_{-\infty}^{+\infty} f(x)\mathrm{e}^{-\mathrm{i}\lambda x}\,\mathrm{d}x$$

一致收敛, 且是 λ 的连续函数. 固定 $x \in \mathbb{R}$, 利用上述无穷积分的一致收敛性, 交换积分次序, 得到

$$\begin{aligned}\frac{1}{\sqrt{2\pi}}\int_{-N}^{N}\widehat{f}(\lambda)\mathrm{e}^{\mathrm{i}\lambda x}\,\mathrm{d}\lambda &= \frac{1}{2\pi}\int_{-\infty}^{+\infty} f(\xi)\,\mathrm{d}\xi\int_{-N}^{N}\mathrm{e}^{\mathrm{i}\lambda(x-\xi)}\,\mathrm{d}\lambda\\ &= \frac{1}{\pi}\int_{-\infty}^{+\infty} f(\xi)\frac{\sin N(x-\xi)}{x-\xi}\,\mathrm{d}\xi\\ &= \frac{1}{\pi}\int_{-\infty}^{+\infty} f(x+\eta)\frac{\sin N\eta}{\eta}\,\mathrm{d}\eta.\end{aligned}$$

设 M 是一个待定正数, 记

$$\begin{aligned}I_1 &= \frac{1}{\pi}\int_{-\infty}^{-M} f(x+\eta)\frac{\sin N\eta}{\eta}\,\mathrm{d}\eta,\\ I_2 &= \frac{1}{\pi}\int_{-M}^{M} f(x+\eta)\frac{\sin N\eta}{\eta}\,\mathrm{d}\eta,\\ I_3 &= \frac{1}{\pi}\int_{M}^{+\infty} f(x+\eta)\frac{\sin N\eta}{\eta}\,\mathrm{d}\eta,\end{aligned}$$

则

$$\frac{1}{\sqrt{2\pi}}\int_{-N}^{N}\widehat{f}(\lambda)\mathrm{e}^{\mathrm{i}\lambda x}\,\mathrm{d}\lambda = I_1 + I_2 + I_3.$$

由正弦函数的有界性估计 I_1 和 I_3，得到

$$|I_1| + |I_3| \leqslant \frac{1}{\pi M}\int_{-\infty}^{+\infty} |f(\eta)|\,\mathrm{d}\eta.$$

接着我们考虑 I_2:

$$\begin{aligned}I_2 &= \frac{1}{\pi}\int_{-M}^{M}\frac{f(x+\eta)-f(x)}{\eta}\sin N\eta\,\mathrm{d}\eta + \frac{f(x)}{\pi}\int_{-M}^{M}\frac{\sin N\eta}{\eta}\,\mathrm{d}\eta\\ &= \frac{1}{\pi}\int_{-M}^{M} g(x,\eta)\sin N\eta\,\mathrm{d}\eta + \frac{f(x)}{\pi}\int_{-MN}^{MN}\frac{\sin\eta}{\eta}\,\mathrm{d}\eta,\end{aligned}$$

其中

$$g(x,\eta) = \int_0^1 f'(x+\tau\eta)\,\mathrm{d}\tau$$

是关于 η 的连续函数.

对于任意 $\varepsilon > 0$, 先取定正数 M, 使得

$$|I_1| + |I_3| < \frac{\varepsilon}{2},$$

然后利用公式 (3.6) 和 (3.7) 取定 N_0, 使得当 $N > N_0$ 时, 有

$$\left|\frac{1}{\pi}\int_{-M}^{M} g(x,\eta)\sin N\eta \,\mathrm{d}\eta\right| < \frac{\varepsilon}{4}$$

和

$$\left|\frac{f(x)}{\pi}\int_{-MN}^{MN} \frac{\sin\eta}{\eta}\,\mathrm{d}\eta - f(x)\right| < \frac{\varepsilon}{4}.$$

综上所述, 当 $N > N_0$ 时, 有

$$\left|\frac{1}{\sqrt{2\pi}}\int_{-N}^{N} \widehat{f}(\lambda)\mathrm{e}^{\mathrm{i}\lambda x}\,\mathrm{d}\lambda - f(x)\right| < \varepsilon,$$

从而完成定理的证明.

在应用 Fourier 变换求解初值问题 (3.3) 之前, 我们先推导 Fourier 变换的一些性质. 基于这些性质, 我们将给出初值问题 (3.3) 的解的表达式.

一维 Fourier 变换具有以下性质:

(1) **线性性质:** 若 $f_i(x) \in L^1(\mathbb{R})$, $a_i \in \mathbb{C}$ $(i = 1, 2)$, 则

$$(a_1 f_1(x) + a_2 f_2(x))^\wedge = a_1 \widehat{f_1}(\lambda) + a_2 \widehat{f_2}(\lambda).$$

此性质显然成立.

(2) **微商性质:** 若 $f(x), f'(x) \in L^1(\mathbb{R}) \cap C(\mathbb{R})$, 则

$$(f'(x))^\wedge = \mathrm{i}\lambda \widehat{f}(\lambda).$$

证明　由于 $f'(x) \in C(\mathbb{R}) \cap L^1(\mathbb{R})$, 因此由 Newton-Leibniz 公式有

$$f(x) = f(0) + \int_0^x f'(x)\,\mathrm{d}x,$$

从而我们知极限

$$\lim_{x\to+\infty} f(x), \quad \lim_{x\to-\infty} f(x)$$

存在. 又由于 $f(x) \in L^1(\mathbb{R})$, 故

$$\lim_{|x|\to+\infty} f(x) = 0.$$

利用上式和分部积分公式, 得到

$$(f'(x))^\wedge = \frac{1}{\sqrt{2\pi}}\int_{-\infty}^{+\infty} f'(x)\mathrm{e}^{-\mathrm{i}\lambda x}\,\mathrm{d}x$$

$$
\begin{aligned}
&= \frac{1}{\sqrt{2\pi}} \mathrm{i}\lambda \int_{-\infty}^{+\infty} f(x) \mathrm{e}^{-\mathrm{i}\lambda x} \, \mathrm{d}x \\
&= \mathrm{i}\lambda \widehat{f}(\lambda).
\end{aligned}
$$

(3) **乘多项式性质:** 若 $f(x), xf(x) \in L^1(\mathbb{R})$, 则

$$
(xf(x))^\wedge = \mathrm{i} \frac{\mathrm{d}}{\mathrm{d}\lambda} \widehat{f}(\lambda).
$$

证明 由于 $f(x), xf(x) \in L^1(\mathbb{R})$, 故 $\widehat{f}(\lambda)$ 是 λ 的连续可微函数, 且

$$
\begin{aligned}
\frac{\mathrm{d}}{\mathrm{d}\lambda} \widehat{f}(\lambda) &= \frac{1}{\sqrt{2\pi}} \int_{-\infty}^{+\infty} f(x)(-\mathrm{i}x) \mathrm{e}^{-\mathrm{i}\lambda x} \, \mathrm{d}x \\
&= -\mathrm{i}(xf(x))^\wedge.
\end{aligned}
$$

附注 3.2 性质 (2) 和 (3) 有如下推论: 若 $f(x), f'(x), \cdots, f^{(m)}(x) \in L^1(\mathbb{R}) \cap C(\mathbb{R})$, 则

$$
(f^{(m)}(x))^\wedge = (\mathrm{i}\lambda)^m \widehat{f}(\lambda);
$$

若 $f(x), x^m f(x) \in L^1(\mathbb{R})$, 则

$$
(x^k f(x))^\wedge = \mathrm{i}^k \frac{\mathrm{d}^k}{\mathrm{d}\lambda^k} \widehat{f}(\lambda).
$$

这里 m 是正整数, k 是小于或等于 m 的非负整数.

上面两条性质说明, 在 Fourier 变换下求导和乘多项式本质上是等价的.

(4) **平移性质:** 对于任意常数 a, 若 $f(x) \in L^1(\mathbb{R})$, 则

$$
(f(x-a))^\wedge = \mathrm{e}^{-\mathrm{i}\lambda a} \widehat{f}(\lambda).
$$

证明 由 Fourier 变换的定义得到

$$
\begin{aligned}
(f(x-a))^\wedge &= \frac{1}{\sqrt{2\pi}} \int_{-\infty}^{+\infty} f(x-a) \mathrm{e}^{-\mathrm{i}\lambda x} \, \mathrm{d}x \\
&= \frac{1}{\sqrt{2\pi}} \int_{-\infty}^{+\infty} f(y) \mathrm{e}^{-\mathrm{i}\lambda(a+y)} \, \mathrm{d}y \\
&= \mathrm{e}^{-\mathrm{i}\lambda a} \frac{1}{\sqrt{2\pi}} \int_{-\infty}^{+\infty} f(y) \mathrm{e}^{-\mathrm{i}y} \, \mathrm{d}y \\
&= \mathrm{e}^{-\mathrm{i}\lambda a} \widehat{f}(\lambda).
\end{aligned}
$$

(5) **伸缩性质:** 对于任意非零常数 k, 若 $f(x) \in L^1(\mathbb{R})$, 则

$$
(f(kx))^\wedge = \frac{1}{|k|} \widehat{f}\left(\frac{\lambda}{k}\right).
$$

证明 不妨设 $k>0$, 由 Fourier 变换的定义得到

$$\begin{aligned}(f(kx))^\wedge &= \frac{1}{\sqrt{2\pi}}\int_{-\infty}^{+\infty} f(kx)\mathrm{e}^{-\mathrm{i}\lambda x}\,\mathrm{d}x\\ &= \frac{1}{\sqrt{2\pi}}\int_{-\infty}^{+\infty} f(y)\mathrm{e}^{-\mathrm{i}\lambda\frac{y}{k}}\,\mathrm{d}\left(\frac{y}{k}\right)\\ &= \frac{1}{\sqrt{2\pi}}\cdot\frac{1}{k}\int_{-\infty}^{+\infty} f(y)\mathrm{e}^{-\mathrm{i}\frac{\lambda}{k}y}\,\mathrm{d}y\\ &= \frac{1}{|k|}\widehat{f}\left(\frac{\lambda}{k}\right).\end{aligned}$$

(6) **对称性质:** 若 $f(x)\in L^1(\mathbb{R})$, 则

$$(f(x))^\vee = \widehat{f}(-\lambda).$$

证明 由 Fourier 变换的定义得到

$$\begin{aligned}(f(x))^\vee &= \frac{1}{\sqrt{2\pi}}\int_{-\infty}^{+\infty} f(x)\mathrm{e}^{\mathrm{i}\lambda x}\,\mathrm{d}x\\ &= \widehat{f}(-\lambda).\end{aligned}$$

(7) **卷积性质:** 若 $f(x), g(x)\in L^1(\mathbb{R})$, $f(x)$ 和 $g(x)$ 的卷积 $f*g(x)$ 定义为

$$f*g(x) = \int_{-\infty}^{+\infty} f(x-t)g(t)\,\mathrm{d}t,$$

则 $f*g(x)\in L^1(\mathbb{R})$, 且

$$(f*g(x))^\wedge = \sqrt{2\pi}\widehat{f}(\lambda)\widehat{g}(\lambda).$$

证明 我们先证 $f*g(x)\in L^1(\mathbb{R})$. 由实变函数中的 Fubini 定理得到

$$\begin{aligned}\int_{-\infty}^{+\infty}|f*g(x)|\,\mathrm{d}x &= \int_{-\infty}^{+\infty}\mathrm{d}x\left|\int_{-\infty}^{+\infty} f(x-t)g(t)\,\mathrm{d}t\right|\\ &\leqslant \int_{-\infty}^{+\infty}\mathrm{d}x\int_{-\infty}^{+\infty}|f(x-t)g(t)|\,\mathrm{d}t\\ &\leqslant \int_{-\infty}^{+\infty}|g(t)|\,\mathrm{d}t\int_{-\infty}^{+\infty}|f(x-t)|\,\mathrm{d}x\\ &= \int_{-\infty}^{+\infty}|g(t)|\,\mathrm{d}t\cdot\int_{-\infty}^{+\infty}|f(x)|\,\mathrm{d}x,\end{aligned}$$

从而 $f*g(x)\in L^1(\mathbb{R})$.

又由 Fubini 定理, 我们知

$$(f*g(x))^\wedge = \frac{1}{\sqrt{2\pi}}\int_{-\infty}^{+\infty}\mathrm{e}^{-\mathrm{i}\lambda x}\,\mathrm{d}x\int_{-\infty}^{+\infty} f(x-t)g(t)\,\mathrm{d}t$$

$$
\begin{aligned}
&=\frac{1}{\sqrt{2\pi}}\int_{-\infty}^{+\infty} g(t)\mathrm{e}^{-\mathrm{i}\lambda t}\left[\int_{-\infty}^{+\infty} f(x-t)\mathrm{e}^{-\mathrm{i}\lambda(x-t)}\,\mathrm{d}x\right]\mathrm{d}t\\
&=\sqrt{2\pi}\widehat{f}(\lambda)\widehat{g}(\lambda).
\end{aligned}
$$

下面我们利用 Fourier 变换的性质来求几个特殊函数的 Fourier 变换.

例 1 设 $f_1(x)=\begin{cases}1, & |x|\leqslant A,\\ 0, & |x|>A\end{cases}$ $(A>0)$, 求 $\widehat{f_1}(\lambda)$.

解 由 Fourier 变换的定义有

$$
\begin{aligned}
\widehat{f_1}(\lambda)&=\frac{1}{\sqrt{2\pi}}\int_{-A}^{A}\mathrm{e}^{-\mathrm{i}\lambda x}\,\mathrm{d}x\\
&=\begin{cases}\sqrt{\dfrac{2}{\pi}}\dfrac{\sin A\lambda}{\lambda}, & \lambda\neq 0,\\ \sqrt{\dfrac{2}{\pi}}A, & \lambda=0.\end{cases}
\end{aligned}
$$

此例可以用于一维波动方程初值问题的求解.

例 2 设 $f_2(x)=\begin{cases}\mathrm{e}^{-x}, & x\geqslant 0,\\ 0, & x<0,\end{cases}$ 求 $\widehat{f_2}(\lambda)$.

解 由 Fourier 变换的定义有

$$
\begin{aligned}
\widehat{f_2}(\lambda)&=\frac{1}{\sqrt{2\pi}}\int_{0}^{+\infty}\mathrm{e}^{-(1+\mathrm{i}\lambda)x}\,\mathrm{d}x\\
&=\frac{1}{\sqrt{2\pi}}\cdot\frac{1}{1+\mathrm{i}\lambda}.
\end{aligned}
$$

例 3 设 $f_3(x)=\mathrm{e}^{-|x|}$, 求 $\widehat{f_3}(\lambda)$.

解 由于 $f_3(x)=f_2(x)+f_2(-x)$, $x\neq 0$, 利用性质 (1) 和 (5), 则有

$$
\begin{aligned}
\widehat{f_3}(\lambda)&=\widehat{f_2}(\lambda)+\widehat{f_2}(-\lambda)\\
&=\frac{1}{\sqrt{2\pi}}\cdot\frac{1}{1+\mathrm{i}\lambda}+\frac{1}{\sqrt{2\pi}}\cdot\frac{1}{1-\mathrm{i}\lambda}\\
&=\sqrt{\frac{2}{\pi}}\frac{1}{1+\lambda^2}.
\end{aligned}
$$

此例适用于上半平面上的二维 Laplace 方程边值问题的求解.

例 4 设 $f_4(x)=\mathrm{e}^{-x^2}$, 求 $\widehat{f_4}(\lambda)$.

解 由分部积分公式和性质 (3) 我们得到, 当 $\lambda\neq 0$ 时, 有

$$
\begin{aligned}
\widehat{f_4}(\lambda)&=\frac{1}{\sqrt{2\pi}}\int_{-\infty}^{+\infty}\mathrm{e}^{-x^2}\cdot\mathrm{e}^{-\mathrm{i}\lambda x}\,\mathrm{d}x\\
&=-\frac{1}{\sqrt{2\pi}}\cdot\frac{1}{\mathrm{i}\lambda}\left(\mathrm{e}^{-x^2}\cdot\mathrm{e}^{-\mathrm{i}\lambda x}\Big|_{-\infty}^{+\infty}+2\int_{-\infty}^{+\infty}x\mathrm{e}^{-x^2}\cdot\mathrm{e}^{-\mathrm{i}\lambda x}\,\mathrm{d}x\right)
\end{aligned}
$$

$$
\begin{aligned}
&= \frac{2\mathrm{i}}{\lambda}(xf_4(x))^{\wedge} \\
&= -\frac{2}{\lambda} \cdot \frac{\mathrm{d}}{\mathrm{d}\lambda}\widehat{f}_4(\lambda).
\end{aligned}
$$

注意到等式

$$
\int_{-\infty}^{+\infty} \mathrm{e}^{-x^2}\,\mathrm{d}x = \sqrt{\pi},
$$

我们导出 $\widehat{f}_4(\lambda)$ 作为 λ 的函数满足下列常微分方程初值问题:

$$
\begin{cases}
\dfrac{\mathrm{d}}{\mathrm{d}\lambda}\widehat{f}_4(\lambda) = -\dfrac{\lambda}{2}\widehat{f}_4(\lambda), \\
\widehat{f}_4(0) = \dfrac{1}{\sqrt{2}}.
\end{cases}
$$

求解上述常微分方程初值问题, 得

$$
\widehat{f}_4(\lambda) = \frac{1}{\sqrt{2}}\mathrm{e}^{-\frac{\lambda^2}{4}}.
$$

例 5　设 $f_5(x) = \mathrm{e}^{-Ax^2}(A > 0)$, 求 $\widehat{f}_5(\lambda)$.

解　利用性质 (5), 得到

$$
\begin{aligned}
\widehat{f}_5(\lambda) &= (f_4(\sqrt{A}x))^{\wedge} \\
&= \frac{1}{\sqrt{A}}\widehat{f}_4\left(\frac{\lambda}{\sqrt{A}}\right) \\
&= \frac{1}{\sqrt{2A}}\mathrm{e}^{-\frac{\lambda^2}{4A}}.
\end{aligned}
$$

此例将在求解一维热方程初值问题过程中扮演重要的角色.

在这一小节的最后, 我们简要介绍多维 Fourier 变换的定义和一些重要事实.

定义 3.2　设 $f(\boldsymbol{x}) = f(x_1, x_2, \cdots, x_n) \in L^1(\mathbb{R}^n)$, 则无穷积分

$$
\widehat{f}(\boldsymbol{\lambda}) = \frac{1}{(\sqrt{2\pi})^n}\int_{\mathbb{R}^n} f(\boldsymbol{x})\mathrm{e}^{-\mathrm{i}\boldsymbol{\lambda}\cdot\boldsymbol{x}}\,\mathrm{d}\boldsymbol{x}
$$

有意义, 称之为 $f(\boldsymbol{x})$ 的 **Fourier 变换**, 记为 $(f(\boldsymbol{x}))^{\wedge}$, 即 $(f(\boldsymbol{x}))^{\wedge} = \widehat{f}(\boldsymbol{\lambda})$, 这里 $\boldsymbol{\lambda} = (\lambda_1, \lambda_2, \cdots, \lambda_n) \in \mathbb{R}^n$.

定理 3.3 (反演公式)　设 $f(\boldsymbol{x}) \in L^1(\mathbb{R}^n) \cap C^1(\mathbb{R}^n)$, 则

$$
(\widehat{f}(\boldsymbol{\lambda}))^{\vee} \triangleq \lim_{N \to +\infty} \frac{1}{(\sqrt{2\pi})^n}\int_{|\boldsymbol{\lambda}| \leqslant N} \widehat{f}(\boldsymbol{\lambda})\mathrm{e}^{\mathrm{i}\boldsymbol{\lambda}\cdot\boldsymbol{x}}\,\mathrm{d}\boldsymbol{\lambda} = f(\boldsymbol{x}),
$$

其中 $\boldsymbol{x} = (x_1, x_2, \cdots, x_n), \boldsymbol{\lambda} = (\lambda_1, \lambda_2, \cdots, \lambda_n) \in \mathbb{R}^n$.

定理 3.3 中的 $(\widehat{f}(\boldsymbol{\lambda}))^{\vee}$ 表示在 Cauchy 主值意义下的无穷积分, 称为 $\widehat{f}(\boldsymbol{\lambda})$ 的 **Fourier 逆变换**. 换句话说, 反演公式可以写成

$$(\widehat{f})^{\vee} = f.$$

对于多维 Fourier 变换, 容易证明下面类似于一维 Fourier 变换的性质成立.

多维 Fourier 变换具有以下性质:

(1)$'$ **线性性质:** 若 $f_j(\boldsymbol{x}) \in L^1(\mathbb{R}^n)$, $a_j \in \mathbb{C}$ $(j=1,2)$, 则

$$(a_1 f_1(\boldsymbol{x}) + a_2 f_2(\boldsymbol{x}))^{\wedge} = a_1 \widehat{f_1}(\boldsymbol{\lambda}) + a_2 \widehat{f_2}(\boldsymbol{\lambda}).$$

(2)$'$ **微商性质:** 若 $f(\boldsymbol{x}), Df(\boldsymbol{x}) \in L^1(\mathbb{R}^n) \cap C(\mathbb{R}^n)$, 则

$$\left(\frac{\partial f}{\partial x_j}(\boldsymbol{x})\right)^{\wedge} = \mathrm{i}\lambda_j \widehat{f}(\boldsymbol{\lambda}), \quad j = 1, 2, \cdots, n.$$

(3)$'$ **乘多项式性质:** 若 $f(\boldsymbol{x})$, $x_j f(\boldsymbol{x}) \in L^1(\mathbb{R}^n)$ $(j = 1, 2, \cdots, n)$, 则

$$(x_j f(\boldsymbol{x}))^{\wedge} = \mathrm{i}\frac{\partial \widehat{f}}{\partial \lambda_j}(\boldsymbol{\lambda}).$$

附注 3.2$'$ 性质 (2)$'$ 和 (3)$'$ 可以做如下推广: 若 $f(\boldsymbol{x}), Df(\boldsymbol{x}), \cdots, D^k f(\boldsymbol{x}) \in L^1(\mathbb{R}^n) \cap C(\mathbb{R}^n)$, 则

$$(D^{\boldsymbol{\alpha}} f(\boldsymbol{x}))^{\wedge} = (\mathrm{i}\boldsymbol{\lambda})^{\boldsymbol{\alpha}} \widehat{f}(\boldsymbol{\lambda});$$

若 $f(\boldsymbol{x}), |\boldsymbol{x}|^k f(\boldsymbol{x}) \in L^1(\mathbb{R})$, 则

$$(\boldsymbol{x}^{\boldsymbol{\alpha}} f(\boldsymbol{x}))^{\wedge} = \mathrm{i}^{|\boldsymbol{\alpha}|} D^{\boldsymbol{\alpha}} \widehat{f}(\boldsymbol{\lambda}).$$

这里 k 是正整数, $\boldsymbol{\alpha} = (\alpha_1, \alpha_2, \cdots, \alpha_n)$ 是阶数小于或等于 k 的多重指标.

(4)$'$ **平移性质:** 若 $f(\boldsymbol{x}) \in L^1(\mathbb{R}^n)$, 则对于任意固定的点 $\boldsymbol{x}_0 \in \mathbb{R}^n$, 有

$$(f(\boldsymbol{x} - \boldsymbol{x}_0))^{\wedge} = \mathrm{e}^{-\mathrm{i}\boldsymbol{\lambda}\cdot\boldsymbol{x}_0} \widehat{f}(\boldsymbol{\lambda}).$$

(5)$'$ **伸缩性质:** 若 $f(\boldsymbol{x}) \in L^1(\mathbb{R}^n)$, 则对于任意非零常数 k, 有

$$(f(k\boldsymbol{x}))^{\wedge} = \frac{1}{|k|^n} \widehat{f}\left(\frac{\boldsymbol{\lambda}}{k}\right).$$

(6)$'$ **对称性质:** 若 $f(\boldsymbol{x}) \in L^1(\mathbb{R}^n)$, 则

$$(f(\boldsymbol{x}))^{\vee} = \widehat{f}(-\boldsymbol{\lambda}).$$

(7)$'$ **卷积性质:** 若 $f(\boldsymbol{x})$, $g(\boldsymbol{x}) \in L^1(\mathbb{R}^n)$, $f(\boldsymbol{x})$ 和 $g(\boldsymbol{x})$ 的卷积 $f * g(\boldsymbol{x})$ 定义为

$$f*g(\boldsymbol{x})=\int_{\mathbb{R}^n}f(\boldsymbol{x}-\boldsymbol{y})g(\boldsymbol{y})\,\mathrm{d}\boldsymbol{y},$$

则 $f*g(\boldsymbol{x})\in L^1(\mathbb{R}^n)$, 且

$$(f*g(\boldsymbol{x}))^\wedge=(\sqrt{2\pi})^n\widehat{f}(\boldsymbol{\lambda})\widehat{g}(\boldsymbol{\lambda}).$$

同时, 我们还有如下结论:

$(8)'$ **分离变量性质:** 若 $f(\boldsymbol{x})=f_1(x_1)f_2(x_2)\cdots f_n(x_n)$, 其中 $f_j(x_j)\in L^1(\mathbb{R})(j=1,2,\cdots,n)$, 则

$$\widehat{f}(\boldsymbol{\lambda})=\prod_{j=1}^n\widehat{f}_j(\lambda_j),$$

这里 $\boldsymbol{x}=(x_1,x_2,\cdots,x_n)\in\mathbb{R}^n$, $\boldsymbol{\lambda}=(\lambda_1,\lambda_2,\cdots,\lambda_n)\in\mathbb{R}^n$.

证明　由 Fourier 变换的定义, 将重积分化为累次积分即得证.

例 6　设 $f_6(\boldsymbol{x})=\mathrm{e}^{-A|\boldsymbol{x}|^2}(A>0),\boldsymbol{x}\in\mathbb{R}^n$, 求 $\widehat{f_6}(\boldsymbol{\lambda})$.

解　由分离变量性质, 我们得到

$$\begin{aligned}\widehat{f_6}(\boldsymbol{\lambda})&=\prod_{j=1}^n\left(\mathrm{e}^{-Ax_j^2}\right)^\wedge\\&=\prod_{j=1}^n\frac{1}{\sqrt{2A}}\mathrm{e}^{-\frac{\lambda_j^2}{4A}}\\&=\frac{1}{(\sqrt{2A})^n}\mathrm{e}^{-\frac{|\boldsymbol{\lambda}|^2}{4A}}.\end{aligned}$$

此例适用于求解多维热方程的初值问题.

3.1.2　热核和基本解

现在我们利用 Fourier 变换来求解初值问题 (3.3). 对其方程和初始条件两边关于 x 做 Fourier 变换, 利用性质 (1) 和 (2), 得到

$$\begin{cases}\dfrac{\mathrm{d}\widehat{u}}{\mathrm{d}t}+a^2\lambda^2\widehat{u}=\widehat{f}(\lambda,t),\\ \widehat{u}(\lambda,0)=\widehat{\varphi}(\lambda),\end{cases}$$

其中 $\widehat{u}=\widehat{u}(\lambda,t)$ 是解 $u(x,t)$ 关于 x 的 Fourier 变换. 求解这个常微分方程初值问题, 得

$$\widehat{u}(\lambda,t)=\widehat{\varphi}(\lambda)\mathrm{e}^{-a^2\lambda^2t}+\int_0^t\widehat{f}(\lambda,\tau)\mathrm{e}^{-a^2\lambda^2(t-\tau)}\,\mathrm{d}\tau.$$

然后，对上式两边求 Fourier 逆变换, 得

$$u(x,t)=(\widehat{u}(\lambda,t))^\vee$$

$$=(\widehat{\varphi}(\lambda)\mathrm{e}^{-a^2\lambda^2 t})^\vee+\int_0^t[\widehat{f}(\lambda,\tau)\mathrm{e}^{-a^2\lambda^2(t-\tau)}]^\vee\,\mathrm{d}\tau.$$

利用例 5, 我们得到

$$\mathrm{e}^{-a^2\lambda^2 t}=(g_t(x))^\wedge,$$

其中

$$g_t(x)=\frac{1}{a\sqrt{2t}}\mathrm{e}^{-\frac{x^2}{4a^2t}},$$

从而

$$\begin{aligned}(\widehat{\varphi}(\lambda)\mathrm{e}^{-a^2\lambda^2 t})^\vee&=(\widehat{\varphi}(\lambda)\widehat{g}_t(\lambda))^\vee=\frac{1}{\sqrt{2\pi}}\varphi*g_t(x)\\&=\frac{1}{2a\sqrt{\pi t}}\int_{-\infty}^{+\infty}\varphi(\xi)\mathrm{e}^{-\frac{(x-\xi)^2}{4a^2t}}\,\mathrm{d}\xi.\end{aligned}$$

同理可得

$$[\widehat{f}(\lambda,\tau)\mathrm{e}^{-a^2\lambda^2(t-\tau)}]^\vee=\frac{1}{2a\sqrt{\pi(t-\tau)}}\int_{-\infty}^{+\infty}f(\xi,\tau)\mathrm{e}^{-\frac{(x-\xi)^2}{4a^2(t-\tau)}}\,\mathrm{d}\xi.$$

于是, 我们得到

$$\begin{aligned}u(x,t)=&\int_{-\infty}^{+\infty}K(x-\xi,t)\varphi(\xi)\,\mathrm{d}\xi\\&+\int_0^t\mathrm{d}\tau\int_{-\infty}^{+\infty}K(x-\xi,t-\tau)f(\xi,\tau)\,\mathrm{d}\xi,\end{aligned}\tag{3.8}$$

这里

$$K(x,t)=\begin{cases}\dfrac{1}{2a\sqrt{\pi t}}\mathrm{e}^{-\frac{x^2}{4a^2t}}, & t>0,\\ 0, & t\leqslant 0\end{cases}\tag{3.9}$$

称为**热核**.

通常我们称式 (3.8) 为 **Poisson 公式**, 而称 $\Gamma(x,t;\xi,\tau)=K(x-\xi,t-\tau)$ 为初值问题 (3.3) 中热方程的**基本解**. 热方程的基本解也可以如下定义:

***定义 3.3** 固定 $(\xi,\tau)\in\mathbb{R}_+^2=\mathbb{R}\times\mathbb{R}_+$, 若函数 $u(x,t)\in L^1_{\mathrm{loc}}(\mathbb{R}_+^2)\cap C(\mathbb{R}_+^2\setminus(\xi,\tau))$ 且在广义函数意义下满足初值问题

$$\begin{cases}\dfrac{\partial u}{\partial t}-a^2\dfrac{\partial^2 u}{\partial x^2}=\delta(x-\xi,t-\tau), & (x,t)\in\mathbb{R}\times\mathbb{R}_+,\\ u(x,0)=0, & x\in\mathbb{R},\end{cases}$$

则称之为初值问题 (3.3) 中热方程的**基本解**, 记为 $\Gamma(x,t;\xi,\tau)$, 这里 $\delta(x-\xi,t-\tau)$ 表示 Dirac 测度.

基本解 $\Gamma(x,t;\xi,\tau)$ 的物理意义如下: 考虑一根两端均在无穷远点, 侧表面绝热的均匀细杆. 在 τ 时刻, 在 ξ 处放置一个瞬时单位点热源, 则由这个热源在细杆上产生的温度分布就是基本解 $\Gamma(x,t;\xi,\tau)$. 因此, 基本解 $\Gamma(x,t;\xi,\tau)$ 也称为**点源函数**.

基本解 $\Gamma(x,t;\xi,\tau)$ 具有下列性质:

(1) 当 $t>\tau$ 时, $\Gamma(x,t;\xi,\tau)>0$.

(2) $\Gamma(x,t;\xi,\tau)=\Gamma(\xi,t;x,\tau)$.

(3) 当 $t>\tau$ 时, 有

$$\int_{-\infty}^{+\infty}\Gamma(x,t;\xi,\tau)\,\mathrm{d}\xi=1.$$

证明 当 $t>\tau$ 时, 做变量替换 $\eta=\dfrac{\xi-x}{2a\sqrt{t-\tau}}$, 则

$$\begin{aligned}\int_{-\infty}^{+\infty}\Gamma(x,t;\xi,\tau)\,\mathrm{d}\xi&=\int_{-\infty}^{+\infty}\frac{1}{2a\sqrt{\pi(t-\tau)}}\mathrm{e}^{-\frac{(x-\xi)^2}{4a^2(t-\tau)}}\,\mathrm{d}\xi\\&=\frac{1}{\sqrt{\pi}}\int_{-\infty}^{+\infty}\mathrm{e}^{-\eta^2}\,\mathrm{d}\eta\\&=1.\end{aligned}$$

(4) 当 $t>\tau$ 时, $\Gamma(x,t;\xi,\tau)$ 关于所有自变量无穷次连续可微, 且满足方程

$$\frac{\partial\Gamma}{\partial t}-a^2\frac{\partial^2\Gamma}{\partial x^2}=0,$$
$$\frac{\partial\Gamma}{\partial\tau}+a^2\frac{\partial^2\Gamma}{\partial\xi^2}=0.$$

证明 直接验证即可得到结论.

(5) 当 $t>\tau$ 时, 有估计式

$$|\Gamma(x,t;\xi,\tau)|\leqslant\frac{1}{2a\sqrt{\pi(t-\tau)}}.$$

证明 从基本解 $\Gamma(x,t;\xi,\tau)$ 的表达式即可得证.

(6) 若 $\varphi(x)\in C(\mathbb{R})\cap L^\infty(\mathbb{R})$, 即 $\varphi(x)$ 是 $\mathbb{R}$ 上的有界连续函数, 则对于任意 $x\in\mathbb{R}$, 有

$$\lim_{t\to0+}\int_{-\infty}^{+\infty}\Gamma(x,t;\xi,0)\varphi(\xi)\,\mathrm{d}\xi=\varphi(x).$$

证明 做变量替换 $\eta=\dfrac{\xi-x}{2a\sqrt{t}}$, 则

$$\int_{-\infty}^{+\infty}\Gamma(x,t;\xi,0)\varphi(\xi)\,\mathrm{d}\xi=\frac{1}{\sqrt{\pi}}\int_{-\infty}^{+\infty}\mathrm{e}^{-\eta^2}\varphi(x+2a\sqrt{t}\eta)\,\mathrm{d}\eta.$$

利用 $\varphi(x)$ 的有界性和连续性知, 这个无穷积分在 $\mathbb{R}_+$ 上关于 t 一致收敛, 因此

$$
\begin{aligned}
&\lim_{t\to 0+}\int_{-\infty}^{+\infty}\Gamma(x,t;\xi,0)\varphi(\xi)\,\mathrm{d}\xi\\
&=\frac{1}{\sqrt{\pi}}\int_{-\infty}^{+\infty}\mathrm{e}^{-\eta^2}\lim_{t\to 0+}\varphi(x+2a\sqrt{t}\eta)\,\mathrm{d}\eta\\
&=\varphi(x)\frac{1}{\sqrt{\pi}}\int_{-\infty}^{+\infty}\mathrm{e}^{-\eta^2}\,\mathrm{d}\eta\\
&=\varphi(x).
\end{aligned}
$$

利用基本解 $\Gamma(x,t;\xi,\tau)$ 的性质, 我们容易得到如下结论:

定理 3.4 设 $\varphi(x)\in C(\mathbb{R})\cap L^\infty(\mathbb{R})$, $f(x,t)\equiv 0$, 则 Poisson 公式 (3.8) 表示的函数 $u(x,t)$ 是初值问题 (3.3) $(n=1)$ 的有界 $C^\infty(\mathbb{R}_+^2)$ 解, 其中函数 $u(x,t)$ 是在极限的意义下取初值 $\varphi(x)$.

证明 当 $(x,t)\in\mathbb{R}_+^2$ 时, 有

$$
\begin{aligned}
|u(x,t)|&\leqslant\frac{1}{2a\sqrt{\pi t}}\int_{-\infty}^{+\infty}|\varphi(\xi)|\mathrm{e}^{-\frac{(x-\xi)^2}{4a^2t}}\,\mathrm{d}\xi\\
&\leqslant\sup_{\xi\in\mathbb{R}}|\varphi(\xi)|\frac{1}{\sqrt{\pi}}\int_{-\infty}^{+\infty}\mathrm{e}^{-\eta^2}\,\mathrm{d}\eta\\
&\leqslant\sup_{\xi\in\mathbb{R}}|\varphi(\xi)|.
\end{aligned}
$$

另外, 固定任何一点 $(x_0,t_0)\in\mathbb{R}_+^2$, 我们在其邻域 $(x_0-t_0,x_0+t_0)\times\left(\frac{t_0}{2},\frac{3t_0}{2}\right)$ 内考虑 $u(x,t)$ 的微分性质. 由于 $t^{-\frac{1}{2}}$ 在此邻域内无穷次可微, 而 $\mathrm{e}^{-\frac{(x-\xi)^2}{4a^2t}}$ 与任意次多项式 $P(\xi)$ 的乘积在区间 $(-\infty,+\infty)$ 上的积分一致收敛, 根据微积分的一致收敛定理, 我们知 Poisson 公式 (3.8) 中的 $u(x,t)$ 关于 x,t 求任意阶偏导数可以与关于 ξ 求积分交换次序. 于是, $u(x,t)$ 是 $C^\infty(\mathbb{R}_+^2)$ 的函数, 而且

$$
\begin{aligned}
\frac{\partial u}{\partial t}-a^2\frac{\partial^2 u}{\partial x^2}&=\int_{-\infty}^{+\infty}\left(\frac{\partial K}{\partial t}(x-\xi,t)-a^2\frac{\partial^2 K}{\partial x^2}(x-\xi,t)\right)\varphi(\xi)\,\mathrm{d}\xi\\
&=0,
\end{aligned}
$$

从而证明 $u(x,t)$ 满足初值问题 (3.3) 的热方程.

接着我们证明 $u(x,t)$ 满足初值问题 (3.3) 的初始条件. 在 $u(x,t)$ 的积分表达式中做变量替换 $\eta=\dfrac{\xi-x}{2a\sqrt{t}}$, 则

$$
u(x,t)=\frac{1}{\sqrt{\pi}}\int_{-\infty}^{+\infty}\mathrm{e}^{-\eta^2}\varphi(x+2a\sqrt{t}\eta)\,\mathrm{d}\eta.
$$

利用 $\varphi(x)$ 的有界性和连续性, 上式右端的无穷积分在 $\mathbb{R}\times\mathbb{R}_+$ 上关于 (x,t) 一致收敛,

因此

$$\begin{aligned}\lim_{\substack{x\to x_0\\ t\to 0+}} u(x,t) &= \lim_{\substack{x\to x_0\\ t\to 0+}} \frac{1}{\sqrt{\pi}}\int_{-\infty}^{+\infty} \mathrm{e}^{-\eta^2}\varphi(x+2a\sqrt{t}\eta)\,\mathrm{d}\eta \\ &= \frac{1}{\sqrt{\pi}}\int_{-\infty}^{+\infty} \mathrm{e}^{-\eta^2}\varphi(x_0)\,\mathrm{d}\eta \\ &= \varphi(x_0),\end{aligned}$$

从而完成定理的证明.

附注 3.3 定理 3.4 中关于 $\varphi(x)$ 有界的假设可以改进为

$$|\varphi(x)| \leqslant M\mathrm{e}^{Ax^2}, \quad x\in\mathbb{R},$$

这里 A 和 M 是正常数. 此时, Poisson 公式 (3.8) 表示的函数 $u(x,t)$ 在区域 $\mathbb{R}\times[0,(4a^2A)^{-1}]$ 上仍然是初值问题 (3.3) 的古典解.

证明留作练习 (见习题三的第 23 题).

由 Poisson 公式 (3.8)($f(x,t)\equiv 0$), 我们容易证明下列关于初值问题 (3.3) 的解 $u(x,t)$ 的重要性质:

(1) **奇偶性和周期性:** 设 $\varphi(x)$ 是奇 (偶, 或周期为 T) 的函数, 则初值问题 (3.3) 的解 $u(x,t)$ 也是 x 的奇 (偶, 或周期为 T) 的函数.

(2) **无限传播速度:** 设无穷长细杆的初始温度 $\varphi(x)$ 在区间 $(x_0-\delta,x_0+\delta)$ 对应的小段上大于零, 且在其他地方, 即 $\mathbb{R}\setminus(x_0-\delta,x_0+\delta)$ 对应的部分等于零, 则细杆在 t 时刻, 在任何一点 x 处的温度

$$u(x,t)=\int_{-\infty}^{+\infty} K(x-\xi,t)\varphi(\xi)\,\mathrm{d}\xi>0.$$

也就是说, 顷刻间, 细杆的热量传递到细杆上的任何一点. 离点 x_0 近的点, 温度会升高多一些; 而离点 x_0 远的点, 温度会升高少一些. 当然, 这个结论与线性的 Fourier 定律有关.

(3) **无穷次可微性:** 若 $\varphi(x)\in L^\infty(\mathbb{R})\cap C(\mathbb{R})$, 则无论 $\varphi(x)$ 是否可微, 当 $t>0$ 时, 初值问题 (3.3) 的解 $u(x,t)$ 在 $\mathbb{R}\times\mathbb{R}_+$ 上必无穷次可微.

事实上, 当 $t>0$ 时, 对于任意点 $x\in\mathbb{R}$, 有

$$\frac{\partial^{k+l}u}{\partial x^k\partial t^l}=\int_{-\infty}^{+\infty}\frac{\partial^{k+l}K}{\partial x^k\partial t^l}(x-\xi,t)\varphi(\xi)\,\mathrm{d}\xi.$$

这是因为, 对于任何正数 δ, 上式右端的无穷积分在区域 $\mathbb{R}\times(\delta,+\infty)$ 内关于 (x,t) 一致收敛, 因而可将求偏导数与求积分交换次序.

同样, 利用多维 Fourier 变换来求解多维热方程的初值问题

$$\begin{cases} \dfrac{\partial u}{\partial t} - a^2\Delta u = f(\boldsymbol{x},t), & (\boldsymbol{x},t) \in \mathbb{R}^{n+1}_+ = \mathbb{R}^n \times \mathbb{R}_+, \\ u(\boldsymbol{x},0) = \varphi(\boldsymbol{x}), & \boldsymbol{x} \in \mathbb{R}^n, \end{cases} \tag{3.10}$$

得到 Poisson 公式

$$u(\boldsymbol{x},t) = \int_{\mathbb{R}^n} K(\boldsymbol{x}-\boldsymbol{\xi},t)\varphi(\boldsymbol{\xi})\,\mathrm{d}\boldsymbol{\xi} + \int_0^t \mathrm{d}\tau \int_{\mathbb{R}^n} K(\boldsymbol{x}-\boldsymbol{\xi},t-\tau)f(\boldsymbol{\xi},\tau)\,\mathrm{d}\boldsymbol{\xi}, \tag{3.11}$$

这里热核为

$$K(\boldsymbol{x},t) = \begin{cases} \dfrac{1}{(4\pi a^2 t)^{\frac{n}{2}}}\mathrm{e}^{-\frac{|\boldsymbol{x}|^2}{4a^2t}}, & t>0, \\ 0, & t \leqslant 0. \end{cases} \tag{3.12}$$

更一般地, 我们可以证明如下关于多维热方程初值问题的结论:

定理 3.5 设 $\varphi(\boldsymbol{x}) \in C(\mathbb{R}^n) \cap L^\infty(\mathbb{R}^n)$, $f(\boldsymbol{x},t) \in C_0^\infty(\mathbb{R}^{n+1}_+)$, Poisson 公式 (3.11) 表示的函数 $u(\boldsymbol{x},t)$ 是初值问题 (3.10) 的有界 $C^\infty(\mathbb{R}^{n+1}_+)$ 解.

3.2 混合问题

在这一节中, 我们将考虑如下物理模型: 设有一根长度为 l, 侧表面绝热的均匀细杆, 已知细杆上各点处的初始温度和两端温度的变化, 需要求出任何 t 时刻细杆的温度分布 $u(x,t)$. 由本章引言我们知道, $u(x,t)$ 满足如下初边值问题:

$$\begin{cases} u_t - a^2 u_{xx} = f(x,t), & (x,t) \in Q_T, \\ u(x,0) = \varphi(x), & x \in [0,l], \\ u(0,t) = g_1(t), u(l,t) = g_2(t), & t \in [0,T]. \end{cases} \tag{3.13}$$

其中区域 $Q_T = (0,l) \times (0,T]$. 既有初始条件又有边值条件的初边值问题称为**混合问题**. 我们将利用分离变量法来求解此混合问题.

3.2.1 特征值问题

下面我们先介绍分离变量法的理论基础——特征值问题.

定义 3.4 常微分方程的齐次边值问题

$$\begin{cases} X'' + \lambda X = 0, \quad x \in (0,l), \\ -\alpha_1 X'(0) + \beta_1 X(0) = 0, \\ \alpha_2 X'(l) + \beta_2 X(l) = 0 \end{cases} \tag{3.14}$$

($\alpha_i \geqslant 0,\ \beta_i \geqslant 0,\ \alpha_i+\beta_i>0,\ i=1,2$) 称为**特征值问题**或 **Sturm-Liouville 问题**. 使此问题有非零解的 $\lambda \in \mathbb{R}$ 称为此问题的**特征值**, 相应的非零解称为对应于这个特征值的**特征函数**.

对于特征值问题 (3.14), 我们有如下结论:

定理 3.6 特征值问题 (3.14) 具有如下性质:

(1) 所有特征值都是非负数. 特别地, 当 $\beta_1+\beta_2>0$ 时, 所有特征值都是正数.

(2) 所有特征值组成一个单调递增, 以无穷远点为聚点的序列:

$$0 \leqslant \lambda_1 < \lambda_2 < \cdots < \lambda_n < \cdots, \quad \lim_{n\to+\infty} \lambda_n = +\infty.$$

(3) 不同特征值对应的特征函数正交, 即不同特征值 λ, μ 所对应的特征函数 $X_\lambda(x)$, $X_\mu(x)$ 满足

$$\int_0^l X_\lambda(x) X_\mu(x)\,\mathrm{d}x = 0.$$

(4) 任意函数 $f(x) \in L^2(0,l)$ 可以按特征函数系展开为

$$f(x) = \sum_{n=1}^{\infty} C_n X_n(x),$$

其中

$$C_n = \frac{\displaystyle\int_0^l f(x) X_n(x)\,\mathrm{d}x}{\displaystyle\int_0^l X_n^2(x)\,\mathrm{d}x},$$

这里无穷级数收敛是指

$$\lim_{N\to+\infty} \int_0^l \left| f(x) - \sum_{n=1}^{N} C_n X_n(x) \right|^2 \mathrm{d}x = 0.$$

下面我们给出定理 3.6 的证明. 在这里我们只给出其中性质 (1), (2) 和 (3) 的证明. 性质 (4) 的证明需要更深入的理论, 我们省略掉. 但是, 由于定理的结论极为重要, 因而必须熟练掌握. 尽管性质 (2) 的证明比较冗长, 但它给出了各种情况下求特征值和特征函数的方法, 因此我们对所有九种情形详尽地给出证明. 这对我们以后求解具体问题会有较大的帮助. 当然, 若用泛函分析的理论, 性质 (2) 的证明可以非常简单.

证明 (1) 设 $X_\lambda(x)$ 是对应于特征值 λ 的特征函数, 它满足特征值问题 (3.14). 以特征函数 $X_\lambda(x)$ 同时乘以方程两端, 并在区间 $[0,l]$ 上积分, 则

$$\lambda \int_0^l X_\lambda^2(x)\,\mathrm{d}x + \int_0^l X_\lambda(x) X_\lambda''(x)\,\mathrm{d}x = 0.$$

利用分部积分公式, 得到

$$\lambda \int_0^l X_\lambda^2(x)\,\mathrm{d}x = \int_0^l |X_\lambda'(x)|^2\,\mathrm{d}x - X_\lambda(l)X'(l) + X_\lambda(0)X'(0).$$

注意到特征函数 $X_\lambda(x)$ 满足的边值条件, 我们得到

$$X_\lambda'(0)X_\lambda(0) = \frac{1}{\alpha_1+\beta_1}\left(\alpha_1|X_\lambda'(0)|^2 + \beta_1 X_\lambda^2(0)\right),$$
$$X_\lambda'(l)X_\lambda(l) = -\frac{1}{\alpha_2+\beta_2}\left(\alpha_2|X_\lambda'(l)|^2 + \beta_2 X_\lambda^2(l)\right),$$

因此

$$\lambda \int_0^l X_\lambda^2(x)\,\mathrm{d}x = \int_0^l |X_\lambda'(x)|^2\,\mathrm{d}x + \frac{1}{\alpha_2+\beta_2}\left(\alpha_2|X_\lambda'(l)|^2 + \beta_2 X_\lambda^2(l)\right) + \frac{1}{\alpha_1+\beta_1}\left(\alpha_1|X_\lambda'(0)|^2 + \beta_1 X_\lambda^2(0)\right).$$

于是 $\lambda \geqslant 0$. 而 $\lambda = 0$ 当且仅当

$$X_\lambda'(x) = 0$$

和

$$\frac{\beta_1}{\alpha_1+\beta_1}X_\lambda^2(0) + \frac{\beta_2}{\alpha_2+\beta_2}X_\lambda^2(l) = 0.$$

这意味着 $X_\lambda(x) \equiv C$ (C 为常数).

当 $\beta_1 = \beta_2 = 0$ 时, $X_\lambda(x) \equiv 1$ 是特征值问题 (3.14) 的非零解, 因而 $\lambda = 0$ 是一个特征值, $X_0(x) \equiv 1$ 是相应的特征函数. 而当 $\beta_1 + \beta_2 > 0$ 时, $X_\lambda(x) \equiv 0$, 也就是说, 特征值问题 (3.14) 只有零解, 因此 $\lambda = 0$ 不是特征值, 从而所有的特征值都是正数.

(2) 设 $X_\lambda(x)$, $X_\mu(x)$ 分别为对应于不同特征值 λ, μ 的特征值函数. 用 $X_\mu(x)$, $X_\lambda(x)$ 分别乘以对应于 $X_\lambda(x)$ 和 $X_\mu(x)$ 的方程, 并在区间 $[0, l]$ 上积分, 则

$$\lambda \int_0^l X_\lambda(x)X_\mu(x)\,\mathrm{d}x = -\int_0^l X_\mu(x)X_\lambda''(x)\,\mathrm{d}x,$$
$$\mu \int_0^l X_\lambda(x)X_\mu(x)\,\mathrm{d}x = -\int_0^l X_\lambda(x)X_\mu''(x)\,\mathrm{d}x.$$

上述两式相减, 得到

$$(\lambda - \mu)\int_0^l X_\lambda(x)X_\mu(x)\,\mathrm{d}x = \int_0^l \left(X_\lambda(x)X_\mu''(x) - X_\mu(x)X_\lambda''(x)\right)\mathrm{d}x$$
$$= \int_0^l \left(X_\lambda(x)X_\mu'(x) - X_\mu(x)X_\lambda'(x)\right)'\,\mathrm{d}x.$$

令行列式

$$J(x)=\begin{vmatrix} -X_\lambda'(x) & X_\lambda(x) \\ -X_\mu'(x) & X_\mu(x) \end{vmatrix}$$
$$=X_\lambda(x)X_\mu'(x)-X_\mu(x)X_\lambda'(x),$$

则

$$(\lambda-\mu)\int_0^l X_\lambda(x)X_\mu(x)\,\mathrm{d}x=\int_0^l J'(x)\,\mathrm{d}x$$
$$=J(l)-J(0). \tag{3.15}$$

注意到齐次边值条件

$$\begin{cases} -\alpha_1 X_\lambda'(0)+\beta_1 X_\lambda(0)=0, \\ -\alpha_1 X_\mu'(0)+\beta_1 X_\mu(0)=0, \end{cases}$$

我们得到一个以 α_1, β_1 为未知量的二元一次方程组. 由于 $\alpha_1+\beta_1>0$, 因而此二元一次方程组有非零解, 从而它的系数行列式必定为零, 即

$$J(0)=\begin{vmatrix} -X_\lambda'(0) & X_\lambda(0) \\ -X_\mu'(0) & X_\mu(0) \end{vmatrix}=0.$$

同理, 利用另一个边值条件可得 $J(l)=0$. 将它们代入式 (3.15), 则有

$$(\lambda-\mu)\int_0^l X_\lambda(x)X_\mu(x)\,\mathrm{d}x=0.$$

由于 $\lambda\neq\mu$, 故

$$\int_0^l X_\lambda(x)X_\mu(x)\,\mathrm{d}x=0.$$

这也就是说, 不同特征值对应的特征值函数相互正交.

(3) 从性质 (1) 知 $\lambda\geqslant 0$, 我们记 $\mu=\sqrt{\lambda}$, 此时特征值问题 (3.14) 的常微分方程的通解为

$$X(x)=C_1\sin\mu x+C_2\cos\mu x.$$

将通解代入特征值问题 (3.14) 的边值条件, 得到一个关于 C_1, C_2 的二元一次线性方程组

$$\begin{cases} (-\alpha_1\mu)C_1+\beta_1 C_2=0, \\ (\alpha_2\mu\cos\mu l+\beta_2\sin\mu l)C_1+(\beta_2\cos\mu l-\alpha_2\mu\sin\mu l)C_2=0. \end{cases}$$

由于我们求解的特征函数不恒为零, 因此 C_1, C_2 不同时为零. 于是, 上述关于 C_1, C_2 的二元一次线性方程组有非零解. 此时, 使该方程组具有非零解的充要条件是其行列式为零, 也就是

$$\begin{vmatrix} -\alpha_1\mu & \beta_1 \\ \alpha_2\mu\cos\mu l+\beta_2\sin\mu l & \beta_2\cos\mu l-\alpha_2\mu\sin\mu l \end{vmatrix}=0,$$

化简后得到

$$(\alpha_1\alpha_2\mu^2-\beta_1\beta_2)\sin\mu l=(\alpha_1\beta_2+\alpha_2\beta_1)\mu\cos\mu l. \tag{3.16}$$

我们分别考虑下列九种情形:

1° $\alpha_1=\alpha_2=0,\ \beta_1>0,\ \beta_2>0.$

此时, 方程 (3.16) 简化成方程

$$\sin\mu l=0.$$

简单计算后得到所有特征值和特征函数为

$$\lambda_n=\left(\frac{n\pi}{l}\right)^2,\quad X_n(x)=\sin\frac{n\pi}{l}x,\quad n=1,2,\cdots.$$

2° $\beta_1=\beta_2=0,\ \alpha_1>0,\ \alpha_2>0.$

此时, 方程 (3.16) 简化成方程

$$\mu^2\sin\mu l=0.$$

简单计算后得到所有特征值和特征函数为

$$\lambda_n=\left(\frac{n\pi}{l}\right)^2,\quad X_n(x)=\cos\frac{n\pi}{l}x,\quad n=0,1,2,\cdots.$$

3° $\alpha_1=\beta_2=0,\ \alpha_2>0,\ \beta_1>0.$

此时, 方程 (3.16) 简化成方程

$$\mu\cos\mu l=0.$$

简单计算后得到所有特征值和特征函数为

$$\lambda_n=\frac{1}{l^2}\left(n\pi-\frac{\pi}{2}\right)^2,\quad X_n(x)=\sin\left(n\pi-\frac{\pi}{2}\right)\frac{x}{l},\quad n=1,2,\cdots.$$

4° $\alpha_2=\beta_1=0,\ \alpha_1>0,\ \beta_2>0.$

此时, 方程 (3.16) 简化成方程

$$\mu\cos\mu l=0.$$

简单计算后得到所有特征值和特征函数为

$$\lambda_n = \frac{1}{l^2}\left(n\pi - \frac{\pi}{2}\right)^2, \quad X_n(x) = \cos\left(n\pi - \frac{\pi}{2}\right)\frac{x}{l}, \quad n = 1, 2, \cdots.$$

5° $\alpha_1 = 0,\ \alpha_2 > 0,\ \beta_1 > 0,\ \beta_2 > 0$.

此时, 方程 (3.16) 简化成方程

$$\tan \mu l = -\frac{\alpha_2}{\beta_2}\mu.$$

对于任意正整数 n, 由于

$$\lim_{\mu \to \left(n-\frac{1}{2}\right)\frac{\pi}{l}+0} \tan \mu l = -\infty, \qquad \lim_{\mu \to \left(n+\frac{1}{2}\right)\frac{\pi}{l}-0} \tan \mu l = +\infty,$$

因而存在无穷多个 μ_n 满足上述方程, 且

$$\left(n - \frac{1}{2}\right)\frac{\pi}{l} < \mu_n < \left(n + \frac{1}{2}\right)\frac{\pi}{l}, \quad n = 1, 2, \cdots.$$

简单计算后得到所有特征值和特征函数为

$$\lambda_n = \mu_n^2, \quad X_n(x) = \sin \mu_n x, \quad n = 1, 2, \cdots.$$

6° $\alpha_2 = 0,\ \alpha_1 > 0,\ \beta_1 > 0,\ \beta_2 > 0$.

此时, 方程 (3.16) 简化成方程

$$\tan \mu l = -\frac{\alpha_1}{\beta_1}\mu.$$

不难证明, 存在无穷多个 μ_n 满足这个方程, 且

$$\left(n - \frac{1}{2}\right)\frac{\pi}{l} < \mu_n < \left(n + \frac{1}{2}\right)\frac{\pi}{l}, \quad n = 1, 2, \cdots.$$

仔细计算后得到所有特征值和特征函数为

$$\lambda_n = \mu_n^2, \quad X_n(x) = \sin \mu_n x + \frac{\alpha_1}{\beta_1}\mu_n \cos \mu_n x, \quad n = 1, 2, \cdots.$$

7° $\beta_1 = 0,\ \alpha_1 > 0,\ \alpha_2 > 0,\ \beta_2 > 0$.

此时, 方程 (3.16) 简化成方程

$$\cot \mu l = \frac{\alpha_2}{\beta_2}\mu.$$

不难证明, 存在无穷多个 μ_n 满足这个方程, 且

$$(n-1)\frac{\pi}{l} < \mu_n < n\frac{\pi}{l}, \quad n = 1, 2, \cdots.$$

仔细计算后得到所有特征值和特征函数为

$$\lambda_n = \mu_n^2, \quad X_n(x) = \cos \mu_n x, \quad n = 1, 2, \cdots.$$

8° $\beta_2 = 0, \alpha_1 > 0, \alpha_2 > 0, \beta_1 > 0$.

此时, 方程 (3.16) 简化成方程

$$\cot \mu l = \frac{\alpha_1}{\beta_1}\mu.$$

不难证明, 存在无穷多个 μ_n 满足这个方程, 且

$$(n-1)\frac{\pi}{l} < \mu_n < n\frac{\pi}{l}, \quad n = 1, 2, \cdots.$$

仔细计算后得到所有特征值和特征函数为

$$\lambda_n = \mu_n^2, \quad X_n(x) = \sin \mu_n x + \frac{\alpha_1}{\beta_1}\mu_n \cos \mu_n x, \quad n = 1, 2, \cdots.$$

9° $\alpha_1 > 0, \alpha_2 > 0, \beta_1 > 0, \beta_2 > 0$.

此时, 方程 (3.16) 简化成方程

$$\cot \mu l = \frac{\alpha_1\alpha_2}{\alpha_1\beta_2 + \alpha_2\beta_1}\mu - \frac{\beta_1\beta_2}{(\alpha_1\beta_2 + \alpha_2\beta_1)\mu}.$$

此方程右端是一个严格递增函数, 当 $\mu \to 0+$ 时, 它趋于负无穷; 而当 $\mu \to +\infty$ 时, 其图像的渐近线为

$$y = \frac{\alpha_1\alpha_2}{\alpha_1\beta_2 + \alpha_2\beta_1}\mu.$$

不难证明, 存在无穷多个 μ_n 满足上述方程, 且

$$(n-1)\frac{\pi}{l} < \mu_n < n\frac{\pi}{l}, \quad n = 1, 2, \cdots.$$

仔细计算后得到所有特征值和特征函数为

$$\lambda_n = \mu_n^2, \quad X_n(x) = \sin \mu_n x + \frac{\alpha_1}{\beta_1}\mu_n \cos \mu_n x, \quad n = 1, 2, \cdots.$$

综上所述, 我们就完成性质 (3) 的证明.

附注 3.4 从性质 (1) 知, 当且仅当 $\beta_1 = \beta_2 = 0$ 时, $\lambda = 0$ 才是特征值问题 (3.14) 的特征值. 也就是说, $\lambda = 0$ 只是具有第二边值条件的特征值问题的特征值, 这时它对应的特征值函数为 $X_0(x) \equiv 1$.

附注 3.5 从性质 (4) 知, $\{X_n(x)\}$ 组成空间 $L^2(0,l)$ 的一组完备正交基. 把它们规范化, 令

$$X_n^*(x)=\frac{X_n(x)}{\sqrt{\int_0^l X_n^2\,\mathrm{d}x}},\quad n=1,2,\cdots,$$

则 $\{X_n^*(x)\}$ 是空间 $L^2(0,l)$ 的一组标准正交基. 对于空间 $L^2(0,l)$ 中的任一函数 $f(x)$, 都可以按这组标准正交基展开成

$$f(x)=\sum_{n=1}^{\infty}C_n^*X_n^*(x),$$

其 Fourier 系数为

$$C_n^*=\int_0^l f(x)X_n^*(x)\,\mathrm{d}x=\frac{\int_0^l f(x)X_n(x)\,\mathrm{d}x}{\sqrt{\int_0^l X_n^2(x)\,\mathrm{d}x}},\quad n=1,2,\cdots.$$

3.2.2 Green 函数

现在我们利用**分离变量法**来构造混合问题 (3.13) 的解. 我们不妨假设

$$g_1(t)\equiv 0,\quad g_2(t)\equiv 0.$$

否则, 先做一个函数变换

$$u(x,t)=v(x,t)+\frac{x}{l}g_2(t)+\frac{l-x}{l}g_1(t),\tag{3.17}$$

得到一个关于 $v(x,t)$ 的齐次边值问题, 再利用下列求解方法求出 $v(x,t)$, 便可得到混合问题 (3.13) 的解 $u(x,t)$. 下面我们分别讨论混合问题 (3.13) 的方程中非齐次项恒为零和不恒为零的情形.

情形 1 $f(x,t)\equiv 0$.

具体来说, 先考虑分离变量形式的非零解

$$u(x,t)=X(x)T(t).$$

将它代入齐次方程

$$u_t-a^2u_{xx}=0,\quad (x,t)\in(0,l)\times(0,T],$$

于是

$$T'(t)X(x)-a^2X''(x)T(t)=0,\quad (x,t)\in(0,l)\times(0,T],$$

即

$$\frac{T'(t)}{a^2T(t)}=\frac{X''(x)}{X(x)}.$$

在上式中, 左端是 t 的函数, 右端是 x 的函数, 因此只能是常数, 记为 $-\lambda$, 从而

$$T'+a^2\lambda T=0,\quad t\in(0,T],$$

$$X''+\lambda X=0,\quad x\in(0,l).$$

将 $u(x,t)$ 代入齐次边值条件

$$u(0,t)=0,\quad u(l,t)=0,\quad t\in[0,T],$$

于是

$$X(0)T(t)=X(l)T(t)=0,\quad t\in[0,T].$$

而 $u(x,t)\not\equiv 0$, 因此 $T(t)\not\equiv 0$, 从而

$$X(0)=X(l)=0.$$

于是, 我们得到特征值问题

$$\begin{cases}X''+\lambda X=0, & x\in(0,l),\\ X(0)=X(l)=0.\end{cases}$$

由定理 3.6(3) 证明的第一种情形我们知道, 此特征值问题的所有特征值是

$$\lambda_n=\left(\frac{n\pi}{l}\right)^2,\quad n=1,2,\cdots,$$

与特征值 λ_n 对应的特征函数是

$$X_n(x)=\sin\frac{n\pi}{l}x,\quad n=1,2,\cdots.$$

而对应的 $T_n(t)$ 为

$$T_n(t)=T_n(0)\mathrm{e}^{-\left(\frac{n\pi a}{l}\right)^2t},\quad n=1,2,\cdots.$$

每个 $u_n(x,t)=T_n(t)X_n(x)$ $(n=1,2,\cdots)$ 显然都满足混合问题 (3.13) 中的方程和边值条件, 但一般来讲它们不满足初始条件. 为了求一个既满足方程和边值条件, 又满足初始条件的解, 我们将 $u_n(x,t)$ 叠加. 形式上,

$$u(x,t)=\sum_{n=1}^{\infty}u_n(x,t)=\sum_{n=1}^{\infty}T_n(0)\mathrm{e}^{-\left(\frac{n\pi a}{l}\right)^2t}\sin\frac{n\pi}{l}x$$

满足混合问题 (3.13) 的方程. 从特征函数的性质我们知道, $u(x,t)$ 也满足混合问题 (3.13) 的边值条件. 为了使 $u(x,t)$ 满足初始条件, 我们需要

$$u(x,0)=\sum_{n=1}^{\infty}T_n(0)\sin\frac{n\pi}{l}x=\varphi(x).$$

由特征函数系 $\left\{\sin\frac{n\pi}{l}x\right\}$ 的完备性, 我们得到

$$T_n(0)=\frac{2}{l}\int_0^l\varphi(x)\sin\frac{n\pi}{l}x\,\mathrm{d}x\triangleq\varphi_n,$$

于是混合问题 (3.13) 的形式解为

$$u(x,t)=\sum_{n=1}^{\infty}\varphi_n\mathrm{e}^{-\left(\frac{n\pi a}{l}\right)^2t}\sin\frac{n\pi}{l}x.$$

情形 2　$f(x,t)\not\equiv0$.

此时, 我们仍然可以利用分离变量法来求解. 具体来说, 把解 $u(x,t)$, 非齐次项 $f(x,t)$ 和初值 $\varphi(x)$ 都按特征函数系 $\left\{\sin\frac{n\pi}{l}x\right\}$ 展开:

$$u(x,t)=\sum_{n=1}^{\infty}T_n(t)\sin\frac{n\pi}{l}x,$$

$$f(x,t)=\sum_{n=1}^{\infty}f_n(t)\sin\frac{n\pi}{l}x,$$

$$\varphi(x)=\sum_{n=1}^{\infty}\varphi_n\sin\frac{n\pi}{l}x.$$

由特征函数系 $\left\{\sin\frac{n\pi}{l}x\right\}$ 的正交性和完备性, 我们得到

$$\left.\begin{aligned}f_n(t)&=\frac{2}{l}\int_0^l f(\xi,t)\sin\frac{n\pi}{l}\xi\,\mathrm{d}\xi,\\ \varphi_n&=\frac{2}{l}\int_0^l\varphi(\xi)\sin\frac{n\pi}{l}\xi\,\mathrm{d}\xi,\end{aligned}\right.\qquad n=1,2,\cdots.$$

为了求出未知函数 $T_n(t)$, 把上述表达式代入混合问题 (3.13) 的方程. 由特征函数系 $\left\{\sin\frac{n\pi}{l}x\right\}$ 的完备性, 得到 $T_n(t)$ 满足常微分方程的初值问题

$$\begin{cases}T_n'(t)+\left(\dfrac{n\pi a}{l}\right)^2T_n(t)=f_n(t), & t\in(0,T],\\ T_n(0)=\varphi_n.\end{cases}$$

求解此问题, 得到

$$T_n(t)=\varphi_n\mathrm{e}^{-\left(\frac{n\pi a}{l}\right)^2t}+\int_0^t f_n(\tau)\mathrm{e}^{-\left(\frac{n\pi a}{l}\right)^2(t-\tau)}\,\mathrm{d}\tau,\quad n=1,2,\cdots.$$

将它们代入 $u(x,t)$ 的表达式, 就得到混合问题 (3.13) 的形式解

$$u(x,t)=\int_0^l\varphi(\xi)\left[\frac{2}{l}\sum_{n=1}^{\infty}\mathrm{e}^{-\left(\frac{n\pi a}{l}\right)^2t}\sin\frac{n\pi}{l}\xi\sin\frac{n\pi}{l}x\right]\mathrm{d}\xi$$

$$+\int_0^t \mathrm{d}\tau \int_0^l f(\xi,\tau)\left[\frac{2}{l}\sum_{n=1}^{\infty} \mathrm{e}^{-\left(\frac{n\pi a}{l}\right)^2(t-\tau)} \sin\frac{n\pi}{l}\xi \sin\frac{n\pi}{l}x\right]\mathrm{d}\xi.$$

记

$$G(x,t;\xi,\tau) = \frac{2}{l}\sum_{n=1}^{\infty} \mathrm{e}^{-\left(\frac{n\pi a}{l}\right)^2(t-\tau)} \sin\frac{n\pi}{l}\xi \sin\frac{n\pi}{l}x\,\mathrm{H}(t-\tau), \tag{3.18}$$

其中 $\mathrm{H}(t)$ 表示 Heaviside 函数, 其定义为

$$\mathrm{H}(t) = \begin{cases} 1, & t > 0, \\ 0, & t \leqslant 0. \end{cases}$$

于是, 上述 $u(x,t)$ 的表达式简化为

$$u(x,t) = \int_0^l G(x,t;\xi,0)\varphi(\xi)\,\mathrm{d}\xi + \int_0^t \mathrm{d}\tau \int_0^l G(x,t;\xi,\tau)f(\xi,\tau)\,\mathrm{d}\xi. \tag{3.19}$$

当 $t > \tau$ 时, 式 (3.18) 中的级数关于 x, ξ 是一致收敛的. 函数 $G(x,t;\xi,\tau)$ 称为混合问题 (3.13) 的 **Green 函数**. 式 (3.19) 说明, 混合问题 (3.13) 的解可以由 Green 函数表示出来. Green 函数在位势方程和热方程中占有重要地位. 通过 Green 函数, 我们可以构造出一般位势方程和热方程混合问题的解. 我们在这里只是构造出混合问题 (3.13) 的 Green 函数的形式. 实际上, 从广义函数的观点, 我们更容易理解 Green 函数的物理意义.

*附注 3.6 Green 函数是混合问题

$$\begin{cases} u_t - a^2 u_{xx} = \delta(x-\xi, t-\tau), & (x,t) \in Q_T, \\ u(0,t) = 0, u(l,t) = 0, & t \in [0,T], \\ u(x,0) = 0, & x \in [0,l] \end{cases}$$

在广义函数意义下 $L^1(Q_T) \cap C(\overline{Q}_T \setminus (\xi,\tau))$ 中的解, 这里 $(\xi,\tau) \in Q_T = (0,l)\times(0,T]$. 其物理意义如下: 考虑长度为 l, 侧表面绝热, 两端的温度始终保持为零且初始温度为零的均匀细杆. 在 τ 时刻, 在 ξ 处放置一个单位点热源, 那么由此产生的温度分布就是 Green 函数.

由式 (3.18), 我们能够证明 Green 函数具有下列性质:

(1) **空间对称性:**

$$G(x,t;\xi,\tau) = G(\xi,t;x,\tau).$$

(2) **时间平移不变性:** 当 $t > \tau$ 时, 有

$$G(x,t;\xi,\tau) = G(x,t-\tau;\xi,0).$$

(3) **非负性:**

$$G(x,t;\xi,\tau)\geqslant 0$$

(见习题三的第 26 题).

(4) **光滑性:** 当 $t>\tau$ 时, $G(x,t;\xi,\tau)$ 关于所有自变量无穷次连续可微, 且满足偏微分方程

$$\frac{\partial G}{\partial t}-a^2\frac{\partial^2 G}{\partial x^2}=0,$$
$$\frac{\partial G}{\partial \tau}+a^2\frac{\partial^2 G}{\partial \xi^2}=0.$$

(5) **齐次边值条件:** 当 $t>\tau$ 时, $G(x,t;\xi,\tau)$ 满足边值条件

$$G(0,t;\xi,\tau)=G(l,t;\xi,\tau)=0.$$

(6) **关于 x,ξ 的一致有界性:** 当 $t>\tau$ 时, 有估计式

$$|G(x,t;\xi,\tau)|\leqslant\frac{1}{a\sqrt{\pi(t-\tau)}}.$$

证明

$$\begin{aligned}|G(x,t;\xi,\tau)|&\leqslant\frac{2}{l}\sum_{n=1}^{\infty}\mathrm{e}^{-\left(\frac{n\pi a}{l}\right)^2(t-\tau)}\\&=\frac{2}{a\pi}\sum_{n=1}^{\infty}\mathrm{e}^{-\left(\frac{n\pi a}{l}\right)^2(t-\tau)}\frac{a\pi}{l}\\&\leqslant\frac{2}{a\pi}\int_0^{+\infty}\mathrm{e}^{-(t-\tau)x^2}\,\mathrm{d}x\\&=\frac{2}{a\pi\sqrt{t-\tau}}\int_0^{+\infty}\mathrm{e}^{-y^2}\,\mathrm{d}y\\&=\frac{1}{a\sqrt{\pi(t-\tau)}}.\end{aligned}$$

(7) 若 $\varphi(x)\in C^1[0,l]$ 且 $\varphi(0)=\varphi(l)=0$, 则对于任意 $x\in[0,l]$, 有

$$\lim_{t\to0+}\int_0^l G(x,t;\xi,0)\varphi(\xi)\,\mathrm{d}\xi=\varphi(x).$$

证明 由 $\varphi(x)$ 满足的条件, 从数学分析中我们知道, $\varphi(x)$ 可以按完备正交系 $\left\{\sin\frac{n\pi}{l}x\right\}$ 展开成 Fourier 级数, 且对于任意 $x\in[0,l]$, 有

$$\varphi(x)=\sum_{n=1}^{\infty}\varphi_n\sin\frac{n\pi}{l}x,$$

其中 Fourier 系数

$$\varphi_n=\frac{2}{l}\int_0^l\varphi(\xi)\sin\frac{n\pi}{l}\xi\,\mathrm{d}\xi,\quad n=1,2,\cdots.$$

而对于任意 $t>0$, 式 (3.18) 中的级数关于 x,ξ 是一致收敛的, 因此我们可以交换下式中求和与求积分的次序, 得到

$$\begin{aligned}\int_0^l G(x,t;\xi,0)\varphi(\xi)\,\mathrm{d}\xi &= \sum_{n=1}^{\infty}\frac{2}{l}\int_0^l \sin\frac{n\pi}{l}x\sin\frac{n\pi}{l}\xi\,\mathrm{e}^{-\left(\frac{n\pi a}{l}\right)^2 t}\varphi(\xi)\,\mathrm{d}\xi\\ &= \sum_{n=1}^{\infty}\varphi_n\sin\frac{n\pi}{l}x\,\mathrm{e}^{-\left(\frac{n\pi a}{l}\right)^2 t}.\end{aligned}$$

由 Abel 判别法知, 上式右端的级数关于 $t\in[0,+\infty)$ 一致收敛, 因而下式中求极限可与求积分交换次序, 得到

$$\lim_{t\to 0+}\int_0^l G(x,t;\xi,0)\varphi(\xi)\,\mathrm{d}\xi = \sum_{n=1}^{\infty}\varphi_n\sin\frac{n\pi}{l}x = \varphi(x).$$

为了保证式 (3.19) 表示的解 $u(x,t)\in C([0,l]\times[0,T])$, 我们需要在定解区域 $Q_T=(0,l)\times(0,T]$ 的角点 $(0,0)$ 和 $(l,0)$ 处提出适当的相容性条件. 在齐次边值条件 $g_1(t)\equiv 0, g_2(t)\equiv 0$ 的情形下, 我们需要

$$\begin{aligned}u(0,0) &= \lim_{t\to 0}u(0,t) = \lim_{x\to 0}u(x,0),\\ u(l,0) &= \lim_{t\to 0}u(l,t) = \lim_{x\to l}u(x,0).\end{aligned}$$

也就是说, 我们需要

$$\varphi(0)=\varphi(l)=0.$$

根据 Green 函数的性质, 我们可以证明下列关于解的存在性的结论:

定理 3.7 记 $Q_T=(0,l)\times(0,T]$. 假设边值 $g_1(t)\equiv 0$, $g_2(t)\equiv 0$, 初值 $\varphi(x)\in C^1[0,l]$ 且满足相容性条件 $\varphi(0)=\varphi(l)=0$, 非齐次项 $f(x,t)\in C^2(\overline{Q}_T)$, 则由式 (3.19) 确定的 $u(x,t)$ 是混合问题 (3.13) 在函数类 $C(\overline{Q}_T)\cap C^{2,1}(Q_T)$ 中的解. 如果 $f(x,t)\equiv 0$, 则 $u(x,t)\in C^{\infty}(Q_T)$.

证明留作练习.

更一般地, 我们可以求出混合问题 (3.13) 的形式解. 具体来说, 我们先利用函数变换 (3.17) 得到函数 $v(x,t)$ 满足的齐次边值问题

$$\begin{cases} v_t - a^2 v_{xx} = \tilde{f}(x,t), & (x,t)\in(0,l)\times(0,T],\\ v(x,0)=\tilde{\varphi}(x), & x\in[0,l],\\ v(0,t)=0, v(l,t)=0, & t\in[0,T],\end{cases}$$

其中

$$\tilde{f}(x,t) = f(x,t) - \left(\frac{l-x}{l}g_1'(t) + \frac{x}{l}g_2'(t)\right),$$

$$\tilde{\varphi}(x)=\varphi(x)-\Big(\frac{l-x}{l}g_1(0)+\frac{x}{l}g_2(0)\Big).$$

由式 (3.19), 我们得到函数 $v(x,t)$ 的表达式

$$v(x,t)=\int_0^l G(x,t;\xi,0)\tilde{\varphi}(\xi)\,\mathrm{d}\xi+\int_0^t \mathrm{d}\tau\int_0^l G(x,t;\xi,\tau)\tilde{f}(\xi,\tau)\,\mathrm{d}\xi.$$

利用函数变换 (3.17) 和分部积分, 我们进一步得到

$$\begin{aligned}u(x,t)=&\int_0^l G(x,t;\xi,0)\varphi(\xi)\,\mathrm{d}\xi+\int_0^t \mathrm{d}\tau\int_0^l G(x,t;\xi,\tau)f(\xi,\tau)\,\mathrm{d}\xi\\&+a^2\int_0^t (G_\xi(x,t;0,\tau)g_1(\tau)-G_\xi(x,t;l,\tau)g_2(\tau))\,\mathrm{d}\tau.\end{aligned}\tag{3.20}$$

这里我们略去具体的推导过程, 有兴趣的读者可参阅文献 [17] 第三章的第二节. 值得说明的是, 式 (3.20) 对边值 $g_1(t)$, $g_2(t)$ 的要求可以减弱为连续函数. 实际上, 我们可以证明如下结论:

定理 3.7′ 记 $Q_T=(0,l)\times(0,T]$. 如果边值 $g_i(t)\in C[0,T]$ $(i=1,2)$, 初值 $\varphi(x)\in C^1[0,l]$ 且满足相容性条件 $\varphi(0)=g_1(0)$, $\varphi(l)=g_2(0)$, 非齐次项 $f(x,t)\in C^2(\overline{Q}_T)$, 则由式 (3.20) 确定的 $u(x,t)$ 是混合问题 (3.13) 在函数类 $C(\overline{Q}_T)\cap C^{2,1}(Q_T)$ 中的解. 如果 $f(x,t)\equiv 0$, 则 $u(x,t)\in C^\infty(Q_T)$.

证明留作练习.

3.3 极值原理和最大模估计

3.3.1 极值原理

极值原理具有极为明确的物理意义. 在叙述极值原理之前, 我们先考虑以下实际问题.

对于一个物体, 如果其内部没有热源, 则在整个热传导过程中, 温度总是趋于平衡: 温度高处的热量向温度低处传递, 从而导致温度高处的热量减少, 温度降低; 而温度低处从温度高处吸收热量, 从而导致温度低处的热量增加, 温度升高. 正是因为这样的物理效应, 物体在一段时间内的最高温度和最低温度不可能在物体的内部达到, 因而只能在初始时刻或物体的边界上达到. 在数学上, 我们称这种物理现象为**极值原理**.

记区域 $Q_T=(0,l)\times(0,T]$. 我们称 Q_T 的侧边和底边为**抛物边界**, 通常记为 $\partial_p Q_T$. 实际上, $\partial_p Q_T=\partial Q_T\setminus(0,l)\times\{T\}$.

考虑一根长度为 l, 侧表面绝热的均匀细杆. 细杆的温度分布 $u(x,t)$ 在 Q_T 上满足热方程

$$\mathcal{L}u = u_t - a^2 u_{xx} = f(x,t).$$

如果 $f(x,t) \geqslant 0$, 则表示细杆上有热源; 如果 $f(x,t) \leqslant 0$, 则表示细杆上有热汇.

从实际模型出发, 我们得到这样的结论:

定理 3.8 (极值原理) 假设 $u(x,t) \in C(\overline{Q}_T) \cap C^{2,1}(Q_T)$ 满足方程 $\mathcal{L}u = f(x,t)$, 其中 $f(x,t) \leqslant 0$, 则 $u(x,t)$ 在 $\overline{Q}_T$ 上的最大值必在抛物边界 $\partial_p Q_T$ 上达到, 即

$$\max_{(x,t)\in\overline{Q}_T} u(x,t) = \max_{(x,t)\in\partial_p Q_T} u(x,t).$$

证明 由于 $\partial_p Q_T \subset \overline{Q}_T$, 因此不等式

$$\max_{(x,t)\in\overline{Q}_T} u(x,t) \geqslant \max_{(x,t)\in\partial_p Q_T} u(x,t)$$

成立. 我们只要证明不等式

$$\max_{(x,t)\in\overline{Q}_T} u(x,t) \leqslant \max_{(x,t)\in\partial_p Q_T} u(x,t),$$

就完成定理的证明.

情形 1 $f(x,t) < 0$. 此时, 我们断言 $u(x,t)$ 在 $\overline{Q}_T$ 上的最大值不能在 Q_T 内达到. 否则, 存在一点 $(x_0,t_0) \in Q_T$, 使得

$$u(x_0,t_0) = \max_{(x,t)\in\overline{Q}_T} u(x,t).$$

由微积分中的有关定理, 我们得到

$$u_x(x_0,t_0) = 0, \quad u_{xx}(x_0,t_0) \leqslant 0,$$

且

$$u_t(x_0,t_0) = 0, \quad t_0 < T,$$
$$u_t(x_0,t_0) \geqslant 0, \quad t_0 = T,$$

因此

$$f(x_0,t_0) = u_t(x_0,t_0) - a^2 u_{xx}(x_0,t_0) \geqslant 0.$$

这与假设 $f(x,t) < 0$ 矛盾. 因此, $u(x,t)$ 在 $\overline{Q}_T$ 上的最大值不可能在 Q_T 内达到, 从而只能在抛物边界 $\partial_p Q_T$ 上达到. 于是, 上述要证的不等式成立.

情形 2 $f(x,t) \leqslant 0$. 我们构造辅助函数, 将证明归结到上面的情形 1. 为此, 对于任意 $\varepsilon > 0$, 考虑辅助函数

$$v(x,t)=u(x,t)-\varepsilon t.$$

计算得到

$$\mathcal{L}v=\mathcal{L}u-\varepsilon=f(x,t)-\varepsilon<0.$$

由情形 1 的断言, $v(x,t)$ 在 $\overline{Q}_T$ 上的最大值不可能在 Q_T 内达到, 因此

$$\max_{(x,t)\in\overline{Q}_T}v(x,t)=\max_{(x,t)\in\partial_pQ_T}v(x,t),$$

从而

$$\begin{aligned}\max_{(x,t)\in\overline{Q}_T}u(x,t)&\leqslant\max_{(x,t)\in\overline{Q}_T}v(x,t)+\varepsilon T\\&=\max_{(x,t)\in\partial_pQ_T}v(x,t)+\varepsilon T\\&\leqslant\max_{(x,t)\in\partial_pQ_T}u(x,t)+\varepsilon T.\end{aligned}$$

令 $\varepsilon\to0$, 可得上述所需证明的不等式, 从而完成定理的证明.

定理 3.8 的证明方法, 我们在引理 2.21 的证明中使用过. 从本质上来看, 这种证明方法就是通过比较方程两端的符号来导出矛盾. 这是证明极值原理和最大模估计的重要方法.

推论 3.9 假设 $u(x,t)\in C(\overline{Q}_T)\cap C^{2,1}(Q_T)$ 满足方程 $\mathcal{L}u=f(x,t)$, 其中 $f(x,t)\geqslant0$, 则 $u(x,t)$ 在 $\overline{Q}_T$ 上的最小值必在抛物边界 ∂_pQ_T 上达到, 即

$$\min_{(x,t)\in\overline{Q}_T}u(x,t)=\min_{(x,t)\in\partial_pQ_T}u(x,t).$$

假设 $u(x,t)\in C(\overline{Q}_T)\cap C^{2,1}(Q_T)$ 满足方程 $\mathcal{L}u=0$, 则 $u(x,t)$ 在 $\overline{Q}_T$ 上的最大值和最小值必在抛物边界 ∂_pQ_T 上达到.

证明 考虑 $v(x,t)=-u(x,t)$ 满足的方程, 应用定理 3.8 即可得证.

推论 3.10 (比较原理) 假设 $u(x,t),v(x,t)\in C(\overline{Q}_T)\cap C^{2,1}(Q_T)$ 且满足 $\mathcal{L}u\leqslant\mathcal{L}v$, $u|_{\partial_pQ_T}\leqslant v|_{\partial_pQ_T}$, 则在 $\overline{Q}_T$ 上有 $u(x,t)\leqslant v(x,t)$.

证明 考虑 $w(x,t)=u(x,t)-v(x,t)$. 由于 $\mathcal{L}w\leqslant0$, 对 $w(x,t)$ 应用定理 3.8, 得到

$$\max_{(x,t)\in\overline{Q}_T}w(x,t)\leqslant\max_{(x,t)\in\partial_pQ_T}w(x,t)\leqslant0.$$

至此, 我们完成比较原理的证明.

3.3.2 混合问题的最大模估计

考虑混合问题

$$\begin{cases}\mathcal{L}u=u_t-a^2u_{xx}=f(x,t), & (x,t)\in Q_T,\\ u|_{t=0}=\varphi(x), & x\in[0,l],\\ u|_{x=0}=g_1(t),u|_{x=l}=g_2(t), & t\in[0,T].\end{cases}\tag{3.21}$$

利用极值原理可得到下面的最大模估计.

定理 3.11 假设 $u(x,t) \in C(\overline{Q}_T) \cap C^{2,1}(Q_T)$ 是混合问题 (3.21) 的解, 则

$$\max_{(x,t)\in\overline{Q}_T} |u(x,t)| \leqslant FT + B, \tag{3.22}$$

其中

$$F = \sup_{(x,t)\in Q_T} |f(x,t)|,$$

$$B = \max\left\{ \max_{x\in[0,l]} |\varphi(x)|, \max_{t\in[0,T]} |g_1(t)|, \max_{t\in[0,T]} |g_2(t)| \right\}.$$

证明 考虑辅助函数

$$w(x,t) = Ft + B \pm u(x,t).$$

容易验证

$$\mathcal{L}w = F \pm f(x,t) \geqslant 0,$$

$$w|_{\partial_p Q_T} \geqslant B \pm u(x,t) \geqslant 0.$$

由极值原理, 在 $\overline{Q}_T$ 上有 $w(x,t) \geqslant 0$, 从而

$$|u(x,t)| \leqslant FT + B, \quad (x,t) \in \overline{Q}_T.$$

上式两端取上确界, 定理至此得证.

推论 3.12 混合问题 (3.21) 的解在 $C(\overline{Q}_T) \cap C^{2,1}(Q_T)$ 中唯一.

证明 由于混合问题 (3.21) 是线性的, 要证明其解的唯一性, 只要证明当 $f(x,t) \equiv 0$, $\varphi(x) \equiv 0$, $g_1(t) \equiv 0$, $g_2(t) \equiv 0$ 时, 混合问题 (3.21) 只有零解即可. 由最大模估计 (3.22), 这是显然的.

推论 3.13 混合问题 (3.21) 在 $C(\overline{Q}_T) \cap C^{2,1}(Q_T)$ 中的解连续地依赖于非齐次项 $f(x,t)$, 初值 $\varphi(x)$ 以及边值 $g_1(t)$, $g_2(t)$.

由此, 我们知道最大模估计蕴涵着古典解的唯一性和稳定性.

下面我们考虑混合问题

$$\begin{cases} \mathcal{L}u = u_t - a^2 u_{xx} = f(x,t), & (x,t) \in Q_T, \\ u|_{t=0} = \varphi(x), & x \in [0,l], \\ \big(-u_x + \alpha(t)u\big)|_{x=0} = g_1(t), & t \in [0,T], \\ \big(u_x + \beta(t)u\big)|_{x=l} = g_2(t), & t \in [0,T], \end{cases} \tag{3.23}$$

其中 $\alpha(t) \geqslant 0$, $\beta(t) \geqslant 0$. 当 $\alpha(t) = \beta(t) = 0$ 时, 上述问题为第二边值问题; 当 $\alpha(t) > 0$, $\beta(t) > 0$ 时, 上述问题为第三边值问题.

利用极值原理的证明方法, 我们可以得到下面的最大模估计.

定理 3.14 假设 $u(x,t) \in C^{1,0}(\overline{Q}_T) \cap C^{2,1}(Q_T)$ 是混合问题 (3.23) 的解, 则

$$\max_{(x,t)\in\overline{Q}_T} |u(x,t)| \leqslant C(F+B), \tag{3.24}$$

其中常数 C 只依赖于 a, l 和 T, 而

$$F = \sup_{(x,t)\in Q_T} |f(x,t)|,$$

$$B = \max\left\{ \max_{x\in[0,l]} |\varphi(x)|, \max_{t\in[0,T]} |g_1(t)|, \max_{t\in[0,T]} |g_2(t)| \right\}.$$

在证明定理 3.14 之前, 我们先证明下面的引理.

引理 3.15 假设 $u(x,t) \in C^{1,0}(\overline{Q}_T) \cap C^{2,1}(Q_T)$ 满足

$$\begin{cases} \mathcal{L}u = u_t - a^2 u_{xx} \geqslant 0, & (x,t) \in Q_T, \\ u|_{t=0} \geqslant 0, & x \in [0,l], \\ \big(-u_x + \alpha(t)u\big)|_{x=0} \geqslant 0, & t \in [0,T], \\ \big(u_x + \beta(t)u\big)|_{x=l} \geqslant 0, & t \in [0,T], \end{cases}$$

则在 $\overline{Q}_T$ 上有 $u(x,t) \geqslant 0$.

证明 先考虑特殊情形. 假设 $u(x,t)$ 满足边值条件

$$\begin{cases} \big(-u_x + \alpha(t)u\big)|_{x=0} > 0, & t \in [0,T], \\ \big(u_x + \beta(t)u\big)|_{x=l} > 0, & t \in [0,T]. \end{cases}$$

由定理 3.8 我们知道, $u(x,t)$ 在 $\overline{Q}_T$ 上的最小值在抛物边界 $\partial_p Q_T$ 上达到. 此时, 我们只需证明 $u(x,t)$ 在抛物边界 $\partial_p Q_T$ 上的最小值一定非负, 从而在 $\overline{Q}_T$ 上有 $u(x,t) \geqslant 0$.

如果 $u(x,t)$ 在初始时刻 $t=0$ 达到最小值, 显然最小值非负. 我们只需说明 $u(x,t)$ 不可能在边界 $x=0$ 和 $x=l$ 上达到非正的最小值. 如果 $u(x,t)$ 在某点 $(0,t_0)$ 处达到非正的最小值, 则

$$-u_x(0,t_0) \leqslant 0,$$

$$\alpha(t_0)u(0,t_0) \leqslant 0.$$

这与假设矛盾. 同理, $u(x,t)$ 不可能在边界 $x=l$ 上达到非正的最小值. 这就说明, 如果 $u(x,t)$ 在边界 $x=0$ 和 $x=l$ 上达到最小值, 则最小值一定非负. 因此, $u(x,t)$ 在抛物边界 $\partial_p Q_T$ 上的最小值一定非负, 从而在 $\overline{Q}_T$ 上有 $u(x,t) \geqslant 0$, 即在上述特殊情形下, 我们完成了证明.

对于一般情形, 我们将构造辅助函数, 把证明归结到上面的情形. 为此, 对于任意 $\varepsilon > 0$, 我们考虑辅助函数

$$v(x,t) = u(x,t) + \varepsilon w(x,t),$$

其中

$$w(x,t) = 2a^2t + \left(x - \frac{l}{2}\right)^2. \tag{3.25}$$

注意到多项式 $w(x,t)$ 满足 $\mathcal{L}w = 0$, 我们计算得知

$$\mathcal{L}v = \mathcal{L}u \geqslant 0, \quad (x,t) \in Q_T.$$

显然

$$v|_{t=0} = u|_{t=0} + \varepsilon\left(x - \frac{l}{2}\right)^2 \geqslant 0, \quad x \in [0,l].$$

由 $u(x,t)$ 所满足的边值条件, 我们得到, 当 $t \in [0,T]$ 时, 有

$$\big(-v_x + \alpha(t)v\big)\big|_{x=0} = \big(-u_x + \alpha(t)u\big)\big|_{x=0} + \varepsilon\left[l + \alpha(t)\left(2a^2t + \frac{l^2}{4}\right)\right] > 0$$

且

$$\big(v_x + \beta(t)v\big)\big|_{x=l} = \big(u_x + \beta(t)u\big)\big|_{x=l} + \varepsilon\left[l + \beta(t)\left(2a^2t + \frac{l^2}{4}\right)\right] > 0.$$

应用特殊情形中已证的结论, 我们得到, 在 $\overline{Q}_T$ 上有 $v(x,t) \geqslant 0$, 即

$$u(x,t) \geqslant -\varepsilon\left[2a^2t + \left(x - \frac{l}{2}\right)^2\right], \quad (x,t) \in \overline{Q}_T.$$

令 $\varepsilon \to 0$, 则在 $\overline{Q}_T$ 上有 $u(x,t) \geqslant 0$. 这就是要证明的结论.

下面我们应用引理 3.15 来完成定理 3.14 的证明.

定理 3.14 的证明 我们构造辅助函数

$$v(x,t) = Ft + Bz(x,t) \pm u(x,t),$$

其中

$$z(x,t) = 1 + \frac{1}{l}w(x,t),$$

这里 $w(x,t)$ 由式 (3.25) 定义. 不难验证

$$\begin{cases} \mathcal{L}z = z_t - a^2z_{xx} = 0, & (x,t) \in Q_T, \\ z|_{t=0} \geqslant 1, & x \in [0,l], \\ \big(-z_x + \alpha(t)z\big)\big|_{x=0} \geqslant 1, & t \in [0,T], \\ \big(z_x + \beta(t)z\big)\big|_{x=l} \geqslant 1, & t \in [0,T], \end{cases}$$

从而

$$\begin{cases} \mathcal{L}v = F \pm f(x,t) \geqslant 0, & (x,t) \in Q_T, \\ v|_{t=0} \geqslant B \pm \varphi(x) \geqslant 0, & x \in [0,l], \\ \big(-v_x + \alpha(t)v\big)\big|_{x=0} \geqslant B \pm g_1(t) \geqslant 0, & t \in [0,T], \\ \big(v_x + \beta(t)v\big)\big|_{x=l} \geqslant B \pm g_2(t) \geqslant 0, & t \in [0,T]. \end{cases}$$

我们利用引理 3.15 得到, 在 $\overline{Q}_T$ 上有 $v(x,t) \geqslant 0$. 于是, 对于 $(x,t) \in \overline{Q}_T$, 有

$$\begin{aligned} |u(x,t)| &\leqslant Ft + Bz(x,t) \\ &\leqslant FT + \left(1 + \frac{2a^2T}{l} + \frac{l}{4}\right)B. \end{aligned}$$

令 $C = \max\left\{T, 1 + \dfrac{2a^2T}{l} + \dfrac{l}{4}\right\}$, 上式两端取上确界, 我们立即得到估计式 (3.24).

3.3.3 初值问题的最大模估计

在区域 $Q_T = \mathbb{R} \times (0,T]$ 上考虑初值问题

$$\begin{cases} \mathcal{L}u = u_t - a^2 u_{xx} = f(x,t), & (x,t) \in Q_T, \\ u(x,0) = \varphi(x), & x \in \mathbb{R}. \end{cases} \tag{3.26}$$

当 $f(x,t) \equiv 0$, $\varphi(x)$ 有界且连续时, Poisson 公式 (3.8) 给出初值问题 (3.26) 的一个有界解. 下面的最大模估计将保证初值问题 (3.26) 的有界解是唯一的.

定理 3.16 假设 $u(x,t) \in C(\overline{Q}_T) \cap C^{2,1}(Q_T)$ 是初值问题 (3.26) 的有界解, 则

$$\sup_{(x,t)\in\overline{Q}_T} |u(x,t)| \leqslant T \sup_{(x,t)\in Q_T} |f(x,t)| + \sup_{x\in\mathbb{R}} |\varphi(x)|.$$

我们将利用上一小节讨论的混合问题的最大模估计来证明此定理.

证明 对于任意 $L > 0$, 考虑区域 $Q_T^L = (-L,L) \times (0,T]$, 并记

$$F = \sup_{(x,t)\in Q_T} |f(x,t)|, \quad \varPhi = \sup_{x\in\mathbb{R}} |\varphi(x)|.$$

令

$$M = \sup_{(x,t)\in Q_T} |u(x,t)|.$$

在 Q_T^L 上考虑辅助函数

$$w(x,t) = Ft + \varPhi + v_L(x,t) \pm u(x,t),$$

其中

$$v_L(x,t) = \frac{M}{L^2}(x^2 + 2a^2t).$$

我们计算得到

$$\begin{cases}\mathcal{L}w = F \pm f(x,t) \geqslant 0, & (x,t) \in Q_T^L,\\ w|_{t=0} \geqslant \Phi \pm \varphi(x) \geqslant 0, & x \in [-L, L],\\ w|_{x=\pm L} \geqslant M \pm u(x,t) \geqslant 0, & t \in [0,T].\end{cases}$$

在 Q_T^L 上利用极值原理, 可得

$$\min_{(x,t)\in Q_T^L} w(x,t) \geqslant 0.$$

而对于任意 $(x_0,t_0) \in Q_T$, 存在足够大的 L, 使得 $(x_0,t_0) \in Q_T^L$. 由 $w(x_0,t_0) \geqslant 0$ 得到

$$|u(x_0,t_0)| \leqslant Ft_0 + \Phi + \frac{M}{L^2}(x_0^2 + 2a^2t_0).$$

令 $L \to +\infty$, 则

$$\begin{aligned}|u(x_0,t_0)| &\leqslant Ft_0 + \Phi\\ &\leqslant FT + \Phi.\end{aligned}$$

由 (x_0,t_0) 的任意性, 我们完成定理的证明.

定理 3.16 中关于 $u(x,t)$ 有界的假设可以改进为如下**增长性条件**:

$$|u(x,t)| \leqslant M\mathrm{e}^{Ax^2}, \quad (x,t) \in Q_T, \tag{3.27}$$

这里 M, A 是正常数. 在这样的增长性条件下最大模估计仍然成立.

***定理 3.16′** 假设 $u(x,t) \in C(\overline{Q}_T) \cap C^{2,1}(Q_T)$ 是初值问题 (3.26) 的解且满足增长性条件 (3.27), 则

$$\sup_{(x,t)\in\overline{Q}_T} |u(x,t)| \leqslant T \sup_{(x,t)\in Q_T} |f(x,t)| + \sup_{x\in\mathbb{R}} |\varphi(x)|.$$

证明 实际上, 我们只需证明不等式

$$|u(0,t)| \leqslant T \sup_{(x,t)\in Q_T} |f(x,t)| + \sup_{x\in\mathbb{R}} |\varphi(x)|, \quad t \in [0,T].$$

这是因为, 在平移变换下, 由上述不等式我们可以得到

$$|u(x,t)| \leqslant T \sup_{(x,t)\in Q_T} |f(x,t)| + \sup_{x\in\mathbb{R}} |\varphi(x)|, \quad x \in \mathbb{R},\ t \in [0,T],$$

再对两端取上确界即得要证的结论.

下面我们分两步来证明.

(1) 假设

$$T \leqslant \frac{1}{16a^2A}.$$

对于任意 $L > 0$, 考虑区域 $Q_T^L = (-L, L) \times (0,T]$, 并记

$$F=\sup_{(x,t)\in Q_T}|f(x,t)|,\quad \varPhi=\sup_{x\in\mathbb{R}}|\varphi(x)|.$$

在 Q_T^L 上考虑辅助函数

$$w(x,t)=Ft+\varPhi+v_\varepsilon(x,t)\pm u(x,t),$$

其中

$$v_\varepsilon(x,t)=\frac{\varepsilon}{(2T-t)^{\frac{1}{2}}}\mathrm{e}^{\frac{x^2}{4a^2(2T-t)}},\quad \varepsilon>0.$$

注意到

$$\mathcal{L}v_\varepsilon=0,\quad (x,t)\in Q_T^L,$$

我们计算得到

$$\begin{cases}\mathcal{L}w=F\pm f(x,t)\geqslant 0, & (x,t)\in Q_T^L,\\ w|_{t=0}\geqslant\varPhi\pm\varphi(x)\geqslant 0, & x\in[-L,L].\end{cases}$$

利用关于 T 的假设和增长性条件 (3.27), 我们得到

$$\begin{aligned}w|_{x=\pm L}&\geqslant\frac{\varepsilon}{(2T)^{\frac{1}{2}}}\mathrm{e}^{\frac{L^2}{8a^2T}}-M\mathrm{e}^{AL^2}\\&\geqslant\frac{\varepsilon}{(2T)^{\frac{1}{2}}}\mathrm{e}^{2AL^2}-M\mathrm{e}^{AL^2},\quad t\in[0,T].\end{aligned}$$

对于 $\varepsilon>0$, 存在 $L_\varepsilon>0$, 使得当 $L\geqslant L_\varepsilon$ 时, 有

$$w|_{x=\pm L}\geqslant 0,\quad t\in[0,T].$$

在 Q_T^L $(L\geqslant L_\varepsilon)$ 上利用极值原理, 可得

$$\min_{(x,t)\in Q_T^L}w(x,t)\geqslant 0.$$

对于任意 $t\in[0,T]$, 由 $w(0,t)\geqslant 0$, 我们得到

$$|u(0,t)|\leqslant Ft+\varPhi+\frac{\varepsilon}{T^{\frac{1}{2}}}.$$

令 $\varepsilon\to 0$, 则

$$\begin{aligned}|u(0,t)|&\leqslant Ft_0+\varPhi\\&\leqslant FT+\varPhi,\quad t\in[0,T].\end{aligned}$$

(2) 将时间区间 $[0,T]$ 分为 m 个小区间 $[0,T_1]$, $[T_1,2T_1]$, $\cdots$, $[(m-1)T_1,mT_1]$, 其中 $T=mT_1$, 且

$$T_1\leqslant\frac{1}{16a^2A}.$$

先在区间 $[0,T_1]$ 上利用 (1) 中得到的结论, 得到在带形区域 $\mathbb{R}\times[0,T_1]$ 上关于 $u(x,t)$ 的估计; 然后在带形区域 $\mathbb{R}\times[T_1,2T_1]$ 上考虑初值问题

$$\begin{cases}\mathcal{L}u=u_t-a^2u_{xx}=f(x,t), & (x,t)\in\mathbb{R}\times(T_1,2T_1],\\ u|_{t=T_1}=\varphi_1(x)=u(x,T_1), & x\in\mathbb{R},\end{cases}$$

得到在带形区域 $\mathbb{R}\times[T_1,2T_1]$ 上关于 $u(x,t)$ 的估计. 利用数学归纳法, 我们就得到在带形区域 $\mathbb{R}\times[0,T]$ 上关于 $u(x,t)$ 的估计, 从而完成定理的证明.

由定理 3.16′, 我们得到初值问题 (3.26) 的满足增长性条件 (3.27) 的解的唯一性. 然而, 唯一性对于一般情形并不成立.

*附注 3.7 实际上, 初值问题

$$\begin{cases}u_t-u_{xx}=0, & (x,t)\in\mathbb{R}\times\mathbb{R}_+,\\ u(x,0)=0, & x\in\mathbb{R}\end{cases}$$

具有无穷多个解. 除零解外, 每个解在 $|x|\to\infty$ 时都增长得非常快.

下面我们引述 Tychonov 的例子来说明附注 3.7 中的结论.

记函数

$$\varphi(t)=\begin{cases}\mathrm{e}^{-\frac{1}{t^2}}, & t>0,\\ 0, & t=0.\end{cases}$$

容易验证

$$\varphi^{(n)}(0)=0,\quad n=1,2,\cdots.$$

定义函数

$$u(x,t)=\begin{cases}\displaystyle\sum_{n=0}^{\infty}\varphi^{(n)}(t)\frac{x^{2n}}{(2n)!}, & t>0,\\ 0, & t=0.\end{cases}$$

形式上, 我们有

$$\lim_{t\to0}u(x,t)=\sum_{n=0}^{\infty}\varphi^{(n)}(0)\frac{x^{2n}}{(2n)!}=0,$$

且

$$\begin{aligned}\frac{\partial^2u}{\partial x^2}&=\sum_{n=1}^{\infty}\varphi^{(n)}(t)(2n)(2n-1)\frac{x^{2n-2}}{(2n)!}\\&=\sum_{n=1}^{\infty}\varphi^{(n)}(t)\frac{x^{2(n-1)}}{[2(n-1)]!}\\&=\sum_{n=0}^{\infty}\varphi^{(n+1)}(t)\frac{x^{2n}}{(2n)!}=\frac{\partial u}{\partial t}.\end{aligned}$$

由于篇幅的关系，我们在这里就不给出严格的证明了，感兴趣的读者可参阅文献 [3] 第五章第五节或文献 [9] 第七章第一节的内容.

3.4 混合问题的能量模估计

在这一节中，我们讨论混合问题的能量模估计. 为简单起见，我们考虑混合问题

$$\begin{cases} \mathcal{L}u = u_t - a^2 u_{xx} = f(x,t), & (x,t) \in Q_T, \\ u|_{t=0} = \varphi(x), & x \in [0,l], \\ u|_{x=0} = u|_{x=l} = 0, & t \in [0,T], \end{cases} \tag{3.28}$$

其中 $Q_T = (0,l) \times (0,T]$，其他混合问题可以类似讨论. 我们将证明如下能量模估计:

定理 3.17 设 $u(x,t) \in C^{1,0}(\overline{Q}_T) \cap C^{2,1}(Q_T)$ 是混合问题 (3.28) 的解，则

$$\begin{aligned} &\sup_{t\in[0,T]} \int_0^l u^2(x,t)\,\mathrm{d}x + 2a^2 \int_0^T \int_0^l u_x^2(x,t)\,\mathrm{d}x\,\mathrm{d}t \\ &\leqslant M\Big(\int_0^l \varphi^2(x)\,\mathrm{d}x + \int_0^T \int_0^l f^2(x,t)\,\mathrm{d}x\,\mathrm{d}t\Big), \end{aligned} \tag{3.29}$$

其中常数 M 只与 T 有关.

在证明定理 3.17 之前，我们先证明下面的引理.

引理 3.18 设非负函数 $G(t)$ 在区间 $[0,T]$ 上连续可微，$G(0)=0$，且对于 $t \in [0,T]$，**Gronwall 不等式**

$$G'(t) \leqslant CG(t) + F(t) \tag{3.30}$$

成立，这里常数 $C>0$，$F(t)$ 是 $[0,T]$ 上的非负单调递增函数，则

$$G(t) \leqslant C^{-1}(\mathrm{e}^{Ct}-1)F(t), \tag{3.31}$$

$$G'(t) \leqslant \mathrm{e}^{Ct}F(t). \tag{3.32}$$

证明 在 Gronwall 不等式 (3.30) 两端同时乘以 e^{-Ct}，我们得到

$$(\mathrm{e}^{-Ct}G(t))' \leqslant \mathrm{e}^{-Ct}F(t).$$

上式两端在 $[0,t]$ 上积分，得到

$$\mathrm{e}^{-Ct}G(t) \leqslant \int_0^t \mathrm{e}^{-Cs}F(s)\,\mathrm{d}s$$

$$\leqslant F(t)C^{-1}(1-\mathrm{e}^{-Ct}),$$

即

$$G(t) \leqslant C^{-1}(\mathrm{e}^{Ct}-1)F(t),$$

从而式 (3.31) 得证. 将式 (3.31) 代入 Gronwall 不等式 (3.30), 即得式 (3.32).

定理 3.17 的证明 在混合问题 (3.28) 的方程两端同时乘以 $u(x,t)$, 然后在 $[0,l]\times[0,t]$ 上积分, 得到

$$\begin{aligned}&\frac{1}{2}\int_0^t\int_0^l (u^2(x,t))_t\,\mathrm{d}x\,\mathrm{d}t - a^2\int_0^t\int_0^l u(x,t)u_{xx}(x,t)\,\mathrm{d}x\,\mathrm{d}t\\&\quad=\int_0^t\int_0^l u(x,t)f(x,t)\,\mathrm{d}x\,\mathrm{d}t.\end{aligned}$$

对上式左端分部积分并利用边值条件, 右端利用 Schwarz 不等式 $2ab\leqslant a^2+b^2$, 则有不等式

$$\begin{aligned}&\int_0^l u^2(x,t)\,\mathrm{d}x + 2a^2\int_0^t\int_0^l u_x^2(x,t)\,\mathrm{d}x\,\mathrm{d}t\\&\quad\leqslant \int_0^l \varphi^2(x)\,\mathrm{d}x + \int_0^t\int_0^l u^2(x,t)\,\mathrm{d}x\,\mathrm{d}t + \int_0^t\int_0^l f^2(x,t)\,\mathrm{d}x\,\mathrm{d}t.\end{aligned} \tag{3.33}$$

记

$$\begin{aligned}G(t)&=\int_0^t\int_0^l u^2(x,t)\,\mathrm{d}x\,\mathrm{d}t,\\F(t)&=\int_0^l \varphi^2(x)\,\mathrm{d}x+\int_0^t\int_0^l f^2(x,t)\,\mathrm{d}x\,\mathrm{d}t.\end{aligned}$$

去掉式 (3.33) 左端的第二项, 我们得到 Gronwall 不等式

$$G'(t)\leqslant G(t)+F(t),$$

及

$$G(0)=0.$$

利用引理 3.18 的结论, 得到

$$G(t)\leqslant (\mathrm{e}^t-1)F(t).$$

将此式代入式 (3.33), 得到

$$\begin{aligned}&\int_0^l u^2(x,t)\,\mathrm{d}x + 2a^2\int_0^t\int_0^l u_x^2(x,t)\,\mathrm{d}x\,\mathrm{d}t\\&\quad\leqslant \mathrm{e}^t\Big(\int_0^l \varphi^2(x)\,\mathrm{d}x+\int_0^t\int_0^l f^2(x,t)\,\mathrm{d}x\,\mathrm{d}t\Big).\end{aligned}$$

对 $t \in [0,T]$ 取上确界, 得到

$$\begin{aligned}&\sup_{t\in[0,T]}\int_0^l u^2(x,t)\,\mathrm{d}x+2a^2\int_0^T\int_0^l u_x^2(x,t)\,\mathrm{d}x\,\mathrm{d}t\\&\leqslant 2\mathrm{e}^T\Big(\int_0^l \varphi^2(x)\,\mathrm{d}x+\int_0^T\int_0^l f^2(x,t)\,\mathrm{d}x\,\mathrm{d}t\Big).\end{aligned}$$

这就完成定理的证明.

附注 3.8 能量模估计同样适合于其他混合问题. 此外, 如果在混合问题 (3.28) 的方程两端同时乘以 $u_t(x,t)$, 然后在 Q_t 上积分, 可以得到更进一步的能量模估计:

$$\begin{aligned}&a^2\sup_{t\in[0,T]}\int_0^l u_x^2\,(x,t)\mathrm{d}x+\int_0^T\int_0^l u_t^2(x,t)\,\mathrm{d}x\,\mathrm{d}t\\&\leqslant 2\Big[a^2\int_0^l (\varphi'(x))^2\,\mathrm{d}x+\int_0^T\int_0^l f^2(x,t)\,\mathrm{d}x\,\mathrm{d}t\Big].\end{aligned}$$

由定理 3.17, 不难证明混合问题 (3.28) 的解的唯一性, 即有下面的定理成立.

定理 3.19 混合问题 (3.28) 在函数类 $C^{1,0}(\overline{Q}_T)\cap C^{2,1}(Q_T)$ 中的解唯一.

*3.5 反向问题的不适定性

在前面几节中, 我们证明了热方程混合问题和初值问题的适定性, 即解的存在性、唯一性和稳定性. 从物理学的观点来看, 热传导过程是不可逆的, 因此与其逆过程相应的问题必定与上述问题具有本质的差别. 事实上, 我们将构造一个例子说明这类反向问题是不适定的.

假设有一根均匀细杆, 其侧表面绝热, 两端的温度保持为零. 已知在 $t=T$ 时刻它的温度分布为 $u(x,T)=\varphi(x)$, 要求出 $t=T$ 时刻之前的温度分布 $u(x,t)$. 换句话说, 我们希望得到细杆在 $t=T$ 时刻的一个理想的温度分布 $\varphi(x)$, 需要知道如何控制细杆在 $t=0$ 时刻的初始温度分布来实现. 这样的问题称为热方程的**反向问题**, 此时相应的数学问题为

$$\begin{cases}u_t-a^2u_{xx}=0 & (x,t)\in(0,l)\times(0,T),\\ u|_{t=T}=\varphi(x), & x\in[0,l],\\ u|_{x=0}=0,u|_{x=l}=0, & t\in[0,T].\end{cases}\tag{3.34}$$

从定理 3.7 我们知道, 当初值 $u(x,0)$ 为一个连续函数时, 解 $u(x,t)$ 在区域 $Q=(0,l)\times(0,T]$ 上是无穷次可微的. 事实上, 还可证明解 $u(x,t)$ 关于 x 是解析的. 因此,

如果反向问题 (3.34) 的解存在, 则 $\varphi(x)$ 必须是解析函数. 换句话说, 若 $\varphi(x)$ 仅仅连续, 但是不可微, 则反向问题 (3.34) 的解肯定不存在. 更令人惊讶的是, 即使给定的 $\varphi(x)$ 是解析函数且反向问题 (3.34) 的解 $u(x,t)$ 存在, 但 $u(x,t)$ 关于 $\varphi(x)$ 也是不稳定的. 也就是说, $\varphi(x)$ 的微小误差也可能引起解 $u(x,t)$ 的巨大改变. 而在实际问题中, $\varphi(x)$ 是由测量数据给出的, 因而测量误差是不可避免的.

下面我们用 Hadamard 的例子来说明此问题. 为简单起见, 我们设 $l=\pi$, $a=1$. 令

$$u_k(x,T)=\varphi_k(x)=\frac{1}{k}\sin kx,\quad k=1,2,\cdots.$$

容易验证

$$u_k(x,t)=\frac{1}{k}\mathrm{e}^{k^2(T-t)}\sin kx,\quad k=1,2,\cdots$$

是反向问题 (3.34) 的解. 当 $k\to+\infty$ 时, 有

$$\max_{x\in[0,\pi]}|\varphi_k(x)|=\frac{1}{k}\to 0.$$

但是, 对于任意 $t<T$, 当 $k\to+\infty$ 时, 有

$$\max_{x\in[0,\pi]}u_k(x,t)=\frac{1}{k}\mathrm{e}^{k^2(T-t)}\to+\infty.$$

这说明, 反向问题 (3.34) 在极大模意义下是不适定的.

然而, 当考虑控制问题时, 我们会遇到上述反向问题. 由于这样的反向问题具有明确的实际意义, 因而我们不得不重新考虑反向问题的适定性问题. 为了求解反向问题, 我们通常还要提出一些适定化条件. 这些条件是对解本身所加的约束条件. 在这些约束条件下, 我们仍然可以得到反向问题的适定性.

然而, 关于唯一性我们有下面奇妙的结论.

定理 3.20 (反向唯一性) 设 $u_1(x,t),u_2(x,t)\in C^1(\overline{Q}_T)\cap C^{2,1}(Q_T)$ 满足

$$\begin{cases}\mathcal{L}u_1=\mathcal{L}u_2, & (x,t)\in(0,l)\times(0,T],\\ u_1|_{t=T}=u_2|_{t=T}, & x\in[0,l],\\ u_1|_{x=0}=u_2|_{x=0}, u_1|_{x=l}=u_2|_{x=l}, & t\in[0,T],\end{cases}$$

则

$$u_1(x,t)\equiv u_2(x,t),\quad (x,t)\in[0,l]\times[0,T].$$

证明 令 $w(x,t)=u_1(x,t)-u_2(x,t)$, 则

$$\begin{cases}w_t-a^2w_{xx}=0, & (x,t)\in(0,l)\times(0,T],\\ w|_{t=T}=0, & x\in[0,l],\\ w|_{x=0}=0, w|_{x=l}=0, & t\in[0,T],\end{cases}$$

且

$$w_t|_{x=0}=0,\quad w_t|_{x=l}=0,\quad t\in[0,T].$$

记

$$e(t)=\int_0^l w^2(x,t)\,\mathrm{d}x,\quad t\in[0,T],$$

则

$$e(T)=0.$$

$e(t)$ 对 t 求导数并分部积分, 得

$$\begin{aligned}e'(t)&=2\int_0^l w(x,t)w_t(x,t)\mathrm{d}x\\&=2a^2\int_0^l w(x,t)w_{xx}(x,t)\mathrm{d}x\\&=-2a^2\int_0^l w_x^2(x,t)\mathrm{d}x;\end{aligned}$$

再对 t 求导数并分部积分, 得

$$\begin{aligned}e''(t)&=-4a^2\int_0^l w_x(x,t)w_{xt}(x,t)\mathrm{d}x\\&=4a^2\int_0^l w_{xx}(x,t)w_t(x,t)\mathrm{d}x\\&=4\int_0^l w_t^2(x,t)\mathrm{d}x.\end{aligned}$$

又由 Cauchy 不等式, 我们得到不等式

$$\begin{aligned}\big(e'(t)\big)^2&\leqslant 4\Big(\int_0^l w^2(x,t)\mathrm{d}x\Big)\Big(\int_0^l w_t^2(x,t)\mathrm{d}x\Big)\\&=e(t)e''(t).\end{aligned}$$

对于任意 $\varepsilon>0$, 记

$$e_\varepsilon(t)=e(t)+\varepsilon.$$

显然 $e_\varepsilon(t)\geqslant\varepsilon>0$. 从上述得到的不等式, 我们有

$$\big(e_\varepsilon'(t)\big)^2\leqslant e_\varepsilon(t)e_\varepsilon''(t).$$

令

$$f(t)=\ln e_\varepsilon(t),\quad 0\leqslant t\leqslant T,$$

则

$$f''(t)=\frac{e_\varepsilon(t)e_\varepsilon''(t)-\big(e_\varepsilon'(t)\big)^2}{\big(e_\varepsilon(t)\big)^2}\geqslant 0,\quad 0\leqslant t\leqslant T,$$

从而 $f(t)$ 在区间 $[0,T]$ 是凸函数. 于是, 对于任意 $\lambda\in(0,1)$, 有

$$f(\lambda T)\leqslant(1-\lambda)f(0)+\lambda f(T),$$

即

$$e_\varepsilon(\lambda T)\leqslant e_\varepsilon(0)^{1-\lambda}e_\varepsilon(T)^\lambda.$$

令 $\varepsilon\to 0$, 则

$$e(\lambda T)\leqslant e(0)^{1-\lambda}e(T)^\lambda=0.$$

由 λ 的任意性和 $w(x,t)$ 的连续性, 我们得到

$$w(x,t)\equiv 0,\quad 0\leqslant t\leqslant T.$$

这就完成定理的证明.

习题三

1. 按定义求下列函数的 Fourier 变换:

(1) $f(x)=\begin{cases}0, & |x|>a,\\ |x|, & |x|\leqslant a\end{cases}$ $(a>0)$;

(2) $f(x)=\begin{cases}0, & |x|>a,\\ 1-\dfrac{|x|}{a}, & |x|\leqslant a\end{cases}$ $(a>0)$;

(3) $f(x)=\begin{cases}0, & |x|>a,\\ \sin\lambda_0 x, & |x|\leqslant a\end{cases}$ $(a,\lambda_0>0)$;

(4) $f(x)=\mathrm{e}^{-a|x|}$ $(a>0)$;

(5) $f(x)=\mathrm{e}^{-a|x|}\cos x$ $(a>0)$.

2. 利用 Fourier 变换的性质求下列函数的 Fourier 变换:

(1) $f(x)=\begin{cases}0, & |x|>a,\\ x^2, & |x|\leqslant a\end{cases}$ $(a>0)$;

(2) $f(x)=x\mathrm{e}^{-a|x|}$ $(a>0)$;

(3) $f(x)=\begin{cases}0, & |x|>a,\\ \mathrm{e}^{\mu x}, & |x|\leqslant a\end{cases}$ $(a\in\mathbb{R}_+,\mu\in\mathbb{R})$;

(4) $f(x)=\mathrm{e}^{-a|x|}\sin\lambda_0 x$ $(a,\lambda_0>0)$;

(5) $f(x)=\begin{cases}0, & |x|>a,\\ \mathrm{e}^{\mathrm{i}\lambda_0 x}, & |x|\leqslant a\end{cases}$ $(a\in\mathbb{R}_+,\lambda_0\in\mathbb{R})$;

(6) $f(x)=\mathrm{e}^{-(ax^2+\mathrm{i}bx+c)}$ $(a\in\mathbb{R}_+,b,c\in\mathbb{R})$;

(7) $f(x)=\dfrac{1}{a^2+x^2}$ $(a>0)$;

(8) $f(x)=\dfrac{x}{a^2+x^2}$ $(a>0)$;

(9) $f(x)=\dfrac{1}{(a^2+x^2)^2}$ $(a>0)$.

3. 求下列函数的 Fourier 逆变换:

(1) $F(\lambda)=\mathrm{e}^{-a^2\lambda^2 t}$, 其中 $t>0$ 为参数, $a>0$ 为常数;

(2) $F(\lambda)=\mathrm{e}^{-(a^2\lambda^2+\mathrm{i}b\lambda+c)t}$, 其中 $t>0$ 为参数, $a\in\mathbb{R}_+$, $b,c\in\mathbb{R}$ 为常数;

(3) $F(\lambda)=\mathrm{e}^{-|\lambda|y}$, 其中 $y>0$ 为参数.

4. 利用 Fourier 变换求解下列定解问题:

(1) $\begin{cases}u_t-a^2u_{xx}+bu_x+cu=f(x,t), & (x,t)\in\mathbb{R}_+^2,\\ u(x,0)=\varphi(x), & x\in\mathbb{R},\end{cases}$ 其中 $a\in\mathbb{R}_+$, $b,c\in\mathbb{R}$ 是常数;

(2) $\begin{cases}u_{xx}+u_{yy}=0, & (x,y)\in\mathbb{R}_+^2,\\ u(x,0)=\varphi(x), & x\in\mathbb{R},\end{cases}$ 其中 $\varphi(x)$ 连续、有界, 求此问题的有界解.

5. 求下列函数的 Fourier 逆变换:

(1) $F(\lambda)=\varPhi(\lambda)\cos a\lambda t$, 其中 $t>0$ 为参数, $a>0$ 为常数, $\varPhi(\lambda)=\widehat{\varphi}(\lambda)$;

(2) $F(\lambda)=\varPsi(\lambda)\dfrac{\sin a\lambda t}{a\lambda}$, 其中 $t>0$ 为参数, $a>0$ 为常数, $\varPsi(\lambda)=\widehat{\psi}(\lambda)$.

6. 利用 Fourier 变换求解波动方程的初值问题

$$\begin{cases}u_{tt}-a^2u_{xx}=0, & (x,t)\in\mathbb{R}_+^2,\\ u(x,0)=\varphi(x), & x\in\mathbb{R},\\ u_t(x,0)=\psi(x), & x\in\mathbb{R},\end{cases}$$

其中 a 是正常数.

7. 设 $n\geqslant 3$, 利用 Fourier 变换求解偏微分方程

$$-\Delta u+u=f(\boldsymbol{x}),\quad \boldsymbol{x}\in\mathbb{R}^n.$$

8. 利用 Fourier 变换求解 Schrödinger 方程的初值问题

$$\begin{cases}u_t-\mathrm{i}\Delta u=f(\boldsymbol{x},t), & (\boldsymbol{x},t)\in\mathbb{R}^{n+1},\\ u(\boldsymbol{x},0)=\varphi(\boldsymbol{x}), & \boldsymbol{x}\in\mathbb{R}^n.\end{cases}$$

9. 利用 Fourier 变换求解 Cahn-Hilliard 方程的初值问题

$$\begin{cases} u_t + \Delta^2 u = f(\boldsymbol{x}, t), & (\boldsymbol{x}, t) \in \mathbb{R}_+^{n+1}, \\ u(\boldsymbol{x}, 0) = \varphi(\boldsymbol{x}), & \boldsymbol{x} \in \mathbb{R}^n. \end{cases}$$

10. 假设 $u_1(s,t), u_2(s,t), \cdots, u_n(s,t)$ 满足热方程

$$u_t - a^2 u_{ss} = 0,$$

其中 a 为正常数, 证明:

$$u(\boldsymbol{x}, t) = u(x_1, x_2, \cdots, x_n, t) = \prod_{k=1}^{n} u_k(x_k, t)$$

满足热方程

$$u_t - a^2 \Delta u = 0,$$

其中 $\Delta u = u_{x_1x_1} + u_{x_2x_2} + \cdots + u_{x_nx_n}$.

11. 假设 $u(x,t) \in C^3(\mathbb{R}_+^2)$ 满足热方程

$$u_t - a^2 u_{xx} = 0,$$

其中 a 为正常数, 证明:

(1) 对于任意 $\lambda \in \mathbb{R}$, $u_\lambda(x,t) = u(\lambda x, \lambda^2 t)$ 满足此热方程;

(2) 函数 $v(x,t) = x u_x + 2t u_t$ 也满足此热方程.

12. 求解拟线性抛物方程的初值问题

$$\begin{cases} u_t - a^2 \Delta u + b|\nabla u|^2 = 0, & (\boldsymbol{x}, t) \in \mathbb{R}_+^{n+1}, \\ u(\boldsymbol{x}, 0) = \varphi(\boldsymbol{x}), & \boldsymbol{x} \in \mathbb{R}^n. \end{cases}$$

其中 a, b 为常数, 且 $a > 0$.

13. 求解黏性 Burgers 方程的初值问题

$$\begin{cases} u_t - a^2 u_{xx} + u u_x = 0, & (x, t) \in \mathbb{R}_+^2, \\ u(x, 0) = \varphi(x), & x \in \mathbb{R}, \end{cases}$$

其中 a 为正常数.

14. 求解拟线性抛物方程的初值问题

$$\begin{cases} u_t - \Delta u - \dfrac{U''(u)}{U'(u)}|\nabla u|^2 = 0, & (\boldsymbol{x}, t) \in \mathbb{R}_+^{n+1}, \\ u(\boldsymbol{x}, 0) = \varphi(\boldsymbol{x}), & \boldsymbol{x} \in \mathbb{R}^n, \end{cases}$$

其中 $U:\mathbb{R}\to\mathbb{R}$ 是一个光滑函数, 且 $U'>0$.

15. 求解拟线性抛物方程的初值问题

$$\begin{cases} u_t-\Delta u+f(u)|\nabla u|^2=0, & (\boldsymbol{x},t)\in\mathbb{R}_+^{n+1}, \\ u(\boldsymbol{x},0)=\varphi(\boldsymbol{x}), & \boldsymbol{x}\in\mathbb{R}^n, \end{cases}$$

其中 $f:\mathbb{R}\to\mathbb{R}$ 是一个光滑函数.

16. 利用 Poisson 公式 (3.8) 证明 Weierstrass 逼近定理, 即多项式在 $C([0,1])$ 上是稠密的.

17. 利用 Poisson 公式 (3.8) 推导半无界问题

$$\begin{cases} u_t-u_{xx}=0, & x>0,t>0, \\ u(x,0)=0, & x>0, \\ u(0,t)=g(t), & t>0 \end{cases}$$

的显式解

$$u(x,t)=\frac{x}{\sqrt{4\pi}}\int_0^t\frac{1}{(t-\tau)^{\frac{3}{2}}}\mathrm{e}^{-\frac{x^2}{4(t-\tau)}}g(\tau)\,\mathrm{d}\tau,$$

其中 $g(0)=0$.

18. 设 a 为正常数, A_1,A_2 为常数, 用分离变量法求解下列混合问题:

(1) $\begin{cases} u_t-u_{xx}=u, & 0<x<\pi,\ t>0, \\ u(x,0)=\sin x, & 0\leqslant x\leqslant\pi, \\ u(0,t)=0, u(\pi,t)=0, & t\geqslant 0; \end{cases}$

(2) $\begin{cases} u_t-a^2u_{xx}=0, & 0<x<\pi,\ t>0, \\ u(x,0)=\cos x, & 0\leqslant x\leqslant\pi, \\ u_x(0,t)=0, u_x(\pi,t)=0, & t\geqslant 0; \end{cases}$

(3) $\begin{cases} u_t-a^2u_{xx}=0, & 0<x<l,\ t>0, \\ u(x,0)=x^2(l-x)^2, & 0\leqslant x\leqslant l, \\ u_x(0,t)=0, u_x(l,t)=0, & t\geqslant 0; \end{cases}$

(4) $\begin{cases} u_t-u_{xx}=0, & 0<x<\pi,\ t>0, \\ u(x,0)=0, & 0\leqslant x\leqslant\pi, \\ u_x(0,t)=A_1t, u_x(\pi,t)=A_2t, & t\geqslant 0; \end{cases}$

(5) $\begin{cases} u_t-a^2u_{xx}=x(\pi-x), & 0<x<\pi,\ t>0, \\ u(x,0)=\sin x, & 0\leqslant x\leqslant\pi, \\ u(0,t)=0, u_x(\pi,t)=-1, & t\geqslant 0. \end{cases}$

19. 设 a 为正常数, 求下列混合问题的 Green 函数:

(1) $\begin{cases} u_t - a^2 u_{xx} = f(x,t), & 0 < x < l,\ t > 0, \\ u(x,0) = \varphi(x), & 0 \leqslant x \leqslant l, \\ u(0,t) = g_1(t), u(l,t) = g_2(t), & t \geqslant 0; \end{cases}$

(2) $\begin{cases} u_t - a^2 u_{xx} = f(x,t), & 0 < x < l,\ t > 0, \\ u(x,0) = \varphi(x), & 0 \leqslant x \leqslant l, \\ u_x(0,t) = g_1(t), u_x(l,t) = g_2(t), & t \geqslant 0; \end{cases}$

(3) $\begin{cases} u_t - a^2 u_{xx} = f(x,t), & 0 < x < l,\ t>0, \\ u(x,0) = \varphi(x), & 0 \leqslant x \leqslant l, \\ -u_x(0,t)=g_1(t), u_x(l,t)+u(l,t)=g_2(t), & t \geqslant 0. \end{cases}$

20. 利用上一题中混合问题的 Green 函数求解下列混合问题, 其中 a 为正常数:

(1) $\begin{cases} u_t - a^2 u_{xx} = f(x,t), & 0 < x < l,\ t > 0, \\ u(x,0) = \varphi(x), & 0 \leqslant x \leqslant l, \\ u(0,t) = g_1(t), u(l,t) = g_2(t), & t \geqslant 0; \end{cases}$

(2) $\begin{cases} u_t - a^2 u_{xx} = f(x,t), & 0 < x < l,\ t > 0, \\ u(x,0) = \varphi(x), & 0 \leqslant x \leqslant l, \\ u_x(0,t) = g_1(t), u_x(l,t) = g_2(t), & t \geqslant 0; \end{cases}$

(3) $\begin{cases} u_t - a^2 u_{xx} = f(x,t), & 0 < x < l,\ t > 0, \\ u(x,0) = \varphi(x), & 0 \leqslant x \leqslant l, \\ -u_x(0,t)+u(0,t)=g_1(t), u(l,t)=g_2(t), & t \geqslant 0. \end{cases}$

21. 设有一根长度为 l, 两端绝热的均匀细杆, 其初始温度为 $\varphi(x)$. 分别在以下两种情形下求细杆上的温度分布 $u(x,t)$, 并求 $t \to +\infty$ 时细杆上温度的极限分布:

(1) 侧表面绝热;

(2) 侧表面与周围介质发生热交换, 设介质温度为恒温 u_0.

22. 设有两根均匀且截面相同的细杆, 这两根细杆的比热、密度和导热系数分别为 c_1, ρ_1, k_1 和 c_2, ρ_2, k_2, 长度分别为 l_1 和 l_2. 将它们连接成一根组合杆. 设该组合杆的初始温度为 $\varphi(x)$, 两端的温度保持为零, 侧表面绝热, 试求该组合杆上的温度分布.

23. 证明附注 3.3.

24. 证明定理 3.7 和定理 3.7′.

25. 设 Ω 是 $\mathbb{R}^n$ 中的有界开区域. 若 $v(\boldsymbol{x},t) \in C^{2,1}(\Omega_T)$ 满足

$$v_t - a^2 \Delta v \leqslant 0, \quad (\boldsymbol{x},t) \in \Omega_T,$$

则称 $v(x,t)$ 在 Ω_T 上是热方程

$$v_t - a^2 \Delta v = 0 \tag{3.35}$$

的下解, 其中 a 为正常数, $\Omega_T = \Omega \times (0,T]$.

(1) 证明:

$$\max_{(x,t)\in\overline{\Omega}_T} v(x,t) = \max_{(x,t)\in\partial_p\Omega_T} v(x,t).$$

(2) 设 $\phi : \mathbb{R} \to \mathbb{R}$ 是光滑凸函数, 且 $u(x,t)$ 在 Ω_T 上满足热方程 (3.35), 证明: $v(x,t) = \phi(u)$ 在 Ω_T 上是该热方程的下解.

(3) 设 $u(x,t)$ 在 Ω_T 上满足热方程 (3.35), 证明: $v(x,t) = a^2|\nabla u|^2 + u_t^2$ 在 Ω_T 上是该热方程的下解.

26. 证明: 由式 (3.18) 定义的 Green 函数具有非负性.

在以下各题中, 假设区域 $Q_T = \{(x,t)|0 < x < l,\ 0 < t \leqslant T\}$, $\Gamma = \partial_p Q_T$ 是抛物边界.

27. 假设 $u(x,t) \in C(\overline{Q}_T) \cap C^{2,1}(Q_T)$ 是热方程

$$u_t - u_{xx} = u, \quad (x,t) \in Q_T$$

的非负解, 且存在正数 M, 使得

$$u|_\Gamma \leqslant M,$$

证明:

$$u(x,t) \leqslant M\mathrm{e}^t, \quad (x,t) \in \overline{Q}_T.$$

28. 设

$$\mathcal{L}u = u_t - u_{xx} + |u_x|,$$

证明: 对于算子 $\mathcal{L}$, 比较原理成立, 即假设 $u(x,t), v(x,t) \in C(\overline{Q}_T) \cap C^{2,1}(Q_T)$, 则当 $\mathcal{L}u \leqslant \mathcal{L}v$, $u|_\Gamma \leqslant v|_\Gamma$ 时, 在 $\overline{Q}_T$ 上有 $u(x,t) \leqslant v(x,t)$.

29. 设

$$\mathcal{L}u = u_t - u_{xx} + u^3,$$

证明: 对于算子 $\mathcal{L}$, 比较原理成立.

30. 假设 $u(x,t) \in C^{2,1}(\overline{Q}_T)$ 满足混合问题

$$\begin{cases} u_t - u_{xx} = f(x,t), & (x,t) \in \overline{Q}_T, \\ u(x,0) = \varphi(x), & 0 \leqslant x \leqslant l, \\ u(0,t) = u(l,t) = 0, & 0 \leqslant t \leqslant T, \end{cases}$$

且 $u_t \in C^{2,1}(Q_T)$, 证明:

$$\max_{(x,t)\in\overline{Q}_T} |u_t(x,t)| \leqslant C\big(\|f(x,t)\|_{C^1(\overline{Q}_T)} + \|\varphi''(x)\|_{C[0,l]}\big),$$

其中常数 C 仅依赖于 T 和 l.

31. 假设 $u(x,t)\in C^{1,0}(\overline{Q}_T)\cap C^{2,1}(Q_T)$ 且满足混合问题

$$\begin{cases} u_t-u_{xx}=0, & (x,t)\in Q_T,\\ u(x,0)=\varphi(x), & 0\leqslant x\leqslant l,\\ u(0,t)=u(l,t)=0, & 0\leqslant t\leqslant T,\end{cases}$$

证明:

(1) $\max\limits_{t\in(0,T)}|u_x(0,t)|,\ \max\limits_{t\in(0,T)}|u_x(l,t)|\leqslant C$, 其中常数 C 仅依赖于 $\|\varphi(x)\|_{C^1[0,l]}$;

(2) 假设 $u_x(x,t)\in C^{2,1}(Q_T)$, 则

$$\max_{(x,t)\in\overline{Q}_T}|u_x(x,t)|\leqslant\widetilde{C},$$

其中常数 $\widetilde{C}$ 也仅依赖于 T 和 $\|\varphi(x)\|_{C^1[0,l]}$.

32. 假设 $u(x,t)$ 满足混合问题

$$\begin{cases} u_t-u_{xx}=f(x,t), & (x,t)\in Q_T,\\ u(x,0)=\varphi(x), & 0\leqslant x\leqslant l,\\ \big(-u_x+\alpha u\big)\big|_{x=0}=g_1(t), & 0\leqslant t\leqslant T,\\ \big(u_x+\beta u\big)\big|_{x=l}=g_2(t), & 0\leqslant t\leqslant T,\end{cases}$$

其中常数 $\alpha,\beta\geqslant 0$, 且 $u_x(x,t)\in C(\overline{Q}_T)\cap C^{2,1}(Q_T)$, 试给出 $\max\limits_{(x,t)\in\overline{Q}_T}|u_x(x,t)|$ 的估计.

33. 记 $Q_T^l=\{0<x<l,0<t\leqslant T\}$, 假设 $u^l(x,t)\in C(\overline{Q}_T^l)\cap C^{2,1}(Q_T^l)$ 且满足混合问题

$$\begin{cases} u_t^l-u_{xx}^l=0, & (x,t)\in Q_T^l,\\ u^l(x,0)=0, & 0\leqslant x\leqslant l,\\ u^l(0,t)=g(t),u^l(l,t)=0, & 0\leqslant t\leqslant T,\end{cases}$$

其中 $g(t)\geqslant 0$, 证明: $u^l(x,t)$ 关于 l 是单调递增的, 即对于 $l_1<l_2$, 有

$$u^{l_1}(x,t)\leqslant u^{l_2}(x,t),\quad (x,t)\in Q_T^{l_1}.$$

34. 假设 $u(x,t)\in C^{1,0}(\overline{Q}_T)\cap C^{2,1}(Q_T)$ 且满足混合问题

$$\begin{cases} u_t-u_{xx}=0, & (x,t)\in Q_T,\\ u(x,0)=0, & 0\leqslant x\leqslant l,\\ \big[u_x+h(u_0-u)\big]\big|_{x=0}=0,u\big|_{x=l}=0, & 0\leqslant t\leqslant T,\end{cases}$$

其中 h,u_0 为正常数, 证明:

(1) $0\leqslant u(x,t)\leqslant u_0,(x,t)\in Q_T$;

(2) $u=u_h(x,t)$ 关于 h 单调递增.

35. 假设 $u(x,t)\in C(\overline{Q}_T)\cap C^{2,1}(Q_T)$ 且满足混合问题

$$\begin{cases}u_t-u_{xx}=-u^2+bu, & (x,t)\in Q_T,\\ u(x,0)=\varphi(x), & 0\leqslant x\leqslant l,\\ u(0,t)=u(l,t)=0, & 0\leqslant t\leqslant T,\end{cases}$$

其中 $b=b(x,t)\in C(\overline{Q}_T)$, $\varphi\in C[0,l]$, $\varphi(x)\geqslant 0$, 证明:

$$0\leqslant u(x,t)\leqslant C\max_{x\in[0,l]}\varphi(x),$$

其中常数 C 只依赖于 T 和 $\max\limits_{(x,t)\in\overline{Q}_T}|b(x,t)|$.

36. 证明: 初值问题

$$\begin{cases}u_t-a(x,t)u_{xx}+b(x,t)u_x+c(x,t)u=f(x,t), & (x,t)\in\mathbb{R}_+^2,\\ u(x,0)=\varphi(x), & x\in\mathbb{R}\end{cases}$$

的有界解是唯一的, 其中 $a(x,t)\geqslant a_0>0$, $c(x,t)\geqslant 0$, 且 $a(x,t)$, $b(x,t)$ 和 $c(x,t)$ 有界.

37. 假设 $u(x,t)\in C^{2,1}(\overline{Q}_T)$ 且满足混合问题

$$\begin{cases}u_t-u_{xx}=f(x,t), & (x,t)\in Q_T,\\ u(x,0)=\varphi(x), & 0\leqslant x\leqslant l,\\ u(0,t)=u(l,t)=0, & 0\leqslant t\leqslant T,\end{cases}$$

证明:

$$\begin{aligned}&\sup_{0\leqslant t\leqslant T}\int_0^l u_x^2(x,t)\,\mathrm{d}x+\int_0^T\int_0^l u_t^2(x,t)\,\mathrm{d}x\,\mathrm{d}t\\ &\leqslant 2\Big[\int_0^l(\varphi'(x))^2\,\mathrm{d}x+\int_0^T\int_0^l f^2(x,t)\,\mathrm{d}x\,\mathrm{d}t\Big].\end{aligned}$$

38. 假设 $u(x,t)\in C^{1,0}(\overline{Q}_T)\cap C^{2,1}(Q_T)$ 且满足混合问题

$$\begin{cases}u_t-a^2u_{xx}=f(x,t), & (x,t)\in Q_T,\\ u(x,0)=\varphi(x), & 0\leqslant x\leqslant l,\\ \big(-u_x+\alpha u\big)\big|_{x=0}=\big(u_x+\beta u\big)\big|_{x=l}=0, & 0\leqslant t\leqslant T,\end{cases}$$

其中 $a>0,\alpha,\ \beta\geqslant 0$, 证明:

$$\begin{aligned}&\sup_{0\leqslant t\leqslant T}\int_0^l u^2(x,t)\,\mathrm{d}x+\int_0^T\int_0^l u_x^2(x,t)\,\mathrm{d}x\,\mathrm{d}t\\ &\leqslant C\Big(\int_0^l\varphi^2(x)\,\mathrm{d}x+\int_0^T\int_0^l f^2(x,t)\,\mathrm{d}x\,\mathrm{d}t\Big),\end{aligned}$$

其中常数 C 只依赖于 T 和 a.

39. 假设 $u(x,t)\in C^{1,0}(\overline{Q}_T)\cap C^{2,1}(Q_T)$ 且满足混合问题

$$\begin{cases} u_t-a^2u_{xx}+b(x,t)u_x+c(x,t)u=f(x,t), & (x,t)\in Q_T,\\ u(x,0)=\varphi(x), & 0\leqslant x\leqslant l,\\ u(0,t)=u(l,t)=0, & 0\leqslant t\leqslant T,\end{cases}$$

其中 a 为正常数, 证明:

$$\begin{aligned}&\sup_{0\leqslant t\leqslant T}\int_0^l u^2(x,t)\,\mathrm{d}x+\int_0^T\int_0^l u_x^2(x,t)\,\mathrm{d}x\,\mathrm{d}t\\ &\qquad\leqslant M\Big(\int_0^l\varphi^2(x)\,\mathrm{d}x+\int_0^T\int_0^l f^2(x,t)\,\mathrm{d}x\,\mathrm{d}t\Big),\end{aligned}$$

其中常数 M 只依赖于 T, a, B 和 C, 这里

$$B=\sup_{(x,t)\in Q_T}|b(x,t)|,\quad C=\sup_{(x,t)\in Q_T}|c(x,t)|.$$

第四章

波动方程

本章讨论波动方程

$$u_{tt} - a^2 \Delta u = f(\boldsymbol{x}, t), \tag{4.1}$$

其中 $u = u(\boldsymbol{x}, t)$, $\boldsymbol{x} = (x_1, x_2, \cdots, x_n) \in \Omega$, Ω 是 $\mathbb{R}^n$ 中的开区域, $t > 0$, a 是正常数, $f(\boldsymbol{x}, t)$ 是已知函数.

在 4.1 节中, 我们首先利用特征线法求出一维波动方程初值问题解的表达式——d'Alembert 公式, 然后求解一维波动方程半无界问题, 最后分别利用球面平均法和降维法求出三维和二维波动方程初值问题解的表达式——Kirchhoff 公式和 Poisson 公式, 从而得到一维、二维和三维波动方程初值问题解的存在性. 与此同时, 我们将介绍波动方程的重要概念——特征线 (或特征锥), 推导出波动方程最基本的先验估计——能量不等式, 从而得到波动方程初值问题解的唯一性和稳定性. 这样我们就证明了波动方程初值问题在古典解意义下的适定性. 在 4.2 节中, 我们首先利用分离变量法求出一维波动方程混合问题解的表达式, 得到一维波动方程混合问题解的存在性, 并解释一些有趣的物理现象. 然后, 我们推导出波动方程混合问题的能量不等式, 从而得到一维波动方程混合问题解的唯一性和稳定性. 这样我们就证明了一维波动方程混合问题在古典解意义下的适定性. 最后, 我们介绍一维波动方程混合问题的广义解, 讨论广义解的存在性、唯一性和稳定性问题, 从而基本上回答了一维波动方程混合问题在广义解框架下的适定性问题.

波动方程是偏微分方程中又一类重要的方程, 可以从许多具有物理意义的模型中得到. 实际上, 波动方程是关于振动的弦 $(n = 1)$、薄膜 $(n = 2)$ 和弹性体 $(n = 3)$ 的二阶偏微分方程. 在此, 我们简略地推导一下.

令 $u = u(\boldsymbol{x}, t)$ 表示物体 Ω 中的点 $\boldsymbol{x}$ 在 t 时刻的位移. 令 V 为物体 Ω 内的任何光滑区域, 考虑它在任意时段 $[t_1, t_2]$ 内动量的变化. 由动量守恒定律我们知道, V 在时段 $[t_1, t_2]$ 内动量的变化, 即 V 在 t_2 时刻的动量与在 t_1 时刻的动量之差等于通过其边界 ∂V 作用于 V 的弹性力与作用于 V 的外力在时段 $[t_1, t_2]$ 内产生的冲量之和. 令 $\rho = \rho(\boldsymbol{x})$ 表示物体 Ω 中点 $\boldsymbol{x} \in \Omega$ 处的密度, $\boldsymbol{F}$ 表示物体 Ω 通过边界 ∂V 作用于 V 的弹性力, $f_0(\boldsymbol{x}, t)$ 表示作用于 V 的外力 (例如重力). 用数学语言来表达, 动量守恒定律为

$$\begin{aligned} &\int_V (\rho u_t)\big|_{t=t_2} \mathrm{d}\boldsymbol{x} - \int_V (\rho u_t)\big|_{t=t_1} \mathrm{d}\boldsymbol{x} \\ &= -\int_{t_1}^{t_2} \int_{\partial V} \boldsymbol{F} \cdot \boldsymbol{n} \, \mathrm{d}S \, \mathrm{d}t + \int_{t_1}^{t_2} \int_V f_0(\boldsymbol{x}, t) \, \mathrm{d}\boldsymbol{x} \, \mathrm{d}t, \end{aligned}$$

其中 $\boldsymbol{n}$ 为 ∂V 的单位外法向量. 上式右端的第一项取如此形式是因为只有法向量方向的弹性力对物体产生拉伸作用.

利用 Gauss-Green 公式, 我们得到

$$\int_{t_1}^{t_2} \int_V (\rho u_t)_t \, \mathrm{d}\boldsymbol{x} \, \mathrm{d}t + \int_{t_1}^{t_2} \int_V \operatorname{div} \boldsymbol{F} \, \mathrm{d}\boldsymbol{x} \, \mathrm{d}t = \int_{t_1}^{t_2} \int_V f_0 \, \mathrm{d}\boldsymbol{x} \, \mathrm{d}t.$$

由于区域 V 和时段 $[t_1,t_2]$ 的任意性, 我们有方程

$$(\rho u_t)_t + \operatorname{div} \boldsymbol{F} = f_0(\boldsymbol{x},t).$$

假设物体 Ω 是均匀的, 即密度 $\rho=\rho_0$ 为常数, 此时弹性力 $\boldsymbol{F}$ 是位移 u 的梯度 ∇u 的函数, 即

$$\boldsymbol{F} = \boldsymbol{F}(\nabla u).$$

对于小位移 u 和小位移梯度 ∇u 的情形, 由 Hooke 定律有

$$\boldsymbol{F} = -T_0 \nabla u,$$

其中 T_0 表示弹性系数. 简化上述方程, 得到

$$u_{tt} - a^2 \Delta u = f(\boldsymbol{x},t),$$

其中

$$a=\sqrt{\frac{T_0}{\rho_0}}, \quad f(\boldsymbol{x},t)=\frac{f_0(\boldsymbol{x},t)}{\rho_0}.$$

至此, 我们推导出波动方程 (4.1).

求解一个用偏微分方程描述的实际问题, 只知道偏微分方程是不够的, 因此我们还需要提出适当的附加条件. 为此, 我们需要对波动方程 (4.1) 提出适当的初始条件和边值条件. 同时, 应该注意到, 下列波动方程的初始条件和边值条件与上一章热方程的初始条件和边值条件既有相同之处, 又有不同之处:

初始条件 给定物体 Ω 各点在初始时刻 $t=0$ 的位移和速度, 即

$$\begin{cases} u(\boldsymbol{x},0)=\varphi(\boldsymbol{x}), & \boldsymbol{x}\in\Omega, \\ u_t(\boldsymbol{x},0)=\psi(\boldsymbol{x}), & \boldsymbol{x}\in\Omega, \end{cases} \tag{4.2}$$

其中 $\varphi(\boldsymbol{x}), \psi(\boldsymbol{x})$ 是已知函数.

边值条件 给定物体 Ω 的边界点在任意 $t\geqslant 0$ 时刻的状态, 如位移或受力情况. 通常有如下三类:

(1) 已知边界点的位移变化

$$u(\boldsymbol{x},t)=g(\boldsymbol{x},t), \quad \boldsymbol{x}\in\partial\Omega,\ t\geqslant 0. \tag{4.3}$$

当 $g(\boldsymbol{x},t)\equiv g(\boldsymbol{x})$ 时, 表示物体边界 $\partial\Omega$ 固定.

(2) 已知边界点的受力情况

$$\frac{\partial u}{\partial \boldsymbol{n}}(\boldsymbol{x},t)=g(\boldsymbol{x},t), \quad \boldsymbol{x}\in\partial\Omega,\ t\geqslant 0, \tag{4.4}$$

其中 $\boldsymbol{n}$ 是 $\partial\Omega$ 的单位外法向量. 当 $g(\boldsymbol{x},t)\equiv 0$ 时, 表示无外力通过边界 $\partial\Omega$ 对物体 Ω 作用, 此时 $\partial\Omega$ 处于自由状态.

(3) 已知边界点的位移与所受外力的线性组合

$$\frac{\partial u}{\partial \boldsymbol{n}}(\boldsymbol{x},t)+\alpha(\boldsymbol{x},t)u(\boldsymbol{x},t)=g(\boldsymbol{x},t),\quad \boldsymbol{x}\in\partial\Omega,\ t\geqslant 0, \tag{4.5}$$

其中 $\alpha(\boldsymbol{x},t)>0$, $\boldsymbol{n}$ 是 $\partial\Omega$ 的单位外法向量. 当 $g(\boldsymbol{x},t)\equiv 0$ 时, 表示物体边界 $\partial\Omega$ 固定在弹性支承上.

4.1 初值问题

在这节中, 我们将考虑实际问题的理想模型: 一根无端点、无限长的弦, 一张无限大、无边界的薄膜, 一个充满整个空间的弹性体. 由于这些物体没有边界, 因此我们只需对波动方程提出初始条件, 而不必提出边值条件, 从而可以极大地简化波动方程的求解. 这样的初值问题通常称为 **Cauchy 初值问题**. 通过波动方程初值问题解的表达式, 我们将发现波动方程最基本的特征——扰动的传播速度有限.

4.1.1 问题的简化

我们考虑如下 Cauchy 初值问题:

$$\begin{cases}\mathcal{L}u=u_{tt}-a^2\Delta u=f(\boldsymbol{x},t), & (\boldsymbol{x},t)\in\mathbb{R}^n\times\mathbb{R}_+,\\ u(\boldsymbol{x},0)=\varphi(\boldsymbol{x}), & \boldsymbol{x}\in\mathbb{R}^n,\\ u_t(\boldsymbol{x},0)=\psi(\boldsymbol{x}), & \boldsymbol{x}\in\mathbb{R}^n,\end{cases} \tag{4.6}$$

其中 a 为正常数. 初值问题 (4.6) 是线性的, 我们可以将它一分为三, 以简化问题的求解, 它们分别是

$$\begin{cases}\mathcal{L}u_1=\dfrac{\partial^2 u_1}{\partial t^2}-a^2\Delta u_1=0, & (\boldsymbol{x},t)\in\mathbb{R}^n\times\mathbb{R}_+,\\ u_1(\boldsymbol{x},0)=\varphi(\boldsymbol{x}), & \boldsymbol{x}\in\mathbb{R}^n,\\ \dfrac{\partial u_1}{\partial t}(\boldsymbol{x},0)=0, & \boldsymbol{x}\in\mathbb{R}^n,\end{cases} \tag{4.7}$$

$$\begin{cases}\mathcal{L}u_2=\dfrac{\partial^2 u_2}{\partial t^2}-a^2\Delta u_2=0, & (\boldsymbol{x},t)\in\mathbb{R}^n\times\mathbb{R}_+,\\ u_2(\boldsymbol{x},0)=0, & \boldsymbol{x}\in\mathbb{R}^n,\\ \dfrac{\partial u_2}{\partial t}(\boldsymbol{x},0)=\psi(\boldsymbol{x}), & \boldsymbol{x}\in\mathbb{R}^n,\end{cases} \tag{4.8}$$

$$\begin{cases} \mathcal{L}u_3 = \dfrac{\partial^2 u_3}{\partial t^2} - a^2 \Delta u_3 = f(\boldsymbol{x}, t), & (\boldsymbol{x}, t) \in \mathbb{R}^n \times \mathbb{R}_+, \\ u_3(\boldsymbol{x}, 0) = 0, & \boldsymbol{x} \in \mathbb{R}^n, \\ \dfrac{\partial u_3}{\partial t}(\boldsymbol{x}, 0) = 0, & \boldsymbol{x} \in \mathbb{R}^n. \end{cases} \tag{4.9}$$

根据线性叠加原理,

$$u(\boldsymbol{x}, t) = u_1(\boldsymbol{x}, t) + u_2(\boldsymbol{x}, t) + u_3(\boldsymbol{x}, t) \tag{4.10}$$

是初值问题 (4.6) 的解. 实际上, 由后面的唯一性定理知道, 初值问题 (4.6) 的解必定可以表示为式 (4.10) 的形式.

要求解初值问题 (4.6), 求解初值问题 (4.8) 是基本的. 事实上, 其他两个初值问题 (4.7) 和 (4.9) 的解可以通过初值问题 (4.8) 的解表示出来.

定理 4.1 假设 $u_2(\boldsymbol{x}, t) = M_\psi(\boldsymbol{x}, t)$ 是初值问题 (4.8) 的解 (这里 $M_\psi(\boldsymbol{x}, t)$ 表示以 $\psi(\boldsymbol{x})$ 为初速度的初值问题 (4.8) 的解), 则

$$u_1(\boldsymbol{x}, t) = \frac{\partial M_\varphi}{\partial t}(\boldsymbol{x}, t), \tag{4.11}$$

$$u_3(\boldsymbol{x}, t) = \int_0^t M_{f_\tau}(\boldsymbol{x}, t - \tau)\, \mathrm{d}\tau \tag{4.12}$$

分别是初值问题 (4.7) 和 (4.9) 的解, 这里函数 $f_\tau(\boldsymbol{x}) = f(\boldsymbol{x}, \tau)$, 且假定 $M_\varphi(\boldsymbol{x}, t)$ 和 $M_{f_\tau}(\boldsymbol{x}, t - \tau)$ 分别在区域 $\mathbb{R}^n \times [0, +\infty)$ 和 $\mathbb{R}^n \times [\tau, +\infty)$ 上对变量 x, t, τ 充分光滑.

证明 我们先证由式 (4.11) 给出的 $u_1(\boldsymbol{x}, t)$ 满足初值问题 (4.7). 由于 $M_\varphi(\boldsymbol{x}, t)$ 满足初值问题

$$\begin{cases} \mathcal{L}M_\varphi = 0, & (\boldsymbol{x}, t) \in \mathbb{R}^n \times \mathbb{R}_+, \\ M_\varphi(\boldsymbol{x}, 0) = 0, & \boldsymbol{x} \in \mathbb{R}^n, \\ \dfrac{\partial M_\varphi}{\partial t}(\boldsymbol{x}, 0) = \varphi(\boldsymbol{x}), & \boldsymbol{x} \in \mathbb{R}^n, \end{cases}$$

因此我们得到

$$\mathcal{L}u_1 = \mathcal{L}\frac{\partial M_\varphi}{\partial t} = \frac{\partial(\mathcal{L}M_\varphi)}{\partial t} = 0,$$

从而证明了 $u_1(\boldsymbol{x}, t)$ 满足初值问题 (4.7) 的方程. 显然

$$u_1(\boldsymbol{x}, 0) = \frac{\partial M_\varphi}{\partial t}(\boldsymbol{x}, 0) = \varphi(\boldsymbol{x}).$$

又由于 $M_\varphi(\boldsymbol{x}, t)$ 在区域 $\mathbb{R}^n \times [0, +\infty)$ 上对变量 $\boldsymbol{x}, t$ 充分光滑, 因此在初始时刻 $t = 0$ 也满足方程 $\mathcal{L}M_\varphi = 0$, 从而

$$\frac{\partial u_1}{\partial t}(\boldsymbol{x}, 0) = \frac{\partial^2 M_\varphi}{\partial t^2}(\boldsymbol{x}, 0) = a^2 \Delta M_\varphi(\boldsymbol{x}, 0) = 0.$$

这样我们证明了 $u_1(\boldsymbol{x}, t)$ 满足初值问题 (4.7) 的初始条件.

接着我们证明由式 (4.12) 给出的 $u_3(\boldsymbol{x},t)$ 满足初值问题 (4.9). 由于 $M_{f_\tau}(\boldsymbol{x},t)$ 满足初值问题

$$\begin{cases} \mathcal{L}M_{f_\tau}=0, & (\boldsymbol{x},t)\in\mathbb{R}^n\times\mathbb{R}_+, \\ M_{f_\tau}(\boldsymbol{x},0)=0, & \boldsymbol{x}\in\mathbb{R}^n, \\ \dfrac{\partial M_{f_\tau}}{\partial t}(\boldsymbol{x},0)=f(\boldsymbol{x},\tau), & \boldsymbol{x}\in\mathbb{R}^n, \end{cases}$$

由微分算子 $\mathcal{L}$ 的平移不变性, 我们知道 $w(\boldsymbol{x},t)=M_{f_\tau}(\boldsymbol{x},t-\tau)$ 是定解问题

$$\begin{cases} \mathcal{L}w=0, & (\boldsymbol{x},t)\in\mathbb{R}^n\times(\tau,+\infty), \\ w|_{t=\tau}=0, & \boldsymbol{x}\in\mathbb{R}^n, \\ w_t|_{t=\tau}=f(\boldsymbol{x},\tau), & \boldsymbol{x}\in\mathbb{R}^n \end{cases}$$

的解. 从 $u_3(\boldsymbol{x},t)$ 的表达式 (4.12), 我们进一步得到

$$u_3(\boldsymbol{x},0)=0$$

和

$$\begin{aligned} \frac{\partial u_3}{\partial t}&=M_{f_\tau}(\boldsymbol{x},t-\tau)|_{\tau=t}+\int_0^t\frac{\partial M_{f_\tau}}{\partial t}(\boldsymbol{x},t-\tau)\,\mathrm{d}\tau \\ &=\int_0^t\frac{\partial M_{f_\tau}}{\partial t}(\boldsymbol{x},t-\tau)\,\mathrm{d}\tau, \end{aligned}$$

因而

$$\frac{\partial u_3}{\partial t}(\boldsymbol{x},0)=0.$$

这样我们证明了 $u_3(\boldsymbol{x},t)$ 满足初值问题 (4.9) 的初始条件. 又由于

$$\begin{aligned} \frac{\partial^2 u_3}{\partial t^2}&=\frac{\partial M_{f_\tau}}{\partial t}(\boldsymbol{x},t-\tau)\bigg|_{\tau=t}+\int_0^t\frac{\partial^2 M_{f_\tau}}{\partial t^2}(\boldsymbol{x},t-\tau)\,\mathrm{d}\tau \\ &=f(\boldsymbol{x},t)+a^2\int_0^t\Delta M_{f_\tau}(\boldsymbol{x},t-\tau)\,\mathrm{d}\tau \\ &=f(\boldsymbol{x},t)+a^2\Delta\left(\int_0^t M_{f_\tau}(\boldsymbol{x},t-\tau)\,\mathrm{d}\tau\right) \\ &=f(\boldsymbol{x},t)+a^2\Delta u_3. \end{aligned}$$

这样我们证明了 $u_3(\boldsymbol{x},t)$ 满足初值问题 (4.9) 的方程. 于是, 我们就完成定理的证明.

附注 4.1 式 (4.12) 可以写成和的极限形式:

$$\begin{aligned} u_3(\boldsymbol{x},t)&=\lim_{\lambda\to 0}\sum_{i=0}^{n-1}M_{f_{t_i}}(\boldsymbol{x},t-t_i)\Delta t_i \\ &=\lim_{\lambda\to 0}\sum_{i=0}^{n-1}M_{f_{t_i}\Delta t_i}(\boldsymbol{x},t-t_i), \end{aligned}$$

其中 $0 = t_0 < t_1 < \cdots < t_n = t$, $\Delta t_i = t_{i+1} - t_i$, $f_{t_i} = f(\boldsymbol{x}, t_i)$ $(i = 0, 1, 2, \cdots, n-1)$, $\lambda = \max\limits_{0 \leqslant i \leqslant n-1} \Delta t_i$. 实际上, 和式中的各项表示在时段 $[t_i, t_{i+1}]$ 内, 外力 f_{t_i} 作用于物体的冲量 $f_{t_i}\Delta t_i$ 转化为瞬时初速度 $f_{t_i}\Delta t_i$ 而引起的物体的位移. 将非齐次方程初值问题 (4.9) 的解表示为一系列初值问题 (4.7) 的解的叠加, 这种求解过程通常称为 **Duhamel 原理**.

4.1.2 一维初值问题

我们考虑空间维数 $n = 1$ 时波动方程的 Cauchy 初值问题

$$\begin{cases} \mathcal{L}u = u_{tt} - a^2 u_{xx} = f(x,t), & (x,t) \in \mathbb{R} \times \mathbb{R}_+, \\ u(x,0) = \varphi(x), & x \in \mathbb{R}, \\ u_t(x,0) = \psi(x), & x \in \mathbb{R}, \end{cases} \tag{4.13}$$

其中 a 为正常数. 我们将利用**特征线法**给出其解的表达式. 要求出初值问题 (4.13) 的解的表达式, 由定理 4.1 的结论, 我们只需求解下列初值问题:

$$\begin{cases} \mathcal{L}u = u_{tt} - a^2 u_{xx} = 0, & (x,t) \in \mathbb{R} \times \mathbb{R}_+, \\ u(x,0) = 0, & x \in \mathbb{R}, \\ u_t(x,0) = \psi(x), & x \in \mathbb{R}. \end{cases} \tag{4.14}$$

由于微分算子 $\mathcal{L}$ 可以分解为两个一阶算子的乘积, 即

$$\mathcal{L} = \left(\frac{\partial}{\partial t} + a\frac{\partial}{\partial x}\right)\left(\frac{\partial}{\partial t} - a\frac{\partial}{\partial x}\right),$$

因此可以把初值问题 (4.14) 的方程分解成如下两个一阶运输方程:

$$\frac{\partial u}{\partial t} - a\frac{\partial u}{\partial x} = v(x,t), \tag{4.15}$$

$$\frac{\partial v}{\partial t} + a\frac{\partial v}{\partial x} = 0. \tag{4.16}$$

由初值问题 (4.14) 的初始条件, 我们得到 $u(x,t)$, $v(x,t)$ 在 $t = 0$ 时的初始条件

$$u(x,0) = 0 \tag{4.17}$$

和

$$\begin{aligned} v(x,0) &= u_t(x,0) - au_x(x,0) \\ &= \psi(x). \end{aligned} \tag{4.18}$$

于是, 我们把波动方程的初值问题 (4.14) 分解为两个一阶运输方程的初值问题 (4.15), (4.17) 和 (4.16), (4.18).

定义 4.1 分别称常微分方程

$$\frac{\mathrm{d}x}{\mathrm{d}t}=-a,\quad \frac{\mathrm{d}x}{\mathrm{d}t}=a$$

的解为一阶运输方程 (4.15), (4.16) 的**特征线** (图 4.1 给出了过点 (x_0,t_0) 的特征线).

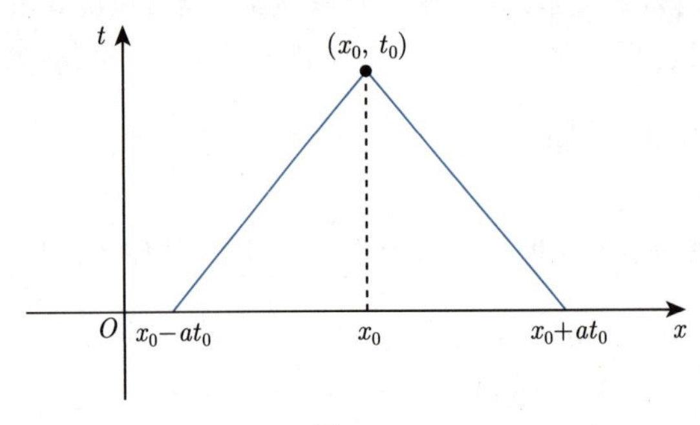

图 4.1

对于方程 (4.16), 它的特征线为

$$x=x_1(t)=c+at,$$

这里 c 为任意常数. 对于任一点 $(x_0,t_0)\in\mathbb{R}\times\mathbb{R}_+$, 过点 (x_0,t_0) 的特征线为

$$x_1(t)=x_0-at_0+at.$$

在此特征线上, 方程 (4.16) 具有如下形式:

$$\frac{\mathrm{d}v(x_1(t),t)}{\mathrm{d}t}=0.$$

因此, 函数 $v(x,t)$ 在此特征线上为常数. 特别地, 由初始条件 (4.18), 我们得到

$$\begin{aligned}v(x_0,t_0)&=v(x_1(t_0),t_0)\\&=v(x_0-at_0,0)\\&=\psi(x_0-at_0).\end{aligned}$$

于是, 对于任意 $(x,t)\in\mathbb{R}\times\mathbb{R}_+$, 有

$$v(x,t)=\psi(x-at).\tag{4.19}$$

对于方程 (4.15), 它的特征线为

$$x=x_2(t)=c-at,$$

这里 c 为任意常数. 特别地, 过点 (x_0, t_0) 的特征线为

$$x_2(t) = x_0 + at_0 - at.$$

在此特征线上, 注意到 $v(x,t)$ 的表达式 (4.19), 可知方程 (4.15) 具有形式

$$\begin{aligned}\frac{\mathrm{d}u(x_2(t),t)}{\mathrm{d}t} &= v(x_2(t),t)\\ &= \psi(x_2(t) - at)\\ &= \psi(x_0 + at_0 - 2at).\end{aligned}$$

因此, 利用初始条件 (4.17), 我们得到

$$\begin{aligned}u(x_0,t_0) &= u(x_2(t_0),t_0)\\ &= \int_0^{t_0} \psi(x_0 + at_0 - 2a\tau)\,\mathrm{d}\tau\\ &= \frac{1}{2a}\int_{x_0-at_0}^{x_0+at_0} \psi(\xi)\,\mathrm{d}\xi.\end{aligned}$$

于是, 我们获得初值问题 (4.14) 的解的表达式

$$u(x,t) = \frac{1}{2a}\int_{x-at}^{x+at} \psi(\xi)\,\mathrm{d}\xi.$$

利用定理 4.1 中的式 (4.11) 和 (4.12), 我们得到了初值问题 (4.13) 有如下形式的解:

$$\begin{aligned}u(x,t) = {}& \frac{\partial}{\partial t}\left(\frac{1}{2a}\int_{x-at}^{x+at} \varphi(\xi)\,\mathrm{d}\xi\right) + \frac{1}{2a}\int_{x-at}^{x+at} \psi(\xi)\,\mathrm{d}\xi\\ & + \int_0^t \left[\frac{1}{2a}\int_{x-a(t-\tau)}^{x+a(t-\tau)} f(\xi,\tau)\,\mathrm{d}\xi\right]\mathrm{d}\tau.\end{aligned}$$

简化得到

$$\begin{aligned}u(x,t) = {}& \frac{1}{2}\left(\varphi(x+at) + \varphi(x-at)\right) + \frac{1}{2a}\int_{x-at}^{x+at} \psi(\xi)\,\mathrm{d}\xi\\ & + \frac{1}{2a}\int_0^t \mathrm{d}\tau \int_{x-a(t-\tau)}^{x+a(t-\tau)} f(\xi,\tau)\,\mathrm{d}\xi. \end{aligned} \tag{4.20}$$

特别地, 当 $f(x,t) \equiv 0$ 时, 上式称为 **d'Alembert 公式**.

当然, 我们也可以不用定理 4.1 而直接用特征线法来求解初值问题 (4.13). 具体来说, 把初值问题 (4.13) 的方程分解成如下两个一阶运输方程:

$$\frac{\partial u}{\partial t} - a\frac{\partial u}{\partial x} = v(x,t),$$

$$\frac{\partial v}{\partial t} + a\frac{\partial v}{\partial x} = f(x,t),$$

其中 $u(x,t)$, $v(x,t)$ 分别满足初始条件

$$\begin{aligned} u(x,0) &= \varphi(x), \\ v(x,0) &= u_t(x,0) - au_x(x,0) \\ &= \psi(x) - a\varphi'(x). \end{aligned}$$

先通过特征线簇 $x_1(t)$ 求解出 $v(x,t)$, 再通过特征线簇 $x_2(t)$ 求解出 $u(x,t)$. 这样, 对于初值问题 (4.13), 我们也可以得到公式 (4.20). 推导的具体细节留给读者作为练习.

附注 4.2 从 d'Alembert 公式我们知道, 当 $f(x,t) \equiv 0$ 时, 初值问题 (4.13) 的解可以表示成如下形式:

$$u(x,t) = F(x+at) + G(x-at).$$

例如, 我们可以选取

$$F(s) = \frac{1}{2}\varphi(s) + \frac{1}{2a}\int_0^s \psi(\xi)\,\mathrm{d}\xi,$$

$$G(s) = \frac{1}{2}\varphi(s) - \frac{1}{2a}\int_0^s \psi(\xi)\,\mathrm{d}\xi.$$

这里, 函数 $F(x+at)$ 和 $G(x-at)$ 分别称为**左行波**和**右行波**. 也就是说, 此时初值问题 (4.13) 的解可以分解成左行波和右行波的叠加.

直到现在, 式 (4.20) 只是给出初值问题 (4.13) 的形式解. 为了使式 (4.20) 确实是初值问题 (4.13) 的古典解, 我们需要对初值问题 (4.13) 中方程的非齐次项 $f(x,t)$ 和初值 $\varphi(x)$, $\psi(x)$ 提出适当的光滑性条件.

定理 4.2 若函数 $\varphi(x) \in C^2(\mathbb{R})$, $\psi(x) \in C^1(\mathbb{R})$ 及 $f(x,t) \in C^1(\mathbb{R} \times \overline{\mathbb{R}}_+)$, 则由式 (4.20) 给出的函数 $u(x,t) \in C^2(\mathbb{R} \times \overline{\mathbb{R}}_+)$ 且是初值问题 (4.13) 的解.

证明留作练习.

推论 4.3 若 $\varphi(x)$, $\psi(x)$ 及 $f(x,t)$ 是 x 的偶 (奇, 或周期为 l 的) 函数, 则由式 (4.20) 给出的解 $u(x,t)$ 必是 x 的偶 (奇, 或周期为 l 的) 函数.

证明留作练习.

4.1.3 一维半无界问题

在这一小节中, 我们求解**半无界问题**

$$\begin{cases} \mathcal{L}u = u_{tt} - a^2 u_{xx} = f(x,t), & (x,t) \in \mathbb{R}_+ \times \mathbb{R}_+, \\ u(x,0) = \varphi(x), & x \in \overline{\mathbb{R}}_+, \\ u_t(x,0) = \psi(x), & x \in \overline{\mathbb{R}}_+, \\ u(0,t) = g(t), & t \in \overline{\mathbb{R}}_+, \end{cases} \tag{4.21}$$

其中 a 为正常数. 我们分别考虑齐次边值情形和非齐次边值情形.

4.1.3.1 齐次边值情形: $g(t) \equiv 0$

求解半无界问题 (4.21) 的基本想法是: 把初值 $\varphi(x)$, $\psi(x)$ 和非齐次项 $f(x,t)$ 延拓到整个实数轴上, 将半无界问题 (4.21) 化为一个 Cauchy 初值问题, 利用上一小节已知的结论得到该 Cauchy 初值问题的解, 同时使得这样构造出来的解 $u(x,t)$ 在 $x=0$ 时自然地满足齐次边值条件

$$u(0,t) = 0; \tag{4.22}$$

再将这样的解限制在区域 $\overline{\mathbb{R}}_+ \times \overline{\mathbb{R}}_+$ 上就得到半无界问题 (4.21) 的解.

注意到微积分中的简单事实: 对于一个定义在整个实数轴上的函数 $w(x)$, 如果它是连续的奇函数, 即 $w(-x) = -w(x)$, 则必有 $w(0) = 0$; 如果它是一次连续可微的偶函数, 即 $w(-x) = w(x)$, 则必有 $w'(0) = 0$. 从推论 4.3 我们知道, 假如初值和非齐次项在整个实数轴上是 x 的奇函数, 则相应的 Cauchy 初值问题的解必是 x 的奇函数. 因此, 我们将半无界问题 (4.21) 的初值 $\varphi(x)$, $\psi(x)$ 和非齐次项 $f(x,t)$ 奇延拓到整个实数轴上, 使得延拓后的初值 $\bar{\varphi}(x)$, $\bar{\psi}(x)$ 和非齐次项 $\bar{f}(x,t)$ 是 x 的奇函数. 为此, 我们定义

$$\bar{\varphi}(x) = \begin{cases} \varphi(x), & x \geqslant 0, \\ -\varphi(-x), & x < 0, \end{cases}$$

$$\bar{\psi}(x) = \begin{cases} \psi(x), & x \geqslant 0, \\ -\psi(-x), & x < 0, \end{cases}$$

$$\bar{f}(x,t) = \begin{cases} f(x,t), & x \geqslant 0,\ t \geqslant 0, \\ -f(-x,t), & x < 0,\ t \geqslant 0. \end{cases}$$

显然, 初值 $\bar{\varphi}(x)$, $\bar{\psi}(x)$ 和非齐次项 $\bar{f}(x,t)$ 是 x 的奇函数.

我们首先求解 Cauchy 初值问题

$$\begin{cases} \mathcal{L}\bar{u} = \bar{f}(x,t), & (x,t) \in \mathbb{R} \times \mathbb{R}_+, \\ \bar{u}(x,0) = \bar{\varphi}(x), & x \in \mathbb{R}, \\ \bar{u}_t(x,0) = \bar{\psi}(x), & x \in \mathbb{R}. \end{cases}$$

从 Cauchy 初值问题解的表达式 (4.20) 知, 这个 Cauchy 初值问题的解可以表示为

$$\begin{aligned} \bar{u}(x,t) = & \frac{1}{2}\left(\bar{\varphi}(x+at) + \bar{\varphi}(x-at)\right) + \frac{1}{2a}\int_{x-at}^{x+at} \bar{\psi}(\xi)\,\mathrm{d}\xi \\ & + \frac{1}{2a}\int_0^t \mathrm{d}\tau \int_{x-a(t-\tau)}^{x+a(t-\tau)} \bar{f}(\xi,\tau)\,\mathrm{d}\xi. \end{aligned}$$

由推论 4.3 我们知道, $\bar{u}(x,t)$ 是 x 的奇函数. 令 $u(x,t) = \bar{u}(x,t)|_{\overline{\mathbb{R}}_+ \times \overline{\mathbb{R}}_+}$, 显然它是半无界问题 (4.21) 的解. 在 $\overline{\mathbb{R}}_+ \times \overline{\mathbb{R}}_+$ 上, 由 $\bar{\varphi}(x)$, $\bar{\psi}(x)$, $\bar{f}(x,t)$ 的定义, 解 $u(x,t)$ 可以进一步表示为下列形式:

当 $x \geqslant at$ 时,

$$\begin{aligned} u(x,t) = & \frac{1}{2}(\varphi(x+at) + \varphi(x-at)) + \frac{1}{2a}\int_{x-at}^{x+at} \psi(\xi)\,\mathrm{d}\xi \\ & + \frac{1}{2a}\int_0^t \mathrm{d}\tau \int_{x-a(t-\tau)}^{x+a(t-\tau)} f(\xi,\tau)\,\mathrm{d}\xi; \end{aligned} \tag{4.23}$$

当 $x < at$ 时,

$$\begin{aligned} u(x,t) = & \frac{1}{2}(\varphi(x+at) - \varphi(at-x)) + \frac{1}{2a}\int_{at-x}^{x+at} \psi(\xi)\mathrm{d}\xi \\ & + \frac{1}{2a}\left[\int_{t-\frac{x}{a}}^t \mathrm{d}\tau \int_{x-a(t-\tau)}^{x+a(t-\tau)} f(\xi,\tau)\mathrm{d}\xi \right. \\ & \left. + \int_0^{t-\frac{x}{a}} \mathrm{d}\tau \int_{a(t-\tau)-x}^{x+a(t-\tau)} f(\xi,\tau)\mathrm{d}\xi \right]. \end{aligned} \tag{4.24}$$

上述求解半无界问题 (4.21) ($g(t) \equiv 0$ 时) 的方法通常称为**对称开拓法** (图 4.2).

然而, 式 (4.23) 和 (4.24) 只给出半无界问题 (4.21) 的形式解. 为了使它确实是半无界问题 (4.21) 的解, 我们还需要对初值 $\varphi(x)$, $\psi(x)$ 和非齐次项 $f(x,t)$ 提出适当的光滑性条件. 同时, 我们还必须在定解区域 $\overline{\mathbb{R}}_+ \times \overline{\mathbb{R}}_+$ 的角点 $(0,0)$ 处提出一些相容性条件, 以保证所给出的解是古典解, 也就是使得这样的解在整个定解区域内是二次连续可微的. 由于波动方程解的初边值的奇性 (不可微性) 沿着特征线向定解区域内部传播, 因而必须要求它在 $t=0$ 时是二次连续可微的. 也就是说, 对于半无界问题, 必须要求它的古典解在整个定解区域上是二次连续可微的. 为此, 我们需要在角点 $(0,0)$ 处提出必要的相容性条件.

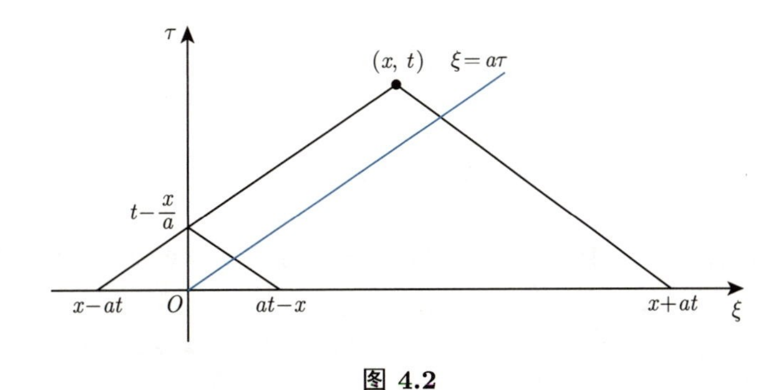

图 4.2

首先, 由于要求 $u(x,t) \in C(\overline{\mathbb{R}}_+ \times \overline{\mathbb{R}}_+)$, 因此 $u(x,t)$ 在角点 $(0,0)$ 处连续. 于是

$$\lim_{t\to 0} u(0,t) = u(0,0) = \lim_{x\to 0} u(x,0),$$

即

$$\varphi(0) = 0. \tag{4.25}$$

其次, 由于要求 $u(x,t) \in C^1(\overline{\mathbb{R}}_+ \times \overline{\mathbb{R}}_+)$, 因此 $u_t(x,t)$ 在角点 $(0,0)$ 处连续. 于是

$$\lim_{t\to 0} u_t(0,t) = u_t(0,0) = \lim_{x\to 0} u_t(x,0),$$

即

$$\psi(0) = 0. \tag{4.26}$$

最后, 由于要求 $u(x,t) \in C^2(\overline{\mathbb{R}}_+ \times \overline{\mathbb{R}}_+)$, 而 $u(x,t)$ 在 $\mathbb{R}_+ \times \mathbb{R}_+$ 的内部满足半无界问题 (4.21) 的方程, 因此在角点 $(0,0)$ 处满足

$$\begin{aligned}\lim_{(x,t)\to(0,0)} (u_{tt} - a^2 u_{xx} - f(x,t)) &= \lim_{t\to 0} u_{tt}(0,t) - a^2 \lim_{x\to 0} u_{xx}(x,0) - f(0,0) \\ &= g''(0) - a^2\varphi''(0) - f(0,0) \\ &= 0.\end{aligned}$$

故

$$a^2\varphi''(0) + f(0,0) = 0. \tag{4.27}$$

现在我们叙述一个结论.

定理 4.4 若半无界问题 (4.21) 的初值 $\varphi(x) \in C^2(\overline{\mathbb{R}}_+)$, $\psi(x) \in C^1(\overline{\mathbb{R}}_+)$ 及非齐次项 $f(x,t) \in C^1(\overline{\mathbb{R}}_+ \times \overline{\mathbb{R}}_+)$ 并满足相容性条件 (4.25), (4.26) 和 (4.27), 且边值 $g(t) \equiv 0$, 则由式 (4.23) 和 (4.24) 给出的函数 $u(x,t) \in C^2(\overline{\mathbb{R}}_+ \times \overline{\mathbb{R}}_+)$ 且是半无界问题 (4.21) 的解.

我们可以直接利用式 (4.23) 和 (4.24) 证明此定理, 但比较烦琐. 在这里我们略去详细过程.

4.1.3.2 非齐次边值情形: $g(t) \neq 0$

做函数变换

$$v(x,t) = u(x,t) - g(t), \tag{4.28}$$

我们由半无界问题 (4.21) 得到 $v(x,t)$ 在区域 $\mathbb{R}_+ \times \mathbb{R}_+$ 上满足齐次边值问题

$$\begin{cases} \mathcal{L}v = \mathcal{L}u - \mathcal{L}g(t) = f(x,t) - g''(t), & (x,t) \in \mathbb{R}_+ \times \mathbb{R}_+, \\ v(x,0) = \varphi(x) - g(0), & x \in \overline{\mathbb{R}}_+, \\ v_t(x,0) = \psi(x) - g'(0), & x \in \overline{\mathbb{R}}_+, \\ v(0,t) = 0, & t \in \overline{\mathbb{R}}_+, \end{cases}$$

因此 $v(x,t)$ 可以通过式 (4.23) 和 (4.24) 给出. 回到函数变换 (4.28), 我们同样可以给出半无界问题 (4.21) 的解的表达式.

根据定理 4.4, 立即得到如下结论:

定理 4.5 若半无界问题 (4.21) 的初值 $\varphi(x) \in C^2(\overline{\mathbb{R}}_+)$, $\psi(x) \in C^1(\overline{\mathbb{R}}_+)$, 非齐次项 $f(x,t) \in C^1(\overline{\mathbb{R}}_+ \times \overline{\mathbb{R}}_+)$, 边值 $g(t) \in C^3(\overline{\mathbb{R}}_+)$, 且满足相容性条件

$$\varphi(0) = g(0), \quad \psi(0) = g'(0),$$

$$g''(0) - a^2\varphi''(0) = f(0,0),$$

则半无界问题 (4.21) 有解 $u(x,t) \in C^2(\overline{\mathbb{R}}_+ \times \overline{\mathbb{R}}_+)$.

附注 4.3 在半无界问题 (4.21) 中, 若将在边界 $x = 0$ 上的第一边值条件改为第二边值条件

$$u_x(0,t) = g(t),$$

则可以做函数变换

$$u(x,t) = xg(t) + v(x,t),$$

把 $x = 0$ 上的边值条件化为齐次边值条件

$$v_x(0,t) = 0.$$

然后, 利用对称开拓法, 把相应的初值 $\varphi(x)$, $\psi(x)$ 和非齐次项 $f(x,t)$ 关于 x 进行偶开拓, 就可求得解 $v(x,t)$ 的表达式, 从而得到 $u(x,t)$ 的表达式. 如果再对初值 $\varphi(x)$, $\psi(x)$, 边值 $g(x)$ 和非齐次项 $f(x,t)$ 提出适当的光滑性条件, 且在角点 $(0,0)$ 处提出适当的相容性条件, 就可以证明得到的 $u(x,t)$ 确实是相应的半无界问题的古典解.

4.1.4 多维初值问题

在这一小节中, 我们先用球面平均法求解空间维数 $n=3$ 时的波动方程 Cauchy 初值问题, 然后利用降维法求解空间维数 $n=2$ 时的波动方程 Cauchy 初值问题. 对于空间维数更高的情形, 奇数维的波动方程 Cauchy 初值问题仍然可用球面平均法求解, 偶数维的波动方程 Cauchy 初值问题依然可用降维法求解. 细节可参阅文献 [5] 第二章的第四节.

4.1.4.1 三维初值问题

我们考虑空间维数 $n=3$ 时的波动方程 Cauchy 初值问题

$$\begin{cases} \mathcal{L}u = u_{tt} - a^2\Delta u = f(\boldsymbol{x},t), & (\boldsymbol{x},t) \in \mathbb{R}^3 \times \mathbb{R}_+, \\ u(\boldsymbol{x},0) = \varphi(\boldsymbol{x}), & \boldsymbol{x} \in \mathbb{R}^3, \\ u_t(\boldsymbol{x},0) = \psi(\boldsymbol{x}), & \boldsymbol{x} \in \mathbb{R}^3. \end{cases} \tag{4.29}$$

由定理 4.1, 我们只需求解初值问题

$$\begin{cases} \mathcal{L}u = u_{tt} - a^2\Delta u = 0, & (\boldsymbol{x},t) \in \mathbb{R}^3 \times \mathbb{R}_+, \\ u(\boldsymbol{x},0) = 0, & \boldsymbol{x} \in \mathbb{R}^3, \\ u_t(\boldsymbol{x},0) = \psi(\boldsymbol{x}), & \boldsymbol{x} \in \mathbb{R}^3, \end{cases} \tag{4.30}$$

就可得到初值问题 (4.29) 的解的表达式. 这里我们介绍如何利用**球面平均法**求出初值问题 (4.30) 的解 $u(\boldsymbol{x},t)$.

固定 $\boldsymbol{x} \in \mathbb{R}^3$, 对于任意 $r>0$, $t>0$, 定义

$$\begin{aligned} U(r,t) &= \fint_{\partial B(\boldsymbol{x},r)} u(\boldsymbol{y},t)\,\mathrm{d}S(\boldsymbol{y}) \\ &= \frac{1}{4\pi r^2}\int_{\partial B(\boldsymbol{x},r)} u(\boldsymbol{y},t)\,\mathrm{d}S(\boldsymbol{y}) \\ &= \fint_{\partial B(\boldsymbol{0},1)} u(\boldsymbol{x}+r\boldsymbol{z},t)\,\mathrm{d}S(\boldsymbol{z}), \end{aligned}$$

其中 $\fint$ 表示在积分区域上求积分的平均值.

我们计算函数 $U(r,t)$ 对 r 的偏导数, 得到

$$\begin{aligned} U_r(r,t) &= \fint_{\partial B(\boldsymbol{0},1)} \nabla u(\boldsymbol{x}+r\boldsymbol{z},t)\cdot \boldsymbol{z}\,\mathrm{d}S(\boldsymbol{z}) \\ &= \fint_{\partial B(\boldsymbol{x},r)} \nabla u(\boldsymbol{y},t)\cdot \frac{\boldsymbol{y}-\boldsymbol{x}}{r}\,\mathrm{d}S(\boldsymbol{y}) \end{aligned}$$

$$= \fint_{\partial B(\boldsymbol{x},r)} \nabla u(\boldsymbol{y},t) \cdot \boldsymbol{n} \, \mathrm{d}S(\boldsymbol{y}),$$

其中 $\boldsymbol{n}$ 表示球面 $\partial B(\boldsymbol{x},r)$ 的单位外法向量. 利用 Gauss-Green 公式和初值问题 (4.30) 的方程, 我们得到

$$\begin{aligned} U_r(r,t) &= \frac{1}{4\pi r^2} \int_{B(\boldsymbol{x},r)} \Delta u(\boldsymbol{y},t) \, \mathrm{d}\boldsymbol{y} \\ &= \frac{1}{4\pi a^2 r^2} \int_{B(\boldsymbol{x},r)} u_{tt}(\boldsymbol{y},t) \, \mathrm{d}\boldsymbol{y}, \end{aligned}$$

于是

$$a^2 r^2 U_r(r,t) = \frac{1}{4\pi} \int_{B(\boldsymbol{x},r)} u_{tt}(\boldsymbol{y},t) \, \mathrm{d}\boldsymbol{y}.$$

上式两端对 r 求偏导数, 得

$$\begin{aligned} a^2(r^2 U_r(r,t))_r &= \frac{1}{4\pi} \int_{\partial B(\boldsymbol{x},r)} u_{tt}(\boldsymbol{y},t) \, \mathrm{d}S(\boldsymbol{y}) \\ &= r^2 \left(\frac{1}{4\pi r^2} \int_{\partial B(\boldsymbol{x},r)} u(\boldsymbol{y},t) \, \mathrm{d}S(\boldsymbol{y}) \right)_{tt}. \end{aligned}$$

由函数 $U(r,t)$ 的定义知, 上式即为

$$r^2 U_{tt}(r,t) = a^2 (r^2 U_r(r,t))_r,$$

化简后得到

$$(rU(r,t))_{tt} = a^2 \frac{1}{r} (r^2 U_r(r,t))_r = a^2 (rU(r,t))_{rr}.$$

对于任意 $r > 0$, $t > 0$, 定义

$$\begin{aligned} \widetilde{U}(r,t) &= rU(r,t) = \frac{1}{4\pi r} \int_{\partial B(\boldsymbol{x},r)} u(\boldsymbol{y},t) \, \mathrm{d}S(\boldsymbol{y}), \\ \widetilde{\Psi}(r) &= \frac{1}{4\pi r} \int_{\partial B(\boldsymbol{x},r)} \psi(\boldsymbol{y}) \, \mathrm{d}S(\boldsymbol{y}). \end{aligned}$$

假设 $u(\boldsymbol{x},t)$ 是二次连续可微函数, 则

$$\lim_{r \to 0+} \widetilde{U}(r,t) = 0.$$

因而, 函数 $\widetilde{U}(r,t)$ 满足一维半无界问题

$$\begin{cases} \widetilde{U}_{tt} - a^2 \widetilde{U}_{rr} = 0, & (r,t) \in \mathbb{R}_+ \times \mathbb{R}_+, \\ \widetilde{U}(r,0) = 0, & r \in \mathbb{R}_+, \\ \widetilde{U}_t(r,0) = \widetilde{\Psi}(r), & r \in \mathbb{R}_+, \\ \widetilde{U}(0,t) = 0, & t \in \mathbb{R}_+. \end{cases} \tag{4.31}$$

从半无界问题解的表达式 (4.24) 知, 当 $0 < r \leqslant at$ 时, 有

$$\widetilde{U}(r,t) = \frac{1}{2a}\int_{at-r}^{r+at}\widetilde{\Psi}(s)\,\mathrm{d}s.$$

由 $\widetilde{U}(r,t)$ 的定义, 我们得到初值问题 (4.30) 的解的表达式

$$\begin{aligned} u(\boldsymbol{x},t) &= \lim_{r\to 0+}\frac{\widetilde{U}(r,t)}{r} = \frac{1}{2a}\lim_{r\to 0+}\frac{1}{r}\int_{at-r}^{r+at}\widetilde{\Psi}(s)\,\mathrm{d}s \\ &= \frac{1}{a}\widetilde{\Psi}(at) = \frac{1}{4\pi a^2 t}\int_{\partial B(\boldsymbol{x},at)}\psi(\boldsymbol{y})\,\mathrm{d}S(\boldsymbol{y}). \end{aligned}$$

根据定理 4.1, 我们得到初值问题 (4.29) 的解的表达式

$$\begin{aligned} u(\boldsymbol{x},t) &= u_1(\boldsymbol{x},t) + u_2(\boldsymbol{x},t) + u_3(\boldsymbol{x},t) \\ &= \frac{\partial}{\partial t}\left(\frac{1}{4\pi a^2 t}\int_{\partial B(\boldsymbol{x},at)}\varphi(\boldsymbol{y})\,\mathrm{d}S(\boldsymbol{y})\right) \\ &\quad + \frac{1}{4\pi a^2 t}\int_{\partial B(\boldsymbol{x},at)}\psi(\boldsymbol{y})\,\mathrm{d}S(\boldsymbol{y}) \\ &\quad + \int_0^t \frac{1}{4\pi a^2(t-\tau)}\int_{\partial B(\boldsymbol{x},a(t-\tau))} f(\boldsymbol{y},\tau)\,\mathrm{d}S(\boldsymbol{y})\,\mathrm{d}\tau. \end{aligned}$$

简化后我们得到

$$\begin{aligned} u_1(\boldsymbol{x},t) &= \frac{\partial}{\partial t}\left(t ⨍_{\partial B(\boldsymbol{x},at)}\varphi(\boldsymbol{y})\,\mathrm{d}S(\boldsymbol{y})\right) \\ &= \frac{\partial}{\partial t}\left(t ⨍_{\partial B_1}\varphi(\boldsymbol{x}+at\boldsymbol{z})\,\mathrm{d}S(\boldsymbol{z})\right) \\ &= ⨍_{\partial B_1}\varphi(\boldsymbol{x}+at\boldsymbol{z})\,\mathrm{d}S(\boldsymbol{z}) \\ &\quad + t ⨍_{\partial B_1}\nabla\varphi(\boldsymbol{x}+at\boldsymbol{z})\cdot a\boldsymbol{z}\,\mathrm{d}S(\boldsymbol{z}) \\ &= ⨍_{\partial B(\boldsymbol{x},at)}[\varphi(\boldsymbol{y}) + \nabla\varphi(\boldsymbol{y})\cdot(\boldsymbol{y}-\boldsymbol{x})]\,\mathrm{d}S(\boldsymbol{y}) \end{aligned}$$

和

$$u_3(\boldsymbol{x},t) = \frac{1}{4\pi a^2}\int_{B(\boldsymbol{x},at)}\frac{f(\boldsymbol{y},t-|\boldsymbol{y}-\boldsymbol{x}|/a)}{|\boldsymbol{y}-\boldsymbol{x}|}\,\mathrm{d}\boldsymbol{y},$$

于是得到初值问题 (4.29) 的解的表达式

$$u(\boldsymbol{x},t) = \frac{1}{4\pi a^2 t^2}\int_{\partial B(\boldsymbol{x},at)}\big[\varphi(\boldsymbol{y}) + \nabla\varphi(\boldsymbol{y})\cdot(\boldsymbol{y}-\boldsymbol{x}) + t\psi(\boldsymbol{y})\big]\,\mathrm{d}S(\boldsymbol{y})$$

$$+\frac{1}{4\pi a^2}\int_{B(\boldsymbol{x},at)}\frac{f(\boldsymbol{y},t-|\boldsymbol{y}-\boldsymbol{x}|/a)}{|\boldsymbol{y}-\boldsymbol{x}|}\mathrm{d}\boldsymbol{y}. \tag{4.32}$$

特别地, 当 $f(\boldsymbol{x},t)\equiv 0$ 时, 上式称为 **Kirchhoff 公式**. 通过直接验证, 我们得到下面关于三维初值问题 (4.29) 的解的存在性结论.

定理 4.6 若 $\varphi(\boldsymbol{x})\in C^3(\mathbb{R}^3)$, $\psi(\boldsymbol{x})\in C^2(\mathbb{R}^3)$ 及 $f(\boldsymbol{x},t)\equiv 0$, 则由 Kirchhoff 公式

$$u(\boldsymbol{x},t)=\frac{1}{4\pi(at)^2}\int_{\partial B(\boldsymbol{x},at)}[\varphi(\boldsymbol{y})+\nabla\varphi(\boldsymbol{y})\cdot(\boldsymbol{y}-\boldsymbol{x})+t\psi(\boldsymbol{y})]\mathrm{d}S(\boldsymbol{y}) \tag{4.33}$$

给出的函数 $u(\boldsymbol{x},t)\in C^2(\mathbb{R}^3\times[0,+\infty))$ 且是初值问题 (4.29) 的解.

证明 一方面, 当 $t>0$ 时, 由 Kirchhoff 公式 (4.33) 得

$$\begin{aligned}
u(\boldsymbol{x},t)=&\fint_{\partial B(\boldsymbol{x},at)}\left[\varphi(\boldsymbol{y})+\nabla\varphi(\boldsymbol{y})\cdot(\boldsymbol{y}-\boldsymbol{x})+t\psi(\boldsymbol{y})\right]\mathrm{d}S(\boldsymbol{y})\\
=&\fint_{\partial B_1}\big(\varphi(\boldsymbol{x}+at\boldsymbol{z})+t\psi(\boldsymbol{x}+at\boldsymbol{z})\big)\mathrm{d}S(\boldsymbol{z})\\
&+\frac{1}{4\pi at}\int_{\partial B(\boldsymbol{x},at)}\nabla\varphi(\boldsymbol{y})\cdot\boldsymbol{n}\,\mathrm{d}S(\boldsymbol{y})\\
=&\fint_{\partial B_1}\big(\varphi(\boldsymbol{x}+at\boldsymbol{z})+t\psi(\boldsymbol{x}+at\boldsymbol{z})\big)\mathrm{d}S(\boldsymbol{z})\\
&+\frac{1}{4\pi at}\int_{B(\boldsymbol{x},at)}\Delta\varphi(\boldsymbol{y})\,\mathrm{d}\boldsymbol{y}.
\end{aligned}$$

于是, 我们得知 $u(\boldsymbol{x},t)\in C^2(\mathbb{R}^3\times\mathbb{R}_+)$. 当 $t>0$ 时, 直接计算得

$$\begin{aligned}
u_t(\boldsymbol{x},t)=&\fint_{\partial B_1}\left[\sum_{i=1}^{n}(a\varphi_i(\boldsymbol{x}+at\boldsymbol{z})z_i+at\psi_i(\boldsymbol{x}+at\boldsymbol{z})z_i)\right.\\
&\left.+\psi(\boldsymbol{x}+at\boldsymbol{z})\right]\mathrm{d}S(\boldsymbol{z})-\frac{1}{4\pi at^2}\int_{B(\boldsymbol{x},at)}\Delta\varphi(\boldsymbol{y})\,\mathrm{d}\boldsymbol{y}\\
&+\frac{1}{4\pi t}\int_{\partial B(\boldsymbol{x},at)}\Delta\varphi(\boldsymbol{y})\,\mathrm{d}S(\boldsymbol{y}),
\end{aligned}$$

其中 φ_i,ψ_i 的下标 i 分别表示 $\varphi(\boldsymbol{x}),\psi(\boldsymbol{x})$ 对第 i 个变量求偏导数. 注意到

$$\begin{aligned}
\fint_{\partial B_1}\sum_{i=1}^{n}\varphi_i(\boldsymbol{x}+at\boldsymbol{z})z_i\,\mathrm{d}S(\boldsymbol{z})=&\fint_{\partial B(\boldsymbol{x},at)}\nabla\varphi(\boldsymbol{y})\cdot\boldsymbol{n}\,\mathrm{d}S(\boldsymbol{y})\\
=&\frac{1}{4\pi(at)^2}\int_{B(\boldsymbol{x},at)}\Delta\varphi(\boldsymbol{y})\,\mathrm{d}\boldsymbol{y}
\end{aligned}$$

和

$$\fint_{\partial B_1}\sum_{i=1}^{n}\psi_i(\boldsymbol{x}+at\boldsymbol{z})z_i\,\mathrm{d}S(\boldsymbol{z})=\frac{1}{4\pi(at)^2}\int_{B(\boldsymbol{x},at)}\Delta\psi(\boldsymbol{y})\,\mathrm{d}\boldsymbol{y},$$

则有

$$
\begin{aligned}
u_t(\boldsymbol{x},t) &= \frac{1}{4\pi a t}\int_{B(\boldsymbol{x},at)}\Delta\psi(\boldsymbol{y})\,\mathrm{d}\boldsymbol{y} + ⨍_{\partial B_1}\psi(\boldsymbol{x}+at\boldsymbol{z})\,\mathrm{d}S(\boldsymbol{z}) \\
&\quad + \frac{1}{4\pi t}\int_{\partial B(\boldsymbol{x},at)}\Delta\varphi(\boldsymbol{y})\,\mathrm{d}S(\boldsymbol{y}) \\
&= ⨍_{\partial B_1}\big(a^2 t\Delta\varphi(\boldsymbol{x}+at\boldsymbol{z}) + \psi(\boldsymbol{x}+at\boldsymbol{z})\big)\,\mathrm{d}S(\boldsymbol{z}) \\
&\quad + \frac{1}{4\pi a t}\int_{B(\boldsymbol{x},at)}\Delta\psi(\boldsymbol{y})\,\mathrm{d}\boldsymbol{y}.
\end{aligned}
$$

继续对 t 求偏导数, 得

$$
\begin{aligned}
u_{tt}(\boldsymbol{x},t) &= a^2 ⨍_{\partial B_1}\left(\Delta\varphi(\boldsymbol{x}+at\boldsymbol{z}) + at\sum_{i=1}^n \Delta\varphi_i(\boldsymbol{x}+at\boldsymbol{z})z_i\right)\mathrm{d}S(\boldsymbol{z}) \\
&\quad + a ⨍_{\partial B_1}\sum_{i=1}^n \psi_i(\boldsymbol{x}+at\boldsymbol{z})z_i\,\mathrm{d}S(\boldsymbol{z}) - \frac{1}{4\pi a t^2}\int_{B(\boldsymbol{x},at)}\Delta\psi(\boldsymbol{y})\,\mathrm{d}\boldsymbol{y} \\
&\quad + \frac{1}{4\pi t}\int_{\partial B(\boldsymbol{x},at)}\Delta\psi(\boldsymbol{y})\,\mathrm{d}S(\boldsymbol{y}) \\
&= a^2 ⨍_{\partial B_1}\left(\Delta\varphi(\boldsymbol{x}+at\boldsymbol{z}) + at\sum_{i=1}^n \Delta\varphi_i(\boldsymbol{x}+at\boldsymbol{z})z_i\right)\mathrm{d}S(\boldsymbol{z}) \\
&\quad + a^2 ⨍_{\partial B_1} t\Delta\psi(\boldsymbol{x}+at\boldsymbol{z})\,\mathrm{d}S(\boldsymbol{z}).
\end{aligned} \tag{4.34}
$$

另一方面, 当 $t>0$ 时, 由 Kirchhoff 公式 (4.33) 得

$$
\begin{aligned}
u(\boldsymbol{x},t) = ⨍_{\partial B_1}\Bigg(&\varphi(\boldsymbol{x}+at\boldsymbol{z}) + at\sum_{i=1}^n \varphi_i(\boldsymbol{x}+at\boldsymbol{z})z_i \\
&+ t\psi(\boldsymbol{x}+at\boldsymbol{z})\Bigg)\mathrm{d}S(\boldsymbol{z}),
\end{aligned}
$$

从而有

$$
\begin{aligned}
u_{x_j}(\boldsymbol{x},t) = ⨍_{\partial B_1}\Bigg(&\varphi_j(\boldsymbol{x}+at\boldsymbol{z}) + at\sum_{i=1}^n \varphi_{ij}(\boldsymbol{x}+at\boldsymbol{z})z_i \\
&+ t\psi_j(\boldsymbol{x}+at\boldsymbol{z})\Bigg)\mathrm{d}S(\boldsymbol{z}), \\
u_{x_j x_k}(\boldsymbol{x},t) = ⨍_{\partial B_1}\Bigg(&\varphi_{jk}(x+at\boldsymbol{z}) + at\sum_{i=1}^n \varphi_{ijk}(\boldsymbol{x}+at\boldsymbol{z})z_i \\
&+ t\psi_{jk}(\boldsymbol{x}+at\boldsymbol{z})\Bigg)\mathrm{d}S(\boldsymbol{z}).
\end{aligned}
$$

因此, 当 $t>0$ 时, 有

$$\Delta u = \fint_{\partial B_1}\left[\Delta\varphi(\boldsymbol{x}+at\boldsymbol{z}) + at\sum_{i=1}^{n}\Delta\varphi_i(\boldsymbol{x}+at\boldsymbol{z})z_i + t\Delta\psi(\boldsymbol{x}+at\boldsymbol{z})\right]\mathrm{d}S(\boldsymbol{z}). \tag{4.35}$$

由式 (4.34) 和 (4.35), 当 $t>0$ 时, 有

$$u_{tt} - a^2\Delta u = 0.$$

当 $t=0$ 时, 有

$$\begin{aligned}
u(\boldsymbol{x},0) &= \lim_{t\to 0+} u(\boldsymbol{x},t) = \fint_{\partial B_1}\varphi(\boldsymbol{x})\,\mathrm{d}S(\boldsymbol{z}) = \varphi(\boldsymbol{x}),\\
u_t(\boldsymbol{x},0) &= \lim_{t\to 0+}\frac{u(\boldsymbol{x},t)-u(\boldsymbol{x},0)}{t}\\
&= \lim_{t\to 0+}\fint_{\partial B_1}\left(\psi(\boldsymbol{x}+at\boldsymbol{z}) + \frac{\varphi(\boldsymbol{x}+at\boldsymbol{z})-\varphi(\boldsymbol{x})}{t}\right)\mathrm{d}S(\boldsymbol{z})\\
&\quad + a\lim_{t\to 0+}\fint_{\partial B_1}\sum_{i=1}^{n}\varphi_i(\boldsymbol{x}+at\boldsymbol{z})z_i\,\mathrm{d}S(\boldsymbol{z})\\
&= \fint_{\partial B_1}\left(\psi(\boldsymbol{x}) + 2a\sum_{i=1}^{n}\varphi_i(\boldsymbol{x})z_i\right)\mathrm{d}S(\boldsymbol{z})\\
&= \psi(\boldsymbol{x}).
\end{aligned}$$

这表明 $u(\boldsymbol{x},t)$ 满足初始条件.

而

$$\begin{aligned}
&\lim_{t\to 0+} u_t(\boldsymbol{x},t) = \psi(\boldsymbol{x}) = u_t(\boldsymbol{x},0),\\
&\lim_{t\to 0+} u_{x_j}(\boldsymbol{x},t) = \varphi_j(\boldsymbol{x}) = u_{x_j}(\boldsymbol{x},0),
\end{aligned}$$

因此 $u(\boldsymbol{x},t)\in C^1(\mathbb{R}^3\times[0,+\infty))$. 同时, 当 $t=0$ 时, 有

$$\begin{aligned}
u_{tt}(\boldsymbol{x},0) &= \lim_{t\to 0+}\frac{u_t(\boldsymbol{x},t)-u_t(\boldsymbol{x},0)}{t}\\
&= \lim_{t\to 0+}\fint_{\partial B_1}\left(a^2\Delta\varphi(\boldsymbol{x}+at\boldsymbol{z}) + \frac{\psi(\boldsymbol{x}+at\boldsymbol{z})-\psi(\boldsymbol{x})}{t}\right)\mathrm{d}S(\boldsymbol{z})\\
&\quad + \lim_{t\to 0+}\frac{1}{4\pi at^2}\int_{B(\boldsymbol{x},at)}\Delta\psi(\boldsymbol{y})\,\mathrm{d}\boldsymbol{y}\\
&= a^2\Delta\varphi(\boldsymbol{x})\\
&= \lim_{t\to 0+} u_{tt}(\boldsymbol{x},t),
\end{aligned}$$

$$\lim_{t\to 0+} u_{x_jx_k}(\boldsymbol{x},t) = \fint_{\partial B_1} \varphi_{jk}(\boldsymbol{x})\,\mathrm{d}S(\boldsymbol{z}) = \varphi_{jk}(\boldsymbol{x})$$

$$= u_{x_jx_k}(\boldsymbol{x},0).$$

所以, $u(\boldsymbol{x},t)\in C^2(\mathbb{R}^3\times[0,+\infty))$, 且当 $t\geqslant 0$ 时, 有

$$u_{tt} - a^2\Delta u = 0.$$

于是, 我们完成定理的证明.

4.1.4.2 二维初值问题

现在我们考虑空间维数 $n=2$ 的情形, 求波动方程 Cauchy 初值问题

$$\begin{cases} u_{tt} - a^2(u_{x_1x_1}+u_{x_2x_2}) = f(\boldsymbol{x},t), & (\boldsymbol{x},t)\in\mathbb{R}^2\times\mathbb{R}_+, \\ u(\boldsymbol{x},0)=\varphi(\boldsymbol{x}), & \boldsymbol{x}\in\mathbb{R}^2, \\ u_t(\boldsymbol{x},0)=\psi(\boldsymbol{x}), & \boldsymbol{x}\in\mathbb{R}^2 \end{cases} \tag{4.36}$$

的解 $u(\boldsymbol{x},t)$, 其中 $\boldsymbol{x}=(x_1,x_2)$.

我们将利用**降维法**来求解初值问题 (4.36). 具体来说, 我们将二维初值问题看成一个特殊的三维初值问题, 利用关于三维初值问题的结论来得到二维初值问题解的表达式. 为此, 我们记 $\tilde{\boldsymbol{x}}=(\boldsymbol{x},x_3)=(x_1,x_2,x_3)$, 同时定义

$$\tilde{f}(\tilde{\boldsymbol{x}},t)=f(\boldsymbol{x},t),\quad \tilde{\varphi}(\tilde{\boldsymbol{x}})=\varphi(\boldsymbol{x}),\quad \tilde{\psi}(\tilde{\boldsymbol{x}})=\psi(\boldsymbol{x}).$$

我们首先求出三维初值问题

$$\begin{cases} \tilde{u}_{tt} - a^2(\tilde{u}_{x_1x_1}+\tilde{u}_{x_2x_2}+\tilde{u}_{x_3x_3}) = \tilde{f}, & (\tilde{\boldsymbol{x}},t)\in\mathbb{R}^4_+, \\ \tilde{u}(\tilde{\boldsymbol{x}},0)=\tilde{\varphi}(\tilde{\boldsymbol{x}}), & \tilde{\boldsymbol{x}}\in\mathbb{R}^3, \\ \tilde{u}_t(\tilde{\boldsymbol{x}},0)=\tilde{\psi}(\tilde{\boldsymbol{x}}), & \tilde{\boldsymbol{x}}\in\mathbb{R}^3 \end{cases} \tag{4.37}$$

的解 $\tilde{u}(\tilde{\boldsymbol{x}},t)$. 如果 $u(\boldsymbol{x},t)$ 是初值问题 (4.36) 的解, 则它一定是初值问题 (4.37) 的解. 由于初值问题 (4.36) 的解的唯一性 (将在后面讨论), 因此

$$u(\boldsymbol{x},t)=\tilde{u}(\tilde{\boldsymbol{x}},t)=\tilde{u}(\bar{\boldsymbol{x}},t),\quad \bar{\boldsymbol{x}}=(x_1,x_2,0).$$

利用初值问题 (4.37) 的解的表达式, 我们得到

$$u(\boldsymbol{x},t)=\frac{1}{4\pi a^2t^2}\int_{\partial B(\bar{\boldsymbol{x}},at)}\left[\tilde{\varphi}(\tilde{\boldsymbol{y}})+\nabla\tilde{\varphi}(\tilde{\boldsymbol{y}})\cdot(\tilde{\boldsymbol{y}}-\bar{\boldsymbol{x}})+t\tilde{\psi}(\tilde{\boldsymbol{y}})\right]\mathrm{d}S(\tilde{\boldsymbol{y}})$$

$$+\frac{1}{4\pi a^2}\int_{B(\bar{\boldsymbol{x}},at)}\frac{\tilde{f}(\tilde{\boldsymbol{y}},t-|\tilde{\boldsymbol{y}}-\bar{\boldsymbol{x}}|/a)}{|\tilde{\boldsymbol{y}}-\bar{\boldsymbol{x}}|}\,\mathrm{d}\tilde{\boldsymbol{y}}.$$

记上式右端的第一部分为 $u_1(\boldsymbol{x},t)$, 第二部分为 $u_2(\boldsymbol{x},t)$, 我们得到

$$u_1(\boldsymbol{x},t)=\frac{1}{2\pi at}\int_{B(\boldsymbol{x},at)}\frac{\varphi(\boldsymbol{y})+\nabla\varphi(\boldsymbol{y})\cdot(\boldsymbol{y}-\boldsymbol{x})+t\psi(\boldsymbol{y})}{\sqrt{(at)^2-|\boldsymbol{y}-\boldsymbol{x}|^2}}\,\mathrm{d}\boldsymbol{y},$$

$$\begin{aligned}u_2(\boldsymbol{x},t)&=\frac{1}{4\pi a^2}\int_0^{at}\int_{\partial B(\bar{\boldsymbol{x}},r)}\frac{\tilde{f}(\tilde{\boldsymbol{y}},t-r/a)}{r}\,\mathrm{d}S(\tilde{\boldsymbol{y}})\,\mathrm{d}r\\&=\frac{1}{2\pi a^2}\int_0^{at}\int_{B(\boldsymbol{x},r)}\frac{f(\boldsymbol{y},t-r/a)}{\sqrt{r^2-|\boldsymbol{y}-\boldsymbol{x}|^2}}\,\mathrm{d}\boldsymbol{y}\,\mathrm{d}r\\&=\frac{1}{2\pi a}\int_0^{t}\int_{B(\boldsymbol{x},a(t-\tau))}\frac{f(\boldsymbol{y},\tau)}{\sqrt{a^2(t-\tau)^2-|\boldsymbol{y}-\boldsymbol{x}|^2}}\,\mathrm{d}\boldsymbol{y}\,\mathrm{d}\tau.\end{aligned}$$

记

$$C(\boldsymbol{x},t)=\{(\boldsymbol{y},\tau)\in\mathbb{R}^3|0\leqslant\tau\leqslant t,|\boldsymbol{y}-\boldsymbol{x}|\leqslant a(t-\tau)\},$$

它是 $\mathbb{R}^3$ 中以 $(\boldsymbol{x},t)$ 为顶点, 圆盘 $\{(\boldsymbol{y},0)||\boldsymbol{y}-\boldsymbol{x}|\leqslant at\}$ 为底面的锥. 于是, 我们得到初值问题 (4.36) 的解的表达式

$$\begin{aligned}u(\boldsymbol{x},t)&=u_1(\boldsymbol{x},t)+u_2(\boldsymbol{x},t)\\&=\frac{1}{2\pi at}\int_{B(\boldsymbol{x},at)}\frac{[\varphi(\boldsymbol{y})+\nabla\varphi(\boldsymbol{y})\cdot(\boldsymbol{y}-\boldsymbol{x})+t\psi(\boldsymbol{y})]}{\sqrt{(at)^2-|\boldsymbol{y}-\boldsymbol{x}|^2}}\,\mathrm{d}\boldsymbol{y}\\&\quad+\frac{1}{2\pi a}\iint\limits_{C(\boldsymbol{x},t)}\frac{f(\boldsymbol{y},\tau)}{\sqrt{a^2(t-\tau)^2-|\boldsymbol{y}-\boldsymbol{x}|^2}}\,\mathrm{d}\boldsymbol{y}\,\mathrm{d}\tau.\end{aligned}\tag{4.38}$$

特别地, 当 $f(\boldsymbol{x},t)\equiv 0$ 时, 上式称为 **Poisson 公式**. 通过直接验证, 我们得到下面关于初值问题 (4.36) 的解的存在性结论.

定理 4.7 若 $\varphi(\boldsymbol{x})\in C^3(\mathbb{R}^2)$, $\psi(\boldsymbol{x})\in C^2(\mathbb{R}^2)$ 及 $f(\boldsymbol{x},t)\equiv 0$, 则由 Poisson 公式

$$u(\boldsymbol{x},t)=\frac{1}{2\pi at}\int_{B(\boldsymbol{x},at)}\frac{[\varphi(\boldsymbol{y})+\nabla\varphi(\boldsymbol{y})\cdot(\boldsymbol{y}-\boldsymbol{x})+t\psi(\boldsymbol{y})]}{\sqrt{(at)^2-|\boldsymbol{y}-\boldsymbol{x}|^2}}\,\mathrm{d}\boldsymbol{y}\tag{4.39}$$

给出的函数 $u(\boldsymbol{x},t)\in C^2(\mathbb{R}^2\times[0,+\infty))$ 且是初值问题 (4.36) 的解.

证明 首先, 考虑 $\varphi(\boldsymbol{x})\equiv 0$ 的情形. 记

$$u(\boldsymbol{x},t)=M_\psi(\boldsymbol{x},t)=\frac{1}{2\pi a}\int_{B(\boldsymbol{x},at)}\frac{\psi(\boldsymbol{y})}{\sqrt{(at)^2-|\boldsymbol{y}-\boldsymbol{x}|^2}}\,\mathrm{d}\boldsymbol{y}.$$

做伸缩变换，我们得到

$$u(\boldsymbol{x},t)=\frac{1}{2\pi}\int_{B(\boldsymbol{0},1)}\frac{t\psi(\boldsymbol{x}+at\boldsymbol{z})}{\sqrt{1-|\boldsymbol{z}|^2}}\,\mathrm{d}\boldsymbol{z}.$$

于是, 我们得知 $u(\boldsymbol{x},t)\in C^2(\mathbb{R}^3\times\mathbb{R}_+)$. 一方面, 当 $t>0$ 时, 直接计算得

$$u_t(\boldsymbol{x},t)=\frac{1}{2\pi}\int_{B(\mathbf{0},1)}\frac{\psi(\boldsymbol{x}+at\boldsymbol{z})+t\nabla\psi(\boldsymbol{x}+at\boldsymbol{z})\cdot a\boldsymbol{z}}{\sqrt{1-|\boldsymbol{z}|^2}}\,\mathrm{d}\boldsymbol{z}. \tag{4.40}$$

记

$$v(\boldsymbol{x},t)=\frac{1}{2\pi}\int_{B(\mathbf{0},1)}\frac{t\nabla\psi(\boldsymbol{x}+at\boldsymbol{z})\cdot a\boldsymbol{z}}{\sqrt{1-|\boldsymbol{z}|^2}}\,\mathrm{d}\boldsymbol{z},$$

则

$$\begin{aligned}
v(\boldsymbol{x},t)&=\frac{at}{2\pi}\int_0^1\frac{r\mathrm{d}r}{\sqrt{1-r^2}}\int_{\partial B(\mathbf{0},r)}\nabla\psi(\boldsymbol{x}+at\boldsymbol{z})\cdot\frac{\boldsymbol{z}}{r}\,\mathrm{d}S(\boldsymbol{z})\\
&=\frac{1}{2\pi}\int_0^1\frac{r\mathrm{d}r}{\sqrt{1-r^2}}\int_{\partial B(\boldsymbol{x},atr)}\nabla\psi(\boldsymbol{y})\cdot\boldsymbol{n}\,\mathrm{d}S(\boldsymbol{y})\\
&=\frac{1}{2\pi}\int_0^1\frac{r\mathrm{d}r}{\sqrt{1-r^2}}\int_{B(\boldsymbol{x},atr)}\Delta\psi(\boldsymbol{y})\,\mathrm{d}\boldsymbol{y},
\end{aligned}$$

其中 $\boldsymbol{n}$ 是 $\partial B(\boldsymbol{x},atr)$ 的单位外法向量. 分部积分后, 则有

$$\begin{aligned}
v(\boldsymbol{x},t)&=-\frac{1}{2\pi}\int_0^1\int_{B(\boldsymbol{x},atr)}\Delta\psi(\boldsymbol{y})\,\mathrm{d}\boldsymbol{y}\mathrm{d}\sqrt{1-r^2}\\
&=-\frac{1}{2\pi}\left[\sqrt{1-r^2}\int_{B(\boldsymbol{x},atr)}\Delta\psi(\boldsymbol{y})\,\mathrm{d}\boldsymbol{y}\right]\Bigg|_0^1\\
&\quad-at\int_0^1\sqrt{1-r^2}\,\mathrm{d}r\int_{\partial B(\boldsymbol{x},atr)}\Delta\psi(\boldsymbol{y})\,\mathrm{d}S(\boldsymbol{y})\Bigg]\\
&=\frac{at}{2\pi}\int_0^1\sqrt{1-r^2}\,\mathrm{d}r\int_{\partial B(\boldsymbol{x},atr)}\Delta\psi(\boldsymbol{y})\,\mathrm{d}S(\boldsymbol{y}).
\end{aligned}$$

于是, 当 $t>0$ 时, 有

$$\begin{aligned}
u_{tt}(\boldsymbol{x},t)&=\frac{v(\boldsymbol{x},t)}{t}+v_t(\boldsymbol{x},t)\\
&=\frac{v(\boldsymbol{x},t)}{t}+\frac{1}{2\pi}\int_0^1\frac{ar^2\mathrm{d}r}{\sqrt{1-r^2}}\int_{\partial B(\boldsymbol{x},atr)}\Delta\psi(\boldsymbol{y})\,\mathrm{d}S(\boldsymbol{y})\\
&=\frac{v(\boldsymbol{x},t)}{t}-\frac{a}{2\pi}\int_0^1\sqrt{1-r^2}\,\mathrm{d}r\int_{\partial B(\boldsymbol{x},atr)}\Delta\psi(\boldsymbol{y})\,\mathrm{d}S(\boldsymbol{y})\\
&\quad+\frac{a}{2\pi}\int_0^1\frac{\mathrm{d}r}{\sqrt{1-r^2}}\int_{\partial B(\boldsymbol{x},atr)}\Delta\psi(\boldsymbol{y})\,\mathrm{d}S(\boldsymbol{y})\\
&=\frac{a}{2\pi}\int_0^1\frac{\mathrm{d}r}{\sqrt{1-r^2}}\int_{\partial B(\boldsymbol{x},atr)}\Delta\psi(\boldsymbol{y})\,\mathrm{d}S(\boldsymbol{y}).
\end{aligned}\tag{4.41}$$

另一方面, 当 $t>0$ 时, 我们有

$$u_{x_i}(\boldsymbol{x},t)=\frac{1}{2\pi}\int_{B(\mathbf{0},1)}\frac{t\psi_{x_i}(\boldsymbol{x}+at\boldsymbol{z})}{\sqrt{1-|\boldsymbol{z}|^2}}\,\mathrm{d}\boldsymbol{z}$$

和

$$u_{x_ix_j}(\boldsymbol{x},t)=\frac{1}{2\pi}\int_{B(\mathbf{0},1)}\frac{t\psi_{x_ix_j}(\boldsymbol{x}+at\boldsymbol{z})}{\sqrt{1-|\boldsymbol{z}|^2}}\,\mathrm{d}\boldsymbol{z},$$

从而

$$\begin{aligned}\Delta u&=\frac{1}{2\pi}\int_{B(\mathbf{0},1)}\frac{t\Delta\psi(\boldsymbol{x}+at\boldsymbol{z})}{\sqrt{1-|\boldsymbol{z}|^2}}\,\mathrm{d}\boldsymbol{z}\\&=\frac{1}{2\pi}\int_0^1\frac{\mathrm{d}r}{\sqrt{1-r^2}}\int_{\partial B(\mathbf{0},r)}t\Delta\psi(\boldsymbol{x}+at\boldsymbol{z})\,\mathrm{d}S(\boldsymbol{z})\\&=\frac{1}{2\pi a}\int_0^1\frac{\mathrm{d}r}{\sqrt{1-r^2}}\int_{\partial B(\boldsymbol{x},atr)}\Delta\psi(\boldsymbol{y})\,\mathrm{d}S(\boldsymbol{y}).\end{aligned}$$

于是, 当 $t>0$ 时, 有

$$u_{tt}-a^2\Delta u=0.$$

显然, 有

$$\lim_{t\to0+}u(\boldsymbol{x},t)=0=u(\boldsymbol{x},0).$$

另外, 有

$$\begin{aligned}u_t(\boldsymbol{x},0)&=\lim_{t\to0+}\frac{u(\boldsymbol{x},t)-u(\boldsymbol{x},0)}{t}\\&=\lim_{t\to0+}\frac{1}{2\pi}\int_{B(\mathbf{0},1)}\frac{\psi(\boldsymbol{x}+at\boldsymbol{z})}{\sqrt{1-|\boldsymbol{z}|^2}}\,\mathrm{d}\boldsymbol{z}\\&=\psi(\boldsymbol{x})\frac{1}{2\pi}\int_{B(\mathbf{0},1)}\frac{1}{\sqrt{1-|\boldsymbol{z}|^2}}\,\mathrm{d}\boldsymbol{z}\\&=\psi(\boldsymbol{x}).\end{aligned}$$

由式 (4.40) 有

$$\lim_{t\to0+}u_t(\boldsymbol{x},t)=\frac{1}{2\pi}\int_{B(\mathbf{0},1)}\frac{\psi(\boldsymbol{x})}{\sqrt{1-|\boldsymbol{z}|^2}}\,\mathrm{d}\boldsymbol{z}=\psi(\boldsymbol{x}).$$

这表明 $u(\boldsymbol{x},t)$ 满足初始条件. 而

$$\lim_{t\to0+}u_t(\boldsymbol{x},t)=\psi(\boldsymbol{x})=u_t(\boldsymbol{x},0),$$

$$\lim_{t\to0+}u_{x_j}(\boldsymbol{x},t)=0=u_{x_j}(\boldsymbol{x},0).$$

因此 $u(\boldsymbol{x},t)\in C^1(\mathbb{R}^3\times[0,+\infty))$. 同时, 利用式 (4.40) 和 (4.41), 直接计算得到

$$u_{tt}(\boldsymbol{x},0)=\lim_{t\to0+}\frac{u_t(\boldsymbol{x},t)-u_t(\boldsymbol{x},0)}{t}$$

$$
\begin{aligned}
&= \lim_{t\to0+}\frac{1}{2\pi}\int_{B(\mathbf{0},1)}\frac{\psi(\boldsymbol{x}+at\boldsymbol{z})-\psi(\boldsymbol{x})+t\nabla\psi(\boldsymbol{x}+at\boldsymbol{z})\cdot a\boldsymbol{z}}{t\sqrt{1-|\boldsymbol{z}|^2}}\,\mathrm{d}\boldsymbol{z}\\
&= \frac{a}{\pi}\nabla\psi(\boldsymbol{x})\cdot\int_{B(\mathbf{0},1)}\frac{\boldsymbol{z}}{\sqrt{1-|\boldsymbol{z}|^2}}\,\mathrm{d}\boldsymbol{z}\\
&= 0 = \lim_{t\to0+}u_{tt}(\boldsymbol{x},t)
\end{aligned}
$$

和

$$
\lim_{t\to0+}u_{x_jx_k}(\boldsymbol{x},t)=0=u_{x_jx_k}(\boldsymbol{x},0).
$$

另外, 当 $t>0$ 时, 利用式 (4.40), 我们有

$$
\begin{aligned}
u_{x_jt}(\boldsymbol{x},t)&=u_{tx_j}(\boldsymbol{x},t)\\
&=\frac{1}{2\pi}\int_{B(\mathbf{0},1)}\frac{\psi_{x_j}(\boldsymbol{x}+at\boldsymbol{z})+t\nabla\psi_{x_j}(\boldsymbol{x}+at\boldsymbol{z})\cdot a\boldsymbol{z}}{\sqrt{1-|\boldsymbol{z}|^2}}\,\mathrm{d}\boldsymbol{z},
\end{aligned}
$$

而

$$
\begin{aligned}
u_{x_jt}(\boldsymbol{x},0)&=\lim_{t\to0+}\frac{u_{x_j}(\boldsymbol{x},t)-u_{x_j}(\boldsymbol{x},0)}{t}\\
&=\lim_{t\to0+}\frac{1}{2\pi}\int_{B(\mathbf{0},1)}\frac{\psi_{x_j}(\boldsymbol{x}+at\boldsymbol{z})}{\sqrt{1-|\boldsymbol{z}|^2}}\,\mathrm{d}\boldsymbol{z}\\
&=\frac{1}{2\pi}\int_{B(\mathbf{0},1)}\frac{\psi_{x_j}(\boldsymbol{x})}{\sqrt{1-|\boldsymbol{z}|^2}}\,\mathrm{d}\boldsymbol{z}\\
&=\psi_{x_j}(\boldsymbol{x})\\
&=\lim_{t\to0+}u_{x_jt}(\boldsymbol{x},t),
\end{aligned}
$$

且

$$
\lim_{t\to0+}u_{tx_j}(\boldsymbol{x},t)=\psi_{x_j}(\boldsymbol{x})=u_{tx_j}(\boldsymbol{x},0),
$$

因此 $u(\boldsymbol{x},t)\in C^2(\mathbb{R}^3\times[0,+\infty))$, 且当 $t\geqslant0$ 时, 有

$$
u_{tt}-a^2\Delta u=0.
$$

然后, 考虑 $\varphi(\boldsymbol{x})\not\equiv0$ 的情形. 此时, 注意到

$$
\frac{1}{2\pi at}\int_{B(\boldsymbol{x},at)}\frac{[\varphi(\boldsymbol{y})+\nabla\varphi(\boldsymbol{y})\cdot(\boldsymbol{y}-\boldsymbol{x})]}{\sqrt{(at)^2-|\boldsymbol{y}-\boldsymbol{x}|^2}}\,\mathrm{d}\boldsymbol{y}=\frac{\partial M_\varphi}{\partial t}(\boldsymbol{x},t).
$$

由于 $\varphi(\boldsymbol{x})\in C^3(\mathbb{R}^2)$, 结合以上的证明, 则有 $u(\boldsymbol{x},t)\in C^2(\mathbb{R}^3\times\mathbb{R}_+)$, 且当 $t>0$ 时, 有

$$
u_{tt}-a^2\Delta u=0.
$$

类似地, 可验证 $u(\boldsymbol{x},t)$ 在 $t=0$ 时的光滑性且满足初始条件.

综上所述，我们得到定理的结论, 从而完成定理的证明.

4.1.5 特征锥

设 $(\boldsymbol{x}_0, t_0) \in \mathbb{R}_+^{n+1} = \mathbb{R}^n \times \mathbb{R}_+ (n = 1, 2, 3)$, 从式 (4.20), (4.32) 和 (4.38) 我们知道, $u(\boldsymbol{x}_0, t_0)$ 的值只与锥 $C(\boldsymbol{x}_0, t_0) = \{(\boldsymbol{x}, t) \in \mathbb{R}_+^{n+1} || \boldsymbol{x} - \boldsymbol{x}_0| \leqslant a(t_0 - t)\}$ 上的初值 $\varphi(\boldsymbol{x})$, $\psi(\boldsymbol{x})$ 及非齐次项 $f(\boldsymbol{x}, t)$ 有关. 也就是说, $u(\boldsymbol{x}_0, t_0)$ 的值完全由锥 $C(\boldsymbol{x}_0, t_0)$ 上的初值 $\varphi(\boldsymbol{x})$, $\psi(\boldsymbol{x})$ 及非齐次项 $f(\boldsymbol{x}, t)$ 决定. 由于锥 $C(\boldsymbol{x}_0, t_0)$ 的重要性, 我们给出如下定义:

定义 4.2 称上半空间 $\mathbb{R}_+^{n+1} = \mathbb{R}^n \times \mathbb{R}_+ (n \geqslant 1)$ 中的锥

$$C(\boldsymbol{x}_0, t_0) = \{(\boldsymbol{x}, t) \in \mathbb{R}_+^{n+1} || \boldsymbol{x} - \boldsymbol{x}_0| \leqslant a(t_0 - t)\}$$

为以 $(\boldsymbol{x}_0, t_0)$ 为顶点的**特征锥** (图 4.3).

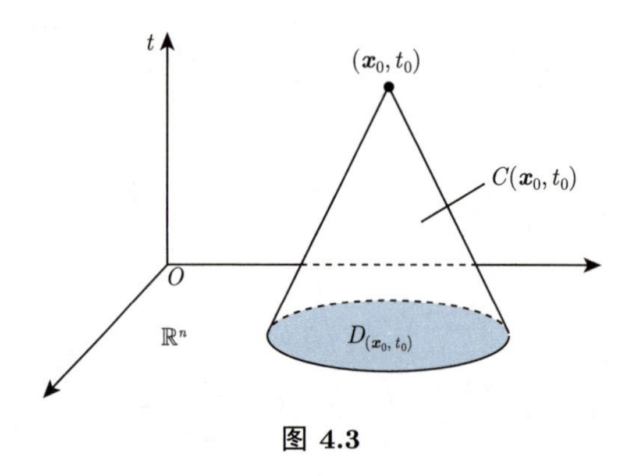

图 4.3

特别地, 我们考虑 $f(\boldsymbol{x}, t) \equiv 0$ 的简单情形. 此时, $u(\boldsymbol{x}_0, t_0)$ 的值只依赖于区域

$$D_{(\boldsymbol{x}_0, t_0)} = \{\boldsymbol{x} \in \mathbb{R}^n || \boldsymbol{x} - \boldsymbol{x}_0| \leqslant a t_0\}$$

上的初值, 而不依赖于区域 $\{\boldsymbol{x} \in \mathbb{R}^n || \boldsymbol{x} - \boldsymbol{x}_0| > a t_0\}$ 上的初值. 也就是说, 距离点 $\boldsymbol{x}_0$ 大于 $a t_0$ 的点处的初值在 $t = t_0$ 时刻之前不能对 $u(\boldsymbol{x}_0, t_0)$ 产生影响. 通常称区域 $D_{(\boldsymbol{x}_0, t_0)} \subset \mathbb{R}^n$ 为点 $(\boldsymbol{x}_0, t_0)$ 对初值的**依赖区域** (图 4.3). 这种扰动的传播速度有限 (等于 a) 的性质是波动方程解的最基本特征.

我们从另一个角度来阐述这个性质. 从式 (4.20), (4.33) 和 (4.39) 知, 对于点 $\boldsymbol{x}_0$ 处的初值 $\varphi(\boldsymbol{x}_0)$, $\psi(\boldsymbol{x}_0)$, $u(\boldsymbol{x}, t)$ 在区域

$$J_{\boldsymbol{x}_0} = \{(\boldsymbol{x}, t) \in \mathbb{R}_+^{n+1} || \boldsymbol{x} - \boldsymbol{x}_0| \leqslant a t\}$$

上的值与它们有关, 即受到初值 $\varphi(\boldsymbol{x}_0)$, $\psi(\boldsymbol{x}_0)$ 的影响, 而在此区域以外的值与初值 $\varphi(\boldsymbol{x}_0)$, $\psi(\boldsymbol{x}_0)$ 无关. 也就是说, 在 t 时刻之前, 点 $\boldsymbol{x}_0$ 处的初值 $\varphi(\boldsymbol{x}_0)$, $\psi(\boldsymbol{x}_0)$ 的影响范围不超过与 $\boldsymbol{x}_0$ 的距离为 at 的点. 这说明, 扰动的传播速度有限, 且传播速度为 a. 通常称区域 $J_{\boldsymbol{x}_0}$ 为点 $\boldsymbol{x}_0$ 的**影响区域** (图 4.4). 不难看出, 影响区域和依赖区域有如下关系:

$$J_{\boldsymbol{x}_0} = \{(\boldsymbol{x}, t) \in \mathbb{R}_+^{n+1} | \boldsymbol{x}_0 \in D_{(\boldsymbol{x},t)}\}.$$

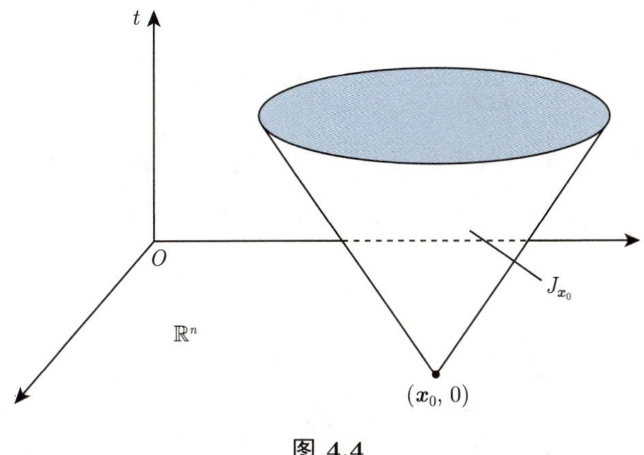

图 4.4

而对于一个区域 $D_0 \subset \mathbb{R}^n$, 它的**影响区域** J_{D_0} 自然定义为它的所有点的影响区域的并集. 由定义易知

$$J_{D_0} = \bigcup_{\boldsymbol{x}_0 \in D_0} J_{\boldsymbol{x}_0} = \{(\boldsymbol{x}, t) \in \mathbb{R}_+^{n+1} | D_{(\boldsymbol{x},t)} \cap D_0 \neq \varnothing\}.$$

对于任一区域 $D_0 \subset \mathbb{R}^n$, 我们还关心 $\mathbb{R}^n \times \mathbb{R}_+$ 上的这些点 $(\boldsymbol{x}, t)$, $u(\boldsymbol{x}, t)$ 在其上的值完全由 D_0 上的初值 $\varphi(\boldsymbol{x})$ 和 $\psi(\boldsymbol{x})$ 决定, 也就是那些对初值的依赖区域完全包含于 D_0 的点. 这些点所构成的集合通常称为 D_0 的**决定区域**, 记为 F_{D_0}. 实际上, 不难得到

$$F_{D_0} = \{(\boldsymbol{x}, t) \in \mathbb{R}_+^{n+1} | D_{(\boldsymbol{x},t)} \subset D_0\} \subset \mathbb{R}_+^{n+1}.$$

综上所述, 我们知道扰动具有有限传播速度是波动方程的基本特征. 而从上一章我们知道, 扰动具有无限传播速度是热方程的基本性质. 这也说明, 从本质上来看, 波动方程和热方程具有截然不同的特征.

从二维波动方程 Cauchy 初值问题解的表达式来看, 二维波动方程 Cauchy 初值问题实际上是一个特殊的三维波动方程 Cauchy 初值问题, 其初值与空间的一个方向无关. 我们比较一下三维和二维波动方程 Cauchy 初值问题解的表达式——Kirchhoff 公式 (4.33) 和 Poisson 公式 (4.39), 就会发现两者又有显著的差别. 虽然初值问题的解 $u(\boldsymbol{x}, t)$ 在点 $(\boldsymbol{x}_0, t_0)$ 的值都只依赖于在依赖区域 $D_{(\boldsymbol{x}_0,t_0)}$ 上给定的初值 $\varphi(\boldsymbol{x})$, $\psi(\boldsymbol{x})$, 但是仔细观察 Kirchhoff 公式 (4.33) 和 Poisson 公式 (4.39) 发现, 当 $n = 3$ 时, $u(\boldsymbol{x}_0, t_0)$ 只依赖于依赖区域 $D_{(\boldsymbol{x}_0,t_0)}$ 的边界 $\partial D_{(\boldsymbol{x}_0,t_0)} = \{\boldsymbol{x} \in \mathbb{R}^3 || \boldsymbol{x} - \boldsymbol{x}_0| = at_0\}$ 上的初值 $\varphi(\boldsymbol{x})$, $\psi(\boldsymbol{x})$, 而与它们在 $D_{(\boldsymbol{x}_0,t_0)}$ 内部 $\{\boldsymbol{x} \in \mathbb{R}^3 || \boldsymbol{x} - \boldsymbol{x}_0| < at_0\}$ 的初值 $\varphi(\boldsymbol{x})$, $\psi(\boldsymbol{x})$ 无关; 而当 $n = 2$ 时, $u(\boldsymbol{x}_0, t_0)$ 依赖于整个依赖区域 $D_{(\boldsymbol{x}_0,t_0)} = \{\boldsymbol{x} \in \mathbb{R}^2 || \boldsymbol{x} - \boldsymbol{x}_0| \leqslant at_0\}$ 上的初值 $\varphi(\boldsymbol{x})$, $\psi(\boldsymbol{x})$. 这个差别在物理学上产生截然不同的效应.

假设初值 $\varphi(\boldsymbol{x}), \psi(\boldsymbol{x})$ 只在区域 D_0 内不为零. 更简单地, 假设初位移 $\varphi(\boldsymbol{x})$ 在整个空间 $\mathbb{R}^n$ 上恒为零, 初速度 $\psi(\boldsymbol{x})$ 在 D_0 内大于零, 在 D_0 外等于零. 考虑 D_0 外的一个点 $\boldsymbol{x}_0$, 记点 $\boldsymbol{x}_0$ 到 D_0 的最近距离和最远距离分别为

$$d_{\min} = \min_{\boldsymbol{x}\in\overline{D}_0} |\boldsymbol{x}-\boldsymbol{x}_0|, \quad d_{\max} = \max_{\boldsymbol{x}\in\overline{D}_0} |\boldsymbol{x}-\boldsymbol{x}_0|$$

(图 4.5). 我们考虑在 t_0 时刻由于初值不为零而引起的点 $\boldsymbol{x}_0$ 的位移 $u(\boldsymbol{x}_0, t_0)$.

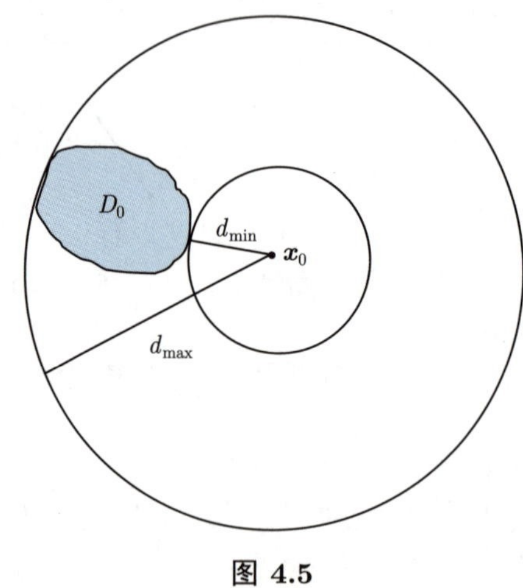

图 4.5

下面我们分别考虑 $n=3$ 和 $n=2$ 的情形.

情形 1　$n=3$.

由 Kirchhoff 公式 (4.33) 得到:

(1) 当 $0 < t_0 < \dfrac{1}{a}d_{\min}$ 时, 由于 $\partial D_{(\boldsymbol{x}_0,t_0)} \cap D_0$ 是空集, 则

$$u(\boldsymbol{x}_0, t_0) = 0;$$

(2) 当 $\dfrac{1}{a}d_{\min} < t_0 < \dfrac{1}{a}d_{\max}$ 时, 由于 $\partial D_{(\boldsymbol{x}_0,t_0)} \cap D_0$ 非空, 则

$$u(\boldsymbol{x}_0, t_0) > 0;$$

(3) 当 $t_0 > \dfrac{1}{a}d_{\max}$ 时, $\partial D_{(\boldsymbol{x}_0,t_0)} \cap D_0$ 是空集, 则

$$u(\boldsymbol{x}_0, t_0) = 0.$$

这说明, 三维波 (如声波) 的传播既有清晰的波前, 又有清晰的波后. 通常称这种现象为 **Huygens 原理或无后效现象**.

情形 2　$n=2$.

由 Poisson 公式 (4.39) 得到:

(1) 当 $0 < t_0 < \dfrac{1}{a}d_{\min}$ 时, 由于 $D_{(\boldsymbol{x}_0,t_0)} \cap D_0$ 是空集, 则

$$u(\boldsymbol{x}_0, t_0) = 0;$$

(2) 当 $t_0 > \frac{1}{a}d_{\min}$ 时, 由于 $D_{(\boldsymbol{x}_0,t_0)} \cap D_0$ 非空, 则

$$u(\boldsymbol{x}_0, t_0) > 0.$$

这说明, 二维波 (如湖面上的水波) 的传播只有清晰的波前, 没有清晰的波后. 通常称这种现象为波的**弥漫**或**有后效现象**.

正是由于在三维空间中声波的传播具有无后效现象, 我们在谈话时可以清楚地听到对方的声音. 而在平面上水波的传播会产生弥漫现象, 这就是一块石头投入水中会激起层层波浪而久久不消散的原因.

4.1.6 能量不等式

在这一小节中, 我们介绍波动方程的能量不等式. 能量不等式是波动方程中最重要的先验估计, 不仅可以用来证明波动方程古典解的唯一性和稳定性, 而且还可以用来证明波动方程广义解 (弱解) 的存在性. 值得指出的是, 波动方程的能量不等式具有明显的物理意义.

***定理 4.8 (能量不等式)** 设 $u(\boldsymbol{x},t) \in C^1(\overline{\mathbb{R}}_+^{n+1}) \cap C^2(\mathbb{R}_+^{n+1})$ 是初值问题 (4.6) 的解. 固定一点 $(\boldsymbol{x}_0, t_0) \in \mathbb{R}_+^{n+1}$. 对于任意 $\tau \in [0, t_0]$, 在特征锥 $C(\boldsymbol{x}_0, t_0) = \{(\boldsymbol{x}, t) \in \mathbb{R}_+^{n+1} \mid |\boldsymbol{x} - \boldsymbol{x}_0| \leqslant a(t_0 - t)\}$ 上, 估计式

$$\begin{aligned} &\int_{C_\tau} (u_t^2(\boldsymbol{x},\tau) + a^2|\nabla u(\boldsymbol{x},\tau)|^2)\,\mathrm{d}\boldsymbol{x} \\ &\leqslant M\left[\int_{C_0} (\psi^2(\boldsymbol{x}) + a^2|\nabla\varphi(\boldsymbol{x})|^2)\,\mathrm{d}\boldsymbol{x} + \int_0^\tau \mathrm{d}t \int_{C_t} f^2(\boldsymbol{x},t)\,\mathrm{d}\boldsymbol{x}\right] \end{aligned} \tag{4.42}$$

成立, 其中

$$C_\tau = C(\boldsymbol{x}_0, t_0) \cap \{t = \tau\} = \{\boldsymbol{x} \in \mathbb{R}^n \mid |\boldsymbol{x} - \boldsymbol{x}_0| \leqslant a(t_0 - \tau)\}, \quad M = \mathrm{e}^{t_0}.$$

特别地, 当 $f(\boldsymbol{x},t) \equiv 0$ 时, $M = 1$.

为简单起见, 我们只对一维初值问题 (4.13) 的能量不等式给出证明, 相应多维初值问题的能量不等式可用类似的方法来证明. 当 $n = 1$ 时, 特征锥 $C(x_0, t_0)$ 是上半平面 $\mathbb{R}_+^2$ 上顶点为 (x_0, t_0), 底边为区间 $\{(x, 0) | x \in (x_0 - at_0, x_0 + at_0)\}$ 的等腰三角形区域, 即

$$C(x_0, t_0) = \{(x,t) \in \mathbb{R}_+^2 \mid 0 \leqslant t \leqslant t_0,\ x_0 - a(t_0 - t) \leqslant x \leqslant x_0 + a(t_0 - t)\}.$$

而当 $\tau \in [0, t_0]$ 时, 直线 $t = \tau$ 与等腰三角形区域 $C(x_0, t_0)$ 相交, 得线段

$$C_\tau = \{(x, \tau) \mid x_0 - a(t_0 - \tau) \leqslant x \leqslant x_0 + a(t_0 - \tau)\}$$

(图 4.6). 因此, 我们的定理具有如下形式:

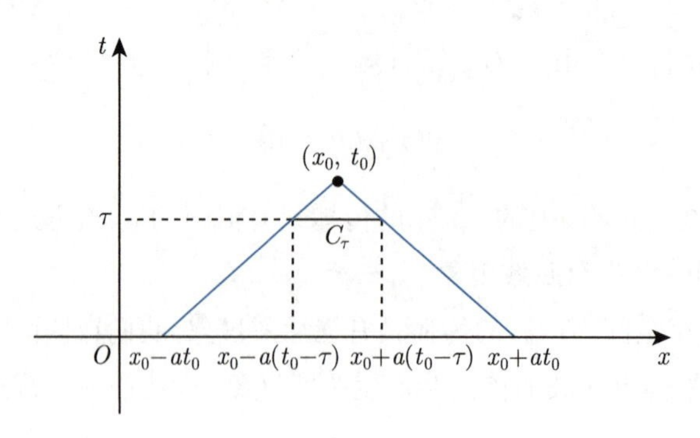

图 4.6

定理 4.8′ (能量不等式) 设 $u(x,t) \in C^1(\overline{\mathbb{R}}^2_+) \cap C^2(\mathbb{R}^2_+)$ 是初值问题 (4.13) 的解. 固定一点 $(x_0,t_0) \in \mathbb{R}^2_+$, 则对于 $\tau \in [0,t_0]$, 估计式

$$\begin{aligned}&\int_{x_0-a(t_0-\tau)}^{x_0+a(t_0-\tau)} ((u_t^2(x,\tau)+a^2u_x^2(x,\tau))\,\mathrm{d}x \\ &\quad\leqslant M\left[\int_{x_0-at_0}^{x_0+at_0} \left(\psi^2(x)+a^2|\varphi'(x)|^2\right)\mathrm{d}x\right. \\ &\qquad\left.+\int_0^\tau \mathrm{d}t\int_{x_0-a(t_0-t)}^{x_0+a(t_0-t)} f^2(x,t)\,\mathrm{d}x\right] \qquad (4.43)\end{aligned}$$

成立, 其中 $M=\mathrm{e}^{t_0}$. 特别地, 当 $f(x,t)\equiv 0$ 时, $M=1$.

证明 在初值问题 (4.13) 的波动方程两端同时乘以 $u_t(x,t)$, 并在等腰梯形区域 $C(\tau)=C(x_0,t_0)\cap\{0\leqslant t\leqslant\tau\}$ 上积分, 我们得到

$$\iint\limits_{C(\tau)} u_t(x,t)(u_{tt}(x,t)-a^2u_{xx}(x,t))\,\mathrm{d}x\mathrm{d}t = \iint\limits_{C(\tau)} u_t(x,t)f(x,t)\,\mathrm{d}x\mathrm{d}t.$$

注意到

$$\begin{aligned}u_t(x,t)u_{tt}(x,t) &= \frac{1}{2}(u_t^2(x,t))_t, \\ u_t(x,t)u_{xx}(x,t) &= (u_t(x,t)u_x(x,t))_x - \frac{1}{2}(u_x^2(x,t))_t,\end{aligned}$$

上面得到的等式可化为

$$\begin{aligned}&\iint\limits_{C(\tau)} \left[\frac{1}{2}\left(u_t^2(x,t)+a^2u_x^2(x,t)\right)_t - a^2(u_t(x,t)u_x(x,t))_x\right]\mathrm{d}x\mathrm{d}t \\ &\quad= \iint\limits_{C(\tau)} u_t(x,t)f(x,t)\mathrm{d}x\mathrm{d}t.\end{aligned}$$

将上式的左端记为 I, 对积分 I 应用 Green 公式得到

$$I = \oint_{\partial C(\tau)} a^2u_t(x,t)u_x(x,t)\mathrm{d}t + \frac{1}{2}(u_t^2(x,t)+a^2u_x^2(x,t))\mathrm{d}x,$$

其中 $\partial C(\tau)$ 是等腰梯形区域 $C(\tau)$ 的边界, 它的正向沿顺时针方向. 记 Γ_τ^1 和 Γ_τ^2 分别为等腰梯形区域 $C(\tau)$ 的左和右侧边, 易知

$$\Gamma_\tau^1 = \{(x,t) \in \mathbb{R}_+^2 | 0 \leqslant t \leqslant \tau, x = x_0 - a(t_0 - t)\},$$

$$\Gamma_\tau^2 = \{(x,t) \in \mathbb{R}_+^2 | 0 \leqslant t \leqslant \tau, x = x_0 + a(t_0 - t)\},$$

于是

$$\begin{aligned} I = & \frac{1}{2} \int_{x_0 - a(t_0 - \tau)}^{x_0 + a(t_0 - \tau)} (u_t^2(x,\tau) + a^2 u_x^2(x,\tau))\, \mathrm{d}x \\ & - \frac{1}{2} \int_{x_0 - at_0}^{x_0 + at_0} (\psi^2(x) + a^2 |\varphi'(x)|^2)\, \mathrm{d}x \\ & + \int_{\Gamma_\tau^1 \cup \Gamma_\tau^2} a^2 u_t(x,t) u_x(x,t) \mathrm{d}t + \frac{1}{2}(u_t^2(x,t) + a^2 u_x^2(x,t)) \mathrm{d}x. \end{aligned}$$

分别记上式右端的三个积分为 I_1, I_2 和 I_3, 于是我们得到

$$I_1 + I_2 + I_3 = \iint\limits_{C(\tau)} u_t(x,t) f(x,t) \mathrm{d}x\mathrm{d}t.$$

下面利用 Γ_τ^1 和 Γ_τ^2 的表达式证明 I_3 非负. 事实上, 在 Γ_τ^1 上有 $\mathrm{d}x = a\mathrm{d}t$, 在 Γ_τ^2 上有 $\mathrm{d}x = -a\mathrm{d}t$, 从而

$$I_3 = \frac{a}{2} \int_{\Gamma_\tau^1} (u_t(x,t) + a u_x(x,t))^2 \mathrm{d}t - \frac{a}{2} \int_{\Gamma_\tau^2} (u_t(x,t) - a u_x(x,t))^2\, \mathrm{d}t.$$

注意到 $\partial C(\tau)$ 的正向, 在 Γ_τ^1 上 $\mathrm{d}t$ 为正的, 在 Γ_τ^2 上 $\mathrm{d}t$ 为负的, 于是

$$I_3 \geqslant 0.$$

综上所述, 我们得到

$$\begin{aligned} & \int_{x_0 - a(t_0 - \tau)}^{x_0 + a(t_0 - \tau)} (u_t^2(x,\tau) + a^2 u_x^2(x,\tau))\, \mathrm{d}x \\ \leqslant & \int_{x_0 - at_0}^{x_0 + at_0} (\psi^2(x) + a^2 |\varphi'(x)|^2)\, \mathrm{d}x + 2 \iint\limits_{C(\tau)} u_t(x,t) f(x,t)\, \mathrm{d}x\mathrm{d}t. \end{aligned} \tag{4.44}$$

最后, 处理式 (4.44) 的右端. 由代数不等式 $2ab \leqslant a^2 + b^2$ 知

$$2 \iint\limits_{C(\tau)} u_t(x,t) f(x,t) \mathrm{d}x\mathrm{d}t \leqslant \iint\limits_{C(\tau)} u_t^2(x,t)\, \mathrm{d}x\mathrm{d}t + \iint\limits_{C(\tau)} f^2(x,t)\, \mathrm{d}x\mathrm{d}t.$$

代入式 (4.44), 则有

$$\int_{x_0 - a(t_0 - \tau)}^{x_0 + a(t_0 - \tau)} (u_t^2(x,\tau) + a^2 u_x^2(x,\tau))\, \mathrm{d}x$$

$$\leqslant \int_{x_0-at_0}^{x_0+at_0} [\psi^2(x)+a^2(\varphi'(x))^2]\,\mathrm{d}x$$
$$+\iint\limits_{C(\tau)} u_t^2(x,t)\,\mathrm{d}x\mathrm{d}t+\iint\limits_{C(\tau)} f^2(x,t)\,\mathrm{d}x\mathrm{d}t. \tag{4.45}$$

记

$$G(\tau)=\iint\limits_{C(\tau)} (u_t^2(x,t)+a^2u_x^2(x,t))\,\mathrm{d}x\mathrm{d}t,$$

则

$$G(\tau)=\int_0^{\tau}\left[\int_{x_0-a(t_0-t)}^{x_0+a(t_0-t)} (u_t^2(x,t)+a^2u_x^2(x,t))\,\mathrm{d}x\right]\mathrm{d}t.$$

从式 (4.45) 可以得到 $G(\tau)$ 满足的一个微分不等式

$$\frac{\mathrm{d}G(\tau)}{\mathrm{d}\tau}\leqslant G(\tau)+F(\tau),$$

这里

$$F(\tau)=\int_{x_0-at_0}^{x_0+at_0} \left(\psi^2(x)+a^2|\varphi'(x)|^2\right)\mathrm{d}x+\iint\limits_{C(\tau)} f^2(x,t)\,\mathrm{d}x\mathrm{d}t,$$

它是 τ 的单调递增函数. 利用 Gronwall 不等式 (见引理 3.18), 立即得到

$$G(\tau)\leqslant(\mathrm{e}^{\tau}-1)F(\tau)\leqslant(\mathrm{e}^{t_0}-1)F(\tau)$$

和

$$\frac{\mathrm{d}G(\tau)}{\mathrm{d}\tau}\leqslant \mathrm{e}^{\tau}F(\tau)\leqslant \mathrm{e}^{t_0}F(\tau).$$

这就是我们要证的结论.

附注 4.4 若不记常数因子, 式 (4.42) 左端 $\int_{C_\tau}(u_t^2(\boldsymbol{x},\tau)+a^2|\nabla u(\boldsymbol{x},\tau)|^2)\mathrm{d}\boldsymbol{x}$ 表示物体的 C_τ 部分在 τ 时刻的总能量, 其中第一部分积分表示动能, 第二部分积分表示弹性势能. 通常称之为**能量积分**或**能量模**. 定理 4.8 给出了初值问题 (4.6) 的解 $u(\boldsymbol{x},t)$ 的能量模估计. 特别地, 当外力项 $f(\boldsymbol{x},t)\equiv 0$ 时, 物体的 C_τ 部分在 τ 时刻的总能量小于物体的 C_0 部分在初始时刻的总能量. 由上一小节的分析, 在 τ 时刻 C_τ 部分上点的位移完全由初始时刻 C_0 部分上点的位移和速度决定, 而没有受到其他部分的影响, 因而在 τ 时刻 C_τ 部分的能量由初始时刻 C_0 部分的能量转化而来.

附注 4.5 从定理 4.8′ 的推导过程, 我们得到另一种形式的能量模估计

$$\iint\limits_{C(\tau)} (u_t^2(x,t)+a^2u_x^2(x,t))\,\mathrm{d}x\mathrm{d}t \leqslant M_1\Big[\int_{C_0}(\psi^2(x)+a^2|\varphi'(x)|^2)\,\mathrm{d}x+\iint\limits_{C(\tau)} f^2(x,t)\,\mathrm{d}x\mathrm{d}t\Big], \tag{4.46}$$

此时 $M_1=\mathrm{e}^{\tau}-1$, $C_0=[x_0-at_0,x_0+at_0]$, 且

$$C(\tau)=\{(x,t)\in\mathbb{R}_+^2\,|\,0\leqslant t\leqslant\tau,\ x_0-a(t_0-t)\leqslant x\leqslant x_0+a(t_0-t)\}.$$

附注 4.6 从能量模估计可以导出解 $u(x,t)$ 的 L^2 估计:

$$\int_{C_\tau} u^2(x,\tau)\,\mathrm{d}x \leqslant M_2\Big(\int_{C_0}(\varphi^2(x)+\psi^2(x)+a^2|\varphi'(x)|^2)\,\mathrm{d}x+\iint\limits_{C(\tau)} f^2(x,t)\,\mathrm{d}x\mathrm{d}t\Big),$$

$$\iint\limits_{C(\tau)} u^2(x,t)\,\mathrm{d}x\mathrm{d}t \leqslant M_2\Big(\int_{C_0}(\varphi^2(x)+\psi^2(x)+a^2|\varphi'(x)|^2)\,\mathrm{d}x+\iint\limits_{C(\tau)} f^2(x,t)\,\mathrm{d}x\mathrm{d}t\Big),$$

其中 $M_2=\mathrm{e}^{2\tau}$, $\tau\in[0,t_0]$, $C_\tau=\big[x_0-a(t_0-\tau),x_0+a(t_0-\tau)\big]$, $C(\tau)$ 如附注 4.5 所定义.

事实上, 对于任意 $\tau\in[0,t_0]$, 有

$$\begin{aligned}&\int_{C_\tau}(u^2(x,\tau)-u^2(x,0))\,\mathrm{d}x\\&=\int_{C_\tau}\int_0^\tau (u^2(x,t))_t\,\mathrm{d}t\,\mathrm{d}x\\&\leqslant\iint\limits_{C(\tau)} u^2(x,t)\,\mathrm{d}x\mathrm{d}t+\iint\limits_{C(\tau)} u_t^2(x,t)\,\mathrm{d}x\mathrm{d}t.\end{aligned}$$

记

$$G(\tau)=\iint\limits_{C(\tau)} u^2(x,t)\,\mathrm{d}x\mathrm{d}t,$$

则 $G(0)=0$. 从上式可以得到 $G(\tau)$ 满足的一个微分不等式

$$\frac{\mathrm{d}G(\tau)}{\mathrm{d}\tau}\leqslant G(\tau)+F(\tau),$$

其中

$$F(\tau)=\int_{C_0}\varphi^2(x)\,\mathrm{d}x+\iint\limits_{C(\tau)}u_t^2(x,t)\,\mathrm{d}x\mathrm{d}t.$$

从式 (4.46) 得到

$$F(\tau)\leqslant \mathrm{e}^{\tau}\left(\int_{C_0}(\varphi^2(x)+\psi^2(x)+a^2|\varphi'(x)|^2)\,\mathrm{d}x+\iint\limits_{C(\tau)}f^2(x,t)\,\mathrm{d}x\mathrm{d}t\right),$$

利用 Gronwall 不等式 (见引理 3.18), 得到

$$\int_{C_\tau}u^2(x,\tau)\,\mathrm{d}x\leqslant \mathrm{e}^{\tau}F(\tau).$$

由此立即得到第一个估计. 又从 Gronwall 不等式的结论

$$G(\tau)\leqslant(\mathrm{e}^{\tau}-1)F(\tau)$$

立即得到第二个估计.

附注 4.7 从能量模估计 (4.43) 不难导出波动方程 Cauchy 初值问题 (4.6) 的解的唯一性以及在能量模意义下解对于初值和非齐次项的连续依赖性.

附注 4.8 利用能量模估计的证明方法, 我们可以证明半无界问题 (4.21) 在函数类 $C^1(\overline{\mathbb{R}}_+\times\overline{\mathbb{R}}_+)\cap C^2(\mathbb{R}_+\times\mathbb{R}_+)$ 内解的唯一性. 具体来说, 只需证明在区域 $\{(x,t)|0\leqslant x\leqslant x_0-at,0\leqslant t\leqslant T\}$ 上 $\left(\text{其中 } x_0 \text{ 是任意正数}, 0<T\leqslant\dfrac{x_0}{a}\right)$ 相应的齐次定解问题只有零解.

4.2 混合问题

在这节中, 我们将考虑一个更实际的模型. 在现实生活中, 弹性体总是有界的. 由于弹性体所在的区域具有边界, 边界点的位移或受力情况会通过弹性应力对弹性体产生影响, 因此我们对波动方程既需要提出初始条件, 又需要提出边值条件. 这样的定解问题通常称为**混合问题**.

我们重点考虑一维混合问题, 其中给定的边值条件是第一类的. 实际模型就是一根有限长的、均匀的振动细弦. 我们已知弦上各点的初位移和初速度及受力情况, 并且知道两端点的位移变化, 要求在振动过程中弦上各点的位移. 我们将利用分离变量法来求解这样的混合问题. 对于其他边值条件的情形, 我们也可以利用同样的方法来求解. 事

实上, 分离变量法也适用于求解一些多维混合问题, 但求解过程复杂一些.

4.2.1 分离变量法

现在我们在区域 $Q=(0,l)\times(0,+\infty)$ (图 4.7) 上考虑如下混合问题:

$$\begin{cases} u_{tt}-a^2u_{xx}=f(x,t), & (x,t)\in Q, \\ u(x,0)=\varphi(x), & x\in[0,l], \\ u_t(x,0)=\psi(x), & x\in[0,l], \\ u(0,t)=g_1(t),\ u(l,t)=g_2(t), & t\in[0,+\infty). \end{cases}$$

我们将利用**分离变量法**来求解这个混合问题. 为了更好地理解分离变量法, 我们从最简单的情形开始.

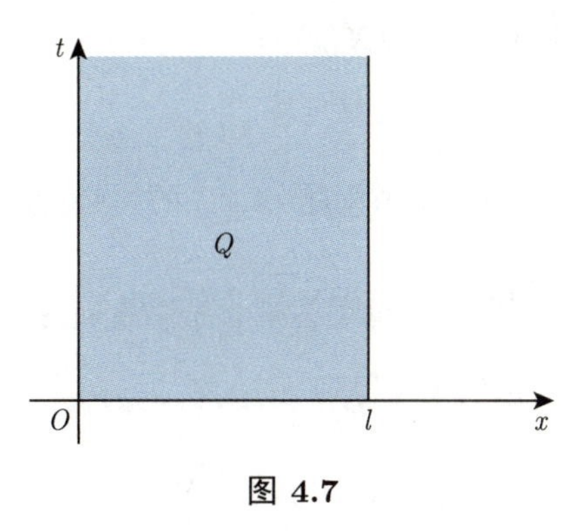

图 4.7

情形 1 $f(x,t)\equiv 0$, $g_1(t)\equiv 0$, $g_2(t)\equiv 0$.

这时上述混合问题成为

$$\begin{cases} u_{tt}-a^2u_{xx}=0, & (x,t)\in Q, \\ u(x,0)=\varphi(x), & x\in[0,l], \\ u_t(x,0)=\psi(x), & x\in[0,l], \\ u(0,t)=u(l,t)=0, & t\in[0,+\infty). \end{cases} \tag{4.47}$$

我们利用分离变量法来求解此混合问题. 具体来说, 考虑分离变量形式的非零解

$$u(x,t)=X(x)T(t).$$

将它代入混合问题 (4.47) 的方程, 得到

$$T''(t)X(x)-a^2X''(x)T(t)=0,\quad (x,t)\in(0,l)\times(0,+\infty),$$

即

$$\frac{T''(t)}{a^2T(t)}=\frac{X''(x)}{X(x)}.$$

在上式中, 左端是 t 的函数, 右端是 x 的函数, 因而它们只能是常数, 记为 $-\lambda$, 从而

$$T''(t) + a^2\lambda T(t) = 0, \quad t \in (0, +\infty),$$

$$X''(x) + \lambda X(x) = 0, \quad x \in (0, l).$$

将 $u(x,t) = X(x)T(t)$ 代入混合问题 (4.47) 的边值条件, 得到

$$X(0)T(t) = X(l)T(t) = 0, \quad t \in (0, +\infty).$$

由于 $u(x,t) \not\equiv 0$, 因此 $T(t) \not\equiv 0$, 从而

$$X(0) = X(l) = 0.$$

于是, 我们得到特征值问题

$$\begin{cases} X''(x) + \lambda X(x) = 0, & x \in (0, l). \\ X(0) = X(l) = 0. \end{cases} \tag{4.48}$$

根据定理 3.6 的结论, 易见特征值问题 (4.48) 的解必满足

$$X(x) = C_1 \cos\sqrt{\lambda}x + C_2 \sin\sqrt{\lambda}x,$$

其中 C_1, C_2 为待定常数. 由边值条件得到

$$C_1 = 0, \quad C_2 \sin\sqrt{\lambda}l = 0.$$

由于 $C_2 \neq 0$ (否则 $X(x) \equiv 0$), 从而

$$\sin\sqrt{\lambda}l = 0,$$

于是所有特征值是

$$\lambda_n = \left(\frac{n\pi}{l}\right)^2, \quad n = 1, 2, \cdots,$$

与特征值 λ_n 对应的特征函数是

$$X_n(x) = \sin\frac{n\pi}{l}x, \quad n = 1, 2, \cdots.$$

而与 $X_n(x)$ 对应的 $T_n(t)$ 为

$$T_n(t) = A_n \cos\frac{na\pi}{l}t + B_n \sin\frac{na\pi}{l}t, \quad n = 1, 2, \cdots.$$

其中 A_n, B_n $(n = 1, 2, \cdots)$ 为待定常数. 分离变量形式的解为

$$u_n(x,t) = T_n(t)X_n(x)$$

$$= \left(A_n \cos \frac{na\pi}{l} t + B_n \sin \frac{na\pi}{l} t\right) \sin \frac{n\pi}{l} x, \quad n = 1, 2, \cdots.$$

从形式上看，每个 $u_n(x,t)$ $(n = 1, 2, \cdots)$ 都满足混合问题 (4.47) 的方程和边值条件，但一般来讲它们都不满足初始条件. 为了求一个既满足混合问题 (4.47) 的方程和边值条件，又满足初始条件的解，我们将 $u_n(x,t)(n = 1, 2, \cdots)$ 叠加. 形式上,

$$\begin{aligned} u(x,t) &= \sum_{n=1}^{\infty} u_n(x,t) \\ &= \sum_{n=1}^{\infty} \left(A_n \cos \frac{na\pi}{l} t + B_n \sin \frac{na\pi}{l} t\right) \sin \frac{n\pi}{l} x \end{aligned} \tag{4.49}$$

满足混合问题 (4.47) 的方程. 为了使 $u(x,t)$ 满足混合问题 (4.47) 的初始条件，我们需要

$$u(x,0) = \varphi(x) = \sum_{n=1}^{\infty} A_n \sin \frac{n\pi}{l} x,$$

$$u_t(x,0) = \psi(x) = \sum_{n=1}^{\infty} \frac{na\pi}{l} B_n \sin \frac{n\pi}{l} x.$$

由特征函数系 $\left\{\sin \frac{n\pi}{l} x\right\}$ 的完备性，$\varphi(x)$, $\psi(x)$ 可以展开成

$$\varphi(x) = \sum_{n=1}^{\infty} \varphi_n \sin \frac{n\pi}{l} x,$$

$$\psi(x) = \sum_{n=1}^{\infty} \psi_n \sin \frac{n\pi}{l} x,$$

其中

$$\varphi_n = \frac{2}{l} \int_0^l \varphi(x) \sin \frac{n\pi}{l} x \, \mathrm{d}x, \quad n = 1, 2, \cdots,$$

$$\psi_n = \frac{2}{l} \int_0^l \psi(x) \sin \frac{n\pi}{l} x \, \mathrm{d}x, \quad n = 1, 2, \cdots.$$

分别比较 $\varphi(x), \psi(x)$ 的表达式，我们得到

$$A_n = \varphi_n = \frac{2}{l} \int_0^l \varphi(x) \sin \frac{n\pi}{l} x \, \mathrm{d}x, \quad n = 1, 2, \cdots, \tag{4.50}$$

$$B_n = \frac{l}{na\pi} \psi_n = \frac{2}{na\pi} \int_0^l \psi(x) \sin \frac{n\pi}{l} x \, \mathrm{d}x, \quad n = 1, 2, \cdots. \tag{4.51}$$

这样，我们就求得混合问题 (4.47) 的形式解 (4.49)，其中它的系数由式 (4.50), (4.51) 决定. 为了使所得到的形式解确实是混合问题 (4.47) 的古典解，我们需要对初值提出适当的光滑性条件，同时需要在定解区域的角点 $(0,0)$, $(l,0)$ 处提出适当的相容性条件. 这里相容性条件与 4.1.3 小节中半无界问题的相容性条件完全类似.

定理 4.9 若 $\varphi(x) \in C^3[0,l]$, $\psi(x) \in C^2[0,l]$, 且 $\varphi(x)$, $\psi(x)$ 在定解区域 $Q = (0,l) \times (0,+\infty)$ 的角点 $(0,0)$, $(l,0)$ 处满足相容性条件

$$\varphi(0) = \varphi(l) = \varphi''(0) = \varphi''(l) = \psi(0) = \psi(l) = 0,$$

则由式 (4.49) 给出的函数 $u(x,t) \in C^2(\overline{Q})$, 且满足混合问题 (4.47).

证明 由定理的假设和分部积分公式, 我们得到

$$\begin{aligned} A_n &= \frac{2}{l}\int_0^l \varphi(x)\sin\frac{n\pi}{l}x\,\mathrm{d}x \\ &= -\frac{l^3}{\pi^3 n^3}a_n, \quad n = 1, 2, \cdots, \end{aligned}$$

其中

$$a_n = \frac{2}{l}\int_0^l \varphi'''(x)\cos\frac{n\pi}{l}x\,\mathrm{d}x, \quad n = 1, 2, \cdots.$$

同理可得

$$\begin{aligned} B_n &= \frac{2}{na\pi}\int_0^l \psi(x)\sin\frac{n\pi}{l}x\,\mathrm{d}x \\ &= -\frac{l^3}{a\pi^3 n^3}b_n, \quad n = 1, 2, \cdots, \end{aligned}$$

其中

$$b_n = \frac{2}{l}\int_0^l \psi''(x)\sin\frac{n\pi}{l}x\,\mathrm{d}x, \quad n = 1, 2, \cdots.$$

于是, 在 $\overline{Q} = [0,l] \times [0,+\infty)$ 上, 我们有估计式

$$\begin{aligned} &|u_n(x,t)| \leqslant |A_n| + |B_n| \leqslant \frac{C_1}{n^3}, \quad n = 1, 2, \cdots, \\ &|Du_n(x,t)| \leqslant \frac{C_2}{n^2}, \quad n = 1, 2, \cdots, \\ &|D^2u_n(x,t)| \leqslant a_n^2 + b_n^2 + \frac{C_3}{n^2}, \quad n = 1, 2, \cdots, \end{aligned}$$

这里 $Du_n(x,t)$ 表示 $u_n(x,t)$ 的所有一阶偏导数, $|Du_n(x,t)|$ 表示 $u_n(x,t)$ 的所有一阶偏导数的平方和的平方根, $D^2u_n(x,t)$ 表示 $u_n(x,t)$ 的所有二阶偏导数, $|D^2u_n(x,t)|$ 表示 $u_n(x,t)$ 的所有二阶偏导数的平方和的平方根, C_1, C_2, C_3 是只依赖于 l, a 和定积分

$$\int_0^l |\varphi'''(x)|\,\mathrm{d}x, \quad \int_0^l |\psi''(x)|\,\mathrm{d}x$$

的常数.

从 Fourier 级数的 Bessel 不等式得到

$$\sum_{n=1}^{\infty} a_n^2 \leqslant \frac{2}{l}\int_0^l |\varphi'''(x)|^2\,\mathrm{d}x,$$

$$\sum_{n=1}^{\infty} b_n^2 \leqslant \frac{2}{l} \int_0^l |\psi''(x)|^2 \, \mathrm{d}x,$$

因此我们证明了级数

$$\sum_{n=1}^{\infty} u_n(x,t), \quad \sum_{n=1}^{\infty} Du_n(x,t), \quad \sum_{n=1}^{\infty} D^2 u_n(x,t)$$

在 $\overline{Q}$ 上一致收敛, 从而得到由式 (4.49) 给出的函数 $u(x,t) \in C^2(\overline{Q})$. 而且, 我们可以将 $u(x,t)$ 的级数逐项对变量 x, t 微分两次, 并容易证明 $u(x,t)$ 满足混合问题 (4.47) 的方程和初边值条件.

情形 2 $f(x,t) \not\equiv 0$, $g_1(t) \equiv 0$, $g_2(t) \equiv 0$.

这时, 我们所考虑的混合问题成为

$$\begin{cases} u_{tt} - a^2 u_{xx} = f(x,t), & (x,t) \in (0,l) \times (0,+\infty), \\ u(x,0) = \varphi(x), & x \in [0,l], \\ u_t(x,0) = \psi(x), & x \in [0,l], \\ u(0,t) = u(l,t) = 0, & t \in [0,+\infty). \end{cases} \tag{4.52}$$

我们仍然可以利用分离变量法来求解. 具体来说, 把混合问题 (4.52) 的解 $u(x,t)$, 非齐次项 $f(x,t)$ 和初值 $\varphi(x)$, $\psi(x)$ 都按特征函数系 $\left\{\sin \dfrac{n\pi}{l} x\right\}$ 展开:

$$u(x,t) = \sum_{n=1}^{\infty} T_n(t) \sin \frac{n\pi}{l} x, \tag{4.53}$$

$$f(x,t) = \sum_{n=1}^{\infty} f_n(t) \sin \frac{n\pi}{l} x,$$

$$\varphi(x) = \sum_{n=1}^{\infty} \varphi_n \sin \frac{n\pi}{l} x,$$

$$\psi(x) = \sum_{n=1}^{\infty} \psi_n \sin \frac{n\pi}{l} x.$$

由于特征函数系 $\left\{\sin \dfrac{n\pi}{l} x\right\}$ 的正交性和完备性, 得到

$$f_n(t) = \frac{2}{l} \int_0^l f(\xi,t) \sin \frac{n\pi}{l} \xi \, \mathrm{d}\xi,$$

$$\varphi_n = \frac{2}{l} \int_0^l \varphi(\xi) \sin \frac{n\pi}{l} \xi \, \mathrm{d}\xi, \qquad n = 1, 2, \cdots.$$

$$\psi_n = \frac{2}{l} \int_0^l \psi(\xi) \sin \frac{n\pi}{l} \xi \, \mathrm{d}\xi,$$

为了求出未知函数 $T_n(t)(n=1,2,\cdots)$, 把这些表达式代入混合问题 (4.52) 的方程, 由特征函数系 $\left\{\sin\dfrac{n\pi}{l}x\right\}$ 的完备性, 从而得到 $T_n(t)$ 满足以下常微分方程的初值问题:

$$\begin{cases} T_n''(t)+\left(\dfrac{n\pi a}{l}\right)^2 T_n(t)=f_n(t), \quad t\in(0,+\infty), \\ T_n(0)=\varphi_n, \\ T_n'(0)=\psi_n. \end{cases} \tag{4.54}$$

求解常微分方程初值问题 (4.54) 得到, 对于 $n=1,2,\cdots$, 有

$$\begin{aligned} T_n(t)=&\varphi_n\cos\frac{na\pi}{l}t+\frac{l}{na\pi}\psi_n\sin\frac{na\pi}{l}t \\ &+\frac{l}{na\pi}\int_0^t f_n(\tau)\sin\frac{na\pi}{l}(t-\tau)\,\mathrm{d}\tau. \end{aligned} \tag{4.55}$$

将它们代入级数 (4.53), 就求得混合问题 (4.52) 的解的表达式. 如果对初值 $\varphi(x)$, $\psi(x)$ 和非齐次项 $f(x,t)$ 提出适当的光滑性条件, 并在角点 $(0,0)$, $(l,0)$ 处提出相容性条件

$$\varphi(0)=\varphi(l)=\psi(0)=\psi(l)=0,$$

$$a^2\varphi''(0)+f(0,0)=0, \quad a^2\varphi''(l)+f(l,0)=0,$$

同样可以证明由式 (4.53) 给出的形式解确实是混合问题 (4.52) 属于 $C^2(\overline{Q})$ 的解.

情形 3　$f(x,t)\not\equiv 0$, $g_1(t)\not\equiv 0$, $g_2(t)\not\equiv 0$.

这时, 我们所考虑的是具有非齐次边值的混合问题

$$\begin{cases} u_{tt}-a^2u_{xx}=f(x,t), & (x,t)\in(0,l)\times(0,+\infty), \\ u(x,0)=\varphi(x), & x\in[0,l], \\ u_t(x,0)=\psi(x), & x\in[0,l], \\ u(0,t)=g_1(t), u(l,t)=g_2(t), & t\in[0,+\infty). \end{cases} \tag{4.56}$$

为了利用分离变量法, 我们做函数变换

$$v(x,t)=u(x,t)-\left(\frac{l-x}{l}g_1(t)+\frac{x}{l}g_2(t)\right),$$

得到一个关于 $v(x,t)$ 的具有齐次边值的混合问题. 对初值 $\varphi(x)$, $\psi(x)$, 边值 $g_1(t)$, $g_2(t)$ 和非齐次项 $f(x,t)$ 提出适当的光滑性条件, 在角点 $(0,0)$, $(l,0)$ 处提出相容性条件

$$\varphi(0)=g_1(0), \quad \varphi(l)=g_2(0),$$

$$\psi(0)=g_1'(0), \quad \psi(l)=g_2'(0),$$

$$g_1''(0)-a^2\varphi''(0)=f(0,0), \quad g_2''(0)-a^2\varphi''(l)=f(l,0),$$

我们仍然可以证明所得的解是混合问题的古典解.

附注 4.9 对于混合问题 (4.47), 我们同样可以采用对称开拓法来求解. 具体来说, 对初值 $\varphi(x)$, $\psi(x)$ 进行奇的且周期为 $2l$ 的对称开拓, 定义

$$\begin{aligned} &\Phi(x)=\varphi(x), && x\in[0,l],\\ &\Phi(x)=-\Phi(-x),\quad \Phi(x)=\Phi(x+2l), && x\in\mathbb{R},\\ &\Psi(x)=\psi(x), && x\in[0,l],\\ &\Psi(x)=-\Psi(-x),\quad \Psi(x)=\Psi(x+2l), && x\in\mathbb{R}.\end{aligned}$$

然后, 求解初值问题

$$\begin{cases} U_{tt}-a^2U_{xx}=0, & (x,t)\in\mathbb{R}\times\mathbb{R}_+,\\ U(x,0)=\Phi(x), & x\in\mathbb{R},\\ U_t(x,0)=\Psi(x), & x\in\mathbb{R}.\end{cases}$$

由 d'Alembert 公式, 我们得到解

$$U(x,t)=\frac{1}{2}(\Phi(x+at)+\Phi(x-at))+\frac{1}{2a}\int_{x-at}^{x+at}\Psi(\xi)\,\mathrm{d}\xi.$$

容易证明 $U(x,t)$ 是关于 x 的周期为 $2l$ 的奇函数, 因此在 $\overline{Q}$ 上令

$$u(x,t)=U(x,t),$$

则它必然是混合问题 (4.47) 的解. 由上述表达式可以看出, 定理 4.9 中关于初值 $\varphi(x)$ 和 $\psi(x)$ 的光滑性要求可以降低为 $\varphi(x)\in C^2[0,l]$, $\psi(x)\in C^1[0,l]$.

在历史上, 解的表达式 (4.49) 首先是由物理直观得到的. 由解的表达式 (4.49) 我们知道, 混合问题 (4.47) 的解可以表示成三角级数的和, 但是人们同时又利用对称开拓法把解表示成 d'Alembert 公式. 这两个解的表达式差别如此之大, 是什么原因呢? 实际上, 由对 Fourier 级数的深入了解我们知道, 上述两个解的表达式表示同样的函数. 此结论可以利用 Fourier 级数直接证明, 也可以根据后面的能量不等式来证明. 这是因为能量不等式蕴涵着混合问题的古典解的唯一性, 从而证明两个不同的表达式表示同样的函数.

4.2.2 驻波法与共振

分离变量法具有明显的物理意义. 把级数 (4.49) 中的每一项 $u_n(x,t)$ 改写成

$$u_n(x,t)=N_n\sin\frac{n\pi}{l}x\sin\left(\frac{na\pi}{l}t+\alpha_n\right),\quad n=1,2,\cdots,$$

其中 $N_n=\sqrt{A_n^2+B_n^2}$, $\alpha_n=\arctan\dfrac{A_n}{B_n}(n=1,2,\cdots)$. $u_n(x,t)(n=1,2,\cdots)$ 称为弦的**振动元素**, 描述了弦上的点 x 所做的振幅为 $a_n=N_n\sin\dfrac{n\pi}{l}x$, 频率为 $\omega_n=\dfrac{na\pi}{l}$, 初相

位为 α_n 的简谐振动. 特别地, 如果初相位 $\alpha_n = 0$, 当 $x = 0, \dfrac{l}{n}, \cdots, \dfrac{n-1}{n}l, l$ 时, 振动元素 $u_n(x,t)$ 的振幅 $a_n = 0$; 当 $x = \dfrac{l}{2n}, \dfrac{3l}{2n}, \cdots, \dfrac{2n-1}{2n}l$ 时, 振动元素 $u_n(x,t)$ 的振幅 $a_n = \pm N_n$. 弦的这种形式的运动称为**驻波**. 因此, 在物理学上分离变量法也称为**驻波法**. 由分离变量法我们知道, 弦的振动在不受外力作用下, 可以分解为一系列具有特定频率的驻波的叠加.

下面我们利用一维波动方程混合问题的结论来解释弦乐器 (如小提琴、琵琶、吉他、二胡等) 的演奏原理. 我们用 $u(x,t)$ 表示弦乐器的弦的振动位移. 弦的振动引起其周围空气的振动, 进一步引起音箱的共鸣, 从而产生悦耳的音乐. 因此, 可以用分离变量法所得到的解的表达式 $u(x,t) = \sum\limits_{n=1}^{\infty} u_n(x,t)$ 来表示我们听到的音乐. 此时, 弦的**基音**是由最低频率 $\omega_1 = \dfrac{a\pi}{l} = \dfrac{\pi}{l}\sqrt{\dfrac{T_0}{\rho_0}}$ (T_0 为弦的张力, ρ_0 为弦的线密度) 所对应的单音 $u_1(x,t)$ 确定的. 振动元素 $u_1(x,t)$ 的最大振幅 $N_1 = \sqrt{A_1^2 + B_1^2}$ 通常要比振动元素 $u_n(x,t)$ 的最大振幅 $N_n = \sqrt{A_n^2 + B_n^2}$ $(n \geqslant 2)$ 大得多, 因此它决定了音乐的基调. 而弦的其余单音 $u_n(x,t)$ $(n \geqslant 2)$ 称为**泛音**, 它们构成声音的音色. 我们知道不同的弦乐器演奏同一首曲子时, 虽然音调是相同的, 但是音乐声却是不同的. 这是因为它们虽然具有相同的基音频率, 却也具有不同的泛音频率. 这样就产生了音质的差异. 在用弦乐器演奏曲子的时候, 演奏者用手指按住弦线的不同部位, 使得受振动的弦的长度顿时变小了, 基音频率 $\omega_1 = \dfrac{\pi}{l}\sqrt{\dfrac{T_0}{\rho_0}}$ 就增大, 音调也随之升高. 特别地, 当手指按住弦的中点时, 基音和泛音的频率就比原来的频率增加一倍, 弦就发出比原来高八度的音调. 另外, 演奏者也经常利用拧紧和拧松弦线的方法来调整弦的音调. 这也可以从弦的基音频率的表达式来理解. 当拧紧弦线时, 弦的张力增加, 弦的音调就变高; 当拧松弦线时, 弦的张力减少, 弦的音调就变低. 此外, 我们知道每件弦乐器上都有好几根长度相同而粗细不同的弦, 而且每根弦演奏的音调也不同. 从弦的基音频率表达式来看, 由于粗弦的线密度大, 因而它的基音频率就小, 音调就低; 由于细弦的线密度小, 因而它的基音频率就大, 音调就高. 通过上面的分析, 我们就对弦乐器的演奏原理有了初步的理解.

由分离变量法得到的混合问题 (4.52) 的解的表达式 (4.53), 我们还可以用来解释物理学中在强迫振动下所产生的共振现象. 为此, 考虑混合问题

$$
\begin{cases}
u_{tt} - a^2 u_{xx} = A(x)\sin\omega t, & (x,t) \in (0,l) \times (0,+\infty), \\
u(x,0) = 0, & x \in [0,l], \\
u_t(x,0) = 0, & x \in [0,l], \\
u(0,t) = u(l,t) = 0, & t \in [0,+\infty),
\end{cases}
$$

其中 ω 是一个正常数, 函数 $A(x) \in C^1([0,l])$, 满足 $A(0) = A(l) = 0$.

由解的表达式 (4.53) 知

$$\begin{aligned} u(x,t) &= \sum_{n=1}^{\infty} \sin \frac{n\pi}{l} x \left[\frac{l}{na\pi} \int_0^t f_n(\tau) \sin \frac{na\pi}{l}(t-\tau)\,\mathrm{d}\tau \right] \\ &= \sum_{n=1}^{\infty} \frac{a_n}{\omega_n} \sin \frac{n\pi}{l} x \int_0^t \sin \omega\tau \sin \omega_n (t-\tau)\,\mathrm{d}\tau, \end{aligned}$$

其中

$$\omega_n = \frac{na\pi}{l}, \quad a_n = \frac{2}{l} \int_0^l A(x) \sin \frac{n\pi}{l} x\,\mathrm{d}x, \quad n = 1, 2, \cdots.$$

当 $\omega \neq \omega_n$ $(n = 1, 2, \cdots)$ 时, 有

$$u(x,t) = \sum_{n=1}^{\infty} \frac{a_n}{\omega_n(\omega^2 - \omega_n^2)} (\omega \sin \omega_n t - \omega_n \sin \omega t) \sin \frac{n\pi}{l} x.$$

显然, 上式右端的级数是一致有界的.

若存在某个 $k \in \mathbb{Z}$, 使得 $\omega = \omega_k$, 则

$$\begin{aligned} u(x,t) = &\sum_{n \neq k}^{\infty} \frac{a_n}{\omega_n(\omega^2 - \omega_n^2)} (\omega_k \sin \omega_n t - \omega_n \sin \omega_k t) \sin \frac{n\pi}{l} x \\ &+ \frac{a_k}{2\omega_k^2} \Big(\sin \omega_k t - t\omega_k \cos \omega_k t \Big) \sin \frac{k\pi}{l} x. \end{aligned}$$

此时, 上式右端的级数是一致有界的, 而当选取 $A(x)$ 使得 $a_k \neq 0$ 时, 对应于固有频率 ω_k 的第 k 个振动元素 $u_k(x,t)$ 的振幅可以随时间无限增大, 这就是物理学上的**共振现象**. 这表示, 一根两端固定的弦在一个周期外力的作用下做强迫振动, 如果周期外力的频率与弦的某个固有频率相同, 那么弦将产生共振, 弦的一些点的振幅将随着时间的增大而趋于无穷, 从而必然在某一时刻导致弦的断裂.

实际上, 此例还蕴涵着在位势方程和热方程中占有重要地位的极大模估计对于波动方程不可能成立. 这也反映了波动方程的解的性质与位势方程和热方程的解的性质有本质的差别.

4.2.3 能量不等式

在这小节中, 我们介绍混合问题的能量不等式.

***定理 4.10** 设 Ω 是 $\mathbb{R}^n$ 上的一个有界开区域, 令 $\Omega_T = \Omega \times (0,T)$. 如果 $u(\boldsymbol{x},t) \in C^1(\overline{\Omega}_T) \cap C^2(\Omega_T)$ 是混合问题

$$\begin{cases} u_{tt} - a^2 \Delta u = f(\boldsymbol{x},t), & (\boldsymbol{x},t) \in \Omega \times (0,T), \\ u(\boldsymbol{x},0) = \varphi(\boldsymbol{x}), & \boldsymbol{x} \in \overline{\Omega}, \\ u_t(\boldsymbol{x},0) = \psi(\boldsymbol{x}), & \boldsymbol{x} \in \overline{\Omega}, \\ u(\boldsymbol{x},t) = 0, & t \in [0,T], \boldsymbol{x} \in \partial\Omega \end{cases} \tag{4.57}$$

的解, 则存在只依赖于 T 的常数 M, 使得对于任意 $\tau\in[0,T]$, 能量不等式

$$\begin{aligned}&\int_{\overline{\Omega}}(u_t^2(\boldsymbol{x},\tau)+a^2|\nabla u(\boldsymbol{x},\tau)|^2)\,\mathrm{d}\boldsymbol{x}\\&\quad\leqslant M\left[\int_{\overline{\Omega}}\left(\psi^2(\boldsymbol{x})+a^2|\nabla\varphi(\boldsymbol{x})|^2\right)\mathrm{d}\boldsymbol{x}+\iint_{\overline{\Omega}_\tau}f^2(\boldsymbol{x},t)\,\mathrm{d}\boldsymbol{x}\mathrm{d}t\right]\end{aligned}\tag{4.58}$$

成立, 其中 $\Omega_\tau=\Omega\times(0,\tau)$. 当 $f(\boldsymbol{x},t)\equiv0$ 时, $M=1$ 且上式中的不等号由等号代替.

为简单起见, 我们只对二维混合问题 (4.57) $(n=2)$ 的能量不等式给出证明. 此时, 我们的定理具有如下形式:

定理 4.10′ 设 Ω 是 $\mathbb{R}^2$ 上的一个有界开区域, 令 $\Omega_T=\Omega\times(0,T)$ (图 4.8). 设 $u(x,y,t)\in C^1(\overline{\Omega}_T)\cap C^2(\Omega_T)$ 是混合问题 (4.57) $(n=2)$ 的解, 则存在只依赖于 T 的常数 M, 使得对于任意 $\tau\in[0,T]$, 能量不等式

$$\begin{aligned}&\iint\limits_{\overline{\Omega}}\left[u_t^2(x,y,\tau)+a^2(u_x^2(x,y,\tau)+u_y^2(x,y,\tau))\right]\mathrm{d}x\mathrm{d}y\\&\quad\leqslant M\left\{\iint\limits_{\overline{\Omega}}\left[\psi^2(x,y)+a^2(\varphi_x^2(x,y)+\varphi_y^2(x,y))\right]\mathrm{d}x\mathrm{d}y\right.\\&\qquad\left.+\iiint\limits_{\overline{\Omega}_\tau}f^2(x,y,t)\,\mathrm{d}x\mathrm{d}y\mathrm{d}t\right\}\end{aligned}\tag{4.59}$$

成立, 其中 $\Omega_\tau=\Omega\times(0,\tau)$. 当 $f(x,y,t)\equiv0$ 时, $M=1$ 且上式中的不等号由等号代替.

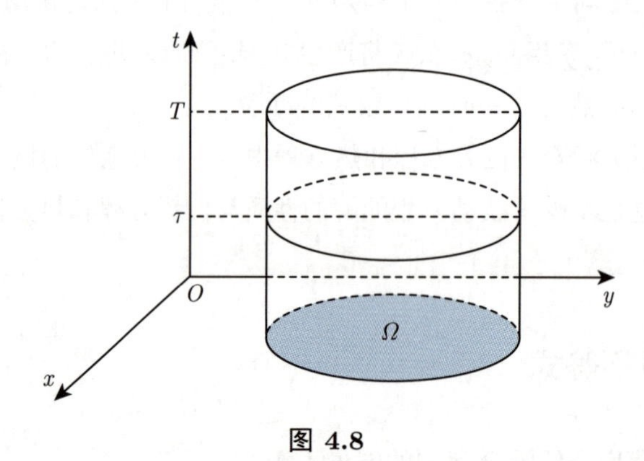

图 4.8

证明 在混合问题 (4.57) 的方程两端同时乘以 $u_t(x,y,t)$, 并在区域 $\overline{\Omega}_\tau$ 上积分, 我们得到等式

$$\begin{aligned}&\iiint\limits_{\overline{\Omega}_\tau}u_t(x,y,t)\left[u_{tt}(x,y,t)-a^2(u_{xx}(x,y,t)+u_{yy}(x,y,t))\right]\mathrm{d}x\mathrm{d}y\mathrm{d}t\\&\quad=\iiint\limits_{\overline{\Omega}_\tau}u_t(x,y,t)f(x,y,t)\,\mathrm{d}x\mathrm{d}y\mathrm{d}t.\end{aligned}$$

注意到

$$
\begin{aligned}
&u_t\Big[u_{tt}(x,y,t)-a^2(u_{xx}(x,y,t)+u_{yy}(x,y,t))\Big]\\
&=\frac{1}{2}\Big[u_t^2(x,y,t)+a^2(u_x^2(x,y,t)+u_y^2(x,y,t))\Big]_t\\
&\quad -a^2[(u_t(x,y,t)u_x(x,y,t))_x+(u_t(x,y,t)u_y(x,y,t))_y],
\end{aligned}
$$

将上述等式的左端记为 I, 对积分 I 应用 Gauss-Green 公式, 得到

$$
\begin{aligned}
I=\iint\limits_{\partial\Omega_\tau}&\Big\{\frac{1}{2}\Big[u_t^2(x,y,t)+a^2(u_x^2(x,y,t)+u_y^2(x,y,t))\Big]\cos(\boldsymbol{n},t)\\
&-a^2(u_t(x,y,t)u_x(x,y,t)\cos(\boldsymbol{n},x)\\
&+u_t(x,y,t)u_y(x,y,t)\cos(\boldsymbol{n},y))\Big\}\mathrm{d}S,
\end{aligned}
$$

其中 $\boldsymbol{n}$ 是边界 $\partial\Omega_\tau$ 的单位外法向量.

下面利用边值条件证明在柱体 $\overline{\Omega}\times[0,\tau]$ 的侧面 $\partial\Omega\times[0,\tau]$ 上的积分为零. 事实上, 在侧面 $\partial\Omega\times[0,\tau]$ 上, $\cos(\boldsymbol{n},t)=0$, 而由边值条件 $u|_{\partial\Omega}=0$ 则有 $u_t|_{\partial\Omega}=0$, 于是在该柱体的侧面 $\partial\Omega\times[0,\tau]$ 上的积分为零, 从而

$$
\begin{aligned}
I=&\frac{1}{2}\iint\limits_{\overline{\Omega}}\Big[u_t^2(x,y,\tau)+a^2(u_x^2(x,y,\tau)+u_y^2(x,y,\tau))\Big]\mathrm{d}x\mathrm{d}y\\
&-\frac{1}{2}\iint\limits_{\overline{\Omega}}\Big[\psi^2(x,y)+a^2(\varphi_x^2(x,y)+\varphi_y^2(x,y))\Big]\mathrm{d}x\mathrm{d}y.
\end{aligned}
$$

于是, 当 $f(x,y,t)\equiv 0$ 时, 估计式 (4.59) 得证.

我们接着处理上述等式的右端. 由代数不等式 $2ab\leqslant\varepsilon a^2+\dfrac{1}{\varepsilon}b^2$ $(\varepsilon>0)$, 我们得到

$$
\begin{aligned}
&\iiint\limits_{\overline{\Omega}_\tau}u_t(x,y,t)f(x,y,t)\,\mathrm{d}x\mathrm{d}y\mathrm{d}t\\
&\leqslant\frac{\varepsilon}{2}\iiint\limits_{\overline{\Omega}_\tau}u_t^2(x,y,t)\,\mathrm{d}x\mathrm{d}y\mathrm{d}t+\frac{1}{2\varepsilon}\iiint\limits_{\overline{\Omega}_\tau}f^2(x,y,t)\,\mathrm{d}x\mathrm{d}y\mathrm{d}t,
\end{aligned}
$$

这里 ε 是待定正数. 将此不等式代入开始我们得到的等式, 则有不等式

$$
\begin{aligned}
&\iint\limits_{\overline{\Omega}}\Big[u_t^2(x,y,\tau)+a^2(u_x^2(x,y,\tau)+u_y^2(x,y,\tau))\Big]\mathrm{d}x\mathrm{d}y\\
&\leqslant\iint\limits_{\overline{\Omega}}\Big[\psi^2(x,y)+a^2(\varphi_x^2(x,y)+\varphi_y^2(x,y))\Big]\mathrm{d}x\mathrm{d}y
\end{aligned}
$$

$$+\varepsilon \iiint\limits_{\overline{\Omega}_\tau} u_t^2(x,y,t)\,\mathrm{d}x\mathrm{d}y\mathrm{d}t + \frac{1}{\varepsilon}\iiint\limits_{\overline{\Omega}_\tau} f^2(x,y,t)\,\mathrm{d}x\mathrm{d}y\mathrm{d}t.$$

记

$$G(\tau) = \iiint\limits_{\overline{\Omega}_\tau} \left[u_t^2(x,y,t) + a^2(u_x^2(x,y,t) + u_y^2(x,y,t))\right] \mathrm{d}x\mathrm{d}y\mathrm{d}t,$$

则可以得到 $G(\tau)$ 满足的一个微分不等式

$$\frac{\mathrm{d}G(\tau)}{\mathrm{d}\tau} \leqslant \varepsilon G(\tau) + F_\varepsilon(\tau),$$

其中

$$\begin{aligned} F_\varepsilon(\tau) = &\iint\limits_{\overline{\Omega}} \left[\psi^2(x,y) + a^2(\varphi_x^2(x,y) + \varphi_y^2(x,y))\right] \mathrm{d}x\mathrm{d}y \\ &+ \frac{1}{\varepsilon}\iiint\limits_{\overline{\Omega}_\tau} f^2(x,y,t)\,\mathrm{d}x\mathrm{d}y\mathrm{d}t \end{aligned}$$

是 τ 的单调递增函数. 利用 Gronwall 不等式 (见引理 3.18), 得到

$$\begin{aligned} G(\tau) &\leqslant \int_0^\tau \mathrm{e}^{\varepsilon(\tau-t)} F_\varepsilon(t)\,\mathrm{d}t \\ &\leqslant \frac{1}{\varepsilon}(\mathrm{e}^{\varepsilon\tau} - 1)F_\varepsilon(\tau), \end{aligned}$$

于是

$$\frac{\mathrm{d}G(\tau)}{\mathrm{d}\tau} \leqslant \mathrm{e}^{\varepsilon\tau} F_\varepsilon(\tau) \leqslant \mathrm{e}^{\varepsilon T} F_\varepsilon(\tau).$$

取 $\varepsilon = \dfrac{1}{T}$, 从而

$$\begin{aligned} &\iint\limits_{\overline{\Omega}} \left[u_t^2(x,y,\tau) + a^2(u_x^2(x,y,\tau) + u_y^2(x,y,\tau))\right] \mathrm{d}x\mathrm{d}y \\ &\quad \leqslant \mathrm{e}(1+T)\left\{ \iint\limits_{\overline{\Omega}} [\psi^2(x,y) + a^2(\varphi_x^2(x,y) + \varphi_y^2(x,y))]\,\mathrm{d}x\mathrm{d}y \right. \\ &\qquad \left. + \iiint\limits_{\overline{\Omega}_\tau} f^2(x,y,t)\,\mathrm{d}x\mathrm{d}y\mathrm{d}t \right\}. \end{aligned}$$

定理至此获证.

附注 4.10 如同附注 4.4 一样, 如果我们不记常数因子, 那么表达式

$$\iint\limits_{\overline{\Omega}} \left[u_t^2(x,y,\tau) + a^2(u_x^2(x,y,\tau) + u_y^2(x,y,\tau))\right] \mathrm{d}x\mathrm{d}y$$

表示物体 $\overline{\Omega}$ 在 τ 时刻的总能量, 其中第一部分表示动能, 第二部分表

示弹性势能. 当外力 $f(x,y,t)\equiv 0$ 时, 则式 (4.59) 表明在振动过程中能量守恒.

附注 4.11 对式 (4.59) 关于 t 从 0 到 τ $(0\leqslant\tau\leqslant T)$ 积分, 可以得到另一种形式的能量模估计

$$\begin{aligned}&\iiint\limits_{\overline{\Omega}_\tau}\left[u_t^2(x,y,t)+a^2(u_x^2(x,y,t)+u_y^2(x,y,t))\right]\mathrm{d}x\mathrm{d}y\mathrm{d}t\\&\leqslant M\Big\{\iint\limits_{\overline{\Omega}}\left[\psi^2(x,y)+a^2(\varphi_x^2(x,y)+\varphi_y^2(x,y))\right]\mathrm{d}x\mathrm{d}y\\&\quad+\iiint\limits_{\overline{\Omega}_\tau}f^2(x,y,t)\,\mathrm{d}x\mathrm{d}y\mathrm{d}t\Big\},\end{aligned}\tag{4.60}$$

其中 M 是只依赖于 T 的常数, $\Omega_\tau=\Omega\times(0,\tau)$. 同样, 利用附注 4.6 的方法, 我们可以得到解 $u(x,y,t)$ 的 L^2 估计.

附注 4.12 从能量模估计 (4.58) 不难导出波动方程混合问题的解在函数类 $C^1(\overline{\Omega}_T)\cap C^2(\Omega_T)$ 中的唯一性以及在能量模意义下对初值和非齐次项的连续依赖性.

*4.2.4 广义解

在这一小节中, 我们考虑下列较为简单的混合问题:

$$\begin{cases}u_{tt}-a^2u_{xx}=0, & (x,t)\in(0,l)\times(0,T),\\u(x,0)=\varphi(x), & x\in[0,l],\\u_t(x,0)=\psi(x), & x\in[0,l],\\u(0,t)=u(l,t)=0, & t\in[0,T].\end{cases}\tag{4.61}$$

在前面对混合问题 (4.61) 的求解过程中, 我们都要求所找的解在定解区域 $Q_T=(0,l)\times(0,T)$ 内部二次连续可微且满足方程, 同时在区域边界上满足初边值条件. 为了保证混合问题 (4.61) 在函数类 $C^1(\overline{Q}_T)\cap C^2(Q_T)$ 内有解, 我们对初边值提出一定的光滑性条件, 并在定解区域的角点 (0,0), $(0,l)$ 处提出一些相容性条件. 然而, 从物理学上看, 这样的光滑性条件过于苛刻, 也不自然. 我们举一个简单例子来阐明这个问题. 考虑一根两端固定的弦, 在弦上一点 x_0 (非端点) 处将弦线提起, 使它离开水平位置, 然后轻轻放下, 弦就开始做横振动 (图 4.9).

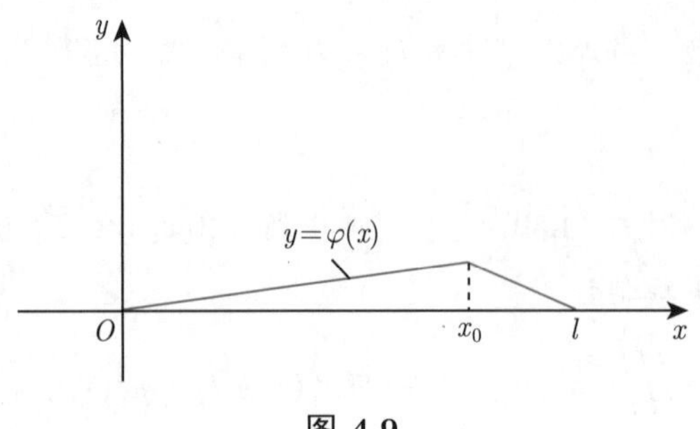

图 4.9

这样的混合问题在物理学上是明确的, 而在数学上, 如果我们拘泥于前面的解的定义, 这样的混合问题在古典解的框架下是无解的. 因为此混合问题中初速度为零, 初位移 $\varphi(x)$ 在点 x_0 处不可微, 所以不满足定理 4.9 的条件. 实际上, 由波动方程的性质, 解在初值处的奇性沿特征线向内部传播. 更精确地说, 当 $t>0$ 时, $\varphi'(x)$ 在点 x_0 处的不连续性将沿着特征线 $x-x_0=at$ 和 $x-x_0=-at$, 并通过固定边界 $x=0$, $x=l$ 的反射, 向定解区域内部传播. 所以, 混合问题 (4.61) 在 Q_T 上不可能存在二次连续可微的解.

为了使得这样的混合问题在数学上存在解, 我们必须在一个更大的函数空间中求解, 从而需要扩大解的函数类. 因此, 我们必须放弃对解的二次连续可微的要求. 我们通常将原来二次连续可微的解称为**古典解**, 而将在扩大的函数类中的解称为**广义解**. 为了使在扩大的函数类中找到的解符合实际问题的要求, 我们在扩大解的函数类时必须遵行一定的原则. 这些原则就是:

(1) 古典解必是广义解;

(2) 广义解是存在且唯一的, 而且在一定意义下连续依赖于定解数据.

定义广义解的方式有很多种, 但最自然的方式是回到原来的物理模型, 按照变分原理来定义. 这是因为, 我们考虑的方程都是在假设解是二次连续可微的条件下, 由积分等式导出的. 既然要降低解的光滑性要求, 那么广义解满足方程只能在较弱的意义下理解. 因此, 我们希望广义解在适当意义下满足积分等式.

如果 $u(x,t)\in C^2(\overline{Q}_T)$ 是混合问题 (4.61) 的古典解, 对于任意 $\zeta(x,t)\in C^2(\overline{Q}_T)$, 将混合问题 (4.61) 的方程两端同时乘以 $\zeta(x,t)$, 并在 $\overline{Q}_T$ 上积分, 则

$$\iint\limits_{\overline{Q}_T}(u_{tt}(x,t)-a^2u_{xx}(x,t))\zeta(x,t)\,\mathrm{d}x\mathrm{d}t=0.$$

对上式分部积分, 且将 $u(x,t)$ 的偏导数转移到 $\zeta(x,t)$ 上, 得到等式

$$\iint\limits_{\overline{Q}_T}u(x,t)(\zeta_{tt}(x,t)-a^2\zeta_{xx}(x,t))\,\mathrm{d}x\mathrm{d}t$$

$$+\int_0^l(u_t(x,t)\zeta(x,t)-u(x,t)\zeta_t(x,t))\Big|_0^T\,\mathrm{d}x$$

$$-a^2\int_0^T (u_x(x,t)\zeta(x,t))\Big|_0^l \,\mathrm{d}t=0.$$

由 $u(x,t)$ 满足的初边值条件, 并假设 $\zeta(x,t)$ 满足

$$\zeta(x,T)=\zeta_t(x,T)=\zeta(0,t)=\zeta(l,t)=0,$$

则上面的等式简化为积分等式

$$\iint\limits_{\overline{Q}_T} u(x,t)(\zeta_{tt}(x,t)-a^2\zeta_{xx}(x,t))\,\mathrm{d}x\mathrm{d}t$$
$$+\int_0^l \varphi(x)\zeta_t(x,0)\,\mathrm{d}x-\int_0^l \psi(x)\zeta(x,0)\,\mathrm{d}x=0. \tag{4.62}$$

实际上, 当 $u(x,t)\in C(\overline{Q}_T)$ 时, 积分等式 (4.62) 有意义. 这提示我们, 可以利用此积分等式来降低解的光滑性要求. 而对于 $\mathcal{D}=\{\zeta(x,t)\in C^2(\overline{Q}_T)|\zeta(x,T)=\zeta_t(x,T)=\zeta(0,t)=\zeta(l,t)=0\}$, 通常我们称之为**试验函数类**, 并称 $\zeta(x,t)\in\mathcal{D}$ 为**试验函数**.

定义 4.3 设函数 $u(x,t)\in C(\overline{Q}_T)$ 满足边值条件 $u(0,t)=0$, $u(l,t)=0$. 如果对于任意试验函数 $\zeta(x,t)\in\mathcal{D}$, 积分等式 (4.62) 成立, 则称函数 $u(x,t)$ 为混合问题 (4.61) 的**广义解**.

从广义解的引入过程我们知道, 古典解一定是广义解, 即原则 (1) 成立. 通过引入广义解的概念, 我们可以大大降低对初值的光滑性以及在角点 $(0,0)$, $(0,l)$ 处的相容性的要求, 使得一些过去认为无解的混合问题在广义解的意义下也存在解.

定理 4.11 若 $\varphi(x)\in C[0,l]$, $\varphi(0)=\varphi(l)=0$, $\varphi'(x)$, $\psi(x)$ 在区间 $[0,l]$ 上除去有限个第一类间断点外连续, 则混合问题 (4.61) 存在唯一的广义解, 且仍可表示成式 (4.49) 的形式.

证明 存在性 我们在这里给出一个构造性证明. 根据关于 $\varphi(x),\psi(x)$ 的假设, 它们按特征函数系 $\left\{\sin\frac{n\pi}{l}x\right\}$ 展开的 Fourier 级数如下:

$$\varphi(x)\sim\sum_{n=1}^{\infty}\varphi_n\sin\frac{n\pi}{l}x, \tag{4.63}$$

$$\psi(x)\sim\sum_{n=1}^{\infty}\psi_n\sin\frac{n\pi}{l}x, \tag{4.64}$$

其中 φ_n, $\psi_n(n=1,2,\cdots)$ 分别是 $\varphi(x)$, $\psi(x)$ 的 Fourier 系数. 我们有

$$\varphi_n=\frac{2}{l}\int_0^l\varphi(x)\sin\frac{n\pi}{l}x\,\mathrm{d}x$$
$$=\frac{l}{n\pi}\cdot\frac{2}{l}\int_0^l\varphi'(x)\cos\frac{n\pi}{l}x\,\mathrm{d}x$$

$$= \frac{l}{n\pi}\varphi_n',$$

这里 φ_n' 是 $\varphi'(x)$ 按特征函数系 $\left\{\cos\frac{n\pi}{l}x\right\}_{n=0}^{\infty}$ 展开的 Fourier 系数, 即

$$\varphi'(x) \sim \frac{\varphi_0'}{2} + \sum_{n=1}^{\infty}\varphi_n'\cos\frac{n\pi}{l}x.$$

记 $\varphi_N(x), \psi_N(x)$ 分别是级数 (4.63), (4.64) 的前 N 项部分和, 即

$$\varphi_N(x) = \sum_{n=1}^{N}\varphi_n\sin\frac{n\pi}{l}x,$$

$$\psi_N(x) = \sum_{n=1}^{N}\psi_n\sin\frac{n\pi}{l}x.$$

又记

$$\varphi_N'(x) = \frac{\varphi_0'}{2} + \sum_{n=1}^{N}\varphi_n'\cos\frac{n\pi}{l}x.$$

由于特征函数系 $\left\{\sin\frac{n\pi}{l}x\right\}$ 和特征函数系 $\left\{\cos\frac{n\pi}{l}x\right\}_{n=0}^{\infty}$ 的完备性, 且 $\varphi(x), \psi(x), \varphi'(x) \in L^2([0,l])$, 我们有

$$\lim_{N\to+\infty}\int_0^l |\varphi(x)-\varphi_N(x)|^2\,\mathrm{d}x = 0, \tag{4.65}$$

$$\lim_{N\to+\infty}\int_0^l |\psi(x)-\psi_N(x)|^2\,\mathrm{d}x = 0, \tag{4.66}$$

$$\lim_{N\to+\infty}\int_0^l |\varphi'(x)-\varphi_N'(x)|^2\,\mathrm{d}x = 0.$$

利用特征函数系的正交性, 我们得到 Bessel 不等式

$$\sum_{n=1}^{\infty}(\varphi_n')^2 \leqslant \frac{2}{l}\int_0^l |\varphi'(x)|^2\,\mathrm{d}x, \tag{4.67}$$

$$\sum_{n=1}^{\infty}\psi_n^2 \leqslant \frac{2}{l}\int_0^l |\psi(x)|^2\,\mathrm{d}x. \tag{4.68}$$

考虑混合问题

$$\begin{cases} \dfrac{\partial^2 u_N}{\partial t^2} - a^2\dfrac{\partial^2 u_N}{\partial x^2} = 0, & (x,t)\in Q_T, \\ u_N(x,0) = \varphi_N(x), & x\in[0,l], \\ \dfrac{\partial u_N}{\partial t}(x,0) = \psi_N(x), & x\in[0,l], \\ u_N(0,t) = u_N(l,t) = 0, & t\in[0,T]. \end{cases} \tag{4.69}$$

由定理 4.9 和定理 4.10 知, 混合问题 (4.69) 存在唯一解 $u_N(x,t)$, 且它可以表示成

$$u_N(x,t)=\sum_{n=1}^{N}\left(A_n\cos\frac{na\pi}{l}t+B_n\sin\frac{na\pi}{l}t\right)\sin\frac{n\pi}{l}x,$$

这里

$$A_n=\varphi_n=\frac{l}{n\pi}\varphi_n',\quad B_n=\frac{l}{na\pi}\psi_n,\quad n=1,2,\cdots,N.$$

因此, $u_N(x,t)$ 是级数 (4.49) 的前 N 项部分和. 在混合问题 (4.69) 的方程两端同时乘以 $\zeta(x,t)\in\mathcal{D}$, 再分部积分, 得到

$$\begin{aligned}&\iint\limits_{\overline{Q}_T}u_N(x,t)(\zeta_{tt}(x,t)-a^2\zeta_{xx}(x,t))\,\mathrm{d}x\mathrm{d}t+\int_0^l\varphi_N(x)\zeta_t(x,0)\,\mathrm{d}x\\&-\int_0^l\psi_N(x)\zeta(x,0)\,\mathrm{d}x=0.\end{aligned}\tag{4.70}$$

令

$$u(x,t)=\sum_{n=1}^{\infty}\left(A_n\cos\frac{na\pi}{l}t+B_n\sin\frac{na\pi}{l}t\right)\sin\frac{n\pi}{l}x,$$

这里 $A_n=\dfrac{l}{n\pi}\varphi_n'$, $B_n=\dfrac{l}{na\pi}\psi_n$ $(n=1,2,\cdots)$. 我们先证明它是 $u_N(x,t)$ 的极限函数. 记

$$\begin{aligned}r_N(x,t)&=u(x,t)-u_N(x,t)\\&=\sum_{n=N+1}^{\infty}\left(A_n\cos\frac{na\pi}{l}t+B_n\sin\frac{na\pi}{l}t\right)\sin\frac{n\pi}{l}x.\end{aligned}$$

由于

$$\begin{aligned}|r_N(x,t)|&\leqslant\sum_{n=N+1}^{\infty}|A_n|+|B_n|\\&\leqslant\sum_{n=N+1}^{\infty}\frac{l}{n\pi}\left(|\varphi_n'|+\frac{1}{a}|\psi_n|\right)\\&\leqslant\sum_{n=N+1}^{\infty}\left(\frac{l}{n\pi}\right)^2+\frac{1}{2}\sum_{n=N+1}^{\infty}\left(|\varphi_n'|^2+\frac{1}{a^2}|\psi_n|^2\right),\end{aligned}$$

由式 (4.67), (4.68) 知, 当 $N\to\infty$ 时, $u_N(x,t)$ 一致收敛于 $u(x,t)$. 由于 $u_N(x,t)\in C(\overline{Q}_T)$, 因而 $u(x,t)\in C(\overline{Q}_T)$. 利用式 (4.65), (4.66), 令 $N\to+\infty$, 从式 (4.70) 得到

$$\iint\limits_{\overline{Q}_T}u(x,t)(\zeta_{tt}(x,t)-a^2\zeta_{xx}(x,t))\,\mathrm{d}x\mathrm{d}t+\int_0^l\varphi(x)\zeta_t(x,0)\,\mathrm{d}x$$

$$-\int_0^l \psi(x)\zeta(x,0)\,\mathrm{d}x = 0.$$

这说明, $u_N(x,t)$ 的极限函数 $u(x,t)$ 是混合问题 (4.61) 的广义解. 至此广义解的存在性获证.

唯一性 设混合问题 (4.61) 有两个解 $u_1(x,t)$, $u_2(x,t)$. 记函数 $w(x,t) = u_1(x,t) - u_2(x,t)$. 由于 $u_1(x,t)$, $u_2(x,t)$ 满足积分等式 (4.62), 则对于任意 $\zeta \in \mathcal{D}$, 函数 $w(x,t)$ 满足

$$\iint\limits_{\overline{Q}_T} w(x,t)(\zeta_{tt}(x,t) - a^2\zeta_{xx}(x,t))\,\mathrm{d}x\mathrm{d}t = 0. \tag{4.71}$$

设 $g(x,t) \in C_0^\infty(Q_T)$ ($g(x,t) \in C^\infty(Q_T)$ 且在 ∂Q_T 的一个邻域上为零). 考虑定解问题

$$\begin{cases} \zeta_{tt} - a^2\zeta_{xx} = g(x,t), & (x,t) \in (0,l) \times (0,T), \\ \zeta(x,T) = 0, & x \in [0,l], \\ \zeta_t(x,T) = 0, & x \in [0,l], \\ \zeta(0,t) = \zeta(l,t) = 0, & t \in [0,T]. \end{cases} \tag{4.72}$$

做变量替换 $\tau = T - t$ 和函数变换 $\bar{\zeta}(x,\tau) = \zeta(x,t) = \zeta(x, T-\tau)$, 则 $\bar{\zeta}(x,t)$ 在 Q_T 上满足混合问题

$$\begin{cases} \bar{\zeta}_{\tau\tau} - a^2\bar{\zeta}_{xx} = \bar{g}(x,\tau), & (x,\tau) \in (0,l) \times (0,T), \\ \bar{\zeta}(x,0) = 0, & x \in [0,l], \\ \bar{\zeta}_\tau(x,0) = 0, & x \in [0,l], \\ \bar{\zeta}(0,\tau) = \bar{\zeta}(l,\tau) = 0, & \tau \in [0,T]. \end{cases} \tag{4.73}$$

由于 $\bar{g}(x,\tau) = g(x, T-\tau)$ 是光滑函数且在 ∂Q_T 的一个邻域上为零, 从而在定解区域 Q_T 的角点 $(0,0)$, $(l,0)$ 处有相容性条件

$$\bar{\zeta}(0,0) = \bar{\zeta}_\tau(0,0) = \bar{\zeta}(l,0) = \bar{\zeta}_\tau(l,0) = 0,$$

$$\bar{\zeta}_{\tau\tau}(0,0) - a^2\bar{\zeta}_{xx}(0,0) = \bar{g}(0,0) = g(0,T) = 0,$$

$$\bar{\zeta}_{\tau\tau}(l,0) - a^2\bar{\zeta}_{xx}(l,0) = \bar{g}(l,0) = g(l,T) = 0.$$

由分离变量法知, 混合问题 (4.73) 存在解 $\bar{\zeta}(x,\tau) \in C^2(\overline{Q}_T)$. 显然, 函数 $\zeta(x,t) = \zeta(x, T-t) \in \mathcal{D}$ 是定解问题 (4.72) 的解. 于是, 我们从积分等式 (4.71) 得到, 对于任意 $g(x,t) \in C_0^\infty(Q_T)$, 有

$$\iint\limits_{\overline{Q}_T} w(x,t)g(x,t)\,\mathrm{d}x\mathrm{d}t = 0. \tag{4.74}$$

下面证明在 Q_T 上有 $w(x,t) \equiv 0$. 我们用反证法. 记 $\boldsymbol{z} = (x,t)$, $\mathrm{d}\boldsymbol{z} = \mathrm{d}x\mathrm{d}t$. 假设存在一点 $\boldsymbol{z}_0 = (x_0,t_0) \in Q_T$, 使得 $w(\boldsymbol{z}_0) \neq 0$. 不妨设 $w(\boldsymbol{z}_0) > 0$. 由函数 $w(\boldsymbol{z})$ 的连续性

知, 存在一个以点 $\boldsymbol{z}_0$ 为圆心, r_0 为半径的圆盘 $B(\boldsymbol{z}_0, r_0) \subset Q_T$, 使得

$$w(\boldsymbol{z}) \geqslant \frac{1}{2} w(\boldsymbol{z}_0), \quad \boldsymbol{z} \in B(\boldsymbol{z}_0, r_0).$$

取 $g(\boldsymbol{z}) \in C_0^\infty(Q_T)$, 使得在 Q_T 上有 $g(\boldsymbol{z}) \geqslant 0$. 在圆盘 $B\left(\boldsymbol{z}_0, \dfrac{r_0}{2}\right)$ 上有 $g(\boldsymbol{z}) \equiv 1$, 在 $Q_T \setminus B(\boldsymbol{z}_0, r_0)$ 上有 $g(\boldsymbol{z}) \equiv 0$, 于是

$$\begin{aligned}
\iint\limits_{\overline{Q}_T} w(x,t) g(x,t) \, \mathrm{d}x\mathrm{d}t &= \int_{B(\boldsymbol{z}_0, r_0)} w(\boldsymbol{z}) g(\boldsymbol{z}) \, \mathrm{d}\boldsymbol{z} \\
&\geqslant \int_{B\left(\boldsymbol{z}_0, \frac{r_0}{2}\right)} w(\boldsymbol{z}) g(\boldsymbol{z}) \, \mathrm{d}\boldsymbol{z} \\
&\geqslant \frac{\pi r_0^2}{8} w(\boldsymbol{z}_0) \\
&> 0.
\end{aligned}$$

这与式 (4.74) 矛盾, 因此在 Q_T 上有 $w(x,t) \equiv 0$. 由于函数 $w(x,t)$ 的连续性, 从而在 $\overline{Q}_T$ 上有 $w(x,t) \equiv 0$. 至此, 广义解的唯一性获证.

仿照唯一性的证明, 我们可以进一步证明广义解满足下列形式的 L^2 模估计.

定理 4.12 混合问题 (4.61) 的广义解 $u(x,t)$ 满足

$$\iint\limits_{\overline{Q}_T} u^2(x,t) \, \mathrm{d}x\mathrm{d}t \leqslant M\left(\int_0^l \varphi^2(x) \, \mathrm{d}x + \int_0^l \psi^2(x) \, \mathrm{d}x \right), \tag{4.75}$$

其中 M 是仅与 a 和 T 有关的常数.

证明 对于混合问题 (4.61) 的广义解 $u(x,t)$, 我们可以找到一列 $u_n(x,t) \in C_0^\infty(Q_T)$ $(n = 1, 2, \cdots)$, 使得

$$\iint\limits_{\overline{Q}_T} |u(x,t) - u_n(x,t)|^2 \, \mathrm{d}x\mathrm{d}t \leqslant \frac{1}{n}, \quad n = 1, 2, \cdots. \tag{4.76}$$

固定 $n \in \mathbb{Z}$, 考虑混合问题

$$\begin{cases}
\zeta_{tt} - a^2 \zeta_{xx} = u_n(x,t), & (x,t) \in (0,l) \times (0,T), \\
\zeta(x,T) = 0, & x \in [0,l], \\
\zeta_t(x,T) = 0, & x \in [0,l], \\
\zeta(0,t) = \zeta(l,t) = 0, & t \in [0,T].
\end{cases} \tag{4.77}$$

由唯一性定理的证明, 利用分离变量法知混合问题 (4.77) 存在解 $\zeta_n(x,t) \in C^2(\overline{Q}_T)$. 于是, 取积分等式 (4.62) 中的试验函数为 $\zeta_n(x,t)$, 我们得到

$$\iint\limits_{\overline{Q}_T} u(x,t) u_n(x,t) \, \mathrm{d}x\mathrm{d}t + \int_0^l \varphi(x) \zeta_{nt}(x,0) \, \mathrm{d}x$$

$$-\int_0^l \psi(x)\zeta_n(x,0)\,\mathrm{d}x = 0. \tag{4.78}$$

由于 $\zeta_n(x,t) \in C^2(\overline{Q}_T)$ 是混合问题 (4.77) 的古典解, 由定理 4.10 我们不难证明下列能量不等式:

$$\int_0^l |\zeta_{nt}(x,0)|^2\,\mathrm{d}x \leqslant C_1 \iint\limits_{\overline{Q}_T} u_n^2(x,t)\,\mathrm{d}x\mathrm{d}t,$$

$$\int_0^l |\zeta_n(x,0)|^2\,\mathrm{d}x \leqslant C_2 \iint\limits_{\overline{Q}_T} u_n^2(x,t)\,\mathrm{d}x\mathrm{d}t.$$

于是, 从式 (4.78) 和不等式 $2ab \leqslant \varepsilon a^2 + \dfrac{1}{\varepsilon}b^2(\varepsilon > 0)$, 我们得到

$$\begin{aligned}
&\iint\limits_{\overline{Q}_T} u(x,t)u_n(x,t)\,\mathrm{d}x\mathrm{d}t \\
&\quad\leqslant \left(\int_0^l \varphi^2(x)\,\mathrm{d}x\right)^{\frac{1}{2}} \left(\int_0^l |\zeta_{nt}(x,0)|^2\,\mathrm{d}x\right)^{\frac{1}{2}} \\
&\quad\quad + \left(\int_0^l \psi^2(x)\,\mathrm{d}x\right)^{\frac{1}{2}} \left(\int_0^l |\zeta_n(x,0)|^2\,\mathrm{d}x\right)^{\frac{1}{2}} \\
&\quad\leqslant \frac{1}{2}\iint\limits_{\overline{Q}_T} u_n^2(x,t)\,\mathrm{d}x\mathrm{d}t + C_3\int_0^l (\varphi^2(x)+\psi^2(x))\,\mathrm{d}x.
\end{aligned}$$

令 $n \to +\infty$, 由式 (4.76) 我们得到

$$\iint\limits_{\overline{Q}_T} u^2(x,t)\,\mathrm{d}x\mathrm{d}t \leqslant \frac{1}{2}\iint\limits_{\overline{Q}_T} u^2(x,t)\,\mathrm{d}x\mathrm{d}t + C_3\int_0^l (\varphi^2(x)+\psi^2(x))\,\mathrm{d}x,$$

移项就得到式 (4.75).

推论 4.13　若 $u_i(x,t)$ $(i=1,2)$ 是相应于初值为 $\varphi_i(x)$, $\psi_i(x)(i=1,2)$ 的混合问题 (4.61) 的广义解, 则

$$\begin{aligned}
&\iint\limits_{\overline{Q}_T} |u_1(x,t)-u_2(x,t)|^2\,\mathrm{d}x\mathrm{d}t \\
&\quad\leqslant M\left(\int_0^l |\varphi_1(x)-\varphi_2(x)|^2\,\mathrm{d}x + \int_0^l |\psi_1(x)-\psi_2(x)|^2\,\mathrm{d}x\right),
\end{aligned}$$

其中 M 是仅与 a 和 T 有关的常数.

这就说明了广义解在 L^2 模意义下对于初值的连续依赖性.

附注 4.13 定理 4.11 和推论 4.13 实际上说明混合问题 (4.61) 在广义解框架下仍然是适定的, 从而说明原则 (2) 也成立.

习题四

1. 用特征线法求解下列初值问题:

(1) $\begin{cases} u_t + 2u_x = 0, & (x,t) \in \mathbb{R}_+^2, \\ u(x,0) = x^2, & x \in \mathbb{R}; \end{cases}$

(2) $\begin{cases} u_t + 2u_x + u = xt, & (x,t) \in \mathbb{R}_+^2, \\ u(x,0) = 2 - x, & x \in \mathbb{R}; \end{cases}$

(3) $\begin{cases} 2u_t - u_x + xu = 0, & (x,t) \in \mathbb{R}_+^2, \\ u(x,0) = 2x\mathrm{e}^{\frac{x^2}{2}}, & x \in \mathbb{R}; \end{cases}$

(4) $\begin{cases} u_t + (1+x^2)u_x - u = 0, & (x,t) \in \mathbb{R}_+^2, \\ u(x,0) = \arctan x, & x \in \mathbb{R}; \end{cases}$

(5) $\begin{cases} u_t + \boldsymbol{A} \cdot \nabla u + cu = 0, & (\boldsymbol{x},t) \in \mathbb{R}_+^{n+1}, \\ u(\boldsymbol{x},0) = \varphi(\boldsymbol{x}), & \boldsymbol{x} \in \mathbb{R}^n, \end{cases}$ 这里 $\boldsymbol{A} \in \mathbb{R}^n$ 是常向量, $c \in \mathbb{R}$ 是常数.

2. 用特征线法求解拟线性方程的初值问题

$$\begin{cases} u_t + uu_x = 0, & (x,t) \in \mathbb{R}_+^2, \\ u(x,0) = \varphi(x), & x \in \mathbb{R}, \end{cases}$$

其中 $\varphi(x)$ 是一个单调递增函数.

3. (1) 设 $u = u(x,y)$ 在凸连通开区域 $\Omega \subset \mathbb{R}^2$ 上满足方程

$$u_{xy} = 0,$$

求此方程的所有解;

(2) 利用变量替换

$$\xi = x + at, \quad \eta = x - at$$

证明:

$$u_{tt} - a^2 u_{xx} = 0 \quad (a > 0)$$

当且仅当 $u_{\xi\eta} = 0$;

(3) 利用 (1), (2) 推导 d'Alembert 公式.

4. 设有 $\mathbb{R}_+^2$ 上的一个平行四边形 $ABCD$, 其中两条边 AB, CD 平行于波动方程 $u_{tt}-a^2u_{xx}=0$ $(a>0)$ 的一条特征线 $x-at=0$, 另两条边 AD, BC 平行于该波动方程的另一条特征线 $x+at=0$. 这样的平行四边形称为**特征平行四边形**. 设 $u(x,t)$ 是该波动方程的解, 证明:

$$u(A)+u(C)=u(B)+u(D),$$

其中 $u(A),u(B),u(C),u(D)$ 分别表示函数 $u(x,t)$ 在点 A,B,C,D 处的值.

5. 假设电场强度 $\boldsymbol{E}=(E_1,E_2,E_3)$ 和磁场强度 $\boldsymbol{B}=(B_1,B_2,B_3)$ 满足 Maxwell 方程组

$$\begin{cases}\dfrac{1}{c}\cdot\dfrac{\partial \boldsymbol{E}}{\partial t}=\operatorname{curl}\boldsymbol{B},\\ \dfrac{1}{c}\cdot\dfrac{\partial \boldsymbol{B}}{\partial t}=-\operatorname{curl}\boldsymbol{E},\\ \operatorname{div}\boldsymbol{E}=\operatorname{div}\boldsymbol{B}=0,\end{cases}$$

这里 c 为光速, 证明: 它们的分量 E_1, E_2, E_3, B_1, B_2, B_3 满足波动方程

$$u_{tt}-c^2\Delta u=0.$$

6. 证明: 偏微分方程

$$\left(1-\frac{x}{h}\right)^2\frac{\partial^2 u}{\partial t^2}=a^2\frac{\partial}{\partial x}\left[\left(1-\frac{x}{h}\right)^2\frac{\partial u}{\partial x}\right]$$

的通解可以表示成

$$u(x,t)=\frac{F(x-at)+G(x+at)}{h-x},$$

其中 F, G 是任意二次连续可微函数, h, a 为正常数.

7. 直接用特征线法来求解初值问题 (4.13).

8. 证明定理 4.2 和推论 4.3.

9. 当初值 $u(x,0)=\varphi(x)$, $u_t(x,0)=\psi(x)$ 满足什么条件时, 一维齐次波动方程初值问题的解仅由右行波组成 (通解为 $G(x-at)$ 的形式)?

10. 已知初值问题

$$\begin{cases}u_{tt}-u_{xx}=0, & x\in\mathbb{R},\ t>ax,\\ u|_{t=ax}=u_0(x), & x\in\mathbb{R},\\ u_t|_{t=ax}=u_1(x), & x\in\mathbb{R},\end{cases}$$

其中 $a\neq\pm1$. 若初值在 $b\leqslant x\leqslant c$ 上给定, 试问: 它的解在什么区域确定?

11. 证明: 初值问题

$$\begin{cases}u_{tt}-u_{xx}=6(x+t), & x\in\mathbb{R},\ t>x,\\ u|_{t=x}=0, & x\in\mathbb{R},\\ u_t|_{t=x}=\psi(x), & x\in\mathbb{R}\end{cases}$$

有解的充要条件是 $\psi(x)-3x^2=\text{const}$; 若这个初值问题有解, 则其解不是唯一的. 试问: 当在直线 $t=ax$ 上给定初值时, 为什么对于 $a=\pm1$ 和 $a\neq\pm1$ 的情形, 关于解的存在和唯一性的结论完全不同?

12. 设 a 为正常数, 利用 Fourier 变换求解三维波动方程的初值问题

$$\begin{cases} u_{tt}-a^2(u_{xx}+u_{yy}+u_{zz})=0, & (x,y,z,t)\in\mathbb{R}_+^4, \\ u|_{t=0}=\varphi(x,y,z), & (x,y,z)\in\mathbb{R}^3, \\ u_t|_{t=0}=\psi(x,y,z), & (x,y,z)\in\mathbb{R}^3. \end{cases}$$

13. 设 a 为正常数, 利用 Fourier 变换求解二维波动方程的初值问题

$$\begin{cases} u_{tt}-a^2(u_{xx}+u_{yy})=0, & (x,y,t)\in\mathbb{R}_+^3, \\ u|_{t=0}=\varphi(x,y), & (x,y)\in\mathbb{R}^2, \\ u_t|_{t=0}=\psi(x,y), & (x,y)\in\mathbb{R}^2. \end{cases}$$

14. 设 $u(x,y,z,t)$ 是三维波动方程的初值问题

$$\begin{cases} u_{tt}-a^2(u_{xx}+u_{yy}+u_{zz})=0, & (x,y,z,t)\in\mathbb{R}_+^4, \\ u|_{t=0}=f(x)+g(y), & (x,y,z)\in\mathbb{R}^3, \\ u_t|_{t=0}=\varphi(y)+\psi(z), & (x,y,z)\in\mathbb{R}^3 \end{cases}$$

的解, 其中 a 为正常数, 求 $u(x,y,z,t)$ 的表达式.

15. 设函数 $\varPhi\in C^2(\mathbb{R})$, 向量 $\boldsymbol{\alpha}\in\mathbb{R}^n$ 且 $|\boldsymbol{\alpha}|=1$, 证明: $\varPhi(\boldsymbol{\alpha}\cdot\boldsymbol{x}+at)$ 满足 n 维波动方程

$$u_{tt}-a^2\Delta u=0,$$

这里 a 为正常数, $\boldsymbol{x}=(x_1,x_2,\cdots,x_n)$, $\Delta=\dfrac{\partial^2}{\partial x_1^2}+\dfrac{\partial^2}{\partial x_2^2}+\cdots+\dfrac{\partial^2}{\partial x_n^2}$. 波动方程的这种形式的解称为**平面波解**.

16. 设 a 为正常数, 证明: 三维波动方程

$$u_{tt}-a^2\Delta u=0,\quad (\boldsymbol{x},t)\in\mathbb{R}_+^4$$

所有径向对称的解可以表示为如下形式:

$$u(\boldsymbol{x},t)=\frac{F(|\boldsymbol{x}|-at)+G(|\boldsymbol{x}|+at)}{|\boldsymbol{x}|},\quad \boldsymbol{x}\neq\boldsymbol{0}.$$

其中 F,G 为两个一元函数.

17. 设 a 为正常数, 求解下列初值问题:

(1) $\begin{cases} u_{tt}-a^2(u_{xx}+u_{yy})=0, & (x,y,t)\in\mathbb{R}_+^3, \\ u|_{t=0}=x^2(x+y),\ u_t|_{t=0}=0, & (x,y)\in\mathbb{R}^2; \end{cases}$

(2) $\begin{cases} u_{tt} - a^2(u_{xx} + u_{yy} + u_{zz}) = 0, & (x, y, z, t) \in \mathbb{R}^4_+, \\ u|_{t=0} = x^2 + y^2 z,\ u_t|_{t=0} = 1 + y, & (x, y, z) \in \mathbb{R}^3. \end{cases}$

18. 设 a 为正常数, 函数 $\varphi(x), \psi(x) \in C^2[0, +\infty)$, $g(t) \in C^2[0, +\infty)$ 且满足相容性条件

$$g(0) = \varphi(0), \quad g'(0) = \psi(0), \quad g''(0) = a^2\varphi''(0),$$

试求解半无界问题

$$\begin{cases} u_{tt} - a^2 u_{xx} = 0, & (x, t) \in \mathbb{R}_+ \times \mathbb{R}_+, \\ u(x, 0) = \varphi(x),\ u_t(x, 0) = \psi(x), & x \geqslant 0, \\ u(0, t) = g(t), & t \geqslant 0. \end{cases}$$

19. 试给出半无界问题

$$\begin{cases} u_{tt} - a^2 u_{xx} = f(x, t), & (x, t) \in \mathbb{R}_+ \times \mathbb{R}_+, \\ u(x, 0) = \varphi(x),\ u_t(x, 0) = \psi(x), & x \geqslant 0, \\ u_x(0, t) = g(t), & t \geqslant 0 \end{cases}$$

有古典解的相容性条件, 这里 a 为正常数.

20. 利用初值问题 (4.13) 的解的唯一性结果证明: 当初值 $\varphi(x)$, $\psi(x)$ 和非齐次项 $f(x, t)$ 是关于 x 的偶函数时, 初值问题 (4.13) 的解 $u(x, t)$ 也是关于 x 的偶函数. 根据以上事实, 用对称开拓法求解半无界问题

$$\begin{cases} u_{tt} - a^2 u_{xx} = f(x, t), & (x, t) \in \mathbb{R}_+ \times \mathbb{R}_+, \\ u(x, 0) = u_t(x, 0) = 0, & x \geqslant 0, \\ u_x(0, t) = 0, & t \geqslant 0, \end{cases}$$

并说明当 $f(x, t)$ 满足什么条件时, 导出的形式解确实是此半无界问题的解, 这里 a 为正常数.

21. 利用对称开拓法求解半无界问题

$$\begin{cases} u_{tt} - a^2 u_{xx} = 0, & (x, t) \in \mathbb{R}_+ \times \mathbb{R}_+, \\ u(x, 0) = u_t(x, 0) = 0, & x \geqslant 0, \\ u_x(0, t) = A \sin \omega t, & t \geqslant 0, \end{cases}$$

并给出物理解释, 其中 a, A, ω 为常数且 $a > 0$.

22. 假设 $u(x, y, t)$ 是初值问题

$$\begin{cases} u_{tt} - 4(u_{xx} + u_{yy}) = 0, & (x, y, t) \in \mathbb{R}^3_+, \\ u(x, y, 0) = 0, & (x, y) \in \mathbb{R}^2, \\ u_t(x, y, 0) = \psi(x, y), & (x, y) \in \mathbb{R}^2 \end{cases}$$

的解, 其中当 $(x,y)\in\Omega$ 时, $\psi(x,y)\equiv 0$; 当 $(x,y)\in\mathbb{R}^2\setminus\Omega$ 时, $\psi(x,y)>0$. 这里 Ω 是正方形区域 $\{(x,y)\in\mathbb{R}^2||x|\leqslant 1,|y|\leqslant 1\}$. 试指出当 $t>0$ 时, $u(x,y,t)\equiv 0$ 的区域.

23. 假设 $u(x,t)$ 是半无界问题

$$\begin{cases} u_{tt}-u_{xx}=0, & (x,t)\in\mathbb{R}_+\times\mathbb{R}_+,\\ u(x,0)=\varphi(x), & x\geqslant 0,\\ u_t(x,0)=\psi(x), & x\geqslant 0,\\ u(0,t)=g(t), & t\geqslant 0 \end{cases}$$

的解, 其中

$$\varphi(x),\psi(x)\begin{cases} =0, & x\in[0,1],\\ >0, & x\in(1,+\infty), \end{cases}$$

$$g(t)\begin{cases} =0, & t\in[0,1],\\ >0, & t\in(1,+\infty). \end{cases}$$

试指出当 $t>0$ 时, $u(x,t)\equiv 0$ 的区域.

24. 试问: 半无界问题

$$\begin{cases} u_{tt}-u_{xx}+u_t-u_x=0, & (x,t)\in\mathbb{R}_+\times\mathbb{R}_+,\\ u(x,0)=\varphi(x), & x\geqslant 0,\\ u_t(x,0)=\psi(x), & x\geqslant 0,\\ u(0,t)=0, & t\geqslant 0 \end{cases}$$

能否直接用对称开拓法来求解? 为什么? 试用特征线法求解此半无界问题.

25. 求解 **Goursat** 问题

$$\begin{cases} u_{tt}-u_{xx}=0, & t>|x|,\\ u|_{t=-x}=\varphi(x), & x\leqslant 0,\\ u|_{t=x}=\psi(x), & x\geqslant 0, \end{cases}$$

其中 $\varphi(0)=\psi(0)$. 如果函数 $\varphi(x)$ 在区间 $(-a,0]$ 上给定, 函数 $\psi(x)$ 在区间 $[0,b]$ 上给定, 试指出相应定解条件的决定区域.

26. 求解 **Darboux** 问题

$$\begin{cases} u_{tt}-u_{xx}=0, & 0<x<t,\\ u|_{x=0}=\varphi(t), & t\geqslant 0,\\ u|_{x=t}=\psi(t), & t\geqslant 0, \end{cases}$$

其中 $\varphi(0)=\psi(0)$. 如果函数 $\varphi(t)$, $\psi(t)$ 都在区间 $[0,a]$ 上给定, 试指出相应定解条件的决定区域.

27. 求解定解问题

$$\begin{cases} u_{tt}-u_{xx}=0, & 0<x<t, \\ u|_{x=t}=\varphi(t), & t\geqslant 0, \\ u_x|_{x=0}=\psi(t), & t\geqslant 0. \end{cases}$$

如果函数 $\varphi(t)$, $\psi(t)$ 都在区间 $[0,a]$ 上给定, 试指出相应定解条件的决定区域.

28. 求解定解问题

$$\begin{cases} u_{tt}-u_{xx}=0, & 0<x<t, \\ u|_{x=t}=\varphi(t), & t\geqslant 0, \\ (-u_x+u)|_{x=0}=\psi(t), & t\geqslant 0. \end{cases}$$

如果函数 $\varphi(t)$, $\psi(t)$ 都在区间 $[0,a]$ 上给定, 试指出相应定解条件的决定区域.

29. 在区域 $[0,+\infty)\times[0,+\infty)$ 上考虑偏微分方程

$$u_t+au_x=0$$

或

$$u_t-au_x=0$$

的初边值问题:

$$u|_{x=0}=g(t), \quad t\geqslant 0,$$

$$u|_{t=0}=\varphi(x), \quad x\geqslant 0,$$

这里 a 是正常数. 试问: 对于哪一个方程, 上述初边值问题提法正确? 为什么? 求解提法正确的初边值问题, 并说明对函数 $g(t)$, $\varphi(x)$ 提出什么条件, 所得的解是 C^1 的.

30. 求解初值问题

$$\begin{cases} u_{tt}-u_{xx}+u_t+u_x=0, & (x,t)\in\mathbb{R}_+^2, \\ u|_{t=0}=\varphi(x), & x\in\mathbb{R}, \\ u_t|_{t=0}=\psi(x), & x\in\mathbb{R}. \end{cases}$$

31. 求解初值问题

$$\begin{cases} u_{tt}-a^2u_{xx}+bu=f(x,t), & (x,t)\in\mathbb{R}_+^2, \\ u|_{t=0}=\varphi(x), & x\in\mathbb{R}, \\ u_t|_{t=0}=\psi(x), & x\in\mathbb{R}, \end{cases}$$

并证明其解的唯一性, 其中 a, b 为常数且 $a>0$.

32. 求解初值问题

$$\begin{cases} u_{tt}-a^2u_{xx}+bu_t+cu_x+du=f(x,t), & (x,t)\in\mathbb{R}_+^2, \\ u|_{t=0}=\varphi(x), & x\in\mathbb{R}, \\ u_t|_{t=0}=\psi(x), & x\in\mathbb{R}, \end{cases}$$

并证明其解的唯一性, 其中 a, b, c, d 为常数且 $a>0$.

33. 求解半无界问题

$$\begin{cases} u_{tt}-a^2u_{xx}=f(x,t), & (x,t)\in\mathbb{R}_+\times\mathbb{R}_+, \\ u(x,0)=\varphi(x),\ u_t(x,0)=\psi(x), & x\geqslant 0, \\ u_x(0,t)=g(t), & t\geqslant 0, \end{cases}$$

并证明解的唯一性, 其中 a 为正常数.

34. 求解初值问题

$$\begin{cases} u_{tt}-a^2u_{xx}+b(x,t)u_x+c(x,t)u_t+d(x,t)u=f(x,t), & (x,t)\in\mathbb{R}_+^2, \\ u(x,0)=\varphi(x), & x\in\mathbb{R}, \\ u_t(x,0)=\psi(x), & x\in\mathbb{R} \end{cases}$$

并证明解的唯一性, 其中 a 为正常数, $b(x,t)$, $c(x,t)$, $d(x,t)$ 是有界连续函数.

35. 利用能量不等式证明一维波动方程带有第二或第三边值的混合问题的解的唯一性.

36. 根据附注 4.8 的思路, 证明关于半无界问题 (4.21) 的能量不等式, 并利用能量不等式证明此半无界问题解的唯一性.

37. 利用证明能量模不等式的方法和多维空间中的 Gauss-Green 公式证明定理 4.8.

38. 设函数 $u(x,t)\in C^2(\overline{\mathbb{R}}_+^2)$ 满足 Cauchy 初值问题

$$\begin{cases} u_{tt}-a^2u_{xx}=0, & (x,t)\in\mathbb{R}_+^2, \\ u(x,0)=\varphi(x), & x\in\mathbb{R}, \\ u_t(x,0)=\psi(x), & x\in\mathbb{R}, \end{cases}$$

其中 a 为正常数, $\varphi(x)$, $\psi(x)\in C^\infty(\mathbb{R})$, 证明:

(1) 设 $x_1<x_2$, 对于任意 $t\geqslant 0$, 有能量不等式

$$\int_{x_1}^{x_2}(u_t^2(x,t)+a^2u_x^2(x,t))\,\mathrm{d}x\leqslant\int_{x_1-at}^{x_2+at}(\psi^2(x)+a^2|\varphi'(x)|^2)\,\mathrm{d}x;$$

(2) 对于任意 $t\geqslant 0$, 有能量不等式

$$\int_{-\infty}^{+\infty}(u_t^2(x,t)+a^2u_x^2(x,t))\,\mathrm{d}x\leqslant\int_{-\infty}^{+\infty}(\psi^2(x)+a^2|\varphi'(x)|^2)\,\mathrm{d}x;$$

(3) 对于任意 $t \geqslant 0$, 有能量恒等式

$$\int_{-\infty}^{+\infty} (u_t^2(x,t) + a^2 u_x^2(x,t))\,\mathrm{d}x = \int_{-\infty}^{+\infty} (\psi^2(x) + a^2|\varphi'(x)|^2)\,\mathrm{d}x.$$

39. 设函数 $u(x,t) \in C^2(\overline{\mathbb{R}}_+^2)$ 满足上一题的 Cauchy 初值问题, 且 $\varphi(x)$, $\psi(x) \in C_0^\infty(\mathbb{R})$, 记**动能**和**势能**分别为

$$k(t) = \frac{1}{2}\int_{-\infty}^{+\infty} u_t^2(x,t)\,\mathrm{d}x,$$

$$p(t) = \frac{a^2}{2}\int_{-\infty}^{+\infty} u_x^2(x,t)\,\mathrm{d}x,$$

证明:

(1) $k(t) + p(t)$ 是与 t 无关的常数;

(2) 当 t 足够大时, $k(t) = p(t)$.

40. 设函数 $u(\boldsymbol{x},t) \in C^2(\overline{\mathbb{R}}_+^4)$ 满足 Cauchy 初值问题

$$\begin{cases} u_{tt} - a^2\Delta u = 0, & (\boldsymbol{x},t) \in \mathbb{R}_+^4, \\ u(\boldsymbol{x},0) = \varphi(\boldsymbol{x}), & \boldsymbol{x} \in \mathbb{R}^3, \\ u_t(\boldsymbol{x},0) = \psi(\boldsymbol{x}), & \boldsymbol{x} \in \mathbb{R}^3, \end{cases}$$

其中 a 为正常数, $\varphi(\boldsymbol{x}), \psi(\boldsymbol{x}) \in C_0^\infty(\mathbb{R}^3)$, 证明: 存在常数 C, 使得对于所有的 $(\boldsymbol{x},t) \in \mathbb{R}_+^4$, 有

$$|u(\boldsymbol{x},t)| \leqslant \frac{C}{t}.$$

41. 设 a, A_1, A_2, h 为常数且 $a, h > 0$, 用分离变量法求解下列混合问题:

(1) $\begin{cases} u_{tt} - a^2 u_{xx} = 0, & 0 < x < \pi,\ t > 0, \\ u(x,0) = \sin x,\ u_t(x,0) = x(\pi - x), & 0 \leqslant x \leqslant \pi, \\ u(0,t) = 0,\ u(\pi,t) = 0, & t \geqslant 0; \end{cases}$

(2) $\begin{cases} u_{tt} - a^2 u_{xx} = 0, & 0 < x < l,\ t > 0, \\ u(x,0) = x(x - 2l),\ u_t(x,0) = 0, & 0 \leqslant x \leqslant l, \\ u(0,t) = 0,\ u_x(l,t) = 0, & t \geqslant 0; \end{cases}$

(3) $\begin{cases} u_{tt} - a^2 u_{xx} = 0, & 0 < x < l,\ t > 0, \\ u(x,0) = \cos\dfrac{\pi}{l}x,\ u_t(x,0) = 0, & 0 \leqslant x \leqslant l, \\ u_x(0,t) = 0,\ u_x(l,t) = 0, & t \geqslant 0; \end{cases}$

(4) $\begin{cases} u_{tt} - a^2 u_{xx} = 0, & 0 < x < l,\ t > 0, \\ u(x,0) = 1,\ u_t(x,0) = 1, & 0 \leqslant x \leqslant l, \\ u_x(0,t) = 0,\ u_x(l,t) = 0, & t \geqslant 0; \end{cases}$

(5) $\begin{cases} u_{tt}-u_{xx}=0, & 0<x<\pi,\ t>0, \\ u(x,0)=0,\ u_t(x,0)=0, & 0\leqslant x\leqslant \pi, \\ u_x(0,t)=A_1t,\ u_x(\pi,t)=A_2t, & t\geqslant 0; \end{cases}$

(6) $\begin{cases} u_{tt}-a^2u_{xx}=0, & 0<x<l,\ t>0, \\ u(x,0)=0,\ u_t(x,0)=\cos\dfrac{\pi}{l}x, & 0\leqslant x\leqslant l, \\ u_x|_{x=0}=(u_x+hu)|_{x=l}=0, & t\geqslant 0. \end{cases}$

42. 设 a, A, ω 为常数且 $a>0$, 用分离变量法求解下列混合问题:

(1) $\begin{cases} u_{tt}-a^2u_{xx}=\sin\dfrac{\pi}{l}x, & 0<x<l,\ t>0, \\ u(x,0)=0,\ u_t(x,0)=0, & 0\leqslant x\leqslant l, \\ u(0,t)=0,\ u(l,t)=0, & t\geqslant 0; \end{cases}$

(2) $\begin{cases} u_{tt}-u_{xx}+2u_t=x(\pi-x), & 0<x<\pi,\ t>0, \\ u(x,0)=0,\ u_t(x,0)=0, & 0\leqslant x\leqslant \pi, \\ u(0,t)=0,\ u(\pi,t)=0, & t\geqslant 0; \end{cases}$

(3) $\begin{cases} u_{tt}-a^2u_{xx}=0, & 0<x<l,\ t>0, \\ u(x,0)=\dfrac{Ax^2}{l^2},\ u_t(x,0)=0, & 0\leqslant x\leqslant l, \\ u_x(0,t)=0,\ u(l,t)=A, & t\geqslant 0; \end{cases}$

(4) $\begin{cases} u_{tt}-a^2u_{xx}=0, & 0<x<l,\ t>0, \\ u(x,0)=1,\ u_t(x,0)=0, & 0\leqslant x\leqslant l, \\ u_x(0,t)=A\sin\omega t,\ u(l,t)=1, & t\geqslant 0, \end{cases}$

分别讨论产生共振和不产生共振两种情形;

(5) $\begin{cases} u_{tt}-u_{xx}=0, & 0<x<l,\ t>0, \\ u(x,0)=0,\ u_t(x,0)=0, & 0\leqslant x\leqslant l, \\ u_x|_{x=0}=At,\ (u_x+u)|_{x=l}=0, & t\geqslant 0. \end{cases}$

43. 求解混合问题

$$\begin{cases} u_{tt}-u_{xx}-\dfrac{2}{x}u_x=0, & 0<x<1,\ t>0, \\ u(x,0)=0,\ u_t(x,0)=\cos\dfrac{\pi}{2}x, & 0\leqslant x\leqslant 1, \\ u(0,t)=u(1,t)=0, & t\geqslant 0. \end{cases}$$

44. 利用分离变量法求解混合问题

$$\begin{cases} u_{tt}-(u_{xx}+u_{yy})=0, & 0<x<1,\ 0<y<1,\ t>0, \\ u|_{t=0}=x(1-x), & 0\leqslant x\leqslant 1,\ 0\leqslant y\leqslant 1, \\ u_t|_{t=0}=y(1-y), & 0\leqslant x\leqslant 1,\ 0\leqslant y\leqslant 1, \\ u|_{x=0}=u|_{x=1}=0, & 0\leqslant y\leqslant 1,\ t\geqslant 0, \\ u_y|_{y=0}=u_y|_{y=1}=0, & 0\leqslant x\leqslant 1,\ t\geqslant 0. \end{cases}$$

45. 设 $u(x,t)$ 满足混合问题

$$\begin{cases} u_{tt}-a^2u_{xx}=f(x,t), & 0<x<l,\ t>0, \\ u(x,0)=\varphi(x),\ u_t(x,0)=\psi(x), & 0\leqslant x\leqslant l, \\ (-u_x+\alpha u)|_{x=0}=g_1(t), & t\geqslant 0, \\ (u_x+\beta u)|_{x=l}=g_2(t), & t\geqslant 0, \end{cases}$$

其中 a 为正常数, 试引进辅助函数, 将边值条件齐次化, 假设

(1) $\alpha>0,\ \beta>0$;　　(2) $\alpha=\beta=0$;　　(3) $\alpha>0,\ \beta=0$.

在以下问题中记 $Q_T=(0,l)\times(0,T)$.

46. 设 $u(x,t)\in C^1(\overline{Q}_T)\cap C^2(Q_T)$ 满足混合问题

$$\begin{cases} u_{tt}-a^2u_{xx}=f(x,t), & (x,t)\in Q_T, \\ u(x,0)=\varphi(x),\ u_t(x,0)=\psi(x), & 0\leqslant x\leqslant l, \\ u_x(0,t)=0,\ u_x(l,t)=0, & 0\leqslant t\leqslant T, \end{cases}$$

其中 a 为正常数, 试推导能量不等式.

47. 设 $u(x,t)\in C^1(\overline{Q}_T)\cap C^2(Q_T)$ 满足混合问题

$$\begin{cases} u_{tt}-a^2u_{xx}=f(x,t), & (x,t)\in Q_T, \\ u(x,0)=\varphi(x),\ u_t(x,0)=\psi(x), & 0\leqslant x\leqslant l, \\ (-u_x+\alpha u)|_{x=0}=0,\ (u_x+\beta u)|_{x=l}=0, & 0\leqslant t\leqslant T, \end{cases}$$

其中 a,α,β 为正常数, 试推导能量不等式.

48. 设 $u(x,t)\in C^1(\overline{Q}_T)\cap C^2(Q_T)$ 满足混合问题

$$\begin{cases} u_{tt}-a^2u_{xx}=f(x,t), & (x,t)\in Q_T, \\ u(x,0)=\varphi(x),\ u_t(x,0)=\psi(x), & 0\leqslant x\leqslant l, \\ u_x|_{x=0}=0,\ (u_x+u)|_{x=l}=0, & 0\leqslant t\leqslant T. \end{cases}$$

其中 a 为正常数, 试推导能量不等式.

49. 考虑混合问题

$$\begin{cases} u_{tt} - a^2 u_{xx} = f(x,t), & (x,t) \in Q_T, \\ u(x,0) = \varphi(x),\ u_t(x,0) = \psi(x), & 0 \leqslant x \leqslant l, \\ u(0,t) = u(l,t) = 0, & 0 \leqslant t \leqslant T. \end{cases}$$

试问: 对 $\varphi(x)$, $\psi(x)$, $f(x,t)$ 提出什么条件才能保证由分离变量法得到的解是古典解? 试证明之.

50. 试引入混合问题

$$\begin{cases} u_{tt} - u_{xx} = f(x,t), & (x,t) \in Q_T, \\ u(x,0) = \varphi(x),\ u_t(x,0) = \psi(x), & 0 \leqslant x \leqslant l, \\ u(0,t) = u(l,t) = 0, & 0 \leqslant t \leqslant T \end{cases}$$

的广义解的定义. 试问: 对 $\varphi(x)$, $\psi(x)$, $f(x,t)$ 提出什么条件才能保证上述混合问题的广义解的存在和唯一性? 试证明之.

51. 设 $u(x,t) \in C(\overline{Q}_T)$ 是混合问题 (4.61) 的广义解, 证明:

(1) $u(x,0) = \varphi(x)$, $x \in [0,l]$;

(2) 如果 $u(x,t) \in C^1(\overline{Q}_T)$, 则 $u_t(x,0) = \psi(x)$, $x \in [0,l]$.

习题答案与提示

习 题 一

1. 令 $g(t)=f(tx)$, $t\in[0,1]$. 考虑一元函数 $g(t)$ 在 $t=0$ 处的 Taylor 展开式, 取 $t=1$.

2. $y=0$, $y=1$ 和 $y=-1$ 都是方程的特解. 一般地, 在方程两端同时乘以 y', 再积分, 于是得到一阶常微分方程

$$(y')^2=\frac{1}{2}y^4-y^2+c_1.$$

为简单起见, 取 $c_1=\dfrac{1}{2}$, 于是可得一个方程

$$y'=\frac{1}{\sqrt{2}}(y^2-1).$$

解之, 可得一组特解

$$y=\frac{1+c\,\mathrm{e}^{\sqrt{2}x}}{1-c\,\mathrm{e}^{\sqrt{2}x}},$$

其中 c 为任意常数.

3. 利用数学归纳法.

4. (1) 在 Gauss-Green 公式中取 $\boldsymbol{F}=(0,\cdots,u(\boldsymbol{x})v(\boldsymbol{x}),\cdots,0)$, 移项即得证.

(2) 在 Gauss-Green 公式中取 $\boldsymbol{F}=\nabla u$, 即得证.

(3) 在 Gauss-Green 公式中取 $\boldsymbol{F}=u(\boldsymbol{x})\nabla v$, 即得证.

(4) 利用 (3), 交换 $u(\boldsymbol{x})$ 和 $v(\boldsymbol{x})$, 得到另一等式. 与 (3) 中的等式比较, 即得证.

5. (1) 当 $B^2-AC<0$ 时, 该方程可化为如下形式:

$$u_{x_1x_1}+u_{y_1y_1}=g(x_1,y_1,u_{x_1},u_{y_1});$$

(2) 当 $B^2-AC=0$ 时, 该方程可化为如下形式:

$$u_{x_1x_1}=g(x_1,y_1,u_{x_1},u_{y_1});$$

(3) 当 $B^2-AC>0$ 时, 该方程可化为如下形式:

$$u_{x_1x_1}-u_{y_1y_1}=g(x_1,y_1,u_{x_1},u_{y_1}).$$

6. 设 $x_1=ax+by$, $y_1=cx+dy$, 然后化简偏微分方程.

(1) 令 $x_1=x$, $y_1=-x+y$, 则 $\Delta u=u_{x_1x_1}+u_{y_1y_1}=0$;

(2) 令 $x_1=x$, $y_1=-x+y$, 则 $u_{x_1x_1}=0$;

(3) 令 $x_1=x$, $y_1=-\dfrac{2\sqrt{3}}{3}x+\dfrac{\sqrt{3}}{3}y$, 则 $u_{x_1x_1}-u_{y_1y_1}=0$.

7. (1) 该方程系数矩阵的一个特征值为 $\dfrac{n+1}{2}$, 另一个为特征值 $\dfrac{1}{2}$, 它是 $n-1$ 重的, 因此该方程的标准形为

$$\Delta u=u_{y_1y_1}+u_{y_2y_2}+\cdots+u_{y_ny_n}=0.$$

(2) 该方程系数矩阵的一个特征值为 $\dfrac{n-1}{2}$, 另一个特征值为 $-\dfrac{1}{2}$, 它是 $n-1$ 重的, 因此该方程的标准形为

$$u_{y_1y_1}-(u_{y_2y_2}+\cdots+u_{y_ny_n})=0.$$

8. 注意到

$$\alpha(n)=\int_{-1}^{1}\alpha(n-1)(1-y^2)^{\frac{n-1}{2}}\,\mathrm{d}y,$$

做变量替换, 将右端表示为 Beta 函数. 利用 Beta 函数和 Gamma 函数的关系, 便得.

习 题 二

1. 令 $f(t)=F(u+t\phi)$, 其中 $u\in V_g$,

$$F(v)=\iint_{\Omega}\sqrt{1+|\nabla v|^2}\,\mathrm{d}x\mathrm{d}y.$$

计算得 $f'(0)=0$, 再分部积分, 得到极小曲面方程

$$\frac{\partial}{\partial x}\Big(\frac{u_x}{\sqrt{1+u_x^2+u_y^2}}\Big)+\frac{\partial}{\partial y}\Big(\frac{u_y}{\sqrt{1+u_x^2+u_y^2}}\Big)=0.$$

2. $V=\{1,x_i,x_1^2-x_j^2,x_kx_l\mid i=1,2,\cdots,n;j=2,3,\cdots,n;k,l=1,2,\cdots,\ n,k\neq l\}$ 是所求空间的一组基, 故维数为 $\dfrac{1}{2}(n^2+3n)$.

3. 直接计算即得证.

4. 在引理 2.13 中, 取 $u(\boldsymbol{x})$ 为此 Dirichlet 问题的解, $v(\boldsymbol{x})=\dfrac{1}{|\boldsymbol{x}|^{n-2}}-\dfrac{1}{r^{n-2}}$, 在区域 $B(\mathbf{0},r)\setminus B_\varepsilon(\mathbf{0})(\varepsilon>0)$ 上应用引理 2.13. 令 $\varepsilon\to0$ 即得证.

5. 在引理 2.13 中, 取 $u(\boldsymbol{x})$ 为此 Dirichlet 问题的解, $v(\boldsymbol{x})=\ln|\boldsymbol{x}|-\ln r$, 在区域 $B(\mathbf{0},r)\setminus B_\varepsilon(\mathbf{0})(\varepsilon>0)$ 上应用引理 2.13. 令 $\varepsilon\to0$ 即得证.

6. (1) 令

$$\phi(r)=\fint_{\partial B(\boldsymbol{x},r)}v(\boldsymbol{y})\,\mathrm{d}S(\boldsymbol{y}),$$

求导数得

$$\phi'(r)=\frac{1}{n\alpha(n)r^{n-1}}\int_{B(\boldsymbol{x},r)}\Delta v\,\mathrm{d}\boldsymbol{y}\geqslant0.$$

故

$$v(\boldsymbol{x})=\lim_{r\to0+}\phi(r)\leqslant\phi(r)=\frac{1}{n\alpha(n)r^{n-1}}\int_{\partial B(\boldsymbol{x},r)}v(\boldsymbol{y})\,\mathrm{d}S(\boldsymbol{y}),$$

从而得到

$$v(\boldsymbol{x})\leqslant\fint_{B(\boldsymbol{x},r)}v(\boldsymbol{y})\,\mathrm{d}\boldsymbol{y}.$$

(2) 分两种情形证明: 若 $v(\boldsymbol{x})$ 的最大值在边界 $\partial\Omega$ 达到, 即得证. 若 $v(\boldsymbol{x})$ 的最大值在 Ω 内部达到, 则存在 $\boldsymbol{x}_0\in\Omega$, 使得 $v(\boldsymbol{x}_0)=\max\limits_{\boldsymbol{x}\in\overline{\Omega}}v(\boldsymbol{x})$. 令

$$A=\{\boldsymbol{x}\in\overline{\Omega}|v(\boldsymbol{x})=v(\boldsymbol{x}_0)\},$$

则 A 非空, 且为闭集. 利用 (1) 证明 A 为开集, 因此 $\overline{\Omega}=A$, 从而证明 $v(\boldsymbol{x})$ 在 Ω 上是常数, 由此即得证.

(3) 直接验算: 因

$$\Delta\phi(u)=\nabla\cdot\nabla\phi(u)=\nabla\cdot(\phi'(u)\nabla u)$$

$$\begin{aligned}&=\phi'(u)\Delta u+\phi''(u)|\nabla u|^2\\&=\phi''(u)|\nabla u|^2\geqslant 0,\end{aligned}$$

故 $\phi(u)$ 是 Ω 上的下调和函数.

(4) 直接验算: 因

$$\begin{aligned}\Delta|\nabla u|^2&=\Delta\sum_{i=1}^n u_{x_i}u_{x_i}\\&=2\sum_{i=1}^n u_{x_i}\Delta u_{x_i}+2\sum_{i=1}^n\nabla u_{x_i}\cdot\nabla u_{x_i}\\&=2\sum_{i,j=1}^n|u_{x_ix_j}|^2\geqslant 0,\end{aligned}$$

故 $|\nabla u|^2$ 是 Ω 上的下调和函数.

7. 由于

$$\max_{\boldsymbol{x}\in\overline{\Omega}}|u_n(\boldsymbol{x})-u_m(\boldsymbol{x})|\leqslant\max_{\boldsymbol{x}\in\partial\Omega}|u_n(\boldsymbol{x})-u_m(\boldsymbol{x})|,$$

因此 $\{u_n(\boldsymbol{x})\}$ 在 $\overline{\Omega}$ 上一致收敛于一个函数 $u(\boldsymbol{x})$. 由于 $u_n(\boldsymbol{x})(n=1,2,\cdots)$ 满足平均值公式, 则 $u(\boldsymbol{x})$ 满足平均值公式. 利用定理 2.3$'$ 即得证.

8. 固定 $r\in(0,1)$, 在球 $B(\mathbf{0},r)$ 上构造调和函数 $w(\boldsymbol{x})$, 使得在 $\partial B(\mathbf{0},r)$ 上有 $w(\boldsymbol{x})=v(\boldsymbol{x})$. 由 Poisson 公式不难验证, 对于 $\boldsymbol{x}=(x_1,x_2,\cdots,x_n)\in B(\mathbf{0},r)$, 有 $w(x_1,x_2,\cdots,-x_n)=-w(x_1,x_2,\cdots,x_n)$, 从而有

$$w(x_1,x_2,\cdots,0)=0,$$

于是在上半球 $B^+(\mathbf{0},r)$ 的边界上有 $w(\boldsymbol{x})=u(\boldsymbol{x})$. 而 $u(\boldsymbol{x}),w(\boldsymbol{x})$ 是上半球 $B^+(\mathbf{0},r)$ 上的调和函数, 从而有 $w(\boldsymbol{x})=u(\boldsymbol{x}),\boldsymbol{x}\in B^+(\mathbf{0},r)$. 又由于 $v(\boldsymbol{x}),w(\boldsymbol{x})$ 都是 x_n 的奇函数, 因此 $v(\boldsymbol{x})=w(\boldsymbol{x})$, $\boldsymbol{x}\in B(\mathbf{0},r)$. 由 r 的任意性知, $v(\boldsymbol{x})$ 是球 B_1 上的调和函数.

9. 先找 $\Delta_{\boldsymbol{x}}$ 与 $\Delta_{\boldsymbol{x}^*}$ 之间的关系. 直接计算得

$$\frac{\partial}{\partial x_i}=\sum_{j=1}^n\frac{\partial x_j^*}{\partial x_i}\cdot\frac{\partial}{\partial x_j^*},$$

其中

$$\frac{\partial x_j^*}{\partial x_i}=\frac{\delta_{ij}}{|\boldsymbol{x}|^2}-\frac{2x_ix_j}{|\boldsymbol{x}|^4}.$$

容易验证

$$\boldsymbol{x}\cdot\nabla_{\boldsymbol{x}}u=-\boldsymbol{x}^*\cdot\nabla_{\boldsymbol{x}^*}u,$$

从而

$$\begin{aligned}\frac{\partial^2}{\partial x_i^2}&=\frac{\partial}{\partial x_i}\left(\sum_{j=1}^n\frac{\partial x_j^*}{\partial x_i}\cdot\frac{\partial}{\partial x_j^*}\right)\\&=\sum_{j=1}^n\frac{\partial^2 x_j^*}{\partial x_i^2}\cdot\frac{\partial}{\partial x_j^*}+\sum_{j=1}^n\frac{\partial x_j^*}{\partial x_i}\left(\sum_{k=1}^n\frac{\partial x_k^*}{\partial x_i}\cdot\frac{\partial^2}{\partial x_j^*\partial x_k^*}\right),\end{aligned}$$

于是

$$\Delta_{\boldsymbol{x}}=\sum_{j=1}^{n}(\Delta x_j^*)\frac{\partial}{\partial x_j^*}+\sum_{j=1}^{n}\sum_{k=1}^{n}\left(\sum_{i=1}^{n}\frac{\partial x_j^*}{\partial x_i}\cdot\frac{\partial x_k^*}{\partial x_i}\right)\frac{\partial^2}{\partial x_j^*\partial x_k^*}.$$

而

$$\Delta x_j^*=2(2-n)\frac{x_j}{|x|^4},$$

同时当 $j\neq k$ 时, 有

$$\sum_{i=1}^{n}\frac{\partial x_j^*}{\partial x_i}\cdot\frac{\partial x_k^*}{\partial x_i}=0;$$

当 $j=k$ 时, 有

$$\sum_{i=1}^{n}\frac{\partial x_j^*}{\partial x_i}\cdot\frac{\partial x_j^*}{\partial x_i}=\frac{1}{|x|^4}.$$

所以

$$\begin{aligned}\Delta_{\boldsymbol{x}}&=\frac{1}{|\boldsymbol{x}|^4}\Delta_{\boldsymbol{x}^*}+\frac{2(2-n)}{|\boldsymbol{x}|^4}\sum_{j=1}^{n}x_j\frac{\partial}{\partial x_j^*}\\&=\frac{1}{|\boldsymbol{x}|^4}\big(\Delta_{\boldsymbol{x}^*}+2(2-n)\boldsymbol{x}\cdot\nabla_{\boldsymbol{x}^*}\big).\end{aligned}$$

上式等价于

$$\Delta_{\boldsymbol{x}^*}=|\boldsymbol{x}|^4\big(\Delta_{\boldsymbol{x}}+2(2-n)\boldsymbol{x}^*\cdot\nabla_{\boldsymbol{x}}\big).$$

计算得

$$\begin{aligned}\Delta_{\boldsymbol{x}^*}\big(\mathrm{K}[u](\boldsymbol{x}^*)\big)=&\Delta_{\boldsymbol{x}^*}\big(|\boldsymbol{x}^*|^{2-n}u(\boldsymbol{x})\big)\\=&u(\boldsymbol{x})\Delta_{\boldsymbol{x}^*}\big(|\boldsymbol{x}^*|^{2-n}\big)+|\boldsymbol{x}^*|^{2-n}\Delta_{\boldsymbol{x}^*}u(\boldsymbol{x})\\&+2\nabla_{\boldsymbol{x}^*}|\boldsymbol{x}^*|^{2-n}\cdot\nabla_{\boldsymbol{x}^*}u(\boldsymbol{x})\\=&|\boldsymbol{x}^*|^{2-n}\Delta_{\boldsymbol{x}^*}u(\boldsymbol{x})+2(2-n)|\boldsymbol{x}^*|^{-n}\boldsymbol{x}^*\cdot\nabla_{\boldsymbol{x}^*}u(\boldsymbol{x}),\end{aligned}$$

化简后得到

$$\begin{aligned}\Delta_{\boldsymbol{x}^*}\big(\mathrm{K}[u](\boldsymbol{x}^*)\big)=&|\boldsymbol{x}|^{n+2}\big[\Delta_{\boldsymbol{x}}u(\boldsymbol{x})+2(2-n)\boldsymbol{x}^*\cdot\nabla_{\boldsymbol{x}}u(\boldsymbol{x})\big]\\&-2(2-n)|\boldsymbol{x}|^n\boldsymbol{x}\cdot\nabla_{\boldsymbol{x}}u(\boldsymbol{x})\\=&|\boldsymbol{x}|^{n+2}\Delta_{\boldsymbol{x}}u(\boldsymbol{x}).\end{aligned}$$

于是, 当 $u(\boldsymbol{x})$ 是 Ω 上的调和函数时, $\mathrm{K}[u](\boldsymbol{x}^*)$ 是 Ω^* 上的调和函数. 又由于 $\mathrm{K}[\mathrm{K}[u]]=u$, 所以当 $\mathrm{K}[u](\boldsymbol{x}^*)$ 是 Ω^* 上的调和函数时, $u(\boldsymbol{x})$ 是 Ω 上的调和函数.

10. (1) 在球 $B(\boldsymbol{0},R)$ 上利用平均值公式和 Cauchy-Schwarz 不等式;

(2) 在球 $B(\boldsymbol{x},R-|\boldsymbol{x}|)$ 上利用平均值公式和 Cauchy-Schwarz 不等式.

11. 当 $p\geqslant 1$ 时, 利用平均值公式和 Hölder 不等式;

当 $0<p<1$ 时, 先利用平均值公式, 然后利用 Young 不等式

$$a^{\frac{1}{p}}b^{\frac{1}{q}}\leqslant\frac{1}{p}a+\frac{1}{q}b\quad\left(a,b>0,p,q>1,\frac{1}{p}+\frac{1}{q}=1\right)$$

及文献 [14] 第二章的引理 4.1.

12. 利用定理 2.7 的第一步证明可得

$$|u_{x_i}(\boldsymbol{x})|\leqslant\frac{n+1}{r}M,$$

其中 $B(\boldsymbol{x},r)\subset B_1$, $M=\sup\limits_{\boldsymbol{x}\in B_1}|u(\boldsymbol{x})|$. 取 $r=1-|\boldsymbol{x}|$, 即得证.

13. (1) 对调和函数 $w(\boldsymbol{x})=u(\boldsymbol{x})-\inf\limits_{\boldsymbol{x}\in B_R}u(\boldsymbol{x})$ 在球 $B\left(\boldsymbol{0},\dfrac{R}{2}\right)$ 上利用 Harnack 不等式;

(2) 对于任意 $R\in(0,R_0)$, 一定存在一个正整数 $i\geqslant 1$, 使得

$$\frac{R_0}{2^i}\leqslant R<\frac{R_0}{2^{i-1}}.$$

14. 由定理 2.7 可得, 对于 $\boldsymbol{x}\in\mathbb{R}^n$, $r>0$, 有

$$\begin{aligned}|D^{m+1}u(\boldsymbol{x})|&\leqslant\frac{C_0}{r^{n+m+1}}\int_{B(\boldsymbol{x},r)}|u(\boldsymbol{y})|\,\mathrm{d}\boldsymbol{y}\\&\leqslant\frac{C_3}{r^{m+1}}[(r+|\boldsymbol{x}|)^m+C_4].\end{aligned}$$

令 $r\to+\infty$, 则得 $D^{m+1}u(\boldsymbol{x})\equiv 0$, 从而得证.

15. 做变量替换 $\boldsymbol{y}=\boldsymbol{x}+r\boldsymbol{z}$, 得到

$$u_r(\boldsymbol{x})=\frac{1}{n\alpha(n)}\int_{\partial B(\boldsymbol{0},1)}u(\boldsymbol{x}+r\boldsymbol{z})\,\mathrm{d}S(\boldsymbol{z}),$$

然后求导数, 并做变量替换 $\boldsymbol{z}=\dfrac{\boldsymbol{y}-\boldsymbol{x}}{r}$.

16. (1) 注意 $u(\boldsymbol{x})$ 的非负性, 利用 Poisson 公式和平均值公式;

(2) 利用 (1) 易得结论.

17. 考虑非负调和函数 $v(\boldsymbol{x})=M-u(\boldsymbol{x})$, 在 Harnack 不等式中令 $R\to+\infty$, 即得结论.

18. 直接计算可得.

19. (1) $G(\boldsymbol{x},\boldsymbol{y})=\Gamma(\boldsymbol{y}-\boldsymbol{x})-\Gamma(\boldsymbol{y}-\tilde{\boldsymbol{x}})$, 这里 $\boldsymbol{x}=(x_1,x_2),\boldsymbol{y}=(y_1,y_2),\tilde{\boldsymbol{x}}=(x_1,-x_2)$;

(2) $G(\boldsymbol{x},\boldsymbol{y})=\Gamma(\boldsymbol{y}-\boldsymbol{x})+\Gamma(\boldsymbol{y}+\boldsymbol{x})-\Gamma(\boldsymbol{y}-\tilde{\boldsymbol{x}})-\Gamma(\boldsymbol{y}+\tilde{\boldsymbol{x}})$, 这里 $\boldsymbol{x}=(x_1,x_2),\boldsymbol{y}=(y_1,y_2),\tilde{\boldsymbol{x}}=(x_1,-x_2)$;

(3) 参阅文献 [17] 第 204 页的附注 2.

20. 分别考虑 $n=2$ 和 $n=3$ 两种情形. 我们得

$$G(\boldsymbol{x},\boldsymbol{y})=\Gamma(\boldsymbol{y}-\boldsymbol{x})-\Gamma(\boldsymbol{y}-\tilde{\boldsymbol{x}})-\Gamma\left(\frac{|\boldsymbol{x}|}{R}(\boldsymbol{y}-\boldsymbol{x}^*)\right)+\Gamma\left(\frac{|\boldsymbol{x}|}{R}(\boldsymbol{y}-\tilde{\boldsymbol{x}}^*)\right),$$

这里 $\boldsymbol{y}=(y_1,y_2,\cdots,y_n)$, $\boldsymbol{x}=(x_1,x_2,\cdots,x_n)$, $\tilde{\boldsymbol{x}}=(x_1,x_2,\cdots,-x_n)$, $\boldsymbol{x}^*=R^2\dfrac{\boldsymbol{x}}{|\boldsymbol{x}|^2}$, $\tilde{\boldsymbol{x}}^*=R^2\dfrac{\tilde{\boldsymbol{x}}}{|\boldsymbol{x}|^2}$.

21. 先求相应的 Green 函数, 再求解的表达式. 或者注意到 $ru_r(r,\theta)$ 是调和函数.

22. (1) 不妨设 $u(\boldsymbol{x})$ 在点 $\boldsymbol{x}_0\in\Omega$ 处达到非负最大值, 再比较两端的符号.

(2) 不妨设原点 $\boldsymbol{0}\in\Omega$, 并令 $u(\boldsymbol{x})=w(\boldsymbol{x})v(\boldsymbol{x})=(d^2-|\boldsymbol{x}|^2+1)v(\boldsymbol{x})$, 然后考虑 $v(\boldsymbol{x})$ 满足的方程, 利用 (1) 的证明方法可得 $v(\boldsymbol{x})$ 的最大模估计, 从而得到 $u(\boldsymbol{x})$ 的最大模估计.

(3) 例如, 取 $c=-1$, $f(\boldsymbol{x})\equiv 0$, 在特殊区域上构造非零解.

23. 考虑函数 $v(\boldsymbol{x})=u(\boldsymbol{x})+\dfrac{1}{2n}|\boldsymbol{x}-\boldsymbol{x}_0|^2$, 则 $v(\boldsymbol{x})$ 为 Ω 上的调和函数. 由于 $v(\boldsymbol{x})$ 的最大值和最小值在 $\partial\Omega$ 上达到, 从而可得所要不等式.

24. (1) 分别考虑两种情形:

情形 1: $u(\boldsymbol{x})$ 在点 $\boldsymbol{x}_0\in\Omega$ 处达到非负最大值 (非正最小值);

情形 2: $u(\boldsymbol{x})$ 在点 $\boldsymbol{x}_0\in\partial\Omega$ 处达到非负最大值 (非正最小值). 再比较两端的符号.

(2) 只需证明齐次边值问题

$$\begin{cases}-\Delta u+c(\boldsymbol{x})u=0, \quad \boldsymbol{x}\in\Omega,\\ \left.\left(\dfrac{\partial u}{\partial\boldsymbol{n}}+\alpha(\boldsymbol{x})u\right)\right|_{\Gamma_1}=0,\ u|_{\Gamma_2}=0\end{cases}$$

的解必为零解. 由 $u|_{\Gamma_2}=0$ 可知, $u(\boldsymbol{x})$ 在 $\overline{\Omega}$ 上存在非负最大值, 记为 $u(\boldsymbol{x}_0)$.

若 $\boldsymbol{x}_0\in\Omega$, 由强极值原理得到 $u(\boldsymbol{x})$ 在 $\overline{\Omega}$ 上为常数, 再结合 $u|_{\Gamma_2}=0$ 得到 $u(\boldsymbol{x})\equiv 0$.

若 $\boldsymbol{x}_0\in\partial\Omega=\Gamma_1\cup\Gamma_2$, 且 $u(\boldsymbol{x})<u(\boldsymbol{x}_0), \boldsymbol{x}\in\Omega$, 可断言 $u(\boldsymbol{x}_0)=0$. 事实上, 设 $u(\boldsymbol{x}_0)>0$, $\boldsymbol{x}_0\in\Gamma_1$. 由内球条件, 存在开球 $B\subset\Omega$, 使得 $\Gamma_1\cap\partial B=\{\boldsymbol{x}_0\}$. 由 Hopf 引理得到

$$0=\frac{\partial u}{\partial\boldsymbol{n}}(\boldsymbol{x}_0)+\alpha(\boldsymbol{x}_0)u(\boldsymbol{x}_0)\geqslant\frac{\partial u}{\partial\boldsymbol{n}}(\boldsymbol{x}_0)>0,$$

矛盾, 因此 $u(\boldsymbol{x})\leqslant u(\boldsymbol{x}_0)\leqslant 0, \boldsymbol{x}\in\overline{\Omega}$.

考虑 $v(\boldsymbol{x})=-u(\boldsymbol{x})$ 可证明 $u(\boldsymbol{x})\geqslant 0, \boldsymbol{x}\in\overline{\Omega}$. 因此 $u(\boldsymbol{x})\equiv 0$.

25. 仿照 Hopf 引理的证明.

26. 先证明 $u_i(\boldsymbol{x})\geqslant 0$, 然后考虑 $w(\boldsymbol{x})=u_1(\boldsymbol{x})-u_2(\boldsymbol{x})$ 满足的边值问题.

27. 先在区域 $B(\boldsymbol{0},R)\setminus\Omega_0$ 上证明关于 $u(\boldsymbol{x})$ 的最大模估计, 然后令 $R\to+\infty$.

28. 先假设 $\boldsymbol{x}_0\in\overline{\Omega}$ 满足 $|u(\boldsymbol{x}_0)|=\max\limits_{\boldsymbol{x}\in\overline{\Omega}}|u(\boldsymbol{x})|$, 然后分别就 $u(\boldsymbol{x}_0)\geqslant 0$ 与 $u(\boldsymbol{x}_0)\leqslant 0$ 讨论. 同样考虑在内部或边界达到最大值 (最小值) 的情形.

29. 令 $f(u)=u-u^3=u(1-u^2)$. 若存在 $\boldsymbol{x}_0\in\Omega$, 使得 $u(\boldsymbol{x}_0)=\max\limits_{\boldsymbol{x}\in\overline{\Omega}}u(\boldsymbol{x})>1$ 或 $u(\boldsymbol{x}_0)=\min\limits_{\boldsymbol{x}\in\overline{\Omega}}u(\boldsymbol{x})<-1$, 则可从所给的方程导出矛盾.

30. 考虑 $w(\boldsymbol{x})=u_1(\boldsymbol{x})-u_2(\boldsymbol{x})$ 满足的 Dirichlet 问题, 注意零阶项系数的符号.

31. 不妨设原点 $\boldsymbol{0}\in\Omega$. 考虑 $w(\boldsymbol{x})=u(\boldsymbol{x})+\varepsilon(\mathrm{e}^{Md}-\mathrm{e}^{Mx_1})$ 满足的 Dirichlet 问题, 其中 $M=\sup\limits_{\boldsymbol{x}\in\Omega}|\boldsymbol{A}(\boldsymbol{x})|+1$, d 为 Ω 的直径.

32. 考虑 $w(\boldsymbol{x})=u_1(\boldsymbol{x})-u_2(\boldsymbol{x})$ 满足的 Dirichlet 问题, 利用第 31 题的结论.

33. 分别考虑 $u(\boldsymbol{x})$ 的最大值和最小值在 Ω 内部或边界达到的情形.

34. 当 $u(\boldsymbol{x})$ 的最大值大于或等于 $v(\boldsymbol{x})$ 的最大值时, 在 $u(\boldsymbol{x})$ 的最大值点用第一个方程; 当 $v(\boldsymbol{x})$ 的最大值大于或等于 $u(\boldsymbol{x})$ 的最大值时, 在 $v(\boldsymbol{x})$ 的最大值点用第二个方程. 类似地考虑最小值.

35. 先在区域 $\Omega\setminus B(\boldsymbol{x}_0,\varepsilon)\,(\varepsilon>0)$ 上应用弱极值原理, 然后令 $\varepsilon\to 0$.

36. (1) 分别考虑 $u(\boldsymbol{x},y)$ 的最大值和最小值在 Ω 内部或边界达到的情形.

(2) 令 $u(\boldsymbol{x},y)=w(\boldsymbol{x})v(\boldsymbol{x},y)$, 其中 $w(\boldsymbol{x})$ 是待定的辅助函数. 在上半球 B^+ 上考虑 $v(\boldsymbol{x},y)$ 满足的问题, 利用 (1) 的结论.

37. 只需证明对应齐次边值问题的有界解必为零解. 首先, 在 B_R 的上半球上考虑辅助函数 $w(x,y)=\varepsilon\ln(x^2+(y+1)^2)\pm u(x)$, 其中 ε 是任意正数, R 为足够大的正数; 然后, 令 $R\to+\infty$,

再令 $\varepsilon \to 0$.

38. 只需证明对应齐次边值问题的有界解必为零解. 在 $\Omega \backslash B(\boldsymbol{x}_0, \delta)$ 上考虑辅助函数 $w(\boldsymbol{x}) = \dfrac{\varepsilon}{|\boldsymbol{x}-\boldsymbol{x}_0|^{n-2}} \pm u(\boldsymbol{x})$, 其中 ε 是任意正数, δ 为足够小的正数. 令 $\delta \to 0$, 再令 $\varepsilon \to 0$.

39. 只需证明对应齐次边值问题的有界解必为零解. 在 $\Omega \backslash B(\boldsymbol{x}_0, \delta)$ 上考虑辅助函数 $w(\boldsymbol{x}) = \varepsilon \ln \dfrac{d}{|\boldsymbol{x}-\boldsymbol{x}_0|} \pm u(\boldsymbol{x})$, 其中 d 是 Ω 的直径, ε 是任意正数, δ 为足够小的正数. 令 $\delta \to 0$, 再令 $\varepsilon \to 0$.

40. (1) 当 $n \geqslant 3$ 时, 在 $\Omega \setminus B(\boldsymbol{x}_0, \delta)$ 上考虑辅助函数 $w(\boldsymbol{x}) = \dfrac{\varepsilon}{|\boldsymbol{x}-\boldsymbol{x}_0|^{n-2}} \pm (u(\boldsymbol{x}) - v(\boldsymbol{x}))$, 其中 ε 是任意正数;

(2) 当 $n = 2$ 时, 在 $\Omega \setminus B(\boldsymbol{x}_0, \delta)$ 上考虑辅助函数 $w(\boldsymbol{x}) = -\varepsilon \ln \dfrac{|\boldsymbol{x}-\boldsymbol{x}_0|}{d} \pm (u(\boldsymbol{x}) - v(\boldsymbol{x}))$, 其中 d 为 Ω 的直径.

41. 固定 $\varepsilon > 0$ 和点 $(x_0, y_0, z_0) \in B_1 \setminus \{(0,0,z) || z| < 1\}$. 在区域 $B_1^\delta = B_1 \setminus \{(x,y,z) | x^2 + y^2 \leqslant \delta^2, |z| \leqslant 1\}$ 上考虑辅助函数 $w(x,y,z) = -\varepsilon \ln(x^2+y^2) \pm \big(u(x,y,z) - v(x,y,z)\big)$, 其中 δ 是待定小正数, 得到

$$|u(x_0,y_0,z_0) - v(x_0,y_0,z_0)| \leqslant -\varepsilon \ln(x_0^2 + y_0^2).$$

然后, 令 $\varepsilon \to 0$.

42. 仿照第 41 题的证明, 利用 $n \geqslant 3$ 时 $\mathbb{R}^n$ 上的基本解.

43. 只需证明对应齐次边值问题的解必为零解. 在所给的方程两端同时乘以 $u(\boldsymbol{x})$, 然后分部积分, 并利用 Cauchy-Schwarz 不等式即得证.

44. 只需证明对应齐次边值问题的解必为零解. 在所给的方程两端同时乘以 $u(\boldsymbol{x})$, 然后分部积分即得证.

习 题 三

1. (1) $$\widehat{f}(\lambda) = \begin{cases} \sqrt{\dfrac{2}{\pi}} \left(\dfrac{a \sin a\lambda}{\lambda} + \dfrac{\cos a\lambda - 1}{\lambda^2} \right), & \lambda \neq 0, \\ \dfrac{a^2}{\sqrt{2\pi}}, & \lambda = 0; \end{cases}$$

(2) $$\widehat{f}(\lambda) = \begin{cases} \sqrt{\dfrac{2}{\pi}} \dfrac{1 - \cos a\lambda}{a\lambda^2}, & \lambda \neq 0, \\ \sqrt{\dfrac{1}{2\pi}} a, & \lambda = 0; \end{cases}$$

(3) $$\widehat{f}(\lambda) = \begin{cases} \dfrac{\mathrm{i}}{\sqrt{2\pi}} \left[\dfrac{\sin a(\lambda+\lambda_0)}{\lambda+\lambda_0} - \dfrac{\sin a(\lambda-\lambda_0)}{\lambda-\lambda_0} \right], & \lambda \neq \pm\lambda_0, \\ \dfrac{\mathrm{i}}{\sqrt{2\pi}} \left(\dfrac{\sin 2a\lambda_0}{2\lambda_0} - a \right), & \lambda = \lambda_0, \\ \dfrac{\mathrm{i}}{\sqrt{2\pi}} \left(a - \dfrac{\sin 2a\lambda_0}{2\lambda_0} \right), & \lambda = -\lambda_0; \end{cases}$$

(4) $$\widehat{f}(\lambda) = \sqrt{\dfrac{2}{\pi}} \dfrac{a}{a^2+\lambda^2};$$

(5) $$\widehat{f}(\lambda) = \dfrac{a}{\sqrt{2\pi}} \left[\dfrac{1}{a^2 + (\lambda-1)^2} + \dfrac{1}{a^2+(\lambda+1)^2} \right].$$

2. (1) $\widehat{f}(\lambda)=\begin{cases}-\sqrt{\dfrac{2}{\pi}}\Big(\dfrac{2\sin a\lambda}{\lambda^3}-\dfrac{a^2\sin a\lambda}{\lambda}-\dfrac{2a\cos a\lambda}{\lambda^2}\Big), & \lambda\neq 0,\\ \sqrt{\dfrac{2}{\pi}}\dfrac{a^3}{3}, & \lambda=0;\end{cases}$

(2) $\widehat{f}(\lambda)=-\sqrt{\dfrac{2}{\pi}}\dfrac{2a\mathrm{i}\lambda}{(a^2+\lambda^2)^2}$;

(3) $\widehat{f}(\lambda)=\dfrac{1}{\sqrt{2\pi}}\cdot\dfrac{1}{\mu-\mathrm{i}\lambda}\Big[\mathrm{e}^{a(\mu-\mathrm{i}\lambda)}-\mathrm{e}^{-a(\mu-\mathrm{i}\lambda)}\Big]$;

(4) $\widehat{f}(\lambda)=-\sqrt{\dfrac{2}{\pi}}\dfrac{(a\lambda_0\mathrm{i})\lambda}{\big[a^2+(\lambda-\lambda_0)^2\big]\big[a^2+(\lambda+\lambda_0)^2\big]}$;

(5) $\widehat{f}(\lambda)=\begin{cases}\sqrt{\dfrac{2}{\pi}}\dfrac{\sin(a(\lambda-\lambda_0))}{\lambda-\lambda_0}, & \lambda\neq\lambda_0,\\ \sqrt{\dfrac{2}{\pi}}a, & \lambda=\lambda_0;\end{cases}$

(6) $\widehat{f}(\lambda)=\dfrac{1}{\sqrt{2a}}\mathrm{e}^{-\frac{1}{4a}(\lambda-b)^2-c}$; (7) $\widehat{f}(\lambda)=\sqrt{\dfrac{\pi}{2}}\dfrac{\mathrm{e}^{-a|\lambda|}}{a}$;

(8) $\widehat{f}(\lambda)=-\mathrm{i}\,\mathrm{sign}\,\lambda\sqrt{\dfrac{\pi}{2}}\mathrm{e}^{-a|\lambda|}$; (9) $\widehat{f}(\lambda)=\sqrt{\dfrac{\pi}{2}}\dfrac{1+a|\lambda|}{2a^3}\mathrm{e}^{-a|\lambda|}$.

3. (1) $\dfrac{1}{\sqrt{2a^2t}}\mathrm{e}^{-\frac{x^2}{4a^2t}}$; (2) $\dfrac{1}{\sqrt{2a^2t}}\mathrm{e}^{-\frac{1}{4a^2t}(x-bt)^2-ct}$;

(3) $\sqrt{\dfrac{2}{\pi}}\dfrac{y}{x^2+y^2}$.

4. (1) 对方程和初始条件两端关于 x 做 Fourier 变换, 得到

$$\begin{cases}\dfrac{\mathrm{d}\widehat{u}}{\mathrm{d}t}+(a^2\lambda^2+b\mathrm{i}\lambda+c)\widehat{u}=\widehat{f}(\lambda,t),\\ \widehat{u}(\lambda,0)=\widehat{\varphi}(\lambda),\end{cases}$$

其中 $\widehat{u}=\widehat{u}(\lambda,t)$ 是解 $u(x,t)$ 关于 x 的 Fourier 变换. 解这个常微分方程的初值问题, 得到

$$\widehat{u}(\lambda,t)=\widehat{\varphi}\mathrm{e}^{-(a^2\lambda^2+b\mathrm{i}\lambda+c)t}+\int_0^t\widehat{f}(\lambda,\tau)\mathrm{e}^{-(a^2\lambda^2+b\mathrm{i}\lambda+c)(t-\tau)}\,\mathrm{d}\tau,\quad t>0.$$

然后, 对上式两端求 Fourier 逆变换, 利用第 3(2) 题的结论, 得到

$$\begin{aligned}u(x,t)=&\int_{-\infty}^{+\infty}K(x-\xi,t)\varphi(\xi)\,\mathrm{d}\xi\\&+\int_0^t\mathrm{d}\tau\int_{-\infty}^{+\infty}K(x-\xi,t-\tau)f(\xi,\tau)\mathrm{d}\xi,\end{aligned}$$

其中

$$K(x,t)=\begin{cases}\dfrac{1}{2a\sqrt{\pi t}}\mathrm{e}^{-\frac{1}{4a^2t}(x-bt)^2-ct}, & t>0,\\ 0, & t\leqslant 0.\end{cases}$$

(2) 固定 $y>0$, 对方程和初始条件两端关于 x 做 Fourier 变换, 得到

$$\begin{cases} \dfrac{\mathrm{d}^2\widehat{u}}{\mathrm{d}y^2}-\lambda^2\widehat{u}=0, \\ \widehat{u}(\lambda,0)=\widehat{\varphi}(\lambda), \end{cases}$$

其中 $\widehat{u}=\widehat{u}(\lambda,y)$ 是解 $u(x,y)$ 关于 x 的 Fourier 变换. 求出这个常微分方程初值问题的解

$$\widehat{u}(\lambda,y)=\mathrm{e}^{-|\lambda|y}\widehat{\varphi},\quad y>0.$$

然后, 对上式两端求 Fourier 逆变换, 利用第 3(3) 题的结论, 得到

$$u(x,y)=\frac{1}{\pi}\int_{-\infty}^{+\infty}\frac{y\varphi(\xi)}{(x-\xi)^2+y^2}\mathrm{d}\xi.$$

5. (1) $[F(\lambda)]^{\vee}=\dfrac{1}{2}(\varphi(x+at)+\varphi(x-at))$;

(2) $[F(\lambda)]^{\vee}=\dfrac{1}{2a}\displaystyle\int_{x-at}^{x+at}\psi(\xi)\mathrm{d}\xi$.

6. 对方程和初始条件两端关于 x 做 Fourier 变换, 得到

$$\begin{cases} \dfrac{\mathrm{d}^2\widehat{u}}{\mathrm{d}t^2}+a^2\lambda^2\widehat{u}=0, \\ \widehat{u}(\lambda,0)=\varPhi(\lambda)=\widehat{\varphi}(\lambda), \\ \widehat{u}_t(\lambda,0)=\varPsi(\lambda)=\widehat{\psi}(\lambda), \end{cases}$$

其中 $\widehat{u}=\widehat{u}(\lambda,t)$ 是解 $u(x,t)$ 关于 x 的 Fourier 变换. 解这个常微分方程的初值问题, 得到

$$\widehat{u}(\lambda,t)=\varPhi(\lambda)\cos a\lambda t+\varPsi(\lambda)\frac{\sin a\lambda t}{a\lambda},\quad t>0.$$

然后, 对上式两端求 Fourier 逆变换, 利用第 5 题的结论, 得到

$$u(x,t)=\frac{1}{2}(\varphi(x+at)+\varphi(x-at))+\frac{1}{2a}\int_{x-at}^{x+at}\psi(\xi)\mathrm{d}\xi.$$

7. 对方程两端做 Fourier 变换, 得到

$$\widehat{u}(\boldsymbol{\lambda})=\frac{\widehat{f}(\boldsymbol{\lambda})}{|\boldsymbol{\lambda}|^2+1}.$$

然后, 对上式两端求 Fourier 逆变换, 得到

$$u(\boldsymbol{x})=\frac{(f*B)(\boldsymbol{x})}{(2\pi)^{\frac{n}{2}}},$$

这里

$$\widehat{B}(\boldsymbol{\lambda})=\frac{1}{1+|\boldsymbol{\lambda}|^2}.$$

由文献 [5] 第 187 页中的计算, 得到

$$B(\boldsymbol{x})=\frac{1}{2^{\frac{n}{2}}}\int_0^{+\infty}\frac{\mathrm{e}^{-t-\frac{|\boldsymbol{x}|^2}{4t}}}{t^{\frac{n}{2}}}\mathrm{d}t,$$

从而得到

$$u(\boldsymbol{x})=\frac{1}{(4\pi)^{\frac{n}{2}}}\int_0^{+\infty}\int_{\mathbb{R}^n}\frac{\mathrm{e}^{-t-\frac{|\boldsymbol{x}-\boldsymbol{y}|^2}{4t}}}{t^{\frac{n}{2}}}f(\boldsymbol{y})\,\mathrm{d}\boldsymbol{y}\mathrm{d}t.$$

8. 仿照多维热方程的求解过程, 形式上我们可以得到公式

$$u(\boldsymbol{x},t)=\int_{\mathbb{R}^n}K(\boldsymbol{x}-\boldsymbol{\xi},t)\varphi(\boldsymbol{\xi})\mathrm{d}\boldsymbol{\xi}+\int_0^t\mathrm{d}\tau\int_{\mathbb{R}^n}K(\boldsymbol{x}-\boldsymbol{\xi},t-\tau)f(\boldsymbol{\xi},\tau)\mathrm{d}\boldsymbol{\xi},$$

这里

$$K(\boldsymbol{x},t)=\frac{1}{(4\pi\mathrm{i}t)^{\frac{n}{2}}}\mathrm{e}^{\frac{\mathrm{i}|\boldsymbol{x}|^2}{4t}},\quad \boldsymbol{x}\in\mathbb{R}^n,t\neq 0.$$

9. 对方程和初始条件两端关于 $\boldsymbol{x}$ 做 Fourier 变换, 得到

$$\begin{cases}\dfrac{\mathrm{d}\widehat{u}}{\mathrm{d}t}+|\boldsymbol{\lambda}|^4\widehat{u}=\widehat{f}(\boldsymbol{\lambda},t),\\ \widehat{u}(\boldsymbol{\lambda},0)=\varPhi(\boldsymbol{\lambda})=\widehat{\varphi}(\boldsymbol{\lambda}),\end{cases}$$

其中 $\widehat{u}=\widehat{u}(\boldsymbol{\lambda},t)$ 是解 $u(\boldsymbol{x},t)$ 关于 $\boldsymbol{x}$ 的 Fourier 变换. 解这个常微分方程的初值问题, 得到

$$\widehat{u}(\boldsymbol{\lambda},t)=\mathrm{e}^{-|\boldsymbol{\lambda}|^4t}\varPhi(\boldsymbol{\lambda})+\int_0^t\mathrm{e}^{-|\boldsymbol{\lambda}|^4(t-\tau)}\widehat{f}(\boldsymbol{\lambda},\tau)\mathrm{d}\tau,\quad t>0.$$

对上式两端求 Fourier 逆变换, 得到

$$u(\boldsymbol{x},t)=\int_{\mathbb{R}^n}K(\boldsymbol{x}-\boldsymbol{\xi},t)\varphi(\boldsymbol{\xi})\mathrm{d}\boldsymbol{\xi}+\int_0^t\int_{\mathbb{R}^n}K(\boldsymbol{x}-\boldsymbol{\xi},t-\tau)f(\boldsymbol{\xi},\tau)\,\mathrm{d}\boldsymbol{\xi}\mathrm{d}\tau,$$

其中

$$K(\boldsymbol{x},t)=\begin{cases}\dfrac{1}{(2\pi\sqrt{t})^{\frac{n}{2}}}K\Big(\dfrac{\boldsymbol{x}}{t^{\frac{1}{4}}}\Big), & t>0,\\ 0, & t\leqslant 0.\end{cases}$$

这里

$$K(\boldsymbol{x})=[\mathrm{e}^{-|\boldsymbol{\xi}|^4}]^{\vee}(\boldsymbol{x})=\frac{1}{(2\pi)^{\frac{n}{2}}}\int_{\mathbb{R}^n}\mathrm{e}^{-|\boldsymbol{\xi}|^4}\cos(\boldsymbol{\xi}\cdot\boldsymbol{x})\mathrm{d}\boldsymbol{\xi}.$$

10. 直接验证即可.

11. (1) 直接验证即可.

(2) 计算得

$$v_t=xu_{xt}+2u_t+2tu_{tt},\quad v_x=u_x+xu_{xx}+2tu_{xt}$$

和

$$v_{xx}=2u_{xx}+xu_{xxx}+2tu_{xxt},$$

于是

$$v_t-a^2v_{xx}=x\frac{\partial}{\partial x}\left(u_t-a^2u_{xx}\right)+2\left(u_t-a^2u_{xx}\right)+2t\frac{\partial}{\partial t}\left(u_t-a^2u_{xx}\right)=0.$$

12. 做 Hopf-Cole 变换 $w=\mathrm{e}^{\frac{-bu}{a^2}}$, 得到热方程

$$\begin{cases}\dfrac{\partial w}{\partial t}-a^2\Delta w=0, & (\boldsymbol{x},t)\in\mathbb{R}^{n+1}_+=\mathbb{R}^n\times\mathbb{R}_+,\\ w(\boldsymbol{x},0)=\mathrm{e}^{-\frac{b\varphi(\boldsymbol{x})}{a^2}}, & \boldsymbol{x}\in\mathbb{R}^n,\end{cases}$$

于是

$$w(\boldsymbol{x},t)=\frac{1}{(4a^2\pi t)^{\frac{n}{2}}}\int_{\mathbb{R}^n}\mathrm{e}^{-\frac{|\boldsymbol{x}-\boldsymbol{\xi}|^2}{4a^2t}}\cdot\mathrm{e}^{-\frac{b\varphi(\boldsymbol{\xi})}{a^2}}\,\mathrm{d}\boldsymbol{\xi},$$

从而

$$u(\boldsymbol{x},t)=-\frac{a^2}{b}\ln\left(\frac{1}{(4a^2\pi t)^{\frac{n}{2}}}\int_{\mathbb{R}^n}\mathrm{e}^{-\frac{|\boldsymbol{x}-\boldsymbol{\xi}|^2}{4a^2t}-\frac{b\varphi(\boldsymbol{\xi})}{a^2}}\,\mathrm{d}\boldsymbol{\xi}\right).$$

13. 做函数变换 $v(x,t)=\int_{-\infty}^{x}u(y,t)\mathrm{d}y$, 将该问题转化为第 12 题中的初值问题, 最后得到

$$u(x,t)=\frac{\frac{1}{t}\int_{-\infty}^{+\infty}(x-\xi)\mathrm{e}^{-\frac{|x-\xi|^2}{4a^2t}-\frac{\psi(\xi)}{2a^2}}\,\mathrm{d}\xi}{\int_{-\infty}^{+\infty}\mathrm{e}^{-\frac{|x-\xi|^2}{4a^2t}-\frac{\psi(\xi)}{2a^2}}\,\mathrm{d}\xi},$$

其中

$$\psi(x)=\int_{-\infty}^{x}\varphi(y)\,\mathrm{d}y.$$

14. 做函数变换 $v(\boldsymbol{x},t)=U(u(\boldsymbol{x},t))$, 得到热方程

$$\begin{cases}v_t-\Delta v=0, & (\boldsymbol{x},t)\in\mathbb{R}_+^{n+1}=\mathbb{R}^n\times\mathbb{R}_+,\\ v(\boldsymbol{x},0)=U\big(\varphi(\boldsymbol{x})\big), & \boldsymbol{x}\in\mathbb{R}^n,\end{cases}$$

于是

$$v(\boldsymbol{x},t)=\frac{1}{(4\pi t)^{\frac{n}{2}}}\int_{\mathbb{R}^n}\mathrm{e}^{-\frac{|\boldsymbol{x}-\boldsymbol{\xi}|^2}{4t}}U(\varphi(\boldsymbol{\xi}))\,\mathrm{d}\boldsymbol{\xi},$$

从而

$$u(\boldsymbol{x},t)=U^{-1}(v(\boldsymbol{x},t))=U^{-1}\left(\frac{1}{(4\pi t)^{\frac{n}{2}}}\int_{\mathbb{R}^n}\mathrm{e}^{-\frac{|\boldsymbol{x}-\boldsymbol{\xi}|^2}{4t}}U(\varphi(\boldsymbol{\xi}))\,\mathrm{d}\boldsymbol{\xi}\right).$$

15. 先求解方程

$$\frac{U''(u)}{U'(u)}=-f(u),$$

将该问题化为第 14 题中的初值问题, 然后求解.

16. 对给定的 $\varphi(x)\in C([0,1])$, 延拓 $\varphi(x)$ 到 $\mathbb{R}$ 上, 求解初值问题

$$\begin{cases}u_t-u_{xx}=0, & (x,t)\in\mathbb{R}_+^2,\\ u(x,0)=\varphi(x), & x\in\mathbb{R}.\end{cases}$$

其求解步骤如下:

(1) 证明当 $t\to 0$ 时, $u(x,t)$ 一致收敛于 $\varphi(x)$;

(2) 将 $u(x,t)$ 用基本解 $K(x,t)$ 表示出来;

(3) 用多项式逼近基本解 $K(x,t)$.

17. 令 $v(x,t)=u(x,t)-g(t)$, 然后将 $v(x,t)$, $f(x,t)=-g'(t)$ 关于 x 做奇延拓, 分别得到 $\bar{v}(x,t)$, $F(x,t)$, 则 $\bar{v}(x,t)$ 满足 Cauchy 初值问题

$$\begin{cases}\bar{v}_t-\bar{v}_{xx}=F(x,t), & (x,t)\in\mathbb{R}_+^2,\\ \bar{v}(x,0)=0, & x\in\mathbb{R}.\end{cases}$$

显然, $u(x,t)=v(x,t)+g(t)=\bar{v}(x,t)|_{x\geqslant 0}+g(t)$ 是所求半无界问题的解. 利用 Poisson 公式求解, 得到

$$\begin{aligned}
v(x,t)=&\int_0^t \mathrm{d}\tau\int_{-\infty}^{+\infty}K(x-\xi,t-\tau)F(\xi,\tau)\,\mathrm{d}\xi\\
=&\int_0^t \mathrm{d}\tau\left[\int_0^{+\infty}\frac{\mathrm{e}^{-\frac{(x-\xi)^2}{4(t-\tau)}}}{\sqrt{4\pi(t-\tau)}}(-g'(\tau))\,\mathrm{d}\xi\right.\\
&\left.+\int_{-\infty}^0\frac{\mathrm{e}^{-\frac{(x-\xi)^2}{4(t-\tau)}}}{\sqrt{4\pi(t-\tau)}}g'(\tau)\,\mathrm{d}\xi\right]\\
=&\frac{1}{\sqrt{\pi}}\int_0^t g'(\tau)\,\mathrm{d}\tau\left(-\int_{-\frac{x}{2\sqrt{t-\tau}}}^{+\infty}\mathrm{e}^{-\eta^2}\,\mathrm{d}\eta+\int_{-\infty}^{-\frac{x}{2\sqrt{t-\tau}}}\mathrm{e}^{-\eta^2}\,\mathrm{d}\eta\right)\\
=&-\frac{1}{\sqrt{\pi}}\int_0^t g'(\tau)\,\mathrm{d}\tau\int_{-\frac{x}{2\sqrt{t-\tau}}}^{\frac{x}{2\sqrt{t-\tau}}}\mathrm{e}^{-\eta^2}\,\mathrm{d}\eta\\
=&-\frac{2}{\sqrt{\pi}}\int_0^t \mathrm{d}g(\tau)\int_0^{\frac{x}{2\sqrt{t-\tau}}}\mathrm{e}^{-\eta^2}\,\mathrm{d}\eta\\
=&-\frac{2}{\sqrt{\pi}}\left[g(t)\int_0^{+\infty}\mathrm{e}^{-\eta^2}\,\mathrm{d}\eta-\int_0^t g(\tau)\mathrm{e}^{-\frac{x^2}{4(t-\tau)}}\frac{x}{4(t-\tau)^{\frac{3}{2}}}\,\mathrm{d}\tau\right]\\
=&-g(t)+\frac{x}{\sqrt{4\pi}}\int_0^t\frac{1}{(t-\tau)^{\frac{3}{2}}}\mathrm{e}^{-\frac{x^2}{4(t-\tau)}}g(\tau)\,\mathrm{d}\tau,
\end{aligned}$$

于是

$$u(x,t)=\frac{x}{\sqrt{4\pi}}\int_0^t\frac{1}{(t-\tau)^{\frac{3}{2}}}\mathrm{e}^{-\frac{x^2}{4(t-\tau)}}g(\tau)\,\mathrm{d}\tau.$$

18. (1) $u(x,t)=\sin x$.

(2) $u(x,t)=\mathrm{e}^{-a^2t}\cos x$.

(3) $u(x,t)=\sum\limits_{n=0}^{\infty}A_n\mathrm{e}^{-\left(\frac{n\pi a}{l}\right)^2t}\cos\frac{n\pi}{l}x$, 其中

$$\begin{aligned}
A_0&=\frac{1}{l}\int_0^l x^2(l-x)^2\,\mathrm{d}x=\frac{l^4}{30},\\
A_n&=\frac{2}{l}\int_0^l x^2(l-x)^2\cos\frac{n\pi}{l}x\,\mathrm{d}x\\
&=\begin{cases}0, & n=2k-1,\\ -3\left(\dfrac{l}{k\pi}\right)^4, & n=2k\end{cases}\quad(k=1,2,\cdots).
\end{aligned}$$

因此

$$u(x,t)=\frac{l^4}{30}-3\left(\frac{l}{\pi}\right)^4\sum_{k=1}^{\infty}\frac{1}{k^4}\mathrm{e}^{-(\frac{2ka\pi}{l})^2t}\cos\frac{2k\pi}{l}x,$$

(4) 令 $v(x,t)=u(x,t)+\dfrac{1}{2\pi}[(x-\pi)^2A_1t-x^2A_2t]$, 得到

$$\begin{cases} v_t-v_{xx}=\dfrac{1}{2\pi}[A_1(x-\pi)^2-A_2x^2-2(A_1-A_2)t], & 0<x<\pi,\ t>0,\\ v(x,0)=0, & 0\leqslant x\leqslant \pi,\\ v_x(0,t)=0,\ v_x(\pi,t)=0, & t\geqslant 0,\end{cases}$$

再利用第 (3) 小题中的特征函数求解.

(5) 令 $v(x,t)=u(x,t)+\dfrac{x^2}{2\pi}$, 得到

$$\begin{cases} v_t-v_{xx}=-\pi^{-1} & 0<x<\pi,\ t>0,\\ v(x,0)=\sin x+\dfrac{x^2}{2\pi}, & 0\leqslant x\leqslant \pi,\\ v(0,t)=0,\ v_x(\pi,t)=0, & t\geqslant 0,\end{cases}$$

再利用分离变量法求解.

19. (1) $G(x,t;\xi,\tau)=\dfrac{2}{l}\displaystyle\sum_{n=1}^{\infty}\mathrm{e}^{-\left(\frac{n\pi a}{l}\right)^2(t-\tau)}\sin\frac{n\pi}{l}\xi\sin\frac{n\pi}{l}x\,\mathrm{H}(t-\tau)$,

其中 $\mathrm{H}(t)$ 表示 Heaviside 函数, 其定义为

$$\mathrm{H}(t)=\begin{cases}1, & t>0,\\ 0, & t\leqslant 0.\end{cases}$$

(2) $G(x,t;\xi,\tau)=\dfrac{1}{l}+\dfrac{2}{l}\displaystyle\sum_{n=1}^{\infty}\mathrm{e}^{-\left(\frac{n\pi a}{l}\right)^2(t-\tau)}\cos\frac{n\pi}{l}\xi\cos\frac{n\pi}{l}x\,\mathrm{H}(t-\tau)$.

(3) 解方程 $\tan\mu l=-\mu$, 得到无穷多个 μ_n, 且

$$\left(n-\frac{1}{2}\right)\frac{\pi}{l}<\mu_n<\left(n+\frac{1}{2}\right)\frac{\pi}{l},\quad n=1,2,\cdots,$$

此时所有特征值和特征函数为

$$\lambda_n=\mu_n^2,\quad X_n(x)=\sin\mu_n x+\mu_n\cos\mu_n x,\quad n=1,2,\cdots.$$

Green 函数为

$$\begin{aligned}G(x,t;\xi,\tau)=&\sum_{n=1}^{\infty}\frac{2}{l(1+\mu_n^2)+1}\big(\sin\mu_n\xi+\mu_n\cos\mu_n\xi\big)\\ &\cdot\big(\sin\mu_n x+\mu_n\cos\mu_n x\big)\mathrm{e}^{-\mu_n^2a^2(t-\tau)}\mathrm{H}(t-\tau).\end{aligned}$$

20. 先将边值齐次化, 然后利用 Green 函数得到解的表达式, 最后分部积分以降低边值的光滑性要求. 可参阅文献 [17] 第三章的第二节.

21. 将此问题简化为无热源或有热源的一维热方程混合问题.

(1) 此时问题为

$$\begin{cases} u_t-u_{xx}=0, & 0<x<l,\ t>0,\\ u(x,0)=\varphi(x), & 0\leqslant x\leqslant l,\\ u_x(0,t)=0,\ u_x(l,t)=0, & t\geqslant 0.\end{cases}$$

再利用分离变量法求解, 得到

$$u(x,t)=\frac{1}{l}\int_0^l\varphi(x)\,\mathrm{d}x+\sum_{n=1}^{\infty}\varphi_n\mathrm{e}^{-\left(\frac{n\pi}{l}\right)^2t}\cos\frac{n\pi}{l}x,$$

其中

$$\varphi_n=\frac{2}{l}\int_0^l\varphi(x)\cos\frac{n\pi}{l}x\,\mathrm{d}x.$$

由于

$$|\varphi_n|\leqslant\frac{2}{l}\int_0^l|\varphi(x)|\,\mathrm{d}x,$$

不难发现 $\lim\limits_{t\to+\infty}u(x,t)=\dfrac{1}{l}\displaystyle\int_0^l\varphi(x)\,\mathrm{d}x$.

(2) 此时问题为

$$\begin{cases}u_t-u_{xx}=k(u_0-u), & 0<x<l,\ t>0,\\ u(x,0)=\varphi(x), & 0\leqslant x\leqslant l,\\ u_x(0,t)=0,\ u_x(l,t)=0, & t\geqslant 0,\end{cases}$$

其中 $k>0$ 为导热系数. 先做变换 $v(x,t)=u(x,t)-u_0$, 再利用分离变量法求解, 得到

$$u(x,t)=u_0+\mathrm{e}^{-kt}\left[\frac{1}{l}\int_0^l\tilde{\varphi}(x)\,\mathrm{d}x+\sum_{n=1}^{\infty}\tilde{\varphi}_n\mathrm{e}^{-\left(\frac{n\pi}{l}\right)^2t}\cos\frac{n\pi}{l}x\right],$$

其中

$$\tilde{\varphi}(x)=\varphi(x)-u_0,\quad \tilde{\varphi}_n=\frac{2}{l}\int_0^l\tilde{\varphi}(x)\cos\frac{n\pi}{l}x\,\mathrm{d}x.$$

由于

$$|\tilde{\varphi}_n|\leqslant\frac{2}{l}\int_0^l(|\varphi(x)|+|u_0|)\,\mathrm{d}x,$$

且 $k>0$, 于是 $\lim\limits_{t\to+\infty}u(x,t)=u_0$.

22. 设两根细杆的温度分布分别为 $u_1(x,t)$ 和 $u_2(x,t)$, 则 $u_1(x,t)$ 和 $u_2(x,t)$ 分别满足

$$\begin{cases}u_{1t}-a_1^2u_{1xx}=0, & -l_1<x<0,\ t>0,\\ u_1(x,0)=\varphi(x), & -l_1\leqslant x\leqslant 0,\\ u_1(-l_1,t)=0,\ k_1\dfrac{\partial u_1}{\partial x}(0,t)=g(t), & t\geqslant 0\end{cases}$$

和

$$\begin{cases}u_{2t}-a_2^2u_{2xx}=0, & 0<x<l_2,\ t>0,\\ u_2(x,0)=\varphi(x), & 0\leqslant x\leqslant l_2,\\ k_2\dfrac{\partial u_2}{\partial x}(0,t)=g(t),\ u_2(l_2,t)=0, & t\geqslant 0,\end{cases}$$

其中 $a_1=\sqrt{\dfrac{k_1}{c_1\rho_1}}$, $a_2=\sqrt{\dfrac{k_2}{c_2\rho_2}}$, $g(t)$ 为一个待求的未知函数. 原因是在连接处 $x=0$, $u_1(0,t)=u_2(0,t)$, $k_1\dfrac{\partial u_1}{\partial x}=k_2\dfrac{\partial u_2}{\partial x}$. 利用 Green 函数，求得 $u_1(x,t)$ 的表达式为

$$u_1(x,t)=\int_{-l_1}^0G_1(x,t;\xi,0)\varphi(\xi)\,\mathrm{d}\xi+\frac{a_1^2}{k_1}\int_0^tG_1(x,t;0,\tau)g(\tau)\,\mathrm{d}\tau,$$

其中

$$G_1(x,t;\xi,\tau)=\frac{2}{l_1}\sum_{n=1}^{\infty}\cos\frac{\left(n-\frac{1}{2}\right)\pi}{l_1}\xi\cos\frac{\left(n-\frac{1}{2}\right)\pi}{l_1}x$$

$$\cdot\,\mathrm{e}^{-\left[\frac{\left(n-\frac{1}{2}\right)\pi a_1}{l_1}\right]^2(t-\tau)}\mathrm{H}(t-\tau),$$

而 $u_2(x,t)$ 的表达式为

$$u_2(x,t)=\int_0^{l_2}G_2(x,t;\xi,0)\varphi(\xi)\,\mathrm{d}\xi-\frac{a_2^2}{k_2}\int_0^t G_2(x,t;0,\tau)g(\tau)\,\mathrm{d}\tau,$$

其中

$$G_2(x,t;\xi,\tau)=\frac{2}{l_2}\sum_{n=1}^{\infty}\cos\frac{\left(n-\frac{1}{2}\right)\pi}{l_2}\xi\cos\frac{\left(n-\frac{1}{2}\right)\pi}{l_2}x$$

$$\cdot\,\mathrm{e}^{-\left[\frac{\left(n-\frac{1}{2}\right)\pi a_2}{l_2}\right]^2(t-\tau)}\mathrm{H}(t-\tau).$$

利用在连接处 $x=0$ 的温度的连续性条件 $u_1(0,t)=u_2(0,t)$, 则有

$$\int_0^t f(t-\tau)g(\tau)\,\mathrm{d}\tau=F(t),$$

其中

$$\begin{aligned}f(t)&=\frac{a_1^2}{k_1}G_1(0,t;0,0)+\frac{a_2^2}{k_2}G_2(0,t;0,0)\\&=\sum_{n=1}^{\infty}\left\{\frac{2a_1^2}{k_1l_1}\mathrm{e}^{-\left[\frac{\left(n-\frac{1}{2}\right)\pi a_1}{l_1}\right]^2t}+\frac{2a_2^2}{k_2l_2}\mathrm{e}^{-\left[\frac{\left(n-\frac{1}{2}\right)\pi a_2}{l_2}\right]^2t}\right\}\mathrm{H}(t),\end{aligned}$$

$$\begin{aligned}F(t)&=\int_0^{l_2}G_2(0,t;\xi,0)\varphi(\xi)\,\mathrm{d}\xi-\int_{-l_1}^0 G_1(0,t;\xi,0)\varphi(\xi)\,\mathrm{d}\xi\\&=\sum_{n=1}^{\infty}\left\{\mathrm{e}^{-\left[\frac{\left(n-\frac{1}{2}\right)\pi a_2}{l_2}\right]^2t}\frac{2}{l_2}\int_0^{l_2}\cos\frac{\left(n-\frac{1}{2}\right)\pi}{l_2}\xi\varphi(\xi)\,\mathrm{d}\xi\right.\\&\quad\left.-\,\mathrm{e}^{-\left[\frac{\left(n-\frac{1}{2}\right)\pi a_1}{l_1}\right]^2t}\frac{2}{l_1}\int_{-l_1}^0\cos\frac{\left(n-\frac{1}{2}\right)\pi}{l_1}\xi\varphi(\xi)\,\mathrm{d}\xi\right\}\mathrm{H}(t).\end{aligned}$$

令 $g(t)=0\ (t<0)$, 则有

$$\int_{-\infty}^{+\infty}f(t-\tau)g(\tau)\,\mathrm{d}\tau=F(t),\quad t\in(-\infty,+\infty).$$

上式两端求 Fourier 逆变换, 则有

$$\hat{f}(\lambda)\hat{g}(\lambda)=\sqrt{2\pi}\hat{F}(\lambda).$$

于是求出

$$g(t)=\sqrt{2\pi}\left(\frac{\hat{F}(\lambda)}{\hat{f}(\lambda)}\right)^{\vee}.$$

最后代入得到 $u_1(x,t)$ 和 $u_2(x,t)$.

23. 验证 Poisson 公式 (3.8) 表示的函数 $u(x,t)$ 在区域 $\mathbb{R}\times(0,(4a^2A)^{-1})$ 上的收敛性和无穷次可微性.

24. 先验证函数 $u(x,t)\in C^{2,1}(Q_T)$ 且满足方程, 然后证明 $u(x,t)$ 连续地满足初边值条件, 从而 $u(x,t)\in C(\overline{Q}_T)$.

25. (1) 参照极值原理的证明;

(2) 用凸函数的二阶导数大于或等于零可得结论;

(3) 直接求导数可得结论.

26. 由于 Green 函数的时间平移不变性, 只需证明当 $t>0$ 时, $G(x,t;\xi,0)\geqslant 0$. 对于任意非负函数 $\varphi(x)\in C_0^\infty([0,l])$, 不难验证函数

$$u(x,t)=\int_0^l G(x,t;\xi,0)\varphi(\xi)\,\mathrm{d}\xi$$

是混合问题

$$\begin{cases}u_t-a^2u_{xx}=0, & (x,t)\in Q_T,\\ u(0,t)=0,\ u(l,t)=0, & t\in[0,T],\\ u(x,0)=\varphi(x)\geqslant 0, & x\in[0,l]\end{cases}$$

的古典解. 由极值原理知

$$u(x,t)=\int_0^l G(x,t;\xi,0)\varphi(\xi)\,\mathrm{d}\xi\geqslant 0.$$

由于 $\varphi(x)$ 的任意性, 则有 $G(x,t;\xi,0)\geqslant 0$.

27. 由于 $w(x,t)=\mathrm{e}^{-t}u(x,t)$ 满足的热方程 $w_t-\Delta w=0$, 利用极值原理可证.

28. 令 $w(x,t)=u(x,t)-v(x,t)-\varepsilon t\ (\varepsilon>0)$. 如果 $w(x,t)$ 在 Q_T 的内部点 (x_0,t_0) 处达到最大值, 则

$$w_t(x_0,t_0)\geqslant 0,\quad w_{xx}(x_0,t_0)\leqslant 0,\quad w_x(x_0,t_0)=u_x(x_0,t_0)-v_x(x_0,t_0)=0.$$

由此导出矛盾. 因此, 在 $\overline{Q}_T$ 上, $u(x,t)\leqslant v(x,t)+\varepsilon t$. 令 $\varepsilon\to 0$ 即得证.

29. 令 $w(x,t)=u(x,t)-v(x,t)$, 则

$$\mathcal{L}u-\mathcal{L}v=\widetilde{\mathcal{L}}w=w_t-w_{xx}+c(x,t)w(x,t)=0,$$

其中 $c(x,t)=u^2(x,t)+u(x,t)v(x,t)+v^2(x,t)\geqslant 0$. 因此, $w(x,t)$ 在抛物边界达到最大值, 从而得证.

30. 考虑 $v(x,t)=u_t(x,t)$ 满足的混合问题

$$\begin{cases}v_t-v_{xx}=f_t(x,t), & (x,t)\in Q_T,\\ v(x,0)=f(x,0)+\varphi''(x), & 0\leqslant x\leqslant l,\\ v(0,t)=0,\ v(l,t)=0, & 0\leqslant t\leqslant T,\end{cases}$$

再利用定理 3.11 可得

$$\begin{aligned}\max_{(x,t)\in\overline{Q}_T}|u_t(x,t)|=&\max_{(x,t)\in\overline{Q}_T}|v(x,t)|\\ \leqslant& T\sup_{(x,t)\in\overline{Q}_T}|f_t(x,t)|+\max_{x\in[0,l]}|\varphi''(x)|+\max_{x\in[0,l]}|f(x,0)|\\ \leqslant& C\Big(|f(x,t)|_{C^1(\overline{Q}_T)}+|\varphi''(x)|_{C[0,l]}\Big),\end{aligned}$$

其中 $C=T+1$.

31. (1) 由相容性条件 $\varphi(0)=0$ 和 $\varphi(l)=0$ 得到

$$|u(x,0)|\leqslant x\max_{x\in[0,l]}|\varphi'(x)|,\quad |u(x,0)|\leqslant(l-x)\max_{x\in[0,l]}|\varphi'(x)|.$$

由比较原理 (推论 3.10) 可得

$$|u(x,t)|\leqslant x\max_{x\in[0,l]}|\varphi'(x)|,\quad |u(x,t)|\leqslant(l-x)\max_{x\in[0,l]}|\varphi'(x)|,$$

从而得证.

(2) 考虑 $v(x,t)=u_x(x,t)$ 满足的混合问题

$$\begin{cases}v_t-v_{xx}=0, & (x,t)\in Q_T,\\ v(x,0)=\varphi'(x), & 0\leqslant x\leqslant l,\\ v(0,t)=u_x(0,t),\ v(l,t)=u_x(l,t), & 0\leqslant t\leqslant T,\end{cases}$$

再利用定理 3.11 可得结论.

32. 先由定理 3.14 得到 $\max\limits_{(x,t)\in\overline{Q}_T}|u(x,t)|$ 的估计, 然后考虑 $v(x,t)=u_x(x,t)$ 满足的混合问题

$$\begin{cases}v_t-v_{xx}=f_x(x,t), & (x,t)\in Q_T,\\ v(x,0)=\varphi'(x), & 0\leqslant x\leqslant l,\\ v(0,t)=\alpha u(0,t)-g_1(t),\ v(l,t)=g_2(t)-\beta u(l,t), & 0\leqslant t\leqslant T,\end{cases}$$

并利用定理 3.11 可得结论.

33. 由极值原理得到 $u^{l_2}(x,t)\geqslant 0$, 从而有 $u^{l_1}(0,t)=u^{l_2}(0,t)$, $u^{l_1}(l_1,t)=0\leqslant u^{l_2}(l_1,t)$, 再利用比较原理可得结论.

34. (1) 利用极值原理可得 $u(x,t)$ 的最大值和最小值在抛物边界上达到, 然后对边界情形分情况讨论.

(2) 考虑函数 $v(x,t)=u_{h_2}(x,t)-u_{h_1}(x,t)$, 这里 $0<h_1<h_2$, 则 $v(x,t)$ 满足定解问题

$$\begin{cases}v_t-v_{xx}=0, & (x,t)\in Q_T,\\ v(x,0)=0, & 0\leqslant x\leqslant l,\\ \big(-v_x+h_1v\big)\big|_{x=0}=(h_2-h_1)(u_0-u^{h_2})\geqslant 0, v(l,t)=0, & 0\leqslant t\leqslant T.\end{cases}$$

由极值原理可得结论.

35. 令 $c(x,t)=u(x,t)-b(x,t)$, 则存在 $c_0\geqslant 0$, 使得 $c(x,t)\geqslant -c_0$. 于是, $u(x,t)$ 满足定解问题

$$\begin{cases} u_t-u_{xx}+c(x,t)u=0, & (x,t)\in Q_T,\\ u|_{\partial_p Q_T}\geqslant 0. \end{cases}$$

由文献 [17] 第三章第三节的比较定理即得 $u(x,t)\geqslant 0$, 从而 $u(x,t)$ 满足

$$\begin{cases} u_t-u_{xx}\leqslant Bu, & (x,t)\in Q_T,\\ u(x,0)=\varphi(x), & 0\leqslant x\leqslant l,\\ u(0,t)=u(l,t)=0, & 0\leqslant t\leqslant T, \end{cases}$$

其中 $B=\max\limits_{(x,t)\in\overline{Q}_T}|b(x,t)|$. 令 $v(x,t)=\mathrm{e}^{-Bt}u(x,t)$, 则

$$\begin{cases} v_t-v_{xx}\leqslant 0, & (x,t)\in Q_T,\\ v(x,0)=\varphi(x), & 0\leqslant x\leqslant l,\\ v(0,t)=u(l,t)=0, & 0\leqslant t\leqslant T. \end{cases}$$

由极值原理得到

$$\max_{(x,t)\in\overline{Q}_T}v(x,t)\leqslant\max_{x\in[0,l]}\varphi(x),$$

从而

$$0\leqslant u(x,t)\leqslant \mathrm{e}^{BT}\max_{x\in[0,l]}\varphi(x).$$

36. 只需证明初值问题

$$\begin{cases} u_t-a(x,t)u_{xx}+b(x,t)u_x+c(x,t)u=0, & (x,t)\in\mathbb{R}_+^2,\\ u(x,0)=0, & x\in\mathbb{R} \end{cases}$$

的有界解是零解. 固定 $T>0$. 首先在区域 $Q_T^L=(-L,L)\times(0,T]$ 上证明比较原理成立, 然后考虑辅助函数 $w(x,t)=\dfrac{M\mathrm{e}^t(x^2+2At+B^2)}{L^2}$, 其中 $|u(x,t)|\leqslant M, |a(x,t)|\leqslant A, |b(x,t)|\leqslant B$. 利用已证的比较原理, 得到在 $\overline{Q}_T^L$ 上有

$$|u(x,t)|\leqslant w(x,t)=\frac{M\mathrm{e}^t(x^2+2At+B^2)}{L^2}.$$

任意取定一点 $(x_0,t_0)\in(-\infty,+\infty)\times[0,T]$, 取 $L\geqslant L_0$, 使得 $(x_0,t_0)\in\overline{Q}_T^L$, 从而得到

$$|u(x_0,t_0)|\leqslant\frac{M\mathrm{e}^{t_0}(x_0^2+2At_0+B^2)}{L^2}.$$

令 $L\to+\infty$, 则 $u(x_0,t_0)=0$. 最后, 令 $T\to+\infty$, 则在 $\mathbb{R}_+^2$ 上有 $u(x,t)\equiv 0$.

37. 在方程两端同时乘以 u_t, 注意到

$$u_t^2-u_tu_{xx}=u_t^2+\frac{1}{2}(u_x^2)_t-(u_tu_x)_x,$$

在区域 $[0,l]\times[0,t]$ 上积分, 得到

$$\begin{aligned}&\frac{1}{2}\int_0^l u_x^2(x,t)\,\mathrm{d}x-\frac{1}{2}\int_0^l(\varphi'(x))^2\,\mathrm{d}x+\int_0^t\int_0^l u_t^2(x,t)\,\mathrm{d}x\,\mathrm{d}t\\&=\int_0^t\int_0^l f(x,t)u_t(x,t)\,\mathrm{d}x\,\mathrm{d}t\\&\leqslant\frac{1}{2}\int_0^t\int_0^l f^2(x,t)\,\mathrm{d}x\,\mathrm{d}t+\frac{1}{2}\int_0^t\int_0^l u_t^2(x,t)\,\mathrm{d}x\,\mathrm{d}t.\end{aligned}$$

简化上式, 对于 $t\in[0,T]$ 取上确界即得证.

38. 在方程两端同时乘以 u, 注意到

$$u(u_t-a^2u_{xx})=\frac{1}{2}(u^2)_t+a^2u_x^2-a^2(uu_x)_x,$$

在区域 $[0,l]\times[0,t]$ 上积分, 得到

$$\begin{aligned}&\frac{1}{2}\int_0^l u^2(x,t)\,\mathrm{d}x-\frac{1}{2}\int_0^l\varphi^2(x)\,\mathrm{d}x\\&\quad+a^2\int_0^t\int_0^l u_x^2(x,t)\,\mathrm{d}x\,\mathrm{d}t-a^2\int_0^t\int_0^l(u(x,t)u_x(x,t))_x\,\mathrm{d}x\,\mathrm{d}t\\&=\int_0^t\int_0^l f(x,t)u(x,t)\,\mathrm{d}x\,\mathrm{d}t\\&\leqslant\frac{1}{2}\int_0^t\int_0^l f^2(x,t)\,\mathrm{d}x\,\mathrm{d}t+\frac{1}{2}\int_0^t\int_0^l u^2(x,t)\,\mathrm{d}x\,\mathrm{d}t,\end{aligned}$$

其中利用边值条件可证明

$$\int_0^l(u(x,t)u_x(x,t))_x\,\mathrm{d}x=(u(x,t)u_x(x,t))\Big|_0^l=-\beta u^2(l,t)-\alpha u^2(0,t)\leqslant 0.$$

简化上述不等式, 利用 Gronwall 不等式, 然后对于 $t\in[0,T]$ 取上确界即得证.

39. 令

$$g(x,t)=-b(x,t)u_x(x,t)-c(x,t)u(x,t)+f(x,t).$$

在方程两端同时乘以 $u(x,t)$, 注意到

$$\begin{aligned}g(x,t)u(x,t)&\leqslant B|u_x(x,t)||u(x,t)|+Cu^2(x,t)+|f(x,t)|\,|u(x,t)|\\&\leqslant\frac{a^2}{2}u_x^2(x,t)+\Big(\frac{B^2}{2a^2}+C+\frac{1}{2}\Big)u^2(x,t)+\frac{1}{2}f^2(x,t),\end{aligned}$$

在区域 $[0,l]\times[0,t]$ 上积分, 得到

$$\begin{aligned}&\frac{1}{2}\int_0^l u^2(x,t)\,\mathrm{d}x-\frac{1}{2}\int_0^l\varphi^2(x)\,\mathrm{d}x+a^2\int_0^t\int_0^l u_x^2(x,t)\,\mathrm{d}x\,\mathrm{d}t\\&\leqslant\int_0^t\int_0^l g(x,t)u(x,t)\,\mathrm{d}x\,\mathrm{d}t\\&\leqslant\frac{a^2}{2}\int_0^t\int_0^l u_x^2(x,t)\,\mathrm{d}x\,\mathrm{d}t+\Big(\frac{B^2}{2a^2}+C+\frac{1}{2}\Big)\int_0^t\int_0^l u^2(x,t)\,\mathrm{d}x\,\mathrm{d}t\end{aligned}$$

$$+\frac{1}{2}\int_0^t\int_0^l f^2(x,t)\,\mathrm{d}x\,\mathrm{d}t.$$

简化上式, 得到

$$\int_0^l u^2(x,t)\,\mathrm{d}x+a^2\int_0^t\int_0^l u_x^2(x,t)\,\mathrm{d}x\,\mathrm{d}t\leqslant\int_0^l\varphi^2(x)\,\mathrm{d}x+\int_0^t\int_0^l f^2(x,t)\,\mathrm{d}x\,\mathrm{d}t$$
$$+\left(\frac{B^2}{a^2}+2C+1\right)\int_0^t\int_0^l u^2(x,t)\,\mathrm{d}x\,\mathrm{d}t.$$

利用 Gronwall 不等式, 然后对于 $t\in[0,T]$ 取上确界即得证.

习 题 四

1. (1) $u(x,t)=(x-2t)^2$;

(2) $u(x,t)=(x-2)(t-1)+2-2\mathrm{e}^{-t}$;

(3) $u(x,t)=(2x+t)\mathrm{e}^{\frac{x^2}{2}}$;

(4) $u(x,t)=(\arctan x-t)\mathrm{e}^t$;

(5) $u(\boldsymbol{x},t)=\mathrm{e}^{-ct}\varphi(\boldsymbol{x}-\boldsymbol{A}t)$.

2. 考虑过点 (x,t) 的特征线 $\dfrac{\mathrm{d}x(t)}{\mathrm{d}t}=u$. 在此特征线上, 方程简化为

$$\frac{\mathrm{d}u(x(t),t)}{\mathrm{d}t}=0,$$

于是 $u(x(t),t)=u(x(0),0)=\varphi(x(0))$, 从而

$$x-x(0)=\varphi(x(0))t.$$

不难验证, 对于任意 (x,t), 上述方程有唯一解 $x(0)$. 显然 $x(0)=x-ut$, 从而解 $u=u(x,t)$ 满足隐函数方程

$$u=\varphi(x-ut).$$

3. (1) $u(x,y)=F(x)+G(y)$;

(2) 直接验证;

(3) $u=F(\xi)+G(\eta)=F(x+at)+G(x-at)$.

4. 利用 d'Alembert 公式.

5. 直接计算得

$$\begin{aligned}\boldsymbol{E}_{tt}=&c\,\mathrm{curl}\,\boldsymbol{B}_t=-c^2\mathrm{curl}\,(\mathrm{curl}\,\boldsymbol{E})\\=&-c^2(\nabla\mathrm{div}\,\boldsymbol{E}-\Delta\boldsymbol{E})=c^2\Delta\boldsymbol{E},\end{aligned}$$

即电场强度 $\boldsymbol{E}$ 的分量满足波动方程.

同理, 可证磁场强度 $\boldsymbol{B}$ 的分量满足波动方程.

6. 考虑函数变换 $v(x,t)=(h-x)u(x,t)$, 可直接验证函数 $v(x,t)$ 满足波动方程 $v_{tt}-a^2v_{xx}=0$. 再利用 d'Alembert 公式即得证.

7. 仿照初值问题 (4.14) 的解法.

8. 直接计算.

9. 当且仅当 $\psi(x)=-a\varphi'(x)$ 时, 一维齐次波动方程初值问题的解仅由右行波组成.

10. 利用两族特征线 $\dfrac{\mathrm{d}x}{\mathrm{d}t}=1$ 和 $\dfrac{\mathrm{d}x}{\mathrm{d}t}=-1$ 及给定初值的区间 $[b,c]$ 来确定.

11. 不难验证 $u(x,t)=F(x-t)+G(x+t)+t^3-x^3$ 是方程的通解. 要使 $u(x,t)$ 满足 $u|_{t=x}=0$, 当且仅当 $G(x)=-F(0)$; 要使 $u(x,t)$ 满足 $u_t|_{t=x}=\psi(x)$, 当且仅当 $\psi(x)=3x^2-F'(0)$, 从而得证. 当 $a=\pm 1$ 时, 直线 $t=ax$ 为特征线; 当 $a\neq\pm 1$ 时, 直线 $t=ax$ 不是特征线. 因此, 给定初值时, 关于解的存在和唯一性的结论不相同.

12. 对波动方程和初始条件两端关于 (x,y,z) 做 Fourier 变换, 得到

$$\begin{cases}\dfrac{\mathrm{d}^2\widehat{u}}{\mathrm{d}t^2}+a^2|\boldsymbol{\lambda}|^2\widehat{u}=0,\\ \widehat{u}(\boldsymbol{\lambda},0)=\widehat{\varphi}(\boldsymbol{\lambda})\triangleq\Phi(\boldsymbol{\lambda}),\\ \widehat{u}_t(\boldsymbol{\lambda},0)=\widehat{\psi}(\boldsymbol{\lambda})\triangleq\Psi(\boldsymbol{\lambda}),\end{cases}$$

其中 $\boldsymbol{\lambda}=(\lambda_1,\lambda_2,\lambda_3)$, $\widehat{u}=\widehat{u}(\boldsymbol{\lambda},t)$ 是解 $u(x,y,z,t)$ 关于 (x,y,z) 的 Fourier 变换. 解这个常微分方程的初值问题, 得到

$$\widehat{u}(\boldsymbol{\lambda},t)=\Phi(\boldsymbol{\lambda})\cos(a|\boldsymbol{\lambda}|t)+\Psi(\boldsymbol{\lambda})\frac{\sin(a|\boldsymbol{\lambda}|t)}{a|\boldsymbol{\lambda}|},\quad t>0.$$

注意到

$$\begin{aligned}⨍_{\partial B_1}\mathrm{e}^{\mathrm{i}\boldsymbol{y}\cdot\boldsymbol{z}}\,\mathrm{d}S(\boldsymbol{z})&=\frac{1}{4\pi}\int_0^{2\pi}\mathrm{d}\theta\int_0^{\pi}\mathrm{e}^{\mathrm{i}(0,0,|y|)\cdot(\cos\theta\sin\varphi,\sin\theta\sin\varphi,\cos\varphi)}\sin\varphi\,\mathrm{d}\varphi\\&=\frac{1}{2}\int_0^{\pi}\cos(|\boldsymbol{y}|\cos\varphi)\sin\varphi\,\mathrm{d}\varphi\\&=\frac{\sin|\boldsymbol{y}|}{|\boldsymbol{y}|},\end{aligned}$$

则有

$$\begin{aligned}\left(⨍_{\partial B_1}\psi(\boldsymbol{x}+at\boldsymbol{z})\,\mathrm{d}S(\boldsymbol{z})\right)^{\wedge}&=\widehat{\psi}(\boldsymbol{\lambda})⨍_{\partial B_1}\mathrm{e}^{\mathrm{i}at\boldsymbol{z}\cdot\boldsymbol{\lambda}}\,\mathrm{d}S(\boldsymbol{z})\\&=\Psi(\boldsymbol{\lambda})\frac{\sin(a|\boldsymbol{\lambda}|t)}{a|\boldsymbol{\lambda}|t}.\end{aligned}$$

最后, 对 $\widehat{u}(\boldsymbol{\lambda},t)$ 的表达式两端求 Fourier 逆变换即得初值问题的解.

13. 对波动方程和初始条件两端关于 (x,y) 做 Fourier 变换, 得到

$$\begin{cases}\dfrac{\mathrm{d}^2\widehat{u}}{\mathrm{d}t^2}+a^2|\boldsymbol{\lambda}|^2\widehat{u}=0,\\ \widehat{u}(\boldsymbol{\lambda},0)=\widehat{\varphi}(\boldsymbol{\lambda})\triangleq\Phi(\boldsymbol{\lambda}),\\ \widehat{u}_t(\boldsymbol{\lambda},0)=\widehat{\psi}(\boldsymbol{\lambda})\triangleq\Psi(\boldsymbol{\lambda}),\end{cases}$$

其中 $\boldsymbol{\lambda}=(\lambda_1,\lambda_2)$, $\widehat{u}=\widehat{u}(\boldsymbol{\lambda},t)$ 是解 $u(x,y,t)$ 关于 (x,y) 的 Fourier 变换. 解这个常微分方程的初值问题, 得

$$\widehat{u}(\boldsymbol{\lambda},t)=\varPhi(\boldsymbol{\lambda})\cos(a|\boldsymbol{\lambda}|t)+\varPsi(\boldsymbol{\lambda})\frac{\sin(a|\boldsymbol{\lambda}|t)}{a|\boldsymbol{\lambda}|},\quad t>0.$$

对上式两端求 Fourier 逆变换即得初值问题的解.

14. 易证

$$\begin{aligned}u(x,y,z,t)=&\frac{1}{2}\big(f(x-at)+f(x+at)+g(y-at)+g(y+at)\big)\\&+\frac{1}{2a}\left(\int_{y-at}^{y+at}\varphi(\xi)\,\mathrm{d}\xi+\int_{z-at}^{z+at}\psi(\eta)\,\mathrm{d}\eta\right)\end{aligned}$$

是一个解. 由解的唯一性知, 初值问题解的表达式必为上式.

15. 直接验证即可.

16. 由于径向对称的解具有形式 $u(\boldsymbol{x},t)=w(r,t)$ $(r=|\boldsymbol{x}|)$, 则

$$u_{tt}-a^2\Delta u=w_{tt}-a^2\left(w_{rr}+\frac{2}{r}w_r\right)=0.$$

令 $v(r,t)=rw(r,t)$, 则

$$v_{tt}-a^2v_{rr}=0.$$

利用 d'Alembert 公式即得证.

17. 直接代入公式 (4.39) 或 (4.33) 即可, 或者利用第 14 题的解法, 或者直接构造多项式形式的解.

18. 利用特征线法, 仿照初值问题 (4.14) 的解法. 或者做函数变换 $v(x,t)=u(x,t)-g(t)$, 则 $v(x,t)$ 满足半无界问题

$$\begin{cases}v_{tt}-a^2v_{xx}=-g''(t), & (x,t)\in\mathbb{R}_+\times\mathbb{R}_+,\\ v(x,0)=\varphi(x)-g(0),\ v_t(x,0)=\psi(x)-g'(0), & x\geqslant 0,\\ v(0,t)=0, & t\geqslant 0.\end{cases}$$

利用奇延拓得到一个 Cauchy 初值问题, 然后求出 $v(x,t)$, 最后回到 $u(x,t)$ 得: 当 $x\geqslant at$ 时, 有

$$u(x,t)=\frac{1}{2}(\varphi(x+at)+\varphi(x-at))+\frac{1}{2a}\int_{x-at}^{x+at}\psi(\xi)\,\mathrm{d}\xi;$$

当 $x<at$ 时, 有

$$u(x,t)=\frac{1}{2}(\varphi(x+at)-\varphi(at-x))+\frac{1}{2a}\int_{at-x}^{x+at}\psi(\xi)\,\mathrm{d}\xi+g\left(t-\frac{x}{a}\right).$$

19. 函数 $\varphi(x)\in C^3([0,+\infty))$, $\psi(x)\in C^2([0,+\infty))$, $g(t)\in C^2([0,+\infty))$, $f(x,t)\in C^2([0,+\infty)\times[0,+\infty))$ 满足相容性条件

$$g(0)=\varphi'(0),\quad g'(0)=\psi'(0),$$

$$g''(0)-a^2\varphi'''(0)=f_x(0,0).$$

20. 考虑 $v(x,t)=u(x,t)-u(-x,t)$ 满足的方程. 利用第 19 题的结论.

21. 做函数变换 $v(x,t)=u(x,t)-Ax\sin\omega t$, 则 $v(x,t)$ 满足半无界问题

$$\begin{cases} v_{tt}-a^2v_{xx}=(A\omega^2\sin\omega t)x, & (x,t)\in\mathbb{R}_+\times\mathbb{R}_+, \\ v(x,0)=0,\ v_t(x,0)=-A\omega x, & x\geqslant 0, \\ v_x(0,t)=0, & t\geqslant 0. \end{cases}$$

利用偶延拓得到一个 Cauchy 初值问题

$$\begin{cases} v_{tt}-a^2v_{xx}=(A\omega^2\sin\omega t)|x|, & (x,t)\in\mathbb{R}\times\mathbb{R}_+, \\ v(x,0)=0,\ v_t(x,0)=-A\omega|x|, & x\in\mathbb{R}, \end{cases}$$

然后求解.

22. 设当 $t>0$ 时, $u(x,y,t)\equiv 0$ 的区域为 D. 初值问题的解为

$$u(\boldsymbol{z},t)=\frac{1}{4\pi}\int_{B(\boldsymbol{z},2t)}\frac{\psi(\boldsymbol{y})}{\sqrt{(2t)^2-|\boldsymbol{y}-\boldsymbol{z}|^2}}\,\mathrm{d}\boldsymbol{y},$$

其中 $\boldsymbol{z}=(x,y)$. 由于 $(x,y)\in\Omega$ 时 $\psi(x,y)\equiv 0$, $(x,y)\in\mathbb{R}^2\backslash\Omega$ 时 $\psi(x,y)>0$, 得到 $D=\{(\boldsymbol{z},t)\in\mathbb{R}^2\times[0,+\infty)|B(\boldsymbol{z},2t)\subset\Omega\}$, 于是 D 是以正方形区域 Ω 为底, 以 $\left(0,0,\dfrac{1}{2}\right)$ 为顶点的锥.

23. 利用特征线得所求的区域为

$$\{(x,t)\in[0,+\infty)\times[0,+\infty)|t\geqslant 0,x\geqslant 0,t+x\leqslant 1\}.$$

24. 利用等式

$$\frac{\partial^2}{\partial t^2}-\frac{\partial^2}{\partial x^2}+\frac{\partial}{\partial t}-\frac{\partial}{\partial x}=\left(\frac{\partial}{\partial t}-\frac{\partial}{\partial x}\right)\left(\frac{\partial}{\partial t}+\frac{\partial}{\partial x}+1\right)$$

将半无界问题的方程化为两个一阶偏微分方程.

25. 由于解 $u(x,t)$ 具有形式 $u(x,t)=F(x-t)+G(x+t)$, 代入定解条件, 则

$$u(x,t)=\varphi\left(\frac{x-t}{2}\right)+\psi\left(\frac{x+t}{2}\right)-\varphi(0).$$

由于 $\varphi(x)$ 在 $(-a,0]$ 上给定, $\psi(x)$ 在 $[0,b]$ 上给定, 则此定解条件的决定区域为

$$D=\{(x,t)\in\overline{\mathbb{R}}_+\times\overline{\mathbb{R}}_+|-2a\leqslant x-t\leqslant 0,0\leqslant x+t\leqslant 2b\}.$$

26. 由于解 $u(x,t)$ 具有形式 $u(x,t)=F(x-t)+G(x+t)$, 代入定解条件, 则

$$u(x,t)=\varphi(t-x)+\psi\left(\frac{t+x}{2}\right)-\psi\left(\frac{t-x}{2}\right).$$

由于 $\varphi(t)$, $\psi(t)$ 在 $[0,a]$ 上给定, 则此定解条件的决定区域为

$$D=\{(x,t)\in\overline{\mathbb{R}}_+\times\overline{\mathbb{R}}_+|0\leqslant t-x\leqslant a,0\leqslant t+x\leqslant 2a\}.$$

27. 由于解 $u(x,t)$ 具有形式 $u(x,t)=F(x-t)+G(x+t)$, 代入定解条件, 则

$$u(x,t)=\varphi\left(\frac{t+x}{2}\right)+\varphi\left(\frac{t-x}{2}\right)-\varphi(0)-\int_0^{t-x}\psi(\eta)\,\mathrm{d}\eta.$$

由于 $\varphi(t)$, $\psi(t)$ 在 $[0,a]$ 上给定, 则此定解条件的决定区域为

$$D=\{(x,t)\in\overline{\mathbb{R}}_+\times\overline{\mathbb{R}}_+|0\leqslant t-x\leqslant a,0\leqslant t+x\leqslant 2a\}.$$

28. 由于解 $u(x,t)$ 具有形式 $u(x,t)=F(x-t)+G(x+t)$, 代入定解条件, 则

$$\begin{aligned}u(x,t)=&\mathrm{e}^{x-t}\int_0^{t-x}\mathrm{e}^{\eta}\left(\psi(\eta)-2\varphi\left(\frac{\eta}{2}\right)\right)\mathrm{d}\eta+\varphi\left(\frac{t-x}{2}\right)\\&+\varphi\left(\frac{t+x}{2}\right)-\mathrm{e}^{x-t}\varphi(0).\end{aligned}$$

由于 $\varphi(t)$, $\psi(t)$ 在 $[0,a]$ 上给定, 则此定解条件的决定区域为

$$D=\{(x,t)\in\overline{\mathbb{R}}_+\times\overline{\mathbb{R}}_+|0\leqslant t-x\leqslant a,0\leqslant t+x\leqslant a\}.$$

29. $u_t+au_x=0$ 的初边值问题提法正确. 当 $g(t),\varphi(x)\in C^1([0,+\infty))$ 且满足相容性条件 $g(0)=\varphi(0)$ 和 $g'(0)+a\varphi'(0)=0$ 时, 所得的解

$$u(x,t)=\begin{cases}\varphi(x-at), & x\geqslant at,\\ g\left(t-\dfrac{x}{a}\right), & 0\leqslant x\leqslant at\end{cases}$$

是 $u_t+au_x=0$ 的初边值问题的 C^1 解.

30. 先做函数变换 $v(x,t)=\mathrm{e}^{\frac{1}{2}(t-x)}u(x,t)$, 然后给出 $v(x,t)$ 满足的初值问题. 求出 $v(x,t)$, 即可求出 $u(x,t)$.

31. 考虑二维初值问题

$$\begin{cases}\tilde{u}_{tt}-a^2(\tilde{u}_{xx}+\tilde{u}_{yy})=\tilde{f}(x,y,t), & (x,y,t)\in\mathbb{R}^3_+,\\ \tilde{u}(x,y,0)=\tilde{\varphi}(x,y), & (x,y)\in\mathbb{R}^2,\\ \tilde{u}_t(x,y,0)=\tilde{\psi}(x,y), & (x,y)\in\mathbb{R}^2,\end{cases}$$

其中解 $\tilde{u}=\tilde{u}(x,y,t)=u(x,t)v(y)$, 非齐次项 $\tilde{f}(x,y,t)=f(x,t)v(y)$, 初值 $\tilde{\varphi}(x,y)=\varphi(x)v(y)$, $\tilde{\psi}(x,y)=\psi(x)v(y)$, 辅助函数 $v(y)$ 满足方程 $v''(y)=-\dfrac{bv(y)}{a^2}$. 解的唯一性证明可简化为证明当 $f(x,t)\equiv 0$, $\varphi(x)\equiv 0$, $\psi(x)\equiv 0$ 时, 初值问题只有零解. 为此推导能量不等式.

32. 先做函数变换 $v(x,t)=\mathrm{e}^{\frac{1}{2}\left(bt-\frac{c}{a^2}x\right)}u(x,t)$ 将此初值问题化为第 31 题的初值问题, 然后求解. 解的唯一性证明可简化为证明当 $f(x,t)\equiv 0$, $\varphi(x)\equiv 0$, $\psi(x)\equiv 0$ 时, 初值问题只有零解. 为此推导能量不等式.

33. 先做函数变换, 将半无界问题的边值齐次化. 然后对于初值和非齐次项做偶延拓, 求解相应的 Cauchy 初值问题. 解的唯一性证明可简化为证明当 $f(x,t)\equiv 0$, $\varphi(x)\equiv 0$, $\psi(x)\equiv 0$, $g(t)\equiv 0$ 时, 半无界问题只有零解. 为此, 对于任意 $(x_0,t_0)\in\mathbb{R}_+\times\mathbb{R}_+$, 在区域 $\Omega_\tau=\{(x,t)\in\mathbb{R}_+\times\mathbb{R}_+|0\leqslant t\leqslant\tau,0\leqslant x\leqslant x_0-a(t_0-t)\}(0\leqslant\tau\leqslant t_0)$ 上推导能量不等式.

34. 记 $Au=-(b(x,t)u_x+c(x,t)u_t+d(x,t)u)$，设 $u_0(x,t)$ 为初值问题

$$\begin{cases}u_{tt}-a^2u_{xx}=f(x,t), & (x,t)\in\mathbb{R}^2_+,\\ u(x,0)=\varphi(x), & x\in\mathbb{R},\\ u_t(x,0)=\psi(x), & x\in\mathbb{R}\end{cases}$$

的解, $v_0(x,t)$ 为初值问题

$$\begin{cases} v_{tt}-a^2v_{xx}=Au_0, & (x,t)\in\mathbb{R}_+^2,\\ v(x,0)=0, & x\in\mathbb{R},\\ v_t(x,0)=0, & x\in\mathbb{R}\end{cases}$$

的解, $v_k(x,t)(k\geqslant 1)$ 为初值问题

$$\begin{cases} v_{tt}-a^2v_{xx}=Av_{k-1}, & (x,t)\in\mathbb{R}_+^2,\\ v(x,0)=0, & x\in\mathbb{R},\\ v_t(x,0)=0, & x\in\mathbb{R}\end{cases}$$

的解, 则函数

$$u(x,t)=u_0(x,t)+\sum_{k=0}^{\infty}v_k(x,t)$$

为原初值问题的解. 解的唯一性证明可简化为证明当 $f(x,t)\equiv 0$, $\varphi(x)\equiv 0$, $\psi(x)\equiv 0$ 时, 原初值问题只有零解. 为此推导能量不等式, 注意利用 Gronwall 不等式.

35. 与一维波动方程带有第一边值条件的混合问题的解的唯一性证明类似.

36. 在附注 4.8 的区域上推导能量不等式.

37. 与一维波动方程能量不等式的证明相似.

38. (1) 在区域 $\Omega^t=\{(x,\tau)\in\mathbb{R}_+^2|0\leqslant\tau\leqslant t, x_1-at+a\tau\leqslant x\leqslant x_2+at-a\tau\}$ 上推导能量不等式.

(2) 在 (1) 的不等式中, 令 $x_1\to-\infty$, $x_2\to+\infty$.

(3) 在区域 $\Omega_t=\{(x,\tau)\in\mathbb{R}_+^2|0\leqslant\tau\leqslant t, x_1-a\tau\leqslant x\leqslant x_2+a\tau\}$ 上推导另一方向的能量不等式. 令 $x_1\to-\infty$, $x_2\to+\infty$.

39. 利用 d'Alembert 公式和附注 4.2 的表达式, 则有

$$u_t(x,t)=aF'(x+at)-aG'(x-at),$$

$$u_x(x,t)=F'(x+at)+G'(x-at),$$

其中 $F'=\dfrac{1}{2a}(a\varphi'+\psi)$, $G'=\dfrac{1}{2a}(a\varphi'-\psi)$.

40. 利用 Kirchhoff 公式 (4.33), 注意到 $\varphi(\boldsymbol{x})$, $\psi(\boldsymbol{x})$ 是具有紧支集的光滑函数.

41. (1) $u(x,t)=\cos at\sin x+\displaystyle\sum_{k=0}^{\infty}\frac{8}{(2k+1)^4a\pi}\sin((2k+1)at)\sin((2k+1)x)$;

(2) $u(x,t)=-\displaystyle\sum_{n=0}^{\infty}\frac{4l^2}{[(n+1/2)\pi]^3}\cos\frac{\left(n+\frac{1}{2}\right)a\pi}{l}t\sin\frac{\left(n+\frac{1}{2}\right)\pi}{l}x$;

(3) $u(x,t)=\cos\dfrac{a\pi}{l}t\cos\dfrac{\pi}{l}x$;

(4) $u(x,t)=1+t$;

(5) 做函数变换 $v(x,t)=u(x,t)+\dfrac{1}{2\pi}[A_1(x-\pi)^2t-A_2x^2t]$, 将边值齐次化, 然后求解.

(6) 先求解特征值问题, 然后求解.

42. (1) $u(x,t)=\dfrac{l^2}{\pi^2a^2}\left(1-\cos\dfrac{a\pi}{l}t\right)\sin\dfrac{\pi}{l}x$.

(2) 先求出特征值 $\lambda_n=n^2$, 特征函数 $X_n(x)=\sin nx\ (n=1,2,\cdots)$, 然后令 $u(x,t)=\sum\limits_{n=1}^{\infty}T_n(t)X_n(x)$, 代入混合问题中的方程和初边值条件得到 $T_n(t)$ 满足

$$\begin{cases}T_n''(t)+2T_n'(t)+n^2T_n(t)=\dfrac{4}{n^3\pi}(1-(-1)^n), & t>0,\\ T_n(0)=0,\\ T_n'(0)=0.\end{cases}$$

求解这个常微分方程的初值问题.

(3) 做函数变换 $v(x,t)=u(x,t)-\dfrac{Ax^2}{l^2}$, 将边值齐次化, 得到

$$\begin{cases}v_{tt}-a^2v_{xx}=\dfrac{2a^2A}{l^2}, & 0<x<l,\,t>0,\\ u(x,0)=0,\ u_t(x,0)=0, & 0\leqslant x\leqslant l,\\ u_x(0,t)=0,\ u(l,t)=0, & t\geqslant 0.\end{cases}$$

然后求解.

(4) 记 $\omega_n=\dfrac{\pi}{l}\left(n-\dfrac{1}{2}\right)$, $X_n(x)=\cos\omega_nx\ (n=1,2,\cdots)$, 则

$$u(x,t)=1+A(x-l)\sin\omega t+\sum_{n=1}^{\infty}T_n(t)X_n(x),$$

其中当 $\omega\neq a\omega_n$ 时,

$$T_n(t)=\left[\frac{2A}{l\omega_n^2}\cdot\frac{\omega}{\omega^2-a^2\omega_n^2}(-a\omega_n\sin(a\omega_nt)-\omega\sin\omega t)\right];$$

当 $\omega=a\omega_n$ 时,

$$T_n(t)=\frac{Aa^2}{l\omega^2}(\sin\omega t+\omega t\cos\omega t).$$

(5) 做函数变换 $v(x,t)=u(x,t)+\dfrac{At}{2l}(x-l)^2$, 将边值齐次化, 然后求解.

43. 函数 $v(x,t)=xu(x,t)$ 满足 $v_{tt}-v_{xx}=0$.

44. 分离时间变量 t 和空间变量 x,y, 将函数 $u(x,y,t)=T(t)U(x,y)$ 代入方程和边值条件, 得到

$$T''(t)+\lambda T(t)=0,\quad t>0$$

和

$$\begin{cases}U_{xx}+U_{yy}+\lambda U=0, & 0<x<1,\,0<y<1,\\ U|_{x=0}=U|_{x=1}=0, & 0\leqslant y\leqslant 1,\\ U_y|_{y=0}=U_y|_{y=1}=0, & 0\leqslant x\leqslant 1.\end{cases}$$

对于新得到的边值问题, 继续利用分离变量法求解. 令 $U(x,y)=X(x)Y(y)$, 代入其中的方程和边值条件, 得到

$$\begin{cases}X''(x)+\alpha X(x)=0, & 0<x<1,\\ X|_{x=0}=X|_{x=1}=0, & 0\leqslant x\leqslant 1\end{cases}$$

和

$$\begin{cases} Y''(y)+\beta Y(y)=0, & 0<y<1, \\ Y_y|_{y=0}=Y_y|_{y=1}=0, & 0\leqslant y\leqslant 1, \end{cases}$$

其中 $\alpha+\beta=\lambda$. 求出这两个常微分方程边值问题的特征值和特征函数, 并求出相对应的函数 $T(t)$, 然后根据初始条件决定相应的系数. 可参见文献 [25] 第一章的 4.7 小节.

45. 令 $v(x,t)=u(x,t)+\lambda_1(x)g_1(t)+\lambda_2(x)g_2(t)$.

(1) $v(x,t)=u(x,t)-\left[\dfrac{(x-l)^2}{2l+\alpha l^2}g_1(t)+\dfrac{x^2}{2l+\beta l^2}g_2(t)\right]$

(2) $v(x,t)=u(x,t)-\dfrac{1}{2l}\left[(x-l)^2g_1(t)+x^2g_2(t)\right]$.

(3) $v(x,t)=u(x,t)-\left(\dfrac{1}{\alpha}g_1(t)+\dfrac{x^2}{2l}g_2(t)\right)$.

46. 方程两端同时乘以 u_t, 然后在 $[0,l]\times[0,t]$ 上积分, 注意利用边值条件.

47. 与第 46 题类似.

48. 与第 46 题类似.

49. 需要提出两类条件: 第一类为光滑性条件. 例如, $\varphi(x)\in C^3([0,l])$, $\psi(x)\in C^2([0,l])$, $f(x,t)\in C^1([0,l]\times[0,\infty))$. 第二类为相容性条件. 在角点 $(0,0)$, $(l,0)$ 处需提出如下相容性条件:

$$\varphi(0)=\varphi(l)=\psi(0)=\psi(l)=0,$$

$$a^2\varphi''(0)+f(0,0)=0,\quad a^2\varphi''(l)+f(l,0)=0.$$

50. 方程两端同时乘以一个试验函数, 然后分部积分, 利用初边值条件来降低解的光滑性要求. 这样就得到广义解的定义. 为了使混合问题是适定的, 仍需要提出两类条件: 第一类为光滑性条件, 第二类为相容性条件.

51. (1) 求适当的试验函数 $\zeta(x,t)$, 使得

$$\zeta_{tt}-a^2\zeta_{xx}=\sin\frac{n\pi}{l}x,$$

得到

$$\zeta(x,t)=\left(\frac{l}{n\pi a}\right)^2\left(1-\cos\left(\frac{n\pi a}{l}(T-t)\right)\right)\sin\frac{n\pi}{l}x.$$

代入式 (4.62), 两端除以 T, 再令 $T\to 0$, 则

$$\int_0^l u(x,0)\sin\frac{n\pi}{l}x\,\mathrm{d}x=\int_0^l\varphi(x)\sin\frac{n\pi}{l}x\,\mathrm{d}x.$$

由三角函数系 $\left\{\sin\dfrac{n\pi}{l}x\right\}$ 的完备性及初值的连续性即得证.

(2) 如果 $u(x,t)\in C^1(\overline{Q}_T)$, 将式 (4.62) 中的第一项分部积分. 利用 (1) 的结论, 得到

$$\iint\limits_{\overline{Q}_T}(-u_t(x,t)\zeta_t(x,t)+a^2u_x(x,t)\zeta_x(x,t))\,\mathrm{d}x\mathrm{d}t-\int_0^l\psi(x)\zeta(x,0)\,\mathrm{d}x=0.$$

在上式中取试验函数

$$\zeta(x,t)=(T-t)^2\sin\frac{n\pi}{l}x,$$

两端同时除以 T^2, 再令 $T \to 0$, 则

$$\int_0^l u_t(x,0)\sin\frac{n\pi}{l}x\,\mathrm{d}x = \int_0^l \psi(x)\sin\frac{n\pi}{l}x\,\mathrm{d}x.$$

由三角函数系 $\left\{\sin\frac{n\pi}{l}x\right\}$ 的完备性及初值的连续性即得证.

名词索引

Beta 函数, 11
Boltzmann 方程, 7
Burgers 方程, 6

Cauchy 初值问题, 136
Cauchy-Riemann 方程, 20

d'Alembert 公式, 141
Dirichlet 边值条件, 19
Dirichlet 问题, 19
Duhamel 原理, 139

Euler-Lagrange 方程, 17
Euler 方程组, 7

Fokker-Planck 方程, 5
Fourier 变换, 82, 88
Fourier 逆变换, 82, 89
Friedrichs 不等式, 59

Gamma 函数, 11
Gauss 公式, 12
Green 公式, 12
Green 函数, 41, 105
Gronwall 不等式, 118

Hamilton-Jacobi 方程, 6
Harnack 不等式, 24
Harnack 定理, 67
Hesse 矩阵, 3
Hopf 引理, 52
Huygens 原理, 160

k 阶偏微分方程, 3
Kirchhoff 公式, 150
Kolmogorov 方程, 5
Korteweg-de Vries (KdV) 方程, 6

Laplace 方程, 16
Laplace 算子, 3
Liouville 定理, 28, 68

Maxwell 方程组, 7
Monge-Ampère 方程, 6

Navier-Stokes 方程组, 8
Neumann 边值条件, 19
Neumann 问题, 19
Newton 位势, 36

p-Laplace 方程, 6
Poisson 方程, 5, 16
Poisson 公式, 45, 49, 154
Poisson 核, 45, 49

Riemann-Lebesgue 引理, 82
Robin 问题, 19

Schrödinger 方程, 5
Schwarz 反射定理, 67

Sturm-Liouville 问题, 96

Weyl 引理, 23

B

半无界问题, 143
半线性偏微分方程, 4
比较原理, 110
边值条件, 79, 135
变分问题, 16
标准形, 9
波动方程, 5, 8
不适定, 11

C

乘多项式性质, 85, 89
初边值条件, 79
初边值问题, 79
初始条件, 79, 135

D

单调性不等式, 30
第二边值条件, 19
第二边值问题, 19
第三边值条件, 19
第三边值问题, 19
第一边值条件, 19
第一边值问题, 19
点源函数, 92
电报方程, 6
定解问题, 10
动能, 164, 194
对称开拓法, 144, 173
对称性质, 86, 89
多孔介质方程, 6

F

反向问题, 120
反演公式, 82, 88
反应扩散方程, 79
反应扩散方程组, 7
反应项, 79
非负性, 41, 105
非线性 Poisson 方程, 6
非线性波动方程, 6
分离变量法, 102, 167
分离变量性质, 90

G

共振现象, 175
古典解, 4, 80, 180
光滑性, 106
广义解, 180, 181

H

恒温, 79
横梁方程, 6
混合问题, 95, 166

J

基本解, 35, 91
奇偶性, 94
极小曲面方程, 6
极值原理, 108, 109
降维法, 153
阶, 3
解, 3
卷积性质, 86, 90
决定区域, 159
绝热, 79

K

空间对称性, 105
扩散模型, 17
扩散项, 79

L

零延拓, 61

M

弥漫, 161

N

能量不等式, 161, 162, 175, 176
能量积分, 164
能量模, 164, 179
拟线性偏微分方程, 4

P

抛物边界, 108
抛物型, 9
偏微分方程, 2
偏微分方程组, 2
频率函数, 33
平均值公式, 21
平面波解, 189
平移性质, 85, 89

Q

齐次边值条件, 106
强极值原理, 24, 54
球面平均法, 147

R

热方程, 5, 8
热核, 91
弱极值原理, 25, 51
弱解, 23

S

散度, 3
伸缩性质, 85, 89
时间平移不变性, 105
势能, 164, 179, 194
试验函数, 181
试验函数类, 181
适定, 11
守恒律, 6
守恒律组, 7
双曲型, 9
随机模型, 18

T

特征函数, 39, 96
特征平行四边形, 188
特征线, 140
特征线法, 139
特征值, 39, 96
特征值方程, 5
特征值问题, 39, 96
特征锥, 158
梯度, 2
梯度算符, 2
调和多项式, 19
调和函数, 19
椭圆型, 9

W

完全非线性偏微分方程, 4
微商性质, 84, 89
位势方程, 5, 8
无后效现象, 160
无穷次可微性, 94
无限传播速度, 94

X

下解, 127
下调和函数, 67
先验估计, 11
线性偏微分方程, 4
线性弹性发展方程组, 7
线性弹性平衡方程组, 7
线性性质, 84, 89
形式解, 11

Y

依赖区域, 158
影响区域, 158, 159
有后效现象, 161
右行波, 142
运输方程, 5

Z

增长性条件, 115
振动元素, 173
支集, 4
周期性, 94
驻波, 174
驻波法, 174
最大模估计, 55, 110, 114
左行波, 142

符 号 索 引

这里给出若干常用的数学符号, 并按照先后次序给出了本书的通用符号、相应含义以及所在位置的页码, 以方便查询. 书中有特殊说明的情形除外.

第 一 章

符号	含义	页码
$\mathbb{R}^n$	n 维欧氏空间	2
Ω	$\mathbb{R}^n$ 中的开区域	2
$\mathbb{R}$	一维欧氏空间、实数轴	2
$D^k u$	u 的所有 k 阶偏导数, 可看成 $\mathbb{R}^{n^k}$ 上的向量	2
$\left\|D^k u\right\|$	$D^k u$ 的长度	2
$Du, \nabla u, \text{grad } u$	u 的梯度	2
$D^2 u$	u 的 Hesse 矩阵	2
Δ	Laplace 算子	3
tr	矩阵的迹	3
$\text{div}\boldsymbol{F}$	$\boldsymbol{F}$ 的散度	3
u_{x_i}	$u(\boldsymbol{x})$ 关于 x_i 的一阶偏导数	3
$u_{x_i x_j}$	$u(\boldsymbol{x})$ 关于 x_i, x_j 的二阶偏导数	3
$C(\Omega)$	Ω 上所有连续函数构成的线性空间	3
$\\|u(\boldsymbol{x})\\|_{C(\Omega)}$	$u(\boldsymbol{x})$ 在 $C(\Omega)$ 中的模	3
sup	上确界	3
$C^k(\Omega)$	Ω 上所有 k 次连续可微函数构成的线性空间	3
$\\|u(\boldsymbol{x})\\|_{C^k(\Omega)}$	$u(\boldsymbol{x})$ 在 $C^k(\Omega)$ 中的模	3
$\boldsymbol{\alpha}$	多重指标	3
$\|\boldsymbol{\alpha}\|$	$\boldsymbol{\alpha}$ 的阶数	3
$D^{\boldsymbol{\alpha}} u$	u 的一个 $\|\boldsymbol{\alpha}\|$ 阶的偏导数	3

$\operatorname{spt} u$	u 的支集	4
$C_0^k(\Omega)$	$C^k(\Omega)$ 中支集紧包含于 Ω 的函数类	4
$C^\infty(\Omega)$	Ω 上任意阶偏导数存在且连续的函数类	4
$\operatorname{curl} \boldsymbol{B}$	$\boldsymbol{B}$ 的旋度	7
$\overline{\Omega}$	Ω 的闭包	11
$\partial\Omega$	Ω 的边界	11
$\mathbb{R}_+^n$	$\mathbb{R}^n$ 的上半空间	11
$\partial\mathbb{R}_+^n$	$\mathbb{R}_+^n$ 的边界	11
$\mathbb{R}_+$	正实轴	11
$\mathbb{R}_+^{n+1}$	$\mathbb{R}^{n+1}$ 的上半空间	11
$\alpha(n)$	n 维单位球的体积	11
$\Gamma(s)$	Gamma 函数	11
$B(\boldsymbol{x},r)$	以 $\boldsymbol{x}$ 为球心, r 为半径的闭球	11
$B_r(\boldsymbol{x})$	以 $\boldsymbol{x}$ 为球心, r 为半径的开球	11
B_r	$B_r = B_r(\boldsymbol{0})$	11
$\mathrm{B}(p,q)$	Beta 函数	11
$\mathbb{R}^2$	平面	12
$\boldsymbol{n}$	区域边界的单位外法向量	12
$\mathbb{R}^3$	三维欧氏空间	12

第 二 章

符号	含义	页码
χ_D	D 上的特征函数	18
$\dfrac{\partial u}{\partial \boldsymbol{n}}$	u 关于法向量 $\boldsymbol{n}$ 方向的方向导数	19
$\mathbb{C}$	复平面	19
$\Im f(x+\mathrm{i}y)$	$f(x+\mathrm{i}y)$ 的虚部	20
$\Re f(x+\mathrm{i}y)$	$f(x+\mathrm{i}y)$ 的实部	20
$⨍_{\partial B(\boldsymbol{x},r)} u(\boldsymbol{y})\mathrm{d}S(\boldsymbol{y})$	$u(\boldsymbol{x})$ 在球面 $\partial B(\boldsymbol{x},r)$ 上积分的平均值	21
$⨍_{B(\boldsymbol{x},r)} u(\boldsymbol{y})\mathrm{d}\boldsymbol{y}$	$u(\boldsymbol{x})$ 在球 $B(\boldsymbol{x},r)$ 上积分的平均值	21
Ω_ε	Ω 中离边界 $\partial\Omega$ 的距离大于 ε 的点集	23
dist	距离	23
$L^1_{\mathrm{loc}}(\Omega)$	Ω 上的局部 Lebesgues 可积函数空间	23
$\max\limits_{\boldsymbol{x}\in V} u(\boldsymbol{x})$	$u(\boldsymbol{x})$ 在 V 上的最大值	24
$\min\limits_{\boldsymbol{x}\in V} u(\boldsymbol{x})$	$u(\boldsymbol{x})$ 在 V 上的最小值	24
$N!$	自然数 N 的阶乘	28
$u_{\boldsymbol{n}}$	$\dfrac{\partial u}{\partial \boldsymbol{n}}$	32

$\Gamma(\boldsymbol{x})$	Laplace 方程的基本解	35
$L^1_{\text{loc}}(\mathbb{R}^n)$	$\mathbb{R}^n$ 上的局部 Lebesgues 可积函数空间	36
$\delta(\boldsymbol{x})$	Dirac 测度	36
$G(\boldsymbol{x},\boldsymbol{y})$	Ω 上的 Green 函数	41
$K(\boldsymbol{x},\boldsymbol{y})$	Poisson 核	45, 49
$\mathcal{L}u$	$\mathcal{L}u=-\Delta u+c(\boldsymbol{x})u$	51
$\dfrac{\partial u}{\partial \boldsymbol{\nu}}$	u 关于方向 $\boldsymbol{\nu}$ 的方向导数	52
$C^{\alpha}(\overline{\Omega})$	Hölder 空间	62
$C^{2,\alpha}(\overline{\Omega})$	所有在 $\overline{\Omega}$ 上二阶偏导数属于 $C^{\alpha}(\overline{\Omega})$ 的函数构成的线性空间	62

第 三 章

符号	含义	页码
Q	上半空间 $\mathbb{R}^n\times\mathbb{R}_+$ 中的一个区域	80
$C^{1,0}(Q)$	所有在 Q 上连续且关于 $\boldsymbol{x}$ 一阶偏导数连续的函数构成的函数集	80
$C^{2,1}(Q)$	所有在 Q 上关于 $\boldsymbol{x}$ 二阶偏导数连续, 关于 t 一阶偏导数连续的函数构成的函数集	80
$L^1(\mathbb{R})$	$\mathbb{R}$ 上的 Lebesgue 可积函数空间	82
$\widehat{f}(\lambda),(f(x))^\wedge$	$f(x)$ 的 Fourier 变换	82
$(\widehat{f}(\lambda))^\vee$	$\widehat{f}(\lambda)$ 的 Fourier 逆变换	82
$f*g(x)$	$f(x)$ 和 $g(x)$ 的卷积	86
$L^1(\mathbb{R}^n)$	$\mathbb{R}^n$ 上的 Lebesgue 可积函数空间	88
$\widehat{f}(\boldsymbol{\lambda}),(f(\boldsymbol{x}))^\wedge$	$f(\boldsymbol{x})$ 的 Fourier 变换	88
$(\widehat{f}(\boldsymbol{\lambda}))^\vee$	$\widehat{f}(\boldsymbol{\lambda})$ 的 Fourier 逆变换	88
$f*g(\boldsymbol{x})$	$f(\boldsymbol{x})$ 与 $g(\boldsymbol{x})$ 的卷积	90
$K(x,t)$	热核	91
$\Gamma(x,t;\xi,\tau)$	热方程的基本解	92
$\delta(x-\xi,t-\tau)$	Dirac 测度	92
$L^\infty(\mathbb{R})$	$\mathbb{R}$ 上有界可测函数空间	93
$L^\infty(\mathbb{R}^n)$	$\mathbb{R}^n$ 上有界可测函数空间	95
Q_T	$Q_T=(0,l)\times(0,T]$	95
$L^2(0,l)$	$(0,l)$ 上平方可积函数空间	96
$G(x,t;\xi,\tau)$	Green 函数	105
$\mathrm{H}(t)$	Heaviside 函数	105
$\partial_p Q_T$	Q_T 的抛物边界	108
$\mathcal{L}u$	$\mathcal{L}u=u_t-a^2u_{xx}$	109

$C^1(\overline{Q}_T)$	所有在 $\overline{Q}_T$ 上连续且关于 x, t 一阶偏导数连续的函数构成的函数集	121

第 四 章

符号	含义	页码
$\mathcal{L}u$	$\mathcal{L}u = u_{tt} - a^2\Delta u$	136
$C(\boldsymbol{x}_0, t_0)$	以 $(\boldsymbol{x}_0, t_0)$ 为顶点的特征锥	158
$D_{(\boldsymbol{x}_0, t_0)}$	点 $(\boldsymbol{x}_0, t_0)$ 对初值的依赖区域	158
$J_{\boldsymbol{x}_0}$	点 $\boldsymbol{x}_0$ 的影响区域	158
J_{D_0}	区域 D_0 的影响区域	159
F_{D_0}	区域 D_0 的决定区域	159
$\partial D_{(\boldsymbol{x}_0, t_0)}$	$D_{(\boldsymbol{x}_0, t_0)}$ 的边界	159
$d_{\min}$	最近距离	160
$d_{\max}$	最远距离	160
C_τ	$C_\tau = C(\boldsymbol{x}_0, t_0) \cap \{t = \tau\}$	161
$C(\tau)$	$C(\tau) = C(x_0, t_0) \cap \{0 \leqslant t \leqslant \tau\}$	162
Q	$Q = (0, l) \times (0, +\infty)$	167
Ω_τ	$\Omega_\tau = \Omega \times (0, \tau)$	176
Q_T	$Q_T = (0, l) \times (0, T)$	179
$\mathcal{D}$	试验函数类	181

参考文献

[1] AXLER S, BOURDON P, RAMEY W. Harmonic Function Theory [M]. New York: Springer-Verlag, 1992.

[2] CAI Y, ZHOU S. Zero extension for poisson's equation [J]. Science China Mathematics, 2020, 4(63): 721–732.

[3] DIBENEDETTO E. Partial Differential Equations [M]. 2nd ed. Boston MA: Birkhäuser, 2010.

[4] EVANS G, BLACKLEDGE J, YARDLEY P. Analytic Methods for Partial Differential Equations [M]. London: Springer-Verlag, 1999.

[5] EVANS L C. Partial Differential Equations [M]. Providence RI: American Mathematical Society, 1998.

[6] GILBARG D, TRUDINGER N S. Elliptic Partial Differential Equations of Second Order [M]. 2nd ed. Berlin: Springer-Verlag, 1983.

[7] HAN Q, LIN F. Elliptic Partial Differential Equations [M]. New York: Courant Institute of Mathematical Sciences, New York University, 1997.

[8] JOHN F. Partial Differential Equations [M]. 3rd ed. New York: Springer-Verlag, 1978.

[9] JOST J. Partial Differential Equations [M]. New York: Springer, 2002.

[10] LIEBERSTEIN H M. Theory of Partial Differential Equations [M]. New York: Academic Press, 1972.

[11] SMOLLER J. Shock Waves and Reaction-Diffusion Equations [M]. New York: Springer-Verlag, 1983.

[12] 彼得罗夫斯基 И Г. 偏微分方程讲义 [M]. 段虞荣, 译. 北京: 高等教育出版社, 1956.

[13] 蔡勇勇, 周蜀林. Poisson 方程在边界附近的零延拓 [J]. 中国科学: 数学, 2020, 50(4): 491–502.

[14] 陈亚浙, 吴兰成. 二阶椭圆型方程与椭圆型方程组 [M]. 北京: 科学出版社, 1991.

[15] 陈恕行. 偏微分方程概论 [M]. 北京: 人民教育出版社, 1981.

[16] 吉洪诺夫 A H, 萨马尔斯基 A A. 数学物理方程: 上册 [M]. 黄克欧, 等, 译. 北京: 人民教育出版社, 1961.

[17] 姜礼尚, 陈亚浙. 数学物理方程讲义 [M]. 北京: 高等教育出版社, 1986.

[18] 姜礼尚, 陈亚浙, 刘西垣, 等. 数学物理方程讲义 [M]. 2 版. 北京: 高等教育出版社, 1996.

[19] 姜礼尚, 陈亚浙, 刘西垣, 等. 数学物理方程讲义 [M]. 3 版. 北京: 高等教育出版社, 2007.

[20] 姜礼尚, 孙和生, 陈志浩, 等. 偏微分方程选讲 [M]. 北京: 高等教育出版社, 1997.

[21] 李大潜, 秦铁虎. 物理学与偏微分方程: 上册 [M]. 北京: 高等教育出版社, 1997.

[22] 李大潜, 秦铁虎. 物理学与偏微分方程: 下册 [M]. 北京: 高等教育出版社, 2000.

[23] 柯朗 R, 希尔伯特 D. 数学物理方法: I [M]. 钱敏, 郭敦仁, 译. 北京: 科学出版社, 2011.

[24] 柯朗 R, 希尔伯特 D. 数学物理方法: II [M]. 熊振翔, 杨应辰, 译. 北京: 科学出版社, 2012.

[25] 刘西垣. 数学物理方程 [M]. 武汉: 武汉大学出版社, 1994.

[26] 吴崇试. 数学物理方法 [M]. 2 版. 北京: 北京大学出版社, 2003.

[27] 薛兴恒. 数学物理偏微分方程 [M]. 合肥: 中国科学技术大学出版社, 1995.

[28] 严镇军. 数学物理方程 [M]. 合肥: 中国科学技术大学出版社, 1989.

图书在版编目 (CIP) 数据

微分方程. Ⅱ / 周蜀林编著. -- 北京 : 北京大学出版社, 2024. 10. -- (“101 计划”核心教材数学领域). -- ISBN 978-7-301-35596-1

Ⅰ. O175

中国国家版本馆 CIP 数据核字第 2024XY2481 号

书　　名：微分方程Ⅱ

WEIFEN FANGCHENG Ⅱ

著作责任者：周蜀林　编著

责 任 编 辑：曾琬婷

标 准 书 号：ISBN 978-7-301-35596-1

出 版 发 行：北京大学出版社

地　　址：北京市海淀区成府路 205 号　100871

网　　址：http://www.pup.cn　新浪微博：@北京大学出版社

电 子 邮 箱：zpup@pup.cn

电　　话：邮购部 010-62752015　发行部 010-62750672

编辑部 010-62754819

印 刷 者：北京市科星印刷有限责任公司

经 销 者：新华书店

787 毫米×1092 毫米　16 开本　15.5 印张　402 千字

2024 年 10 月第 1 版　2024 年 10 月第 1 次印刷

定　　价：48.00 元

未经许可，不得以任何方式复制或抄袭本书之部分或全部内容。

版权所有，侵权必究

举报电话：010-62752024　电子邮箱：fd@pup.cn

图书如有印装质量问题，请与出版部联系，电话：010-62756370